21世纪高等学校土木工程专业系列教材

ERSHIYISHIJIGAODENGXUEXIAOTUMUGONGCHENGZHUANYEXILIEJIAOCAI

工程流体力学

主编 王英 李诚

中南大学出版社

图书在版编目(CIP)数据

工程流体力学/王英,李诚主编.—长沙:中南大学出版社,
2004.9

ISBN 978-7-81061-972-1

Ⅰ.工...　Ⅱ.①王...②李...　Ⅲ.工程力学:流体力学
Ⅳ.TB126

中国版本图书馆CIP数据核字(2004)第095767号

工程流体力学

王英　李诚　主编

□**责任编辑**　黄尚安　程　滨
□**责任印制**　易红卫
□**出版发行**　中南大学出版社
社址:长沙市麓山南路　邮编:410083
发行科电话:0731-8876770
传真:0731-8710482
□**印　　装**　长沙市宏发印刷有限公司

□**开　　本**　787×1092　1/16　□**印张** 19　□**字数** 453千字
□**版　　次**　2004年9月第1版　□2015年1月第4次印刷
□**书　　号**　**ISBN 978-7-81061-972-1**
□**定　　价**　**38.00**元

图书出现印装问题,请与经销商调换

21 世纪高等学校土木工程系列教材

编写委员会

内容简介

本书是根据高等院校土木类专业流体力学课程教学基本要求，基于加强基础理论、拓宽专业面、按大类培养的教育思想编写的。本教材系统地阐述了工程流体力学的基本概念、基本理论和工程应用。教材共分11章，内容包括绪论，流体静力学，流体动力学基础，流动阻力与水头损失，孔口、管嘴出流及有压管流，明渠均匀流，明渠水流的流态及其转换，明渠恒定非均匀渐变流，堰闸出流及底流消能，渗流，可压缩气体的一元恒定流动等。教材中的例题涉及多个专业，力求富有创意，各章配有小结及思考题，精选的习题许多来自各类试题。

本书可作为高等院校土木工程、市政工程、环境工程、地质工程、给排水工程等有关专业的本科、专科工程流体力学或水力学课程的教材，也可作为其他相近专业的教材和全国注册结构工程师应试的参考书。

内容简介

前　言

工程流体力学是高等院校土木类各专业的一门重要技术基础课，它既有本学科的系统性和完整性，又有鲜明的工程应用特性。编者根据全国高等院校工科流体力学、水力学教学指导小组审定的土木类专业流体力学教学基本要求以及全国注册结构工程师流体力学考试大纲，结合多年的教学实践经验，本着加强理论基础、拓宽基础知识面、按大类培养的教学改革思想编写的。教材系统地阐述了工程流体力学的基本概念、基本理论和基本工程应用；以恒定不可压缩流体为主要研究对象，考虑到现代土木工程的需要，又对可压缩气体动力学基础进行了适当介绍；在计算方法上，保留部分传统算法，并结合计算机的应用，适当介绍了迭代计算法。在编写过程中注重由浅入深、由易到难，力求做到概念清晰，重点突出，语言简洁，富有启发性，便于教学和适当反映本学科的发展趋势。

为了便于巩固基础理论，书中各章均有本章小结，并注意化解学习中的难点问题，减小坡度，循序渐进，同时为了培养学生分析计算的能力，各章均精选了一定数量的思考题与习题。

本教材可作为高等院校土木工程、市政工程、环境工程、地质工程、给排水工程等有关专业的本科、专科工程流体力学或水力学课程的教材，也可作为其他相近专业的教材和全国注册结构工程师考试的参考书。由于书中包含了土木类各专业所需的内容，在使用时可根据专业要求和学时的多少作必要的取舍。

本教材由中南大学王英、长沙理工大学李诚主编。参加编写工作的有王英（第1、3、4、5章）、李诚（第6、7、8章），中南大学谢晓晴（第2章）、齐朝晖（第4章）和陈焕新（第11章），长沙理工大学李梦成（第9章）、韩振英（第10章）。研究生和本科生李星星、郑力、师小瑜、祝志恒等参与了部分编写、绘图工作。

由于编者水平所限，教材中若有疏漏和不足之处，恳请读者批评指正。

编　者

目　录

第1章　绪　论

1.1　工程流体力学的任务与连续介质模型

1.1.1　工程流体力学的任务

工程流体力学是从力学的观点出发，研究流体的平衡和机械运动的规律及其实际应用的科学。这个简单的定义，概括了下面三个涵义。

1. 工程流体力学的研究对象是以水为代表的流体

自然界的物质有三种存在形式：固体、液体和气体。液体和气体统称为流体。固体由于分子间距离很小，内聚力很大，所以它能保持固定的形状和体积，能承受一定数量的拉力、压力和剪切力；当外力作用在固体上时，固体将相应产生一定程度的变形，若外力保持不变，变形就不会变化(不计徐变时)。而流体则不同，由于分子间距离较大，内聚力很小，几乎不能承受拉力、抵抗拉伸变形；在微小剪切力作用下，流体很容易发生变形或流动，所以流体不能保持固定的形状，其形状随容器而变。我们所观察到的流动现象，诸如微风吹过平静的湖水，水面因受气流的摩擦力(沿水面作用的切向力)而流动；斜坡上的油因受重力沿坡面方向的切向分力而往下流淌等等，都表明流体在静止时不能承受切向力。或者说，任何微小的剪切力一经作用于静止流体，流体立即破坏其原来的平衡状态开始变形，且外力不去，变形不止。无限制的连续变形即为流动，流体的这种宏观性质称为流动性，这是流体的基本特征。

液体与气体相比，液体分子内聚力又比气体大得多，因为液体分子间距离相对较小，密度较大，所以液体虽然不能保持固定的形状，但能保持比较固定的体积。一个盛有液体的容器，当其容积大于液体的体积时，液体不会充满整个容器，具有自由表面(又称自由液面，即液体与气体接触的界面)。液体的压缩性和膨胀性很小，在很大的压力作用下，其体积的缩小甚微。而气体不仅没有固定的形状，也没有固定的体积，极易膨胀和压缩，它可以任意扩散直到充满其所占据的有限空间。气体和液体的主要差别是它们的可压缩程度不同，但当气流速度远小于音速的时候，在运动过程中其密度变化很小，气体也能视为不可压缩，此时工程流体力学的基本原理也同样适用于气体。

2. 工程流体力学的研究内容是流体平衡和机械运动的规律

工程流体力学所研究的基本规律，有两大组成部分：一是关于流体平衡的规律，它研究流体处于静止(或相对静止)状态时作用于流体上的各种力之间的关系，这一部分称为流体静力学；二是关于流体运动的规律，它研究流体在运动状态时作用于流体上的力与运动要素之间的关系，以及流体的运动特性与能量转换等等，这一部分称为流体运动学及动力学。

工程流体力学在研究流体平衡和机械运动规律时，要应用物理学及理论力学中有关物体平衡及运动规律，如力系平衡定理、牛顿运动定律、能量转换和守恒定律、动量定理等等。因为流体在平衡或运动状态下，也同样遵循这些普遍原理。所以物理学和理论力学的知识是学习工程流体力学课程的必要基础。

3. 工程流体力学的研究目的在于应用

工程流体力学作为力学的一个分支，是技术基础学科，同时也是与工农业生产和生活密切相关的应用科学。在土木、水利、交通、环境、航空航天、机械、采矿、冶金、化工、石油等工程领域，从规划、勘测、设计、施工到运营、维修、养护，都不可避免地要与流体打交道，都有大量的流体力学问题要解决。下面仅以土木工程专业为例简要说明。

规划方面：修建铁路、公路，不可避免地要跨越河流和沟渠，需要架设桥梁、修建涵洞、虹吸管等水工建筑物，因此，在线路布置和选择时，首先必须分析自然河势及其天然水流状态，因势利导，妥善安排。

设计方面：在进行桥、涵等建筑物设计时，必须先弄清通过这些建筑物的流量、水位等，以决定桥孔的长度(跨度)，涵、管的孔径以及桥(涵)面的高程；同时，还必须分析计算流体作用在这些建筑物上的力，以计算建筑物的结构与稳定；还有，建筑工程中风对高层建筑的荷载和风振问题；建筑内部的供热、通风、空调的设计和设备选用；给水排水工程中，无论取水、水处理、输配水都是在水的流动过程中实现的；地下工程(如隧道、地铁)内部的通风和排水设计、高速铁(公)路隧道洞型设计等都与流体运动相关。

施工方面：如建筑物基础施工时的基坑排水、抗渗处理；施工区生产、生活、消防供水等；施工围堰的高度、厚度与采用的材料均需在进行流体力学计算后才能正确选用。

运营、养护方面：铁(公)路修好后，路基的沉陷、崩塌、滑坡、冻胀等灾害，大多与地面水或地下水的活动有关，为使路基经常处于干燥、坚固和良好的稳定状态，必须修建路堑边沟、截水沟和渗水暗沟等，在山区水流湍急的地方，为保护路基、桥梁不致冲坏，还须修建急流槽、跌水等设施。

值得说明的是，工程流体力学不仅可用于解决某项工程中的流体问题，还能帮助工程技术人员进一步认识工程与大气和水环境的关系。大气和水环境对建筑物和构筑物的作用是相互的、长期的、多方面的，比如台风、洪水直接摧毁房屋、桥梁、堤坝等，造成巨大的自然灾害；另一方面，兴建大型水库、厂矿、公(铁)路、桥梁、隧道、江海堤防等也可能对大气和水环境造成不利影响，导致生态恶化，甚至加重灾害。随着生产的发展，还会不断地提出新的课题，工程流体力学将会发挥更大的作用。因此，工程流体力学是高等院校许多专业的一门重要技术基础课。

1.1.2 流体的连续介质模型

大家知道，流体同任何其他物质一样，都是由分子组成的。从微观上看，分子间是不连续而有空隙的，同时每个分子都在作无规则的热运动，因此，流体的物理量(如密度、压强和流速等)在空间的分布是不连续的，导致空间任一点上流体物理量在时间上的变化也不连续。但工程流体力学所研究的是流体在外力作用下的机械运动，而不研究其微观运动。现代物理研究指出，在常温下，每 1 cm^3 的水中约含有 3.34×10^{22} 个水分子，相邻分子间的距离约为 3×10^{-8} cm，这与工程研究问题的特征尺度相比是极其微小的。

取一个微小体积 ΔV 的流体(比如令 ΔV 等于 1 cm^3 的万分之一或者更小)，ΔV 中所包含的分子数仍然相当多，如 $10^{-9}\ cm^3$ 的水中，含有 3.34×10^{13} 个水分子。可见，ΔV 是一种特征体积，宏观上充分小，小到几何上没有维度，只是空间上的一个点；而微观上充分大，包含足够多的分子。流体力学把 ΔV 中所有流体分子的集合称为流体质点（或流体微元、流体微团）。由于流体质点包含了足够多的流体分子，因此，质点的物理特征就是分子团中所有分子特征的统计平均值，单个分子出入分子团，不影响分子团的总体物理特征。流体质点宏观上充分小，质点的尺度远远小于所研究问题的特征尺度，因此，物质在空间分布的不均匀性及物理特征的不稳定性趋于零；微观上充分大，虽然没有维度、没有尺寸，但具有流体的一切物理特征，而且描述其物理特征的各种物理量是均匀的、稳定的、连续的。如果分子团尺度 ΔV 太小，与分子运动尺度同数量级时，由于单个分子的随机出入不能随时平衡，分子数的增减会使分子团的物理特征（如密度等）随机脉动。

连续介质模型是1753年由瑞士数学家、物理学家欧拉（Euler）首先提出的：假想流体是一种充满其所占据空间的毫无空隙的连续体，即把流体当作是由密集质点构成的、内部无空隙的连续介质来研究。

流体力学把流体质点作为最基本的研究单位，从而摆脱了由于分子间隙和分子的随机运动所导致的物理量不连续的问题（分子之间是有间隙的，但分子团之间是没有间隙的）。采用连续介质模型，既可以摆脱分子运动的复杂性，也可以满足工程的精度要求。在研究流体的宏观运动时，可以将流体视为均匀的连续介质，其物理量是空间和时间坐标的连续函数，这样，我们就可以运用连续函数的方法来分析流体的平衡和运动的规律。

1.2 流体的主要物理力学性质

工程流体力学研究流体平衡和机械运动的规律，而流体的物理力学性质是决定流动状态的内在因素。同工程流体力学有关的物理力学性质主要是惯性特性、万有引力特性、流动性、粘滞性、压缩性等。

1.2.1 惯性特性

流体与其他任何物体一样具有惯性，惯性是保持物体原有运动状态的性质，改变物体的运动状态，必须克服惯性的作用。表示惯性大小的物理量是质量，质量越大，惯性越大，运动状态越难以改变。一个物体反抗改变原有运动状态而作用于其他物体上的反作用力称为惯性力。设物体质量为 m，加速度为 a，根据牛顿第二定律，则惯性力 F 为

$$F=-ma$$

式中负号表示惯性力的方向与物体加速度的方向相反。

单位体积流体所具有的质量称为流体的密度 ρ。对于均质流体，若其体积为 V，质量为 m，则密度

$$\rho=\frac{m}{V} \tag{1.2.1}$$

对于非均质流体，各点的密度不同。要确定空间某点流体的密度，可在该点周围取一微元体积 ΔV，若它的质量为 Δm，根据连续介质的假定，有

$$\rho=\lim_{\Delta V\to 0}\frac{\Delta m}{\Delta V} \tag{1.2.2}$$

密度的量纲是 ML^{-3}，国际单位制(SI)单位是：kg/m^3。

液体的密度随压强和温度的变化很小，工程计算中，一般可以将之视为均质流体。淡水在常温、常压下的密度采用一个标准大气压下 4 ℃的纯净水之值：$\rho = 1000\ kg/m^3$。水银的密度 $\rho_p = 13600\ kg/m^3$。

气体的密度随压强和温度变化，在一个标准大气压下，0℃空气的密度为 1.29 kg/m^3。

空气和纯净水在一个标准大气压下的密度随温度的变化见表 1.2.1，几种常见流体的密度见表 1.2.2。

表 1.2.1　一个标准大气压时不同温度下水与空气的密度

温 度(℃)	水(kg/m^3)	空气(kg/m^3)	温 度(℃)	水(kg/m^3)	空气(kg/m^3)
0	999.87	1.293	40	992.24	1.128
4	1000.00	1.270	50	988.07	1.093
10	999.73	1.248	60	983.24	1.060
15	999.12	1.226	70	977.78	1.029
20	998.23	1.205	80	971.83	1.000
25	997.14	1.185	90	965.28	0.973
30	995.67	1.165	100	958.38	0.947

表 1.2.2　几种常见流体的密度(标准大气压时)

流体名称	空 气	水 银	汽 油	酒 精	四氯化碳	海 水
测定温度(℃)	20	20	15	20	20	15
密度(kg/m^3)	1.205	13550	700 ~ 750	799	1590	1020 ~ 1030

1.2.2　万有引力特性

万有引力特性是指任何物体之间具有相互吸引作用的性质，其吸引作用称为万有引力。地球对物体的吸引力称为重力或物体的重量 G。

一质量为 m 的流体，其所受重力的大小为

$$G = mg \tag{1.2.3}$$

式中：g 为重力加速度。工程流体力学计算中一般采用 $g = 9.80\ m/s^2$。

1.2.3　粘性特性

1. 粘性的表象

搅动一下容器中的液体，液体会逐渐地运动起来，停止搅动，又会慢慢地停下来，粘稠的油停得快一些，而清澈的水停得慢一些。可见流体的流动性是受粘性制约的，粘性越强，流动性越差，这就是粘性的表象。

再看一个实例：在宽浅水槽的中部，实测各点的流速，可得出液面流速大、底部流速小的流速分布曲线，如图1.2.1。产生这个现象的原因是：与槽底相接触的液层中的质点由于附着力的作用，粘附在槽底静止不动；同时，因受粘性影响，槽底以上各流层中质点的运动，并非各不相干而是互相牵连着前进的，各流层中质点的速度都要不同程度地受到不动质点的阻滞影响而减慢，离槽底愈近，不动质点的影响愈大，该处质点流速愈慢，这样就形成图中近底流速小、液面流速大的流速分布连续曲线。

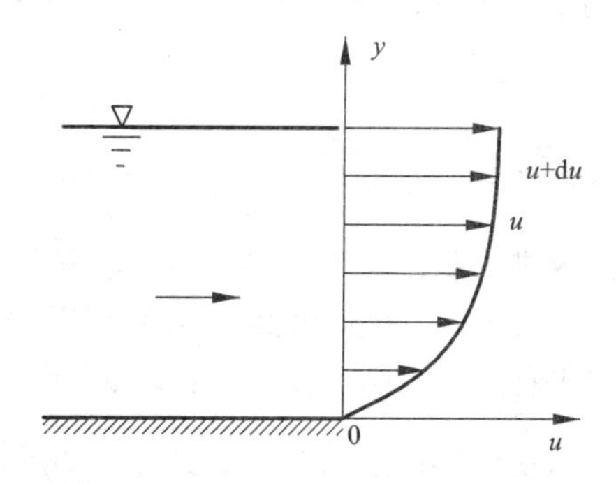

图1.2.1 宽浅水槽中部流速分布图

2. 牛顿内摩擦定律

当流体处在运动状态时，若流体质点之间存在着相对运动，则质点间要产生内摩擦力抵抗其相对运动，这种性质称为流体的粘性(或粘滞性)，此内摩擦力称为粘滞力。粘性是流体的固有属性，任何一种实际流体都具有粘性。粘性是流体在运动过程中产生阻力和机械能损失的根源。粘性的存在也给流体运动规律的分析带来很多困难。

牛顿(Newton I. 英国)通过著名的平板实验说明了流体的粘性，实验装置如图1.2.2(a)，两个平置的平行平板，相距为h，其间充满流体，平板面积足够大，以至可忽略边缘对液流的影响。下板固定不动，上板受一拉力的作用，以匀速U向右运动。因任何微小的剪切力都会引起流体的流动，此时，两板中间的流体自然会发生运动，由于流体具有粘性，与下层平板相接触的一层流体粘附于平板上，速度为零；粘附于上层平板上的流体速度为U。实验表明，当U与h均不大时，沿y轴方向，各层流体的运动速度一般呈线性分布，靠近固壁处流速较小，远离固壁处流速较大。若距固壁为y处的流速为u，在相邻的$y+\mathrm{d}y$处的流速为$u+\mathrm{d}u$，由于两流层流速不一致，两流层之间将产生内摩擦力。下面一层的流速小，对上面一层作用一个与流速方向相反的摩擦力，有将上层流体流速减缓的趋势；而上面一层的流速大，对下层流体作用有一个与流速方向一致的摩擦力，有使其加速的趋势。这两个力成对出现，大小相等，方向相反。

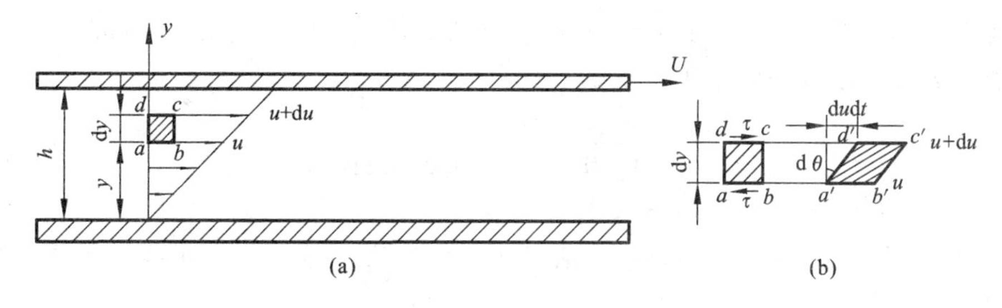

图1.2.2 牛顿平板实验

牛顿在1687年提出(并经后人验证)内摩擦定律：相邻两流层接触面单位面积上所产生的内摩擦力τ的大小，与两流层之间的速度差$\mathrm{d}u$成正比，与两流层之间的距离$\mathrm{d}y$成反比，同时，与流体的性质有关，与接触面上的压力无关。

$$\tau=\mu\frac{\mathrm{d}u}{\mathrm{d}y} \tag{1.2.4}$$

式中：$\frac{\mathrm{d}u}{\mathrm{d}y}$——流速沿流层法线方向的变化率，称为流速梯度。表示各流层相对运动的强度。

为进一步说明流速梯度的物理意义，从图 1.2.2 中相距为 $\mathrm{d}y$ 的上、下两流层间取矩形流体微团 $abcd$，该微团经 $\mathrm{d}t$ 时间后运动至新的位置 $a'b'c'd'$，因两流层的速度相差 $\mathrm{d}u$，微团除平移外，还伴随着形状的改变，由原来的矩形变成了平行四边形，见图 1.2.2(b)。产生了剪切变形(角变形)$\mathrm{d}\theta$，其剪切变形速度为$\frac{\mathrm{d}\theta}{\mathrm{d}t}$。在 $\mathrm{d}t$ 时段内，d 点比 a 点多移动的距离为 $\mathrm{d}u\mathrm{d}t$，因为 $\mathrm{d}t$ 为微分时段，角变形 $\mathrm{d}\theta$ 亦为微分量，可认为

$$\mathrm{d}\theta\approx\tan(\mathrm{d}\theta)=\frac{\mathrm{d}u\mathrm{d}t}{\mathrm{d}y}$$

即：

$$\frac{\mathrm{d}\theta}{\mathrm{d}t}=\frac{\mathrm{d}u}{\mathrm{d}y} \tag{1.2.5}$$

可见流速梯度$\frac{\mathrm{d}u}{\mathrm{d}y}$实为流体微团的剪切变形速度$\frac{\mathrm{d}\theta}{\mathrm{d}t}$，牛顿内摩擦定律也可表示为

$$\tau=\mu\frac{\mathrm{d}\theta}{\mathrm{d}t} \tag{1.2.6}$$

即流体因粘性产生的内摩擦力与流体微团的剪切变形速度成正比。当切应力一定时，粘性越大，剪切变形速度越小，所以流体的粘性可视为流体抵抗剪切变形的特性。

式中：μ——随流体种类而异的比例系数，表征流体粘性的强弱，称为动力粘度(或动力粘滞系数、绝对粘度)，简称粘度。μ 值越大，流体越粘，流动性越差。μ 随流体种类、温度、压强的变化而变化：温度是影响流体粘性的主要因素，温度升高，液体粘性降低，气体则相反；在低压(通常指低于 100 个大气压)情况下，压强对液体粘度 μ 的影响较小，一般不考虑，气体的粘度不受压强的影响。

粘度 μ 的量纲：$\mathrm{FTL^{-2}}$；SI 单位：$1\ \mathrm{N\cdot s/m^2}=1\ \mathrm{Pa\cdot s}$。

在工程流体力学中，μ 值常与密度 ρ 以比值$\frac{\mu}{\rho}$的形式出现，为简便考虑，命名 $\nu=\frac{\mu}{\rho}$，因其量纲仅具有运动量的量纲 $\mathrm{L^2T^{-1}}$，故称为运动粘度。其单位为：$\mathrm{m^2/s}$、$\mathrm{cm^2/s}$。

水的运动粘度 ν 随温度变化的经验公式

$$\nu=\frac{0.01775}{1+0.0337t+0.000221t^2} \tag{1.2.7}$$

式中：t——水的温度，℃；ν 以 $\mathrm{cm^2/s}$ 计。

常压下不同温度时水的动力与运动粘度见表 1.2.3，一个大气压下空气的动力与运动粘度见表 1.2.4。

由表可见，液体的粘度随温度升高而减小，气体的粘度却随温度升高而增大。其原因是粘性是分子间的吸引力和分子不规律的热运动产生动量交换的结果，温度升高，分子间的吸引力降低，分子间的热运动增强，动量增大；温度降低时则相反。对于液体，分子间的引力即内聚力是形成粘性的主要因素，液体分子间的距离较小，温度升高，分子间距离增

大，内聚力减小，粘度随之减小；气体分子间距离远大于液体，分子热运动引起的动量交换是形成粘性的主要因素，温度升高，分子热运动加剧，动量交换加大，粘度随之增大。

表 1.2.3 常压下水的动力粘度与运动粘度

温 度(℃)	$\mu(10^{-3}Pa\cdot s)$	$\nu(10^{-6}m^2/s)$	温 度(℃)	$\mu(10^{-3}Pa\cdot s)$	$\nu(10^{-6}m^2/s)$
0	1.792	1.792	40	0.654	0.659
5	1.512	1.512	45	0.597	0.603
10	1.306	1.306	50	0.549	0.556
15	1.145	1.146	60	0.469	0.478
20	1.009	1.011	70	0.406	0.415
25	0.895	0.897	80	0.357	0.367
30	0.800	0.803	90	0.317	0.328
35	0.721	0.725	100	0.282	0.296

表 1.2.4 一个大气压下空气的动力粘度与运动粘度

温 度(℃)	$\mu(10^{-3}Pa\cdot s)$	$\nu(10^{-6}m^2/s)$	温 度(℃)	$\mu(10^{-3}Pa\cdot s)$	$\nu(10^{-6}m^2/s)$
0	0.0172	13.7	90	0.0216	22.9
10	0.0178	14.7	100	0.0218	23.6
20	0.0183	15.7	120	0.0228	26.2
30	0.0187	16.6	140	0.0236	28.5
40	0.0192	17.6	160	0.0242	30.6
50	0.0196	18.6	180	0.0251	33.2
60	0.0201	19.6	200	0.0259	35.8
70	0.0204	20.5	250	0.0280	42.8
80	0.0210	21.7	300	0.0298	49.9

3. 流体内摩擦力与固体摩擦力的对比

(1)与固体库伦定律的对比

固体与固体之间的摩擦力 T 遵循库伦定律：

$$T = fN$$

式中：N——正压力；f——摩擦系数。可见，固体之间的摩擦力与正压力有关。

流体之间内摩擦力遵循牛顿内摩擦定律

$$T = \mu A \frac{du}{dy}$$

式中：A——流体接触面面积。可见，流体内摩擦力与正压力无关。

(2)与固体剪切虎克定律的对比

固体的切应力遵从剪切虎克定律：$\tau \propto d\theta$，切应力与剪切变形的大小成正比；

流体切应力遵从牛顿内摩擦定律：$\tau \propto \frac{d\theta}{dt}$，切应力与剪切变形的速度成正比。

4. 牛顿流体与理想流体

一般把符合牛顿内摩擦定律的流体称为牛顿流体。即在温度不变的条件下，这类流体的粘度μ值不变，剪切应力与剪切变形速度(流速梯度)成正比，如图1.2.3所示。水、酒精和空气均为牛顿流体。不符合牛顿内摩擦定律的流体统称为非牛顿流体，包括理想宾汉流体(塑性流体)：如血浆、泥浆；伪塑性流体：如油漆；膨胀性流体：如浓淀粉糊等。本教材的任务仅研究牛顿流体。

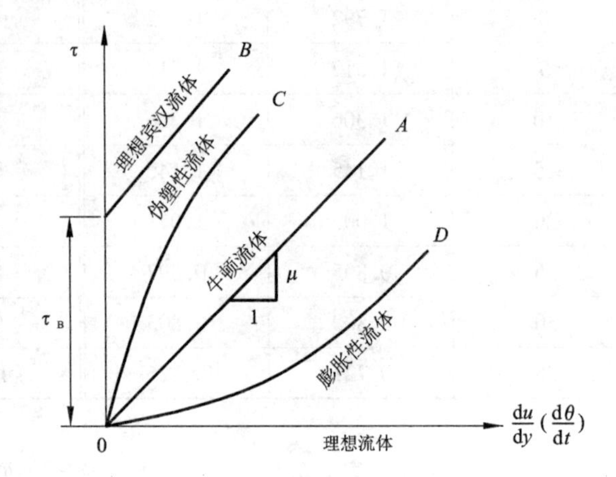

图1.2.3 牛顿流体及非牛顿流体

在牛顿流体中有一特例：$\mu = 0$的流体，即没有粘性的流体，称为理想流体。理想流体的严格定义是：绝对不可压缩，不能膨胀，没有粘性的连续介质。由于流体分子间的距离很小，压缩性及膨胀性也很小，这些方面实际流体与理想流体差别很小，所以，一般而言，理想流体是指没有粘性的流体。

实际的流体，无论是液体还是气体，都是有粘性的。粘性的存在，给流体运动规律的研究带来极大的困难。为了使问题简化，引入“理想流体模型”，即先抛开粘性分析理想流体，应用到实际流体时，再进行修正。理想流体实际上是不存在的，它只是一种对流体物理性质进行简化的力学模型。

5. 牛顿内摩擦定律的适用条件

流体沿着固体平面壁作平行的直线运动，且流体质点是有规则地一层一层地向前运动而互不掺混，这种各流层间互不干扰的运动称为层流运动。这将在第4章中详细讨论。单独采用牛顿内摩擦定律计算粘滞内摩擦切应力就只适用于作层流运动的牛顿流体。

【例1.2.1】 当断面上流速为图1.2.2所示的直线分布时，各点的粘滞切应力τ如何分布？流体静止时，粘滞切应力τ为多少？此时流体是否具有粘性？

【解】

(1)当断面流速为直线分布时，断面上各点的流速梯度相等，即$\frac{du}{dy} = \frac{U}{H}$，根据牛顿内摩擦定律，粘滞切应力$\tau = \mu \frac{du}{dy} = \text{const}$，即$\tau$沿$y$轴均匀分布。

(2)当流体不流动时，$u = 0$，$\frac{du}{dy} = 0$，$\tau = \mu \frac{du}{dy} = 0$。

虽然粘滞切应力为零，但流体仍然具有粘性，只是不流动就没有表现出来。

【例1.2.2】 平板沿倾角为α的固定斜面以匀速U向下滑动，平板与斜面之间涂有厚度为δ的润滑油，已知平板底面积为A，重量为G，求润滑油的动力粘度μ。

【解】

平板受重力的作用向下滑动，中间的润滑油自然会相应发生运动，由于润滑油的粘性，贴近平板下面的流体速度为 U，粘附在斜面壁上的流体速度为零。当 U 与 δ 均不大时，各层流体的运动速度呈线性分布。平板作匀速运动，重力 G 沿斜面方向的分量应等于平板所受到的粘滞切应力 T。即

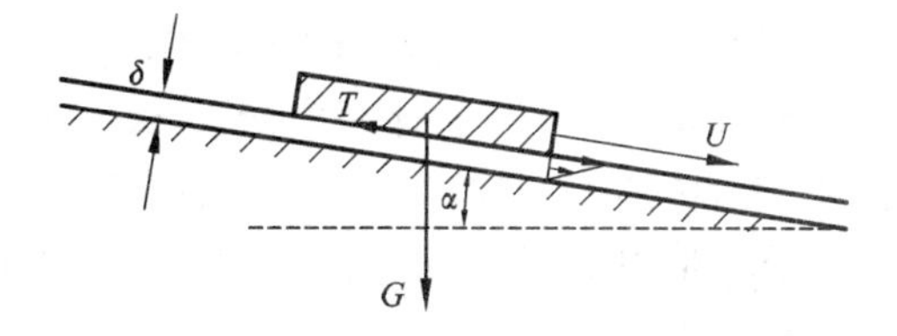

图 1.2.4 例 1.2.2 图

$$G\sin\alpha = T = \mu \frac{U}{\delta} A$$

$$\mu = \frac{G\delta\sin\alpha}{UA}$$

1.2.4 弹性特性

1. 压缩性与压缩系数

流体受压力作用时，分子间距离减小，宏观体积减小，密度加大，除去外力后能恢复原状，这种性质称为压缩性(或弹性)。流体的压缩性可以用体积压缩系数 κ 来度量。设压缩前的体积为 V，当压强增量为 $\mathrm{d}p$ 时，相应的体积减小量为 $\mathrm{d}V$，则体积压缩系数

$$\kappa = -\frac{\frac{\mathrm{d}V}{V}}{\mathrm{d}p} \tag{1.2.8}$$

由于流体的体积是随压强的增大而减小，所以 $\frac{\mathrm{d}V}{V}$ 和 $\mathrm{d}p$ 异号，故上式右侧加一负号，以保证 κ 为正值。由上式可知，压缩系数 κ 为在一定的温度下，增加一个单位压力时，流体体积的相对缩小量。κ 值越大，流体的压缩性越大，κ 的单位为 Pa^{-1}。

因流体受压时，体积压缩，分子间距减小，导致了分子间巨大排斥力的出现，形成流体内部的压应力，一旦外力取消，则流体在其内部压应力的作用下，恢复原来的体积，故压缩性也称为弹性。

由于流体随压强增大，体积减小，但质量并没变化，故密度增大。

$$\mathrm{d}m = \mathrm{d}(\rho V) = \rho \mathrm{d}V + V\mathrm{d}\rho = 0$$

所以

$$\frac{\mathrm{d}V}{V} = -\frac{\mathrm{d}\rho}{\rho}$$

代入式(1.2.8)，体积压缩系数也可写作

$$\kappa = \frac{1}{\rho}\frac{\mathrm{d}\rho}{\mathrm{d}p} \tag{1.2.9}$$

液体的体积压缩系数很小，工程上常使用其倒数——体积弹性模量 K(简称体积模量)来衡量液体的压缩性

$$K = \frac{1}{\kappa} = -\frac{\mathrm{d}p}{\frac{\mathrm{d}V}{V}} = \rho\frac{\mathrm{d}p}{\mathrm{d}\rho} \tag{1.2.10}$$

K 值越大，表示流体越不易压缩，$K\to\infty$ 表示绝对不可压缩。K 的单位是 Pa。

流体的种类不同，其 K 值不同；同一种流体，K 值随温度和压强变化。液体的压缩性很小，比如水，在10℃时体积模量 $K=2.1\times10^9$ Pa。即每增大一个大气压(98 kPa)时，水的体积相对压缩值不到 2 万分之一，所以，工程上除一些压强变化过程非常迅速的流动(如水击波的传递)外，一般不考虑水的压缩性。

气体由于分子间距离较大，很容易压缩，压缩性一般不能忽略。在温度不过低(绝对温度不低于253 K)、压强不过高(不超过20 MPa)时，常用气体(如空气、氮、氧、二氧化碳等)的密度、压强和温度之间的关系，符合完全气体(物理学称为理想气体)状态方程

$$p=\rho RT \tag{1.2.11}$$

式中：p——气体的绝对压强(Pa)；

ρ——气体密度(kg/m^3)；

T——绝对温度(K)；

R——气体常数，在标准状态下，空气的气体常数 $R=287\ \frac{N\cdot m}{kg\cdot K}=287\ J/(kg\cdot K)$

2. 膨胀性与体积膨胀系数

温度升高，流体的宏观体积增大，密度减小，温度下降后能恢复原状的性质称为膨胀性。流体的膨胀性用体积膨胀系数 α_V 表示。压强一定的条件下，体积为 V 的流体，温度增高 dt，体积增加量为 dV，则体积膨胀系数

$$\alpha_V=\frac{\frac{dV}{V}}{dt}=-\frac{\frac{d\rho}{\rho}}{dt} \tag{1.2.12}$$

体积膨胀系数为温度每增加1℃时，流体体积的相对增加率或流体密度的相对减小率。α_V 值越大，流体的膨胀性越大，α_V 的单位为℃$^{-1}$(或 K^{-1}，K 是绝对温度的单位)。α_V 随温度和压强变化。水的膨胀性很小，在常温常压下约为 10^5 分之一，工程中一般忽略不计。

3. 不可压缩流体

流体的体积和密度不随压力而变化即为不可压缩流体。对于均质的不可压缩流体，密度时时处处都不变化，即 $\rho=$ 常数。在实际工程中，一般认为水和其他液体是不可压缩流体。对于低速气流，当其速度远小于音速时，密度变化不大，如气流速度小于50 m/s，密度的变化小于1%，通常也视为不可压缩流体。

1.2.5 表面张力特性

1. 液体的表面张力

由于液体分子之间具有内聚力，在液体内部，分子受到周围分子的吸引，总的吸引力为零，因此液体内部是平衡的。而在液体自由表面上的分子，液体一侧的分子吸引力较大，与气体相接触的另一侧分子吸引力很小，两侧不能平衡，因此，表面上的液体分子受到一个指向液体内部的引力，这个沿液体表面作用着的使自由表面张紧的力称为表面张力。气体由于分子的扩散作用，不存在自由表面，也就不存在表面张力。表面张力是液体特有的性质，一般产生在液体与气体相接触的自由表面上，在液体与固体、液体与液体(如汞－水)的接触面上也可发生。

表面张力现象是日常生活中经常遇到的一种自然现象，如水面可以高出杯口而不外溢，硬币可以水平地浮在水面上而不下沉等等。表面张力的作用，使自由表面好像是一张均匀受力的弹性薄膜，有尽量缩小的趋势，从而使得液体的表面积最小。例如一滴液体，如果没有其他力的影响，它总是呈现出球形，因为球形的表面面积最小。

液体表面张力的作用方向是与自由表面相切的，所以表面张力的大小可以用液体表面单位长度所受的拉力即表面张力系数 σ 来度量，单位是 N/m。σ 的大小随液体的种类、温度和表面接触情况的不同而有所变化。

水及其他液体的表面张力很小，对液体的宏观运动不起作用，在一般的工程流体力学问题中可以忽略不计，只在某些特殊的情况下（如在流体力学实验中用测压管测量液体的压强）才显示其影响。

2. 毛细现象

两端开口的玻璃细管竖立在液体中，液体会在细管中上升或下降 h 高度，此现象为毛细现象。如图 1.2.5 所示。

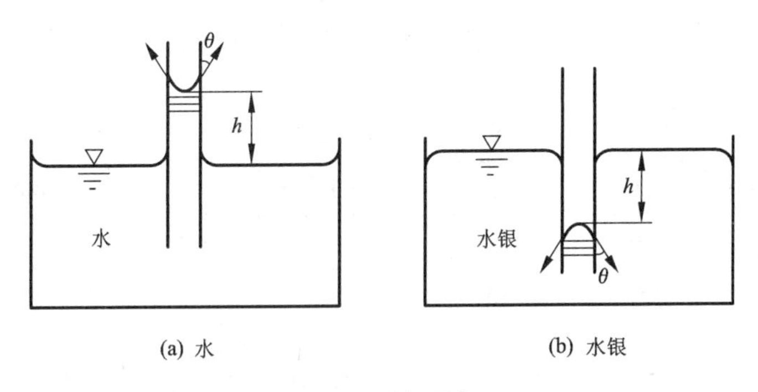

(a) 水　　(b) 水银

1.2.5　毛细现象

为什么细管中的液面有时会上升，有时又会下降呢？这可以从液体分子和管壁分子间的相互作用来说明。我们把液体分子间的吸引力称为内聚力，液体分子与管壁分子之间的吸引力称为附着力。当玻璃细管插入水中时，水的内聚力小于水同玻璃之间的附着力，水将湿润管壁，管内液面将沿着壁面向上延伸，使液面向上弯曲呈凹形，再由于表面张力的作用，液面有所上升，直到上升的水柱重量与表面张力的垂直分量相平衡为止，如图 1.2.5（a）。当玻璃细管插入水银中时，水银的内聚力远大于水银同玻璃之间的附着力，水银不能湿润管壁，水银表面呈现凸形的弯曲面且低于管外液面，如图 1.2.5（b）。

管内液面上升或下降的高度称为毛细管高度 h，h 在表面张力与重力作用下保持平衡。设玻璃管的直径为 d，液面与管壁的接触角为 θ，则

$$\rho g h \frac{\pi d^2}{4} = \sigma \pi d \cos\theta$$

$$h = \frac{4\sigma\cos\theta}{\rho g d} \tag{1.2.13}$$

式中：接触角 θ 与液体的种类及管壁材料等有关。

上式说明毛细管高度 h 与管径 d 成反比，即玻璃管内径越小，毛细管上升高度就越大。当测压管的内径大于 10 mm 时，毛细管内液面上升或下降的高度很小，可忽略不计。

20℃时，水在细管中的超高

$$h = \frac{29.8}{d}\ (\mathrm{mm}) \tag{1.2.14}$$

水银在细管中的超高

$$h = -\frac{10.5}{d}\ (\mathrm{mm}) \tag{1.2.15}$$

负号表示管中液面较管外液面低。

1.2.6 汽化压强

物质从液态变为气态的现象称为汽化。汽化有两种方式：只在液体表面进行的称为蒸发，液体表面和内部同时进行的称为沸腾。沸腾时，液体内部产生的小汽泡上升、汇聚到液面，破裂后汽体分子逸入大气。

液体总是在一定温度和一定压强下才能沸腾，这个温度就是沸点，这个压强(一般以绝对压强计)称为汽化压强(或蒸汽压强、饱和蒸汽压强)，以 p_v 表示。汽化压强和沸点的关系是：汽化压强增大，沸点升高；汽化压强减小，则沸点降低。不同温度下水的汽化压强 p_v 值见表 1.2.5。

表 1.2.5 不同温度时水的汽化压强

温 度(℃)	100	90	80	70	60	50
汽化压强(m 水柱)	10.33	7.15	4.83	3.18	2.03	1.24
温 度(℃)	40	30	20	10	5	0
汽化压强(m 水柱)	0.75	0.43	0.24	0.12	0.09	0.06

当液体中某处压强达到或小于汽化压强时，该处液体便沸腾，液体内部形成许多气泡，这种现象称为空化。注意空化与外界空气掺入液流中形成的气泡有本质的区别，空化是液体质点的相变(即由液态转换为气态)。在我们分析各种液流现象或阐明液体运动的普遍规律时，有一个前提是所研究的液体是连续介质，空化现象发生以后，气泡里不是液体而是气体，这就破坏了液流的连续性条件。同时，气泡若随液流进入下游高压区，气泡内的蒸汽又将重新溶于液体，可能发生空蚀破坏(详见第5章)。因此，液体的这一物理性质，在分析水工建筑物和水力机械的空蚀问题时，必须考虑。

以上所介绍的流体的6个主要物理力学性质，都在不同程度上决定和影响着流体的运动，但每一种性质的影响程度并不是同等的，在有些情况下，某种物理性质占支配地位，在另一些情况下，另一种物理性质占支配地位。一般而言，重力、粘滞力对流体运动的影响起着重要作用，而弹性力及表面张力，只对某些特殊流体运动发生影响。

1.3 作用在流体上的力

力是物体平衡和机械运动的原因，因此，研究流体的平衡和机械运动规律，必须首先分析作用在流体上的力。作用在流体上的力，若按其物理性质分，可分为重力、摩擦力、弹性力、表面张力、惯性力等。若按其作用方式的不同，可分为表面力、质量力。采用这种分类方式的目的是便于流体的受力分析。

1.3.1 表面力

表面力是指通过直接接触作用在流体的表面上，并与受作用的流体表面面积成正比的力。它是相邻流体或其他物体的作用结果。压力、切向力、摩擦力等都是表面力。

根据连续介质的概念，表面力连续分布在流体表面上，因此分析时既可采用总作用力也可采用应力来度量。由于流体内部不能承受拉力，所以表面力又可分为与作用面垂直的压力（或压强）及与作用面平行的切向力（或切应力）。

在静止流体中任取一如图 1.3.1 所示的隔离体作为研究对象，在隔离体表面上过 A 点取微元面积 ΔA，作用在 ΔA 上的力 ΔF，可以分解为法向力 ΔP 和切应力 ΔT，则作用在微元面积 ΔA 上的平均法向力为$\frac{\Delta P}{\Delta A}$，平均切向力为$\frac{\Delta T}{\Delta A}$。

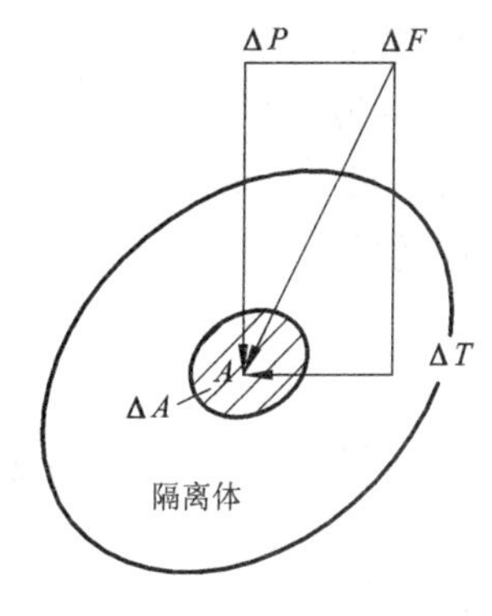

1.3.1 表面力

由于作用在流体上的表面力为连续函数，故微元面积 ΔA 上的某一点的应力，可以通过平均值的极限求得。

压强

$$p=\frac{\mathrm{d}p}{\mathrm{d}A}=\lim_{\Delta A\to 0}\frac{\Delta P}{\Delta A} \tag{1.3.1}$$

切应力

$$\tau=\frac{\mathrm{d}T}{\mathrm{d}A}=\lim_{\Delta A\to 0}\frac{\Delta T}{\Delta A} \tag{1.3.2}$$

表面力的单位：总作用力：N、kN；应力：Pa（N/m^2）、kPa。

1.3.2 质量力

质量力是指以隔距离作用方式施加在流体的每个质点上，并与受作用的流体的质量成正比的力。对均质流体，必然与流体体积成比例，所以又称为体积力。

工程流体力学中常出现的质量力是重力；若取坐标系为非惯性力系，根据达朗贝尔原理，建立力的平衡方程时计入的惯性力也为质量力；如流体带有电荷或有电流通过流体，则承受另一种质量力——电磁力的作用。

质量力的大小也可采用总作用力或单位质量力两种方法来度量。

单位质量力是作用在单位质量流体上的质量力。如隔离体中的流体是均质的，其质量为 m，总质量力为 $\boldsymbol{F}$，则单位质量力 $\boldsymbol{f}$ 为

$$\boldsymbol{f}=\frac{\boldsymbol{F}}{m} \tag{1.3.3}$$

总质量力在各坐标轴上的分量为 F_x，F_y，F_z，则单位质量力在相应坐标轴上的分量为

f_x, f_y, f_z。

$$F = \{F_x, F_y, F_z\}$$

$$f = \{f_x, f_y, f_z\} = \left\{\frac{F_x}{m}, \frac{F_y}{m}, \frac{F_z}{m}\right\} \quad (1.3.4)$$

单位质量力的量纲是 LT^{-2}，SI 单位：m/s^2，与加速度的量纲和单位相同。

如图 1.3.2 当质量力只有重力时，则 $F = G = mg$，总质量力的三个分量分别为

$$F = \{F_x, F_y, F_z\} = \{0, 0, -mg\}$$

式中负号表示质量力的方向与 z 轴的方向相反。

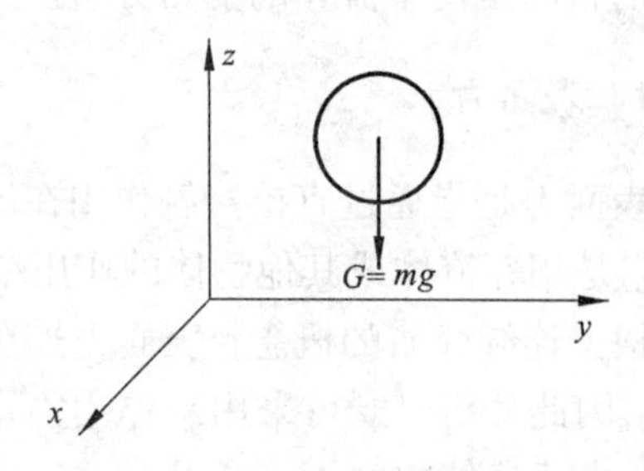

图 1.3.2 质量力只有重力

相应的单位质量力分别为

$$f = \{f_x, f_y, f_z\} = \{0, 0, -g\}$$

1.4 工程流体力学的发展简史与研究方法

1.4.1 工程流体力学的发展简史

同其他自然科学一样，工程流体力学也是随着生产实践而发展起来的。我国在防止水患、兴修水利方面有着悠久的历史。早在几千年前，由于治河、航运、农业、交通等事业的发展，人们便开始了解一些水流运动的基本规律。如相传 4000 多年以前的大禹治水，“疏壅导滞”使滔滔洪水各归于河，表明我国古代进行过大规模的治河防洪工作。在公元前 256 年至 210 年间修建的都江堰、郑国渠和灵渠三大水利工程，说明当时对明渠水流和堰流的认识已达到相当高的水平，特别是历经 2000 多年至今仍在灌溉着上千万亩良田的都江堰工程，被誉为“活的水利博物馆”。又如距今已近 1400 年而依然保持完好的赵州桥，在主拱圈两边各设有两个小腹拱，既减轻了主拱的荷载，又可泄洪，可见当时人们对桥涵水力学已有相当的认识。陕西兴平出土的西汉时期的计时工具——铜壶滴漏，就是利用孔口出流原理通过容器的水位变化来计算时间。北宋时期，在运河上修建的真州复闸，比 14 世纪末在荷兰出现的同类船闸约早 300 多年。客观地评价，在 14 世纪以前，我国的工程流体力学技术在世界上是处于领先地位的，但长期处于概括的定性阶段而未能形成严密的科学理论。

与我国的情况相类似，早在几千年前，在埃及、巴比伦、希腊、印度等地，为了发展农业和航运，也修建了大量的渠系，古罗马人则修建了大规模的供水管道系统。目前世界上公认的真正对流体力学学科形成最早作出贡献的是古希腊科学家阿基米德(Archimedes)，他在公元前 250 年左右写的《论浮体》，奠定了流体静力学的基础。但以后直到 15 世纪文艺复兴时期，尚未能形成系统的理论。

16 世纪以后，随着资本主义制度的兴起，生产力得以迅速发展，自然科学如数学、力学等发生了质的飞跃。在城市建设、航海和机械工业发展需要的推动下，流体力学也随之迅速发展。意大利的达·芬奇(Vinci L. da)是文艺复兴时期出类拔萃的美术家、科学家兼工程师，他倡导用实验方法了解水流性态，并通过实验描绘和讨论了许多水力现象，如自

由射流、漩涡形成、水跃和连续性原理等等。帕斯卡(Pascal B. 法国)提出液体中压力传递的定理；托里拆利(Torricelli E.)给出了孔口泄流的公式。牛顿于1686年发表了他的名著《自然哲学的数学原理》，对普通流体的粘性性状作了这样的描述："由于流体各部分缺乏润滑而产生的阻力，在其他条件不变的情况下，正比于使该流体各部分相互分离的速度。"用现代常用的表达方式即为粘性切应力与剪切应变速率成正比。这就是本章第2节刚学过的牛顿内摩擦定律。

18~19世纪，古典流体力学(古典水动力学)及实验流体力学(水力学)得到了较大的发展，形成了两门独立的学科。古典流体力学的奠基人是瑞士数学家伯努利(Bernoulli D.)和欧拉(Euler L.)。1738年，伯努利提出了水动力学能量方程，欧拉于1755年建立了理想流体运动的微分方程，以后纳维(Navier C. - 法国)和斯托克斯(Stokes G. 英国)建立了粘性流体运动的微分方程。但是，由于这些纯理论的推导所作的某些假设与实际不尽相符，或由于数学求解上的困难，所以当时难以用于解决实际工程问题。与此同时，为了适应工程技术迅速发展的需要，采用实验和观测手段，直接寻求水力参数间的定量关系的实验流体力学得到蓬勃发展。这一时期卓有成就的多数是工程师。其中著名的法国工程师谢才(Chézy A.)于1769年总结出明渠均匀流公式，一直沿用至今。此外还有多名工程师总结了有压管流、堰流和孔口出流等许多经验公式、系数和图表。由于理论指导不足，这类成果往往具有一定的局限性，解决复杂工程问题同样有困难。

19世纪末以来，随着生产技术尤其是航空方面理论和实验的迅速发展，导致了古典流体力学与实验流体力学的日益结合，逐渐形成了理论与实验并重的现代流体力学(或称流体力学)。雷诺(Reynolds O. 英国)通过实验指出：实际流体存在层流和紊流两种流态，并建立了紊流时均化的运动方程——雷诺方程。1904年普朗特(Prandtl L. 德国)创立的边界层理论，使流体力学进入了一个新的历史阶段。迅速发展的现代实验技术和建立在相似理论及量纲分析基础上的实验理论，大大提高了探索流体运动规律和对实验资料进行理论概括的水平。尤其是最近半个世纪以来，电子计算机的广泛应用使许多过去不能求解的问题通过数值计算得到解决。流体力学的研究范围从一维流动为主扩展到二维、三维流动；从等密度流动扩展到变密度、变温度流动；从单相流动扩展到多相流动；从主要关心水量扩展到水量水质同等重要。一般将侧重于理论方面的流体力学称为理论流体力学，而侧重于应用的称为工程流体力学或应用流体力学。

目前，工程流体力学在理论分析、实验研究和数值计算技术紧密结合的条件下，研究范围和服务领域越来越广，分支学科不断涌现，现已派生出计算流体力学、环境流体力学、工业流体力学、生物流体力学等许多新的学科，学科的内容正在不断变化和充实。由此可见，流体力学既是一门古老的学科，又是一门富有生机的学科。

1.4.2 工程流体力学的研究方法

工程流体力学的研究方法是与其发展历史紧密联系在一起的，目前主要有理论分析、科学试验和数值模拟三种。

1. 理论分析

理论分析方法是根据工程实际中流动现象的特点和物质机械运动的普遍规律，建立流体运动的基本微分方程及定解条件，然后运用各种数学方法求出方程的解。理论分析法的关键在于提出理论模型(亦称数学模型),并能运用数学方法求出揭示流体运动规律的理论结果。理论分析在建立流体运动的一般规律方面,已经达到较为成熟的程度。但由于实际流体运动的多样性,对于某些复杂的运动,完全运用理论分析解决问题还存在数学上的困难,难以精确求解。

2. 科学试验

科学试验方法是通过对具体流动的观测,来认识流体运动的规律。在工程流体力学中科学试验占有极为重要的地位,一方面是检验理论分析结果的正确性,另一方面当有些工程流体力学问题在理论上还不能完全得到解决时,通过试验可以找到一些经验性的规律,以满足实际应用的需要。就当前工程流体力学研究的现状而言,科学试验还是一个极其重要的手段。工程流体力学的试验研究主要包括原型观测、系统试验和模型试验,且以模型试验为主。

3. 数值模拟

数值模拟又称数值实验,是伴随现代计算机技术及其应用而出现的一种方法。它广泛采用有限差分法、有限单元法、边界元法以及谱方法等将工程流体力学中一些难以用解析方法求解的理论模型离散为数值模型,用计算机求得定量描述流体运动规律的数值解。

以上三种方法相互结合,为发展流体力学理论和解决复杂的工程流体力学问题奠定了基础。本教材主要介绍理论分析,简要介绍试验研究方法。至于数值模拟,读者可参阅有关计算流体力学或计算水力学书籍。

1.5 量纲一致性原则

在科学试验中,为了得出流体运动的规律性,还必须使用分析的手段。这当中除了涉及一般数理知识、数据处理方法以外,还要运用量纲分析这个工具。

1.5.1 量纲分析的基本概念

1. 量纲

在工程流体力学中涉及到许多不同的物理量,如长度、时间、质量、力、速度、粘度等等,所有这些物理量都是由两个因素构成:一个是物理量自身的物理属性(或称类别);另一个是物理量的度量标准(或称度量单位)。例如长度,它的物理属性是线性几何量,度量单位则规定有米、厘米、英尺、光年等不同的单位。

我们把物理量的属性称为量纲(或因次)。显然,量纲是物理量的实质,是惟一的,不含有人为的影响。约定用物理量的代表符号的大写正体表示量纲,如通常以 L 代表长度量纲,T 代表时间量纲,M 代表质量量纲。也可在物理量的代表符号前面加“dim”来表示量纲,则面积 A 的量纲可表示为

$$\dim A = \mathrm{L}^2$$

单位与量纲不同,单位是人为规定的度量标准,例如水深 $h = 1$ m,也可用 $h = 100$ cm 表示;现行的长度单位“米”,最初是1791 年法国国民会议通过的,是经过巴黎地球子午线长的4000 万分之一,1983 年10 月召开的第17 届国际计量大会正式通过了“米”的新定义:是光在真空中在 1/299792458 秒的时间间隔内所传播的路程长度。按这种新的定义,光速

c 是一个固定的常数，即 c = 299792458 米/秒。因为有量纲量是由量的大小(数值)和单位两个因素决定的，因此含有人的意志影响。

2. 基本量纲与导出量纲

一个力学过程所涉及的各物理量的量纲之间有一定的联系，例如密度的量纲 $\dim\rho = ML^{-3}$就是与质量和长度的量纲相联系的。在量纲分析方法中根据物理量量纲之间的关系，把无任何联系、相互独立的量纲作为基本量纲，可以由基本量纲导出的量纲就是导出量纲。

基本量纲的选取，原则上并无一定的标准，例如取长度量纲 L 和时间量纲 T 作为基本量纲，则速度 v 是导出量纲，$\dim v = LT^{-1}$。若取长度 L 和速度 v 的量纲作为基本量纲，那么时间量纲便是导出量纲，$\dim T = LV^{-1}$。力学的基本量纲一般取为三个，但不是必需三个，可以多于三个，也可以少于三个。为了应用方便，并同国际单位制相一致，流体力学中研究不可压缩流体运动普遍采用长度 L、时间 T、质量 M 作为基本量纲，其他任何一个物理量量纲均为导出量纲。

某一物理量 q 的量纲可用三个基本量纲的指数乘积形式表示

$$\dim q = L^a T^b M^c \tag{1.5.1}$$

上式称为量纲公式。物理量 q 的性质由量纲指数 a、b、c 决定：若 $a\neq0$，$b=0$，$c=0$，则 q 为几何学的量；若 $a\neq0$，$b\neq0$，$c=0$，则 q 为运动学的量；若 $a\neq0$，$b\neq0$，$c\neq0$，则 q 为动力学的量。例如：面积 A 的量纲 $\dim A = L^2 = L^2T^0M^0$，是一几何学的量；加速度 a 的量纲 $\dim a = LT^{-2} = L^1T^{-2}M^0$，是一运动学的量；由牛顿第二定律 $F = ma$，可知力 F 的量纲 $\dim F = MLT^{-2} = M^1L^1T^{-2}$；由牛顿内摩擦定律 $T = \tau A = \mu A\dfrac{du}{dy}$可得动力粘度 μ 的量纲

$$\dim\mu = \dim\frac{\dfrac{F}{L^2}}{\dfrac{v}{L}} = \frac{\dfrac{MLT^{-2}}{L^2}}{\dfrac{LT^{-1}}{L}} = L^{-1}T^{-1}M^1$$

所以力 F 和动力粘度 μ 均为动力学的量。

工程流体力学中常用的各种物理量的量纲和单位如表 1.5.1 所示。

1.5.2 无量纲量

不具有量纲的量称为无量纲量(或无量纲数)，如量纲公式(1.5.1)中若各量纲指数均为零，即 $a=b=c=0$，则 $\dim q = M^0L^0T^0 = 1$，物理量 q 是无量纲量，或称量纲为 1 的量、纯数等。如圆周率 π =(圆周长/直径)= 3.14159…，角度 α =(弧长/曲率半径)，都是无量纲量。

无量纲量可由两个具有相同量纲的物理量相比得到，如水力坡度 $J = \dfrac{\Delta H}{l}$，量纲 $\dim J = \dfrac{L}{L} = 1$。也可由几个有量纲物理量通过乘除组合而成，例如雷诺数 $Re = \dfrac{vd}{\nu}$，其量纲 $\dim Re = \dim\left(\dfrac{vd}{\nu}\right) = \dfrac{LT^{-1}L}{L^2T^{-1}} = 1$，为一无量纲量。

表 1.5.1 工程流体力学中常用的量纲和单位

物理量			量纲 LTM 制	SI 单位
几何学的量	长度	l	L	m
	面积	A	L^2	m^2
	体积	V	L^3	m^3
	水头	H	L	m
	面积矩	I	L^4	m^4
运动学的量	时间	t	T	s
	流速	v	LT^{-1}	m/s
	加速度	a	LT^{-2}	m/s^2
	重力加速度	g	LT^{-2}	m/s^2
	角速度	ω	T^{-1}	rad/s
	流量	Q	L^3T^{-1}	m^3/s
	单宽流量	q	L^2T^{-1}	m^2/s
	环量	Γ	L^2T^{-1}	m^2/s
	流函数	ψ	L^2T^{-1}	m^2/s
	速度势	φ	L^2T^{-1}	m^2/s
	运动粘度	ν	L^2T^{-1}	m^2/s
动力学的量	质量	m	M	kg
	力	F	$LT^{-2}M$	N
	密度	ρ	$L^{-3}M$	kg/m^3
	动力粘度	μ	$L^{-1}T^{-1}M$	Pa·s
	压强	p	$L^{-1}T^{-2}M$	Pa
	切应力	τ	$L^{-1}T^{-2}M$	Pa
	弹性模量	E	$L^{-1}T^{-2}M$	Pa
	表面张力	σ	$T^{-2}M$	N/m
	动量	p	$LT^{-1}M$	kg·m/s
	功、能	W,E	$L^2T^{-2}M$	J = N·m
	功率	N	$L^2T^{-3}M$	W

依据无量纲量的定义和构成，可归纳出无量纲量具有以下特点。

1. 客观性

无量纲量的数值大小与所选取的单位制无关，如判别管流流态的临界雷诺数 $Re_k =$

2000，无论是采用国际单位制还是英制，其数值是不变的。前面已经指出，凡有量纲的物理量都有单位。同一个物理量，因选取的度量单位不同，数值也不同。如果用有量纲量作过程的自变量，计算出的因变量数值，将随自变量选取单位的不同而不同。因此，要使方程式的计算结果不受主观选取单位的影响，就需要把方程中各项物理量组合成无量纲项。从这个意义上说，无量纲项组成的方程式是真正客观的方程式。

2. 不受运动规模影响

无量纲量的数值大小与度量单位无关，也不受运动规模的影响。规模大小不同的流动，如两者是相似的流动，则相应的无量纲数相同；在模型试验中，常用同一个无量纲数（如雷诺数 Re）作为模型和原型流动相似的判据。

3. 可进行超越函数运算

有量纲量只能作简单的代数运算，作对数、指数、三角函数运算是没有意义的。只有无量纲化才能进行超越函数运算，如气体等温压缩所做的功 W 的计算式

$$W = p_1 V_1 \ln(\frac{V_1}{V_2})$$

式中$\frac{V_2}{V_1}$是压缩后与压缩前的体积比，只有组成这样的无量纲项，才能进行对数运算。

1.5.3 量纲一致性原则

在自然现象中，互相联系的物理量可构成物理方程。物理方程可以是单项式或多项式，甚至是微分方程等，同一方程中各项又可由不同物理量组合而成。但凡是正确反映客观规律的物理方程，其各项的量纲必须是一致的，这就是量纲一致性原则，也称量纲齐次性原则或量纲和谐原理。量纲一致性原则是量纲分析方法的基础，是已被无数事实证明了的客观原理。因为只有两个同类型的物理量才能相加减，否则是没有意义的。例如第 2 章要学习的重力作用下流体静压强的基本方程(2. 3. 2)

$$p = p_0 + \rho g h$$

式中各项的量纲一致，都是 $ML^{-1}T^{-2}$。又如第 3 章推导出的不可压缩实际流体恒定总流的能量方程(3. 6. 3)

$$z_1 + \frac{p_1}{\rho g} + \frac{\alpha_1 v_1^2}{2g} = z_2 + \frac{p_2}{\rho g} + \frac{\alpha_2 v_2^2}{2g} + h_w$$

式中各项的量纲均为长度 L。其他凡正确反映客观规律的物理方程，量纲之间的关系莫不如此。

在量纲一致的方程式中，一般来讲其系数和常数也应该是无量纲的。但在工程界至今还有一些根据试验资料和观测数据整理而成的经验公式，具有带量纲的系数。例如在明渠均匀流中应用很广的谢才公式(4. 6. 12)，如采用曼宁公式(4. 6. 15)计算谢才系数 C 值，公式变为

$$v = \frac{1}{n} R^{\frac{2}{3}} J^{\frac{1}{2}}$$

式中：v 为明渠过流断面的平均流速，量纲为 LT^{-1}；R 为水力半径，量纲为 L；n 为渠壁的糙率，J 为水力坡度，n 和 J 均为无量纲量，显然上式量纲是不一致的。在运用这些经验公

式时必须使用规定的单位，不得更换。这些经验公式从量纲上分析是不和谐的，表明人们对这一部分流动规律的认识尚不充分，只能用不完全的经验关系式来表示局部的规律性，这些公式将随着人们对流动本质的进一步认识而逐步被修正。

由量纲一致性原则可引申出以下两点：

(1)任一正确反映客观规律的有量纲的物理方程，均可以改写成由无量纲项组成的无量纲方程。因为方程中各项的量纲相同，只需用其中一项遍除各项，便得到一个由无量纲项组成的无量纲式，仍保持原方程的性质。

(2)量纲一致性原则规定了一个物理过程中有关物理量之间的关系。因为一个正确完整的物理方程中，各物理量量纲之间的关系是确定的，按物理量量纲之间的这一确定性，就可建立该物理过程各物理量的关系式。量纲分析方法就是根据这一原理发展起来的，它是20世纪初在力学上的重要发现之一。

1.6 量纲分析方法

流体力学中采用的量纲分析方法主要有两种：一种称瑞利法，适用于解决比较简单的问题；另一种叫 π 定理，是一种具有普遍性的方法。

1.6.1 瑞利法

瑞利(Rayleigh. 英国)法的基本原理是某一物理过程同 n 个物理量有关

$$f(q_1, q_2, \cdots, q_n)=0$$

其中的某个物理量 q_i 可表示为其他物理量的指数乘积

$$q_i = Kq_1^a q_2^b \cdots q_{n-1}^p \tag{1.6.1}$$

式中：K 为无量纲系数。其量纲式为

$$\dim q_i = K\dim(q_1^a q_2^b \cdots q_{n-1}^p)$$

将量纲式中各物理量的量纲按式(1.5.1)表示为基本量纲 L、T、M 的指数乘积形式，并根据量纲一致性原则，确定指数 a，b，…，p，就可得出表达该物理过程的方程式。下面举例说明。

【例1.6.1】 经试验观察，自由落体在时间 t 内经过的距离 s 与落体重量 W、重力加速度 g 及时间 t 有关。试用瑞利法给出自由落体下落距离公式。

【解】

(1)根据已知条件，列出相应的函数关系

$$s=f(W, g, t)$$

(2)写成指数乘积关系式

$$s=KW^a g^b t^c \tag{1.6.2}$$

式中：K 为由试验确定的无量纲系数。

(3)写出量纲式

$$\dim s = K\dim(W^a g^b t^c)$$

(4)选长度 L、时间 T、质量 M 为基本量纲，式中各物理量的量纲分别为：

$\dim s = \mathrm{L}$，$\dim W = \mathrm{MLT^{-2}}$，$\dim g = \mathrm{LT^{-2}}$，$\dim \mathrm{t} = \mathrm{T}$。

则有

$$L=(MLT^{-2})^a(LT^{-2})^b(T)^c=L^{a+b}T^{-2a-2b+c}M^a$$

(5)根据量纲一致性原则求量纲指数

$$\left.\begin{aligned}&\text{对 L}: 1=a+b\\&\text{对 T}: 0=-2a-2b+c\\&\text{对 M}: 0=a\end{aligned}\right\}$$

解方程组得 $a=0$，$b=1$，$c=2$。

(6)将各量纲指数代入指数乘积关系式(1.6.2)，整理得

$$s=Kgt^2$$

【例1.6.2】 由试验资料得知：流体在圆管中作层流运动时，流量 Q 与管段两端的压强差 Δp 成正比，与管段长 l 成反比，与半径 r_0、流体的动力粘度 μ 有关。试用瑞利法求圆管层流流量的计算关系式。

【解】

(1)根据已知试验资料的分析，可将 Δp、l 归并为一项$\frac{\Delta p}{l}$，写出下列函数关系

$$Q=f\left(\frac{\Delta p}{l},r_0,\mu\right)$$

(2)写成指数乘积关系式

$$Q=K\left(\frac{\Delta p}{l}\right)^a(r_0)^b(\mu)^c \tag{1.6.3}$$

(3)写出量纲式

$$\dim Q=K\dim\left[\left(\frac{\Delta p}{l}\right)^a r_0^b\mu^c\right]$$

(4)以 L、T、M 为基本量纲，则有

$$L^3T^{-1}=(L^{-2}T^{-2}M)^a(L)^b(L^{-1}T^{-1}M)^c=L^{-2a+b-c}T^{-2a-c}M^{a+c}$$

(5)根据量纲一致性原则求量纲指数

$$\left.\begin{aligned}&\text{对 L}: 3=-2a+b-c\\&\text{对 T}: -1=-2a-c\\&\text{对 M}: 0=a+c\end{aligned}\right\}$$

解方程组得 $a=1$，$b=4$，$c=-1$。

(6)将各量纲指数代入指数乘积关系式(1.6.3)，整理得

$$Q=K\left(\frac{\Delta p}{l}\right)r_0^4\mu^{-1}=K\frac{\Delta p}{l}\frac{r_0^4}{\mu}$$

由以上例题可以看出，用瑞利法求力学方程，在有关物理量不超过4个，待求的量纲指数不超过3个时，可直接根据量纲一致性原则求出各量纲指数，建立方程，如例1.6.1。当有关物理量超过4个时，则需要归并有关物理量，才能求得量纲指数，如例1.6.2。

1.6.2 π定理

由美国物理学家布金汉(Buckingham)1915年提出的 π 定理是量纲分析中更为通用的方法，这种方法可以把原来较多的变量改写为较少的无量纲变量，从而使问题得到简化。

π 定理：若某一物理过程包含 $n+1$ 个物理量（其中一个因变量，n 个自变量）

$$q=f(q_1, q_2, q_3, \cdots, q_n) \tag{1.6.4}$$

如果选择其中 m 个变量作为基本物理量，则该物理过程可由$[(n+1)-m]$个无量纲项所表达的关系式来描述，即

$$\pi=F(\pi_1, \pi_2, \pi_3, \cdots, \pi_{n-m}) \tag{1.6.5}$$

由于无量纲项用 π 表示，π 定理由此得名。下面用代数方法证明。

式(1.6.4)可用下列普通方程式表示：

$$q = \sum_i \alpha_i (q_1^{a_i} q_2^{b_i} q_3^{c_i} q_4^{d_i} q_5^{e_i} \cdots q_n^{p_i}) \tag{1.6.6}$$

式中：α 为无量纲的系数，i 为项数，$a, b, c, d, e, \cdots, p$ 为指数。

假设我们选用 q_1，q_2，q_3三个物理量的量纲作基本量纲，则各物理量的量纲均可用该三个基本物理量的量纲来表示

$$\left.\begin{aligned}
\dim q &= \dim(q_1^x q_2^y q_3^z) \\
\dim q_1 &= \dim(q_1^{x_1} q_2^{y_1} q_3^{z_1}) \\
\dim q_2 &= \dim(q_1^{x_2} q_2^{y_2} q_3^{z_2}) \\
\dim q_3 &= \dim(q_1^{x_3} q_2^{y_3} q_3^{z_3}) \\
\dim q_4 &= \dim(q_1^{x_4} q_2^{y_4} q_3^{z_4}) \\
\dim q_5 &= \dim(q_1^{x_5} q_2^{y_5} q_3^{z_5}) \\
&\cdots\cdots \\
\dim q_n &= \dim(q_1^{x_n} q_2^{y_n} q_3^{z_n})
\end{aligned}\right\} \tag{1.6.7}$$

或写成普通方程式

$$\left.\begin{aligned}
q &= \pi q_1^x q_2^y q_3^z \\
q_1 &= \pi_1 q_1^{x_1} q_2^{y_1} q_3^{z_1} \\
q_2 &= \pi_2 q_1^{x_2} q_2^{y_2} q_3^{z_2} \\
q_3 &= \pi_3 q_1^{x_3} q_2^{y_3} q_3^{z_3} \\
q_4 &= \pi_4 q_1^{x_4} q_2^{y_4} q_3^{z_4} \\
q_5 &= \pi_5 q_1^{x_5} q_2^{y_5} q_3^{z_5} \\
&\cdots\cdots \\
q_n &= \pi_n q_1^{x_n} q_2^{y_n} q_3^{z_n}
\end{aligned}\right\} \tag{1.6.8}$$

式中：π，π_1，π_2，π_3，π_4，π_5，$\cdots$，π_n为无量纲的比例系数，可通过下式来求

$$\pi_k=\frac{q_k}{q_1^{x_k} q_2^{y_k} q_3^{z_k}} \tag{1.6.9}$$

由量纲的一致性原则可知方程组(1.6.8)中各式等号两边的量纲应相等，因此方程组第二式的 $x_1=1$，$y_1=0$，$z_1=0$，得 $q_1=\pi_1 q_1$，$\pi_1=1$。同理，第三式 $q_2=\pi_2 q_2$，$\pi_2=1$；第四式 $q_3=\pi_3 q_3$，$\pi_3=1$。可见我们选作基本物理量的的三个 π 都等于1，式(1.6.8)可写为

$$\left.\begin{aligned}
&q=\pi q_1^x q_2^y q_3^z\\
&q_1=\pi_1 q_1=1\cdot q_1\\
&q_2=\pi_2 q_1=1\cdot q_2\\
&q_3=\pi_3 q_1=1\cdot q_3\\
&q_4=\pi_4 q_1^{x_4} q_2^{y_4} q_3^{z_4}\\
&q_5=\pi_5 q_1^{x_5} q_2^{y_5} q_3^{z_5}\\
&\cdots\cdots\\
&q_n=\pi_n q_1^{x_n} q_2^{y_n} q_3^{z_n}
\end{aligned}\right\}\tag{1.6.10}$$

将式(1.6.10)代入(1.6.6)得

$$\pi q_1^x q_2^y q_3^z = \sum_i \alpha_i [1\cdot 1\cdot 1\cdot \pi_4^{d_i}\cdot \pi_5^{e_i}\cdots \pi_n^{p_i}\cdot q_1^{(a_i+x_4d_i+x_5e_i+\cdots+x_np_i)}\cdot q_2^{(b_i+y_4d_i+y_5e_i+\cdots+y_np_i)}\cdot q_3^{(c_i+z_4d_i+z_5e_i+\cdots+z_np_i)}]\tag{1.6.11}$$

根据量纲的一致性原则，上式等号左右两边每一项的量纲应相等

$$\dim(q_1^x q_2^y q_3^z)=\dim[q_1^{(a_i+x_4d_i+x_5e_i+\cdots+x_np_i)}\cdot q_2^{(b_i+y_4d_i+y_5e_i+\cdots+y_np_i)}\cdot q_3^{(c_i+z_4d_i+z_5e_i+\cdots+z_np_i)}]$$

即

$$\left.\begin{aligned}
&a_i+x_4d_i+x_5e_i+\cdots+x_np_i=x\\
&b_i+y_4d_i+y_5e_i+\cdots y_np_i=y\\
&c_i+z_4d_i+z_5e_i+\cdots+z_np_i=z
\end{aligned}\right\}$$

将上式代入式(1.6.11)，得

$$\pi q_1^x q_2^y q_3^z = \sum_i \alpha_i (1\cdot 1\cdot 1\cdot \pi_4^{d_i}\cdot \pi_5^{e_i}\cdots \pi_n^{p_i}\cdot q_1^x\cdot q_2^y\cdot q_3^z)$$

以 $q_1^x\cdot q_2^y\cdot q_3^z$ 除上式各项得

$$\pi = \sum_i \alpha_i (1\cdot 1\cdot 1\cdot \pi_4^{d_i}\cdot \pi_5^{e_i}\cdots \pi_n^{p_i})$$

也可写成

$$\pi=f(1,1,1,\pi_4,\pi_5,\cdots,\pi_n)=f(\pi_4,\pi_5,\cdots,\pi_n)\tag{1.6.12}$$

此式与(1.6.5)式一致，π 定理得证。

1.6.3　π 定理的应用

1. 应用步骤

(1)找出与物理过程有关的 $n+1$ 个物理量，写成式(1.6.4)形式的函数关系式。

(2)从中选取 m 个相互独立的基本物理量。对于不可压缩流体运动，通常取三个基本物理量，$m=3$。

(3)基本物理量依次与其余物理量组成[$(n+1)-m$]个无量纲 π 项：

$$\left.\begin{aligned}\pi &= \frac{q}{q_1^a q_2^b q_3^c}\\ \pi_4 &= \frac{q_4}{q_1^{a_4} q_2^{b_4} q_3^{c_4}}\\ \pi_5 &= \frac{q_5}{q_1^{a_5} q_2^{b_5} q_3^{c_5}}\\ &\cdots\cdots\\ \pi_n &= \frac{q_n}{q_1^{a_n} q_2^{b_n} q_3^{c_n}}\end{aligned}\right\} \tag{1.6.13}$$

式中 a_i、b_i、c_i为各 π 项的待定指数，由基本物理量所组成的无量纲数 $\pi_1=\pi_2=\pi_3=1$。

(4)满足 π 为无量纲项，求出各 π 项的指数 a_i，b_i，c_i，代入式(1.6.13)中求得各 π 数。

(5)将各 π 数代入描述该物理过程的方程式(1.6.12)，整理得出函数关系式。

2. 应用举例

【例 1.6.3】 经过许多流体力学研究者的试验研究，发现圆管均匀总流边界上的平均切应力τ_0与流体的性质(密度 ρ、动力粘度 μ)、管道条件(直径 d、壁面粗糙度 Δ)以及流动情况(流速 v)有关。试用 π 定理推求有压管流沿程水头损失的一般表达式。

【解】

(1)根据已知条件列出函数关系式：$\tau_0=f(\rho,\mu,d,\Delta,v)$，式中共有物理量 6 个，其中自变量数 $n=5$。

(2)在有关量中选择 ρ、d、v 作为基本物理量，基本量数 $m=3$。

(3)组成 π 项，π 数为$[(n+1)-m]=3$。其中由基本物理量所组成的无量纲数 $\pi_1=\pi_2=\pi_3=1$。

$$\left.\begin{aligned}\pi &= \frac{\tau_0}{\rho^a d^b v^c}\\ \pi_4 &= \frac{\mu}{\rho^{a_4} d^{b_4} v^{c_4}}\\ \pi_5 &= \frac{\Delta}{\rho^{a_5} d^{b_5} v^{c_5}}\end{aligned}\right\} \tag{1.6.14}$$

(4)采用 L、T、M 为基本量纲，因为 π 为无量纲项，上式中各分子与分母的量纲应相同，求出各 π 项基本量的指数。

对 π：$\dim\tau_0=\dim(\rho^a d^b v^c)$

$$L^{-1}T^{-2}M=(ML^{-3})^a(L)^b(LT^{-1})^c=L^{-3a+b+c}T^{-c}M^a$$

上式两端相同量纲的指数应相等，即

$$\left.\begin{aligned}&L:\ -1=-3a+b+c\\ &T:\ -2=-c\\ &M:\ 1=a\end{aligned}\right\}$$

解方程组得 $a=1$，$b=0$，$c=2$，代入(1.6.14)中 π 式得

$$\pi=\frac{\tau_0}{\rho v^2}$$

对 π_4：$\dim\mu = \dim(\rho^{a_4} d^{b_4} v^{c_4})$

$$L^{-1}T^{-1}M = (ML^{-3})^{a_4}(L)^{b_4}(LT^{-1})^{c_4} = L^{-3a_4+b_4+c_4}T^{-c_4}M^{a_4}$$

$$\left.\begin{aligned} L&: -1 = -3a_4 + b_4 + c_4 \\ T&: -1 = -c_4 \\ M&: 1 = a_4 \end{aligned}\right\}$$

解方程组得 $a_4=1$，$b_4=1$，$c_4=1$，代入(1.6.14)中 π_4式得

$$\pi_4 = \frac{\mu}{\rho d v}$$

由

$$Re = \frac{vd}{\nu} = \frac{\rho d v}{\mu}$$

得

$$\pi_4 = \frac{1}{Re}$$

对 π_5：$\dim\Delta = \dim(\rho^{a_5} d^{b_5} v^{c_5})$

$$L = (ML^{-3})^{a_5}(L)^{b_5}(LT^{-1})^{c_5} = L^{-3a_5+b_5+c_5}T^{-c_5}M^{a_5}$$

$$\begin{aligned} L&: 1 = -3a_5 + b_5 + c_5 \\ T&: 0 = -c_5 \\ M&: 0 = a_5 \end{aligned}$$

解方程组得 $a_5=0$，$b_5=1$，$c_5=0$，代入(1.6.14)中 π_5式得

$$\pi_5 = \frac{\Delta}{d}$$

(5)将 π、π_4、π_5代入式(1.6.12)，得

$$\frac{\tau_0}{\rho v^2} = f\left(\frac{1}{Re}, \frac{\Delta}{d}\right)$$

$$\tau_0 = f\left(\frac{1}{Re}, \frac{\Delta}{d}\right)\rho v^2$$

若令 $\lambda = 8f\left(\frac{1}{Re}, \frac{\Delta}{d}\right)$，则

$$\tau_0 = \frac{\lambda}{8}\rho v^2 \tag{1.6.15}$$

上式即为第4章(4.3.7)式。式中：λ 称为沿程阻力系数，它是表征沿程阻力大小的一个无量纲数，其函数关系可表示为

$$\lambda = f\left(Re, \frac{\Delta}{d}\right)$$

代入圆管均匀流的基本方程(4.3.4)式

$$h_f = \frac{\tau_0 l}{\rho g R}$$

$$h_f = \frac{\frac{\lambda}{8}\rho v^2 l}{\rho g R} = \lambda \frac{l}{4R}\frac{v^2}{2g} = \lambda \frac{l}{d}\frac{v^2}{2g} \tag{1.6.16}$$

上式就是沿程水头损失计算的通用公式——达西(H. Darcy，法国)公式(4.1.2)。

【例 1.6.4】 如图 1.6.1 所示水箱侧壁开有圆形薄壁孔口，已知收缩断面上断面平均流速 v_c 与孔口作用水头 H，孔径 d，重力加速度 g，水的密度 ρ，水的粘度 μ 和表面张力 σ 等因素有关，试用 π 定理推求圆形薄壁孔口出流流速 v_c 的计算公式。

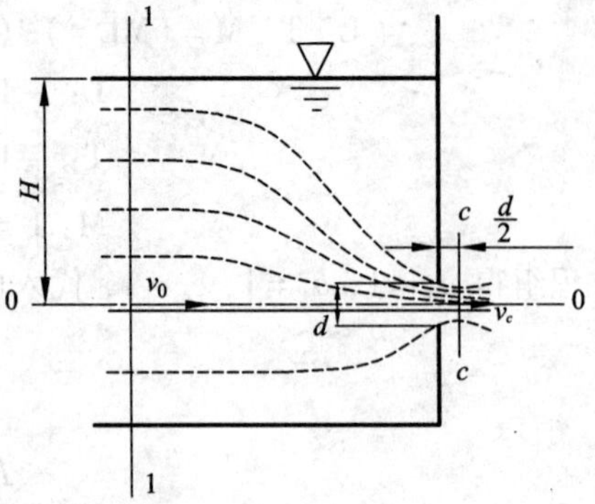

图 1.6.1 孔口出流

【解】

(1)由已知条件可将孔口收缩断面平均流速公式写成下面的一般函数关系式(自变量个数 $n=6$)

$$v_c=f(H,\rho,g,d,\mu,\sigma)$$

(2)选择 H，ρ，g 三个物理量作为基本物理量($m=3$)，各物理量的量纲用 L，T，M 来表示。

(3)组成 π 项，π 数为 $[(n+1)-3]=4$。

$$\pi_1=\pi_2=\pi_3=1$$

$$\left.\begin{aligned}\pi&=\frac{v_c}{H^a\rho^b g^c}\\ \pi_4&=\frac{d}{H^{a_4}\rho^{b_4}g^{c_4}}\\ \pi_5&=\frac{\mu}{H^{a_5}\rho^{b_5}g^{c_5}}\\ \pi_6&=\frac{\sigma}{H^{a_6}\rho^{b_6}g^{c_6}}\end{aligned}\right\} \tag{1.6.17}$$

(4)根据量纲一致性原则确定各 π 项的指数

对 π：$\dim v_c=\dim(H^a\rho^b g^c)$

$$LT^{-1}=L^a(ML^{-3})^b(LT^{-2})^c=L^{a-3b+c}T^{-2c}M^b$$

$$L:1=a-3b+c$$

$$T:-1=-2c$$

$$M:0=b$$

解方程组得：$a=\frac{1}{2}$，$b=0$，$c=\frac{1}{2}$，代入(1.6.17)中 π 式可得

$$\pi=\frac{v_c}{\sqrt{gH}}$$

对 π_4：$\dim d=\dim(H^{a_4}\rho^{b_4}g^{c_4})$

$$L=L^{a_4}(ML^{-3})^{b_4}(LT^{-2})^{c_4}=L^{a_4-3b_4+c_4}T^{-2c}M^{b_4}$$

$$L:1=a_4-3b_4+c_4$$

$$T:0=-2c_4$$

$$M:0=b_4$$

解方程组得：$a_4=1$，$b_4=0$，$c_4=0$，代入(1.6.17)中 π_4 式可得

$$\pi_4 = \frac{d}{H}$$

对 π_5：$\dim\mu = \dim(H^{a_5}\rho^{b_5}g^{c_5})$

$$\mathrm{ML^{-1}T^{-1}} = \mathrm{L}^{a_5}(\mathrm{ML^{-3}})^{b_5}(\mathrm{LT^{-2}})^{c_5} = \mathrm{L}^{a_5-3b_5+c_5}\mathrm{T}^{-2c_5}\mathrm{M}^{b_5}$$

$$\mathrm{L}:\ -1 = a_5 - 3b_5 + c_5$$

$$\mathrm{T}:\ -1 = -2c_5$$

$$\mathrm{M}:\ 1 = b_5$$

解方程组得：$a_5 = \frac{3}{2}$，$b_5 = 1$，$c_5 = \frac{1}{2}$，代入(1.6.17)中 π_5式可得

$$\pi_5 = \frac{\mu}{\rho H^{3/2}\sqrt{g}} = \frac{\nu}{H\sqrt{gH}}$$

对 π_6：$\dim\sigma = \dim(H^{a_6}\rho^{b_6}g^{c_6})$

$$\mathrm{MT^{-2}} = \mathrm{L}^{a_6}(\mathrm{ML^{-3}})^{b_6}(\mathrm{LT^{-2}})^{c_6} = \mathrm{L}^{a_6-3b_6+c_6}\mathrm{T}^{-2c_6}\mathrm{M}^{b_6}$$

$$\mathrm{L}:\ 0 = a_6 - 3b_6 + c_6$$

$$\mathrm{T}:\ -2 = -2c_6$$

$$\mathrm{M}:\ 1 = b_6$$

解方程组得：$a_6 = 2$，$b_6 = 1$，$c_6 = 1$，代入(1.6.17)中 π_6式可得

$$\pi_6 = \frac{\sigma}{H^2\rho g} = \frac{\sigma/\rho}{H(\sqrt{gH})^2}$$

(5)整理方程式

根据 π 定理，可用 $\pi,\pi_1,\pi_2,\pi_3,\cdots,\pi_6$ 组成表征孔口出流的无量纲数关系式

$$\pi = f(1,1,1,\pi_4,\pi_5,\pi_6)$$

即

$$\frac{v_c}{\sqrt{gH}} = f\left(\frac{d}{H},\ \frac{\nu}{H\sqrt{gH}},\ \frac{\sigma/\rho}{H(\sqrt{gH})^2}\right)$$

$$v_c = \frac{1}{\sqrt{2}}f\left(\frac{d}{H},\ \frac{\nu}{H\sqrt{gH}},\ \frac{\sigma/\rho}{H(\sqrt{gH})^2}\right)\sqrt{2gH}$$

令

$$\varphi = \frac{1}{\sqrt{2}}f\left(\frac{d}{H},\ \frac{\nu}{H\sqrt{gH}},\ \frac{\sigma/\rho}{H(\sqrt{gH})^2}\right)$$

于是

$$v_c = \varphi\sqrt{2gH} \tag{1.6.18}$$

式中：系数 φ 称为孔口的流速系数，并且由量纲分析的结果表明，流速系数 φ 是$\frac{d}{H}$，$\frac{\nu}{H\sqrt{gH}}$，$\frac{\sigma/\rho}{H(\sqrt{gH})^2}$等因数的函数。式(1.6.18)与第5章由能量方程推出的公式(5.1.1)一致。

不难看出，$\sqrt{gH}$这个量实际上是通过孔口的水流流速的标志，在数量上仅和流速 v_c 相差一个系数。若把$\sqrt{gH}$用特征流速 v 来代表，即令 $v = \sqrt{gH}$，则参数$\frac{\nu}{H\sqrt{gH}}$可写作$\frac{1}{vH/\nu}$，而 vH/ν 是无量纲数，在工程流体力学中叫做雷诺数，以 Re 表示。雷诺数是和流体粘性有

关的，标志着阻力大小的一个特征数。此外，无量纲数$\frac{\sigma/\rho}{H(\sqrt{gH})^2}$也可改写作$\frac{\sigma/\rho}{Hv^2}$，或者$\frac{1}{\frac{v^2H}{\sigma/\rho}}$，而$\frac{v^2H}{\sigma/\rho}$所表达的无量纲数，在工程流体力学中称为韦伯（Weber M. 德国）数，常以 We 来表示。韦伯数是反映表面张力大小的一个特征数。

综上所述，孔口流速系数与孔口相对孔径 d/H 以及雷诺数 Re、韦伯数 We 有关。至于 φ 值的大小，只能通过试验来确定。量纲分析的价值还在于它已向我们显示了影响 φ 值的因素，从而可以使试验工作具有明确的方向。

3. 量纲分析方法的讨论

以上简要介绍了量纲分析法，下面再作几点讨论。

（1）量纲分析方法的理论基础是量纲一致性原则，即凡正确反映客观规律的物理方程，量纲一定是和谐的。

（2）量纲一致性原则是判别经验公式是否完善的基础。19 世纪量纲分析原理未发现之前，工程流体力学中积累了不少纯经验公式，每一个经验公式都有一定的试验根据，都可用于一定条件下流动现象的描述，这些公式孰是孰非，无所适从。量纲分析方法可以从量纲理论作出判别和权衡，使其中一些公式从纯经验的范围内分离出来。

（3）量纲分析方法不是万能的工具，π 定理的应用，首先必须基于对所研究的物理过程有深入的了解，π 定理本身对有关物理量的选取不能提供任何指导和启示。如果遗漏某一个具有决定性意义的物理量，可能导致建立的方程式错误，也可能因选取了没有决定性意义的物理量，造成方程中出现累赘的量。研究量纲分析方法的前驱者之一瑞利，在分析流体通过恒温固体的热传导问题时，就曾遗漏了流体粘度 μ 的影响，而导出一个不全面的物理方程式。弥补量纲分析方法的局限性，既需要已有的理论分析和试验成果，也要依靠研究者的经验和对流动现象的观察认识能力。

（4）量纲分析为组织实施试验研究、整理试验资料提供了科学的方法。可以说量纲分析法是沟通流体力学理论和试验之间的桥梁。

1.7 迭代计算方法

工程流体力学中经常遇到隐式高次方程和超越方程的计算，如求沿程阻力系数 λ、有压管道直径 d、明渠正常水深 h_0、临界水深 h_k 等。若采用纯粹的数学方法求解比较困难，可采用迭代法来求满足精度要求的近似解，同时迭代法便于编制程序，在计算机广泛使用的今天有着十分广阔的应用前景。本节我们将以明渠均匀流水力计算为例介绍几种经常使用的迭代方法。

1.7.1 迭代计算方法

方程 $f(x)=0$ 的根就是函数 $y=f(x)$ 的曲线与 x 坐标轴交点的横坐标 x_0。

1. 二分法

如图 1.7.1(a)，假设有两个初值 x_1，x_2，使得 $f(x_1)\cdot f(x_2)<0$，则对单调函数必有 x_0

$\in[x_1,x_2]$。

记$[x_1,x_2]$为$[x_1^l,x_1^r]$，取$x_3=\frac{x_1^l+x_1^r}{2}$；若$f(x_1)\cdot f(x_3)<0$，则取记$[x_1,x_3]$为$[x_2^l,x_2^r]$，否则记$[x_3,x_2]$为$[x_2^l,x_2^r]$，可知必有$x_0\in[x_2^l,x_2^r]$。以此类推，可知$x_0\in[x_k^l,x_k^r]$，$k=1,2,3\cdots$。

将这种迭代过程记为

$$x_k=\begin{cases}\dfrac{x_{k-2}^l+x_{k-1}}{2}, & f(x_{k-2}^l)\cdot f(x_{k-1})<0;\\ \dfrac{x_{k-1}+x_{k-2}^r}{2}, & f(x_{k-1})\cdot f(x_{k-2}^r)<0\end{cases}\qquad k=0,1,2,\cdots。\tag{1.7.1}$$

则当$k\to\infty$时，有$f(x_k)\to 0$，$x_k\to x_0$。

以上阐述表明：对单调函数，每次将含有解的区间等分成两个区间，并将不含解的空间舍弃，则保留区间的中点将趋近方程的真解。这就是二分法的原理。

二分法是线性收敛的，但收敛的速度较慢，当精度要求较高时，需要迭代的次数太多，效率不高。下面介绍的牛顿迭代法收敛速度快。

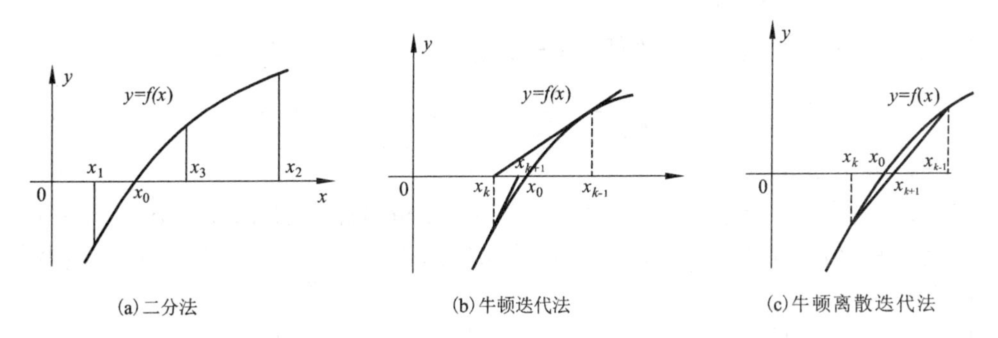

图1.7.1 迭代法示意图

2. 牛顿迭代法

如图1.7.1(b)，取靠近方程$f(x)=0$的解x_0的一个数x_{k-1}，过点$(x_{k-1},f(x_{k-1}))$作曲线$y=f(x)$的切线，此切线与x轴将交与另一点$(x_k,0)$，从图中可以看出x_k比x_{k-1}更接近x_0。若过$(x_k,f(x_k))$继续作曲线$y=f(x)$的切线，得切线与x轴的交点x_{k+1}，则x_{k+1}又比x_k更接近x_0。

由此可得牛顿迭代过程

$$\begin{cases}\dfrac{f(x_k)-0}{x_k-x_{k+1}}=f'(x_k);\\ x_{k+1}=x_k-\dfrac{f(x_k)}{f'(x_k)}\end{cases}\qquad k=1,2,\cdots。\tag{1.7.2}$$

当$k\to\infty$时，有$f(x_k)\to 0$，$x_k\to x_0$。

这是牛顿迭代法的计算原理。即利用点$(x_k,f(x_k))$的切线来获得下一个迭代值，因此，牛顿迭代法也称为切线法。可以证明牛顿迭代法是二次收敛的，证明过程可参看有关科学计算的书籍。

采用牛顿迭代法需要求出函数的导数值，如果函数$f(x)$不可导，那就无法使用牛顿迭代法；更多的时候函数$f(x)$的导数不易求得，则采用牛顿迭代法比较困难。

例如求梯形明渠均匀流正常水深时，已知的渠底宽度b与水深h的函数关系：

$$f(h)=\frac{1}{n}\frac{[(b+mh)h]^{\frac{5}{3}}}{[b+2h\sqrt{1+m^2}]^{\frac{2}{3}}}\sqrt{i} \qquad (1.7.3)$$

求导这个函数是十分繁琐的，为了克服这种困难，又要利用牛顿迭代法收敛速度快的优点，我们可以运用另外一种迭代法——离散牛顿迭代法。

3. 离散牛顿迭代法

我们知道，函数在某点的导数是函数在该点处切线的斜率，而切线的斜率可以使用割线的斜率近似代替。离散牛顿迭代法的基本思路就是用割线的斜率代替牛顿迭代法中的切线斜率，因此离散牛顿迭代法也称为割线法。

如图1.7.1(c)所示，已知两个点$(x_{k-1},f(x_{k-1}))$和$(x_k,f(x_k))$，用过两点的割线的斜率取代过点$(x_k,f(x_k))$的切线的斜率得

$$f'(x_k)=\frac{f(x_k)-f(x_{k-1})}{x_k-x_{k-1}}$$

代入牛顿迭代过程就得离散牛顿迭代法的迭代过程

$$x_{k+1}=x_k-\frac{x_k-x_{k-1}}{f(x_k)-f(x_{k-1})}f(x_k),\quad k=1,2,\cdots。 \qquad (1.7.4)$$

当$k\to\infty$时，有$f(x_k)\to 0$，$x_k\to x_0$。

实际上，我们不可能进行无穷多次的运算以求出精确解。当$|f(x_k)|<\varepsilon$时，$x_k\approx x_0$，就认为x_k为方程$f(x)=0$的解。式中：$\varepsilon>0$，为给定的相对误差极限，$|f(x_k)|<\varepsilon$为我们采用的终止准则。

【例1.7.1】 采用二分法、牛顿迭代法、离散牛顿迭代法三种方法求解下题。

一引水渠为梯形断面，较好的干砌块石护面(可取$n=0.025$)，边坡系数$m=1.0$。根据地形，选用底坡$i=1/800$，底宽$b=6.0$ m。当设计流量$Q=70\ m^3/s$时，求渠中水深$h=?$(即例6.4.3)。

【解】

将已知的b，n，m，i及Q代入(1.7.3)式，化简得

$$70=1.414\frac{[(6+h)h]^{5/3}}{(6+2.828h)^{2/3}}$$

这是一个一元高次方程，无一般代数解，采用迭代方法计算。

选择初始水深区间，使$h\in[h_1,h_2]$。由于流量$Q>0$，则正常水深$h_0>0$，取$h_1=0$，h_2的取值可根据流量和渠道断面尺寸估计正常水深h_0后取。本例具体见下表。采用3种不同的迭代方法，编制程序进行计算，结果见下表。

由表可以看出，用二分法需要38次迭代才能达到给定的精度，采用牛顿迭代法只需5次迭代就可以达到给定精度，可见牛顿迭代法收敛的速度很快。而牛顿离散迭代法的收敛速度与初值的选取有关，若选取的两个初值比较接近方程的真解则收敛速度较快。

迭代方法	相对误差极限	初始水深区间	初始值 h_0	迭代次数	h_0
二分法	$\varepsilon=10^{-8}$	[0,5]	2.5	38	3.327537855
牛顿迭代法	$\varepsilon=10^{-8}$		2.5	5	3.327537855
离散牛顿法	$\varepsilon=10^{-8}$	[0,2.5]	2.5	7	3.327537855

本章小结

本章概述了工程流体力学研究对象和研究方法的一些基本概念，介绍了量纲分析法和迭代计算法等有关试验分析、成果整理的基本理论。

1. 连续介质模型：假设流体是一种充满其所占据空间的毫无空隙的连续体。这样在研究宏观运动时，可将流体视为均匀的连续介质，其物理量在空间和时间上具有连续性，可以运用连续函数作为分析工具。

2. 流体的基本特征是具有流动性。流体在静止时不能承受切向力，任何微小的切向力作用，都使流体产生连续不断的变形，这就是流动性的力学解释。

3. 粘性是流体的内摩擦特性，或者说是流体阻抗剪切变形速度的特性。流体的粘滞内摩擦切应力符合牛顿内摩擦定律，即

$$\tau=\mu\frac{\mathrm{d}u}{\mathrm{d}y}=\mu\frac{\mathrm{d}\theta}{\mathrm{d}t}$$

4. 流体的压缩性和膨胀性分别由体积压缩系数 κ 和膨胀系数 α_V 式表示。液体的压缩性和膨胀性都很小，一般情况下忽略不计(不可压缩流体模型：$\rho=$常数)。

5. 在一些特殊情况下，要考虑液体的表面张力和汽化。

6. 为简化理论分析，引入理想流体($\mu=0$)模型。

7. 为便于流体的受力分析，流体力学研究中将作用在流体上的力，按其作用方式的不同分为表面力、质量力。工程流体力学中常出现的质量力是重力、惯性力。

8. 量纲是物理量自身的物理属性，单位是物理量的度量标准。量纲一致性原理指出，凡正确反映客观规律的物理方程，其各项的量纲一定是一致的，这是量纲分析的理论基础。

9. 量纲分析方法有瑞利法和 π 定理，主要用于建立物理过程中有关物理量之间的函数关系。

10. 迭代计算方法是整理研究成果组织实验研究的工具。

思考题

1.1 试从力学分析的角度，比较流体与固体、液体与气体对外力抵抗能力的差别。

1.2 按连续介质的概念，流体质点是指________。

①流体的分子

②流体内的某一空间位置

③几何的点

④几何尺寸同流动空间相比是极小量,但又含有大量分子的微元

1.3　静止流体________剪切应力。

① 不能承受　　②可以承受　　③ 能承受很小的　　④具有粘性时可承受

1.4　在常温下水的密度为________ kg/m^3。

①1　　②10　　③100　　④1000

1.5　一般而言,液体粘度随温度的升高而________,气体粘度随温度的升高而________。

① 减小　加大　②增大　减小　③减小　不变　④减小　减小

1.6　工程流体力学研究的液体是一种________、________、________的连续介质。

①不易流动　易压缩　均质　　②不易流动　不易压缩　均质

③易流动　易压缩　均质　　④易流动　不易压缩　均质

1.7　在研究流体运动时,按照是否考虑粘滞性,可将流体分为________。

①牛顿流体及非牛顿流体　　②可压缩流体及不可压缩流体

③均质流体及非均质流体　　④理想流体及实际流体

1.8　判断题:表面张力仅在自由表面存在,液体内部并不存在,所以说它是一种局部受力现象。

1.9　判断题:汽化是指液体分子运动速度足够大时,分子从液面上不断逸出而成为蒸汽或沸腾的现象。

1.10　什么是量纲?量纲和单位有什么不同?时间(T)、牛顿(N)、力(F)、面积(A)、秒(s)哪些是量纲?

1.11　M、L、T是________量纲,而密度ρ、管径d、速度v是________量纲。

1.12　量纲分析方法的理论根据是什么?

1.13　无量纲π数是如何组织出来的?

习　题

1.1　体积为0.5 m^3的油料,重量为4410 N,试求该油料的密度是多少?

1.2　已知某水流流速分布函数为$u=u_m\left(\frac{y}{h}\right)^{\frac{2}{3}}$,式中$h$为水深,$u_m$为液面流速,若距壁面距离为$y$,试计算$\frac{y}{h}=0.25$及0.50处的流速梯度?

1.3　如图所示有一0.8 m×0.2 m的平板在油面上作水平运动,已知运动速度$u=1$ m/s,平板与固定边界的距离$\delta=1$ mm,油的动力粘度为1.15 Pa·s,由平板所带动的油的速度成直线分布,试求平板所受的阻力?

1.4　如图所示粘度计由内外两个圆筒组成,两筒间距$\delta=3$ mm,内盛待测液体,内筒半径$r=20$ cm,高$h=40$ cm,固定不动,当外筒以角速度$\omega=10$ rad/s旋转时,内筒受到液体粘滞力(内摩擦力)的作用,该力对内筒中心轴产生的力矩为$M=4.90$ N·m,试计算该液体的动力粘度μ值。假设内筒底部与外筒底部之间的间距较大,底部比侧壁所受的液体粘滞力要小得多,可忽略不计(提示:两筒侧壁间隙之间流速呈直线分布)

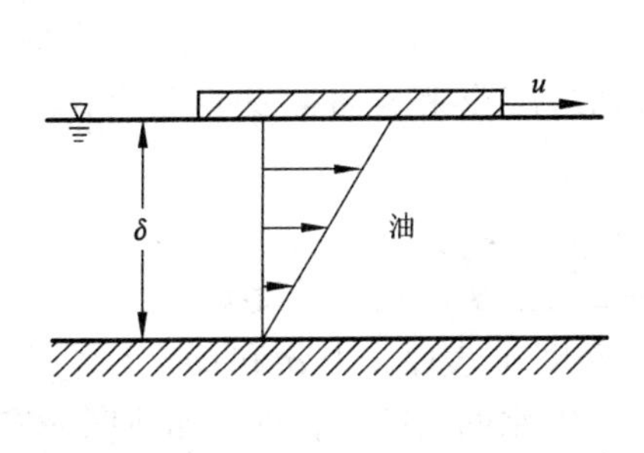

习题 1.3 图

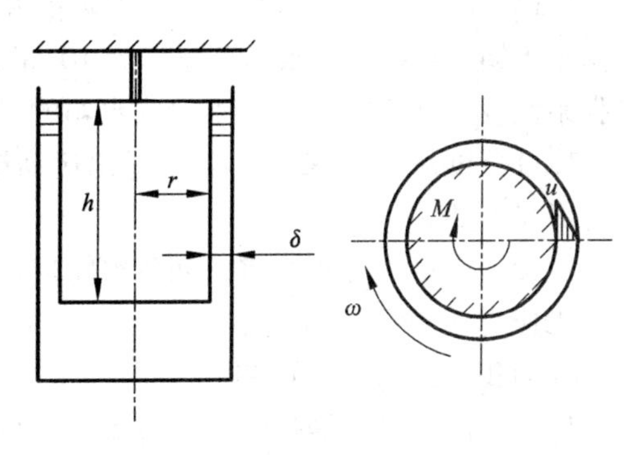

习题 1.4 图

1.5 图示为压力表校正器。器内充满压缩系数为 $k=4.75\times10^{-10}\ m^2/N$ 的油液，器内压强为 10^5 Pa 时，油液的体积为 200 ml。现用手轮丝杆给活塞加压，活塞直径为 1 cm，丝杆螺距为 2 mm，当压强升高至 20 MPa 时，问需将手轮摇多少转？

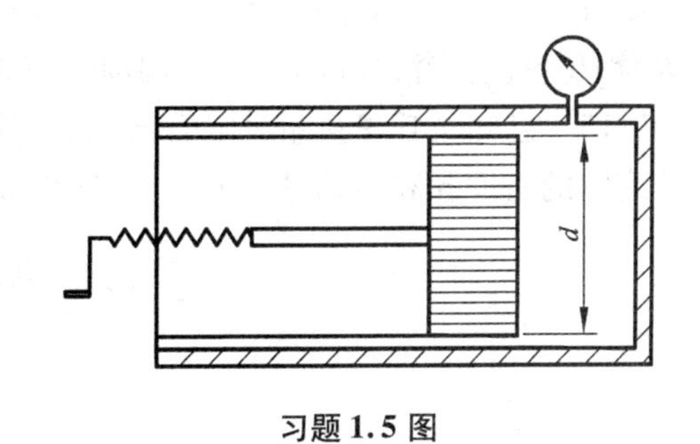

习题 1.5 图

1.6 当空气温度从 0℃ 增加至 20℃ 时，运动粘度 ν 增加 15%，密度 ρ 减少 10%，问此时动力粘度 μ 增加多少？

1.7 实验室利用内径为 1 cm 的测压管测量水箱中的液面高程。已读得液温为 20℃ 时测压管内液面高程为 5.437 m，求水箱中分别盛水和水银时的液面高程。

1.8 箱中盛有液体，在地球上静止时液体所受的单位质量力为多少？当封闭容器从空中自由下落时，其单位质量力又为多少？

1.9 如图所示的盛水容器，该容器以等角速度 ω 绕中心轴 z 旋转，试写出位于 $A(x,y,z)$ 处单位质量水体所受的质量力？

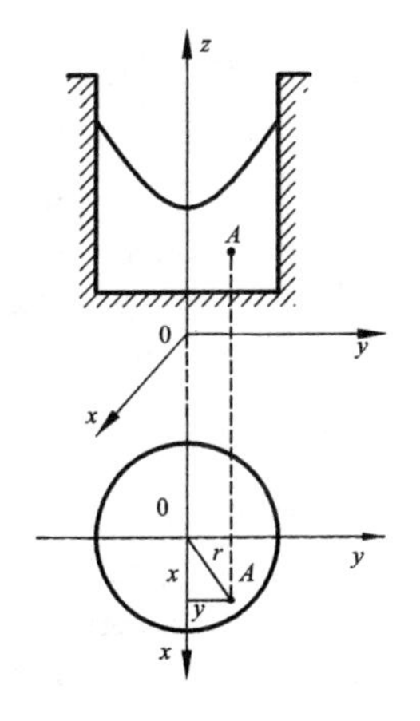

习题 1.9 图

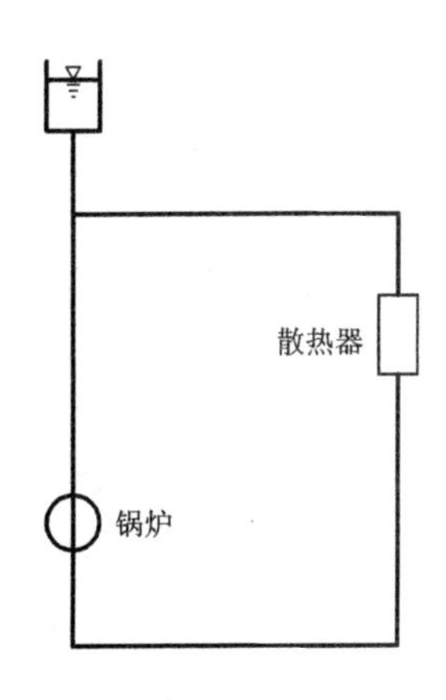

习题 1.10 图

1.10 图示为一水暖系统，为了防止水温升高时体积膨胀将水管胀裂，在系统顶部设一膨胀水箱，若系统内水的总体积为 10 m^3，加温前后温差为 80℃，在其温度范围内水的膨胀系数 $\alpha_V = 0.00051/℃$，求膨胀水箱的最小容积？

1.11 试从 L、T、M 基本量纲导出运动粘度 ν、切应力 τ、体积模量 κ、表面张力 σ、动量 p 和功 E 的量纲。

1.12 用量纲分析法将下列各组物理量组合成无量纲量：

①速度 v、密度 ρ、压强 p　　②压强差 Δp、密度 ρ、运动粘度 ν

③面积 A、流量 Q、角速度 ω　　④速度 v、密度 ρ、表面张力 σ 和长度 l

1.13 已知溢流堰过流时单宽流量 q 与堰顶水头 H、水的密度 ρ 和重力加速度 g 有关。试用瑞利法推求 q 的表达式。

1.14 水泵单位时间内抽送密度为 ρ 的流体体积 Q，单位重量流体由水泵内获得的总能量为 H(单位:米液柱高)。试用瑞利法证明水泵输出功率为 $N = K\rho gQH$。

1.15 已知文丘里流量计喉管流速 v 与流量计压强差 Δp、主管直径 d_1、喉管直径 d_2 以及流体的密度 ρ 和运动粘度 ν 有关，试用 π 定理确定流速关系式

$$v = \sqrt{\frac{\Delta p}{\rho}}\phi\left(Re, \frac{d_1}{d_2}\right)$$

第2章　流体静力学

流体静力学是研究流体在外力作用下平衡(静止)的规律及其实际应用。

平衡有两种：一种是流体对地球无相对运动，即重力场中流体的绝对平衡；一种是流体对某物体(或参考坐标系)无相对运动，亦称流体对该物体的相对平衡。本章主要阐述流体的绝对平衡。

平衡状态下，流体质点之间没有相对运动，流体的粘性显现不出来，所以内摩擦切应力为零($\tau=0$)，作用在流体上的表面应力只有压应力(压强)p。此时，实际流体与理想流体没有差别。因此，流体静力学是工程流体力学中独立完整且严格符合实际的一部分内容，其理论不需实验修正。

2.1　流体静压强及其特性

2.1.1　流体静压强的定义

在图2.1.1所示的一个处于平衡状态下的流体分离体中，用任意截面AB把它分为Ⅰ、Ⅱ两部分，假设将第Ⅰ部分移走，则在第Ⅱ部分的AB截面上，必须加上第Ⅰ部分流体对它的等效作用力，以保持其平衡状态。

在截面AB上围绕O点邻域取微小面积ΔA，设作用于其上的压力为ΔP，则面积ΔA上的平均压强为$\Delta P/\Delta A$，当面积ΔA无限缩小趋近于零时，平均压强的极限为

$$p=\lim_{\Delta A\to 0}\frac{\Delta P}{\Delta A}=\frac{\mathrm{d}P}{\mathrm{d}A} \qquad (2.1.1)$$

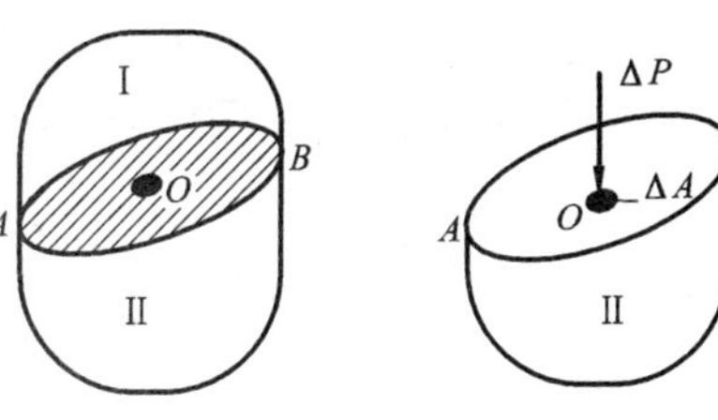

图2.1.1　平衡流体分离体

式中：p为O点的流体静压强。

在国际单位制中，压强的单位是帕(Pa = N/m^2)或千帕(kPa)。

2.1.2　流体静压强的特性

1. 垂直性

流体静压强的方向与受压面垂直并指向受压面。

用反证法证明：如图2.1.2所示，如果p的作用线与受压面ΔA法线方向$n-n$不同，就可分解为沿ΔA的法线方向和切线方向两个分

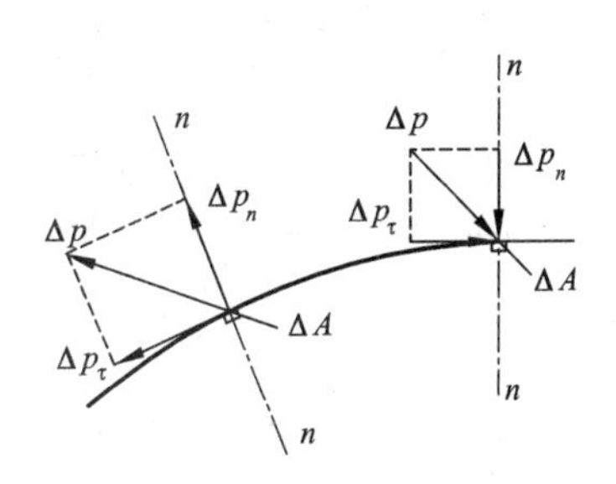

图2.1.2　流体静压强方向

量。由于切向分量的存在，将使流体发生相对运动，与原定静止状态不相符；若沿法线方向为拉应力，则与流体不能承受拉力的特性不符。

因此，流体静压强的方向必然垂直并指向受压面，或流体静压强只能沿作用面的内法线方向。

2. 各向等值性

平衡流体中任意点的静压强的大小由该点的位置坐标决定，而与作用面的方位无关。即在平衡流体内部任意点上各方向的流体静压强大小相等。

证明如下：在平衡流体中以任意某点 O 为顶，取一微元直角四面体 $OABC$，以 O 为原点设立如图 2.1.3 所示坐标系，四面体的边长分别为 $\mathrm{d}x$，$\mathrm{d}y$，$\mathrm{d}z$，倾斜面的方向任意。若令 p_x，p_y，p_z 和 p_n 分别表示三个坐标面及斜面上的平均压强，则作用在微元四面体各表面上的总压力分别为

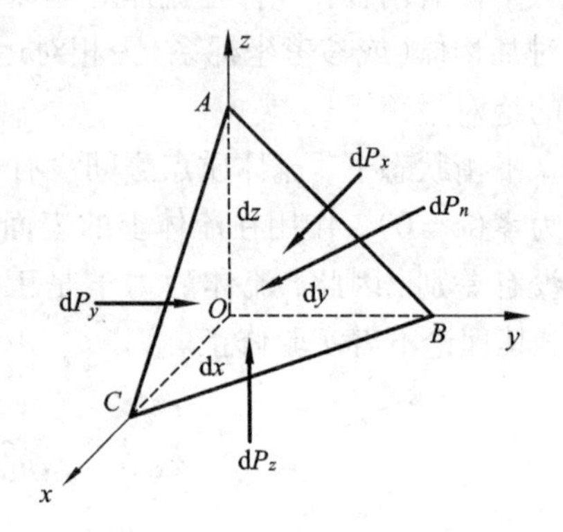

图 2.1.3 微元四面体受力分析

$$\mathrm{d}P_x = p_x \frac{1}{2}\mathrm{d}y\mathrm{d}z$$

$$\mathrm{d}P_y = p_y \frac{1}{2}\mathrm{d}x\mathrm{d}z$$

$$\mathrm{d}P_z = p_z \frac{1}{2}\mathrm{d}x\mathrm{d}y$$

$$\mathrm{d}P_n = p_n \mathrm{d}A \quad (\mathrm{d}A\text{ 为}\triangle ABC\text{ 的面积})$$

作用在微元四面体上的还有质量力，设单位质量力在 x，y，z 轴上的分力分别为 f_x，f_y，f_z，四面体体积为 $\frac{1}{6}\mathrm{d}x\mathrm{d}y\mathrm{d}z$，其相应质量为 $\frac{1}{6}\mathrm{d}x\mathrm{d}y\mathrm{d}z\rho$，则质量力 $\boldsymbol{F}_Q$ 在各轴的分力为

$$F_{Qx} = \frac{1}{6}\mathrm{d}x\mathrm{d}y\mathrm{d}z\rho \cdot f_x$$

$$F_{Qy} = \frac{1}{6}\mathrm{d}x\mathrm{d}y\mathrm{d}z\rho \cdot f_y$$

$$F_{Qz} = \frac{1}{6}\mathrm{d}x\mathrm{d}y\mathrm{d}z\rho \cdot f_z$$

微元四面体在上述两种力作用下保持平衡状态，由力学中的平衡理论可得其外力沿各轴的平衡关系式

$$\mathrm{d}P_x - \mathrm{d}P_n\cos(\widehat{nx}) + F_{Qx} = 0$$

$$\mathrm{d}P_y - \mathrm{d}P_n\cos(\widehat{ny}) + F_{Qy} = 0$$

$$\mathrm{d}P_z - \mathrm{d}P_n\cos(\widehat{nz}) + F_{Qz} = 0$$

式中 $\widehat{nx}$，$\widehat{ny}$，$\widehat{nz}$ 为倾斜面 ABC 的外法线与 x，y，z 轴正向的夹角。列 x 方向的平衡方程

$$p_x \frac{1}{2}\mathrm{d}y\mathrm{d}z - p_n\mathrm{d}A\cos(\widehat{nx}) + \frac{1}{6}\mathrm{d}x\mathrm{d}y\mathrm{d}z\rho \cdot f_x = 0$$

由于 $\mathrm{d}A\cos(\widehat{nx}) = \frac{1}{2}\mathrm{d}y\mathrm{d}z$，代入上式得

$$p_x - p_n + \frac{1}{3}f_x\rho\mathrm{d}x = 0$$

当微元四面体无限缩小至顶点 O 时，$dx \to 0$，则 $p_x = p_n$；同理可得 $p_y = p_n$，$p_z = p_n$。于是

$$p_x = p_y = p_z = p_n$$

上式表明，平衡流体中沿各个方向作用于同一点的静压强是等值的。也表明静压强只是位置坐标的连续函数，而与受压面的方位无关，即

$$p = p(x, y, z) \tag{2.1.2}$$

2.2　流体的平衡微分方程及其积分

2.2.1　流体的平衡微分方程

如图2.2.1所示，在平衡流体中任取一个边长为 dx，dy，dz 的微小矩形六面体，该六面体流体微团在质量力和表面力的作用下，处于平衡状态。

1. *表面力*

处于平衡状态下的六面体所受的表面力，只有周围流体作用在其各表面上的流体静压力。设六面体中心点 C 的流体静压强为 $p(x, y, z)$，以 A，B 分别表示六面体中与 x 轴垂直的两个面上的中心点，设压强在 x 方向上的变化率为 $\frac{\partial p}{\partial x}$，则 A，B 处的压强分别为

$$p_A = p + \frac{1}{2}\frac{\partial p}{\partial x}dx$$

$$p_B = p - \frac{1}{2}\frac{\partial p}{\partial x}dx$$

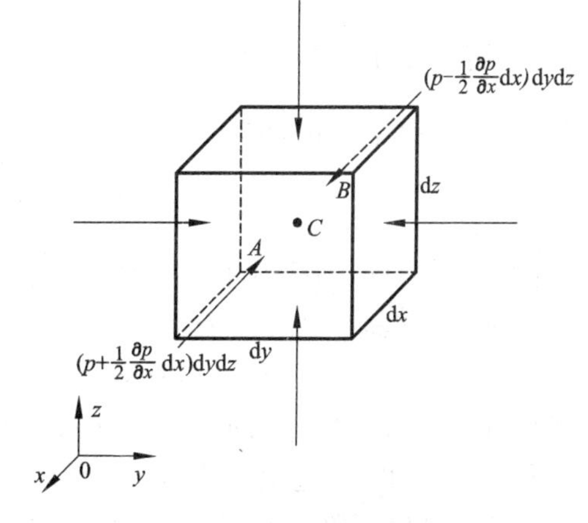

图2.2.1　微元四面体

由于微元六面体的体积无穷小，在各微元面上的压强可看成均匀分布，p_A，p_B 可代表作用在相应两个平面上的平均压强，从而得前后两微元面上的流体总压力为

$$dP_A = \left(p + \frac{1}{2}\frac{\partial p}{\partial x}dx\right)dydz$$

$$dP_B = \left(p - \frac{1}{2}\frac{\partial p}{\partial x}dx\right)dydz$$

2. *质量力*

设作用在微元六面体上的单位质量力在 x，y，z 轴上分力分别为 f_x，f_y，f_z，流体密度为 ρ，微元六面体体积为 $dV = dxdydz$，则沿各轴的质量力为

$$F_{Qx} = f_x dxdydz\rho$$

$$F_{Qy} = f_y dxdydz\rho$$

$$F_{Qz} = f_z dxdydz\rho$$

当六面体处于平衡状态时，依据平衡理论，作用在六面体上的所有外力，在各坐标轴

上投影之和等于零。在 x 方向，由 $\sum F_x=0$，得

$$-\mathrm{d}P_A+\mathrm{d}P_B+F_{Qx}=0$$

即
$$-(p+\frac{1}{2}\frac{\partial p}{\partial x}\mathrm{d}x)\mathrm{d}y\mathrm{d}z+(p-\frac{1}{2}\frac{\partial p}{\partial x}\mathrm{d}x)\mathrm{d}y\mathrm{d}z+f_x\mathrm{d}x\mathrm{d}y\mathrm{d}z\rho=0$$

简化后得

$$f_x-\frac{1}{\rho}\frac{\partial p}{\partial x}=0$$

同理得

$$\left.\begin{array}{l} f_x-\frac{1}{\rho}\frac{\partial p}{\partial x}=0 \\ f_y-\frac{1}{\rho}\frac{\partial p}{\partial y}=0 \\ f_z-\frac{1}{\rho}\frac{\partial p}{\partial z}=0 \end{array}\right\} \tag{2.2.1}$$

式(2.2.1)表示:对于平衡状态下的流体，作用在单位质量流体上的质量力与表面力相互平衡，称为流体静力学平衡微分方程，它是由瑞士学者欧拉于1775年导出，故亦称欧拉平衡微分方程。

2.2.2 平衡微分方程的积分

将式(2.2.1)中三式分别乘以 dx，dy，dz 后相加，可得

$$\rho(f_x\mathrm{d}x+f_y\mathrm{d}y+f_z\mathrm{d}z)-(\frac{\partial p}{\partial x}\mathrm{d}x+\frac{\partial p}{\partial y}\mathrm{d}y+\frac{\partial p}{\partial z}\mathrm{d}z)=0$$

由式(2.1.2)知，平衡流体中压强是坐标的连续函数 $p=p(x,\ y,\ z)$，故上式第二项是压强 p 的全微分，则上式可写成

$$\mathrm{d}p=\rho(f_x\mathrm{d}x+f_y\mathrm{d}y+f_z\mathrm{d}z) \tag{2.2.2}$$

若流体是不可压缩的，即密度 $\rho=\text{const}$，因为式(2.2.2)左边是压强的全微分 dp，根据数学分析理论可知，右边也必须是某一函数 $U(x,\ y,\ z)$ 的全微分，才能保证静压强积分结果的惟一性。可使函数 U 对某一坐标的偏导数等于该坐标方向上的单位质量分力，即

$$f_x=\frac{\partial U}{\partial x},\ f_y=\frac{\partial U}{\partial y},\ f_z=\frac{\partial U}{\partial z} \tag{2.2.3}$$

则

$$\mathrm{d}U=f_x\mathrm{d}x+f_y\mathrm{d}y+f_z\mathrm{d}z=\frac{\partial U}{\partial x}\mathrm{d}x+\frac{\partial U}{\partial y}\mathrm{d}y+\frac{\partial U}{\partial z}\mathrm{d}z$$

满足式(2.2.3)的函数称为质量力的势函数，符合式(2.2.3)关系的质量力为有势的质量力，如重力、惯性力。将上式代入式(2.2.2)得

$$\mathrm{d}p=\rho\mathrm{d}U \tag{2.2.4}$$

积分得

$$p=\rho U+C \tag{2.2.5}$$

为确定积分常数 C，可假定平衡流体中某点的压强 p_0、力势函数 U_0 已知，则积分常数为

$$C=p_0-\rho U_0$$

代入式(2.2.5)，得欧拉平衡微分方程的积分式为

$$p=p_0+\rho(U-U_0) \tag{2.2.6}$$

若质量力势函数 U 已知，可以根据式(2.2.6)很方便地计算出流体中任一点的压强 p，但力势函数 U 的表达式一般难以直接给出，因而在解决实际问题时，上式使用不多。

【例 2.2.1】 试求重力场中平衡流体的质量力势函数。

【解】

建立如图 2.2.2 所示坐标系，流体的单位质量分力为

$$f_x=0,\ f_y=0,\ f_z=-g$$

则 $$dU=f_x dx+f_y dy+f_z dz=-g dz$$

积分得 $$U=-gz+C$$

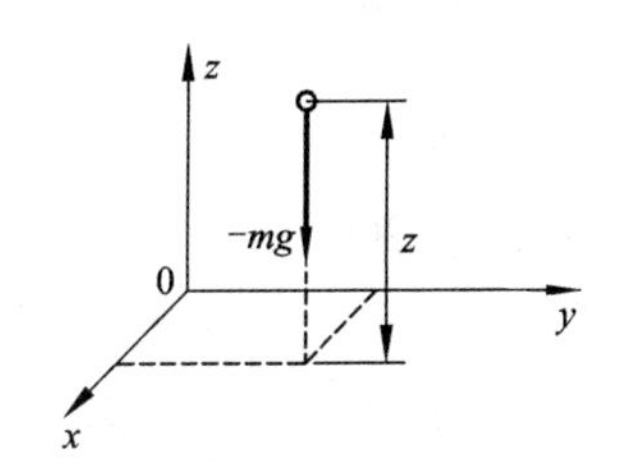

图 2.2.2　重力场中质量分力

若取基准面 $z=0$ 处力势函数 $U=0$(称为零势面)，则

$$U=-gz \tag{2.2.7}$$

上式的物理意义是单位质量($m=1$)流体在基准面以上高度为 z 时所具有的位置势能。

2.2.3　等压面

平衡流体中压强相等的点所组成的面(平面或曲面)称为等压面。等压面上 $p=\text{const}$，$dp=0$。代入式(2.2.2)，得等压面的微分方程式

$$f_x dx+f_y dy+f_z dz=0 \tag{2.2.8}$$

等压面具有如下性质：

1. 等压面即是等势面

对等压面而言 $dp=0$，据式(2.2.4)可得

$$dU=0$$
$$U=\text{const}$$

可见，等压面就是等势面。

2. 等压面与质量力矢量垂直

在等压面上任取一微元矢量 $d\boldsymbol{s}$，$d\boldsymbol{s}$ 在直角坐标系中投影分别为 dx，dy，dz，而 f_x，f_y，f_z是单位质量力 $\boldsymbol{f}$ 的三个投影，则两矢量的点积(即单位质量力所作的微功)为

$$\boldsymbol{f}\cdot d\boldsymbol{s}=f_x dx+f_y dy+f_z dz=0$$

上式表明，$\boldsymbol{f}$ 与 $d\boldsymbol{s}$ 两矢量相互垂直，而 $d\boldsymbol{s}$ 为等压面上的任意矢量，所以质量力与等压面正交。

3. 两种不相混合的平衡液体的分界面必然是等压面(等势面)

用反证法证明：若如图 2.2.3 所示的密闭容器对地球作某种相对运动，容器中密度分别为 ρ_1，ρ_2的两种不相混合的液体处于平衡状态。如果分界面 $O-O$ 不是等压面，则其上两点 A，B 的压强差可根据两种液体分别写出两个等式

$$dp=\rho_1 dU$$
$$dp=\rho_2 dU$$

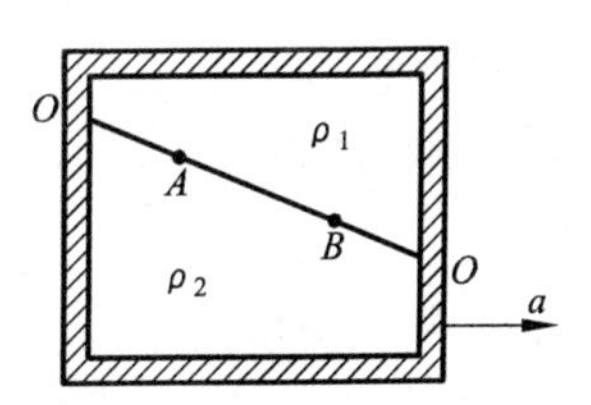

图 2.2.3　两种平衡液体的分界面

因为$\rho_1 \neq \rho_2 \neq 0$，而 d$p$ 反映的是同样两点的压差，可见这组等式只有在 dp =0(即 dU =0)的情况下才能同时成立，因而分界面 $O-O$ 必须是等压面(等势面)。

由等压面的各向等值性 2 可知，重力场中的等压面是与重力加速度方向垂直的面。在局部范围内，重力加速度方向铅直向下，根据式(2.2.7)及等压面的垂直性可知，当 $U=-gz=\text{const}$时，$z=\text{const}$，这说明重力场中小范围内的等压面是由 $z=\text{const}$ 所代表的水平面簇(如湖面)；但从大范围而言，重力场中的等压面应是与重力加速度方向垂直的曲面簇(如海平面)。工程实际中，重力作用下的等压面一般可视为水平面，如液体与大气接触的自由表面是等压面，也是水平面。但应注意，当流体受到其他质量力作用时，其自由表面还是等压面，却不一定是水平面。

2.3 重力作用下的流体平衡

工程实际中，流体受到的质量力一般只有重力。重力场中的平衡流体是流体静力学的主要研究对象。本节将讨论重力场中流体静力学基本方程的两种形式：压强形式与能量(或水头)形式。

2.3.1 流体静力学基本方程的压强形式及其推论

在重力场中，均质的、不可压缩的平衡流体受到的单位质量力分量为

$$f_x=0,\ f_y=0,\ f_z=-g$$

代入式(2.2.2)

$$\mathrm{d}p=\rho(f_x\mathrm{d}x+f_y\mathrm{d}y+f_z\mathrm{d}z)=\rho(-g)\mathrm{d}z=-\rho g\mathrm{d}z$$

积分得

$$p=-\rho gz+C' \tag{2.3.1}$$

上式中积分常数 C'可由液体自由表面上的边界条件：$z=z_0$，$p=p_0$ 来确定，如图 2.3.1 所示。

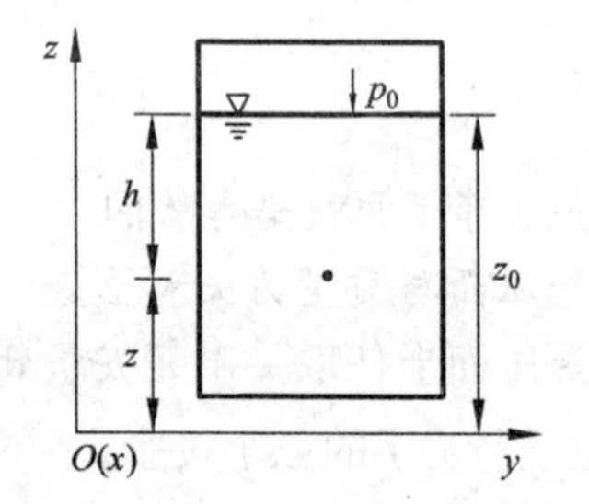

图 2.3.1 任意点的静压强

$$C'=p_0+\rho gz_0$$

将 C'值代入式(2.3.1)

$$p=p_0+\rho g(z_0-z)=p_0+\rho gh \tag{2.3.2}$$

式中：$h=z_0-z$ 为液体中某点在自由表面下的淹没深度。上式称为以压强形式表示的流体静力学基本方程，或不可压缩流体的静压强分布规律。该式表明，静止液体内任意点的静压强由两部分组成：一部分是自由表面上的气体压强 p_0；另一部分是 ρgh，相当于单位面积上高度为 h 的液柱重量。

由式(2.3.2)可得出如下推论：

1. 连通器原理

在盛有同种静止液体的连通容器中，水平面就是等压面。如图 2.3.2 为装有三种液体的连通容器，其中 1，2，3，4 四点同高，5，6 两点同高，可写出：$p_1=p_2$，$p_3=p_4$，$p_5=p_6$，但 A、B 为两个被其他液体隔断了的不连通容器，故 $p_1 \neq p_3$或 $p_2 \neq p_4$。

2. 帕斯卡原理

密度不变的平衡流体中的任一点的压强变化，会等值地传递到流体中的其他任意点，这就是帕斯卡原理。

3. 气体压强的计算

式(2.3.2)是在均质液体的条件下得出的，当不考虑压缩性时，该式也适用于气体。但由于气体的密度很小，在高差不很大时气柱产生的压强很小可以忽略，因此，式(2.3.2)可简化为：$p=p_0$。

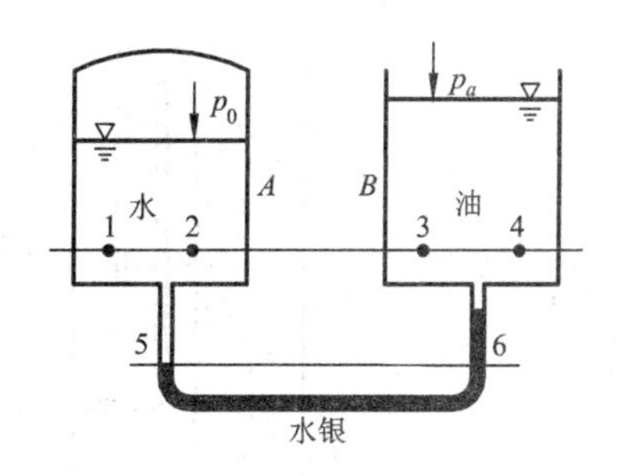

图2.3.2　连通器

2.3.2　流体静力学基本方程的能量形式及其物理意义

由式(2.3.1)整理得

$$z+\frac{p}{\rho g}=C \tag{2.3.3}$$

上式也称为不可压缩流体的静力学基本方程，是以能量(水头)形式表示的，其中 C 为由边界条件确定的积分常数。可以看出，对同一静止流体中的任意点，z 与 $\frac{p}{\rho g}$ 之和为一常数。如容器内的静止液体中有1、2两点，则可得如下关系式

$$z_1+\frac{p_1}{\rho g}=z_2+\frac{p_2}{\rho g}$$

流体静力学基本方程 $z+\frac{p}{\rho g}=C$ 的物理意义包括能量意义和几何(水头)意义。

1. 能量意义

如图2.3.3所示，封闭容器中盛有密度为 ρ 的静止液体。在容器壁上铅直坐标为 z_A 的 A 点处连接一上端抽成完全真空的玻璃闭口细管。其位置坐标 $z_A=\frac{mgz_A}{mg}$ 代表单位重量流体的位置势能，简称位能。由于 A 处具有一定的压强，所以液体会沿细管上升一定的高度 $h_A=\frac{p_A}{\rho g}$。这说明一定的流体静压强代表使液柱上升一定高度的势能 $\frac{mgh_A}{mg}$，即 $\frac{p}{\rho g}$ 代表单位重量流体的压强势能，简称压能。因此，流体静力学基本方程的能量意义是：在重力作用下平衡流体中各点单位重量流体所具有的总势能(包括位能和压能)是相等的，即 $z_A+\frac{p_A}{\rho g}=z_1+\frac{p_1}{\rho g}=z_2+\frac{p_2}{\rho g}$，也即势能守恒，如图2.3.3所示。这是能量守恒定律在流体静力学中的具体体现。

2. 几何(水头)意义

z_A 表示 A 点处的流体距基准面的位置高度，称为位置水头；$\frac{p_A}{\rho g}$ 表示 A 点处流体在静压

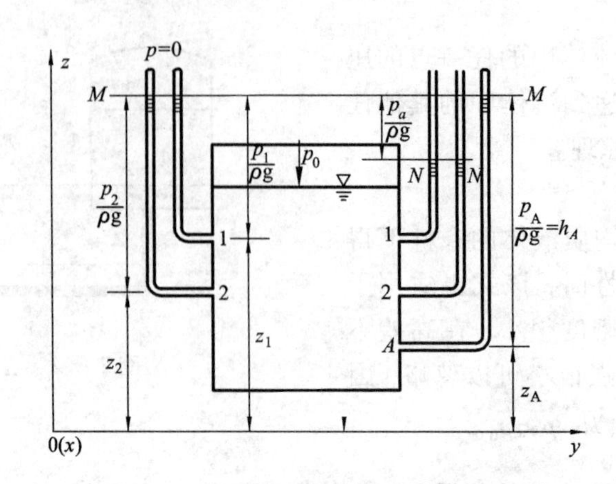

图 2.3.3 流体静力学基本方程的物理意义

强作用下沿玻璃细管上升的高度 h_A，称为压强水头；两者的和 $z_A+\frac{p_A}{\rho g}$称为静压水头(或静力水头)。因此，式(2.3.3)的几何(水头)意义是：重力作用下同一平衡流体中各点的静力水头为一常数，相应的水头线 $M-M$ 为一水平线，如图 2.3.3 所示。

在玻璃小管中抽成完全真空是难以实现的，故工程中往往使用开口玻璃细管(亦称测压管)来测量流体压强，如图 2.3.3 右部所示。在通大气的情况下，相同位置高度的开口测压管中液体在 p_0 作用下，液面上升的高度比左部的闭口细管低$\frac{p_a}{\rho g}$。令开口测压管中的 $h=z+\frac{p}{\rho g}$为测压管水头，则在重力作用下同一平衡流体中各点的测压管水头为一常数，相应的测压管水头线 $N-N$ 也为一水平线。

2.4 流体压强的量测

2.4.1 压强的度量标准

1. 大气压强、绝对压强及相对压强

当液体的自由液面与大气相通时，不可压缩液体静压强的计算公式(2.3.2)中 p_0 为大气压强(也称当地大气压强)p_a

$$p=p_a+\rho gh$$

式中：p 包括了大气压强，是以绝对真空(或完全真空)为起点来计算的压强值，称为绝对压强，以 p' 表示。它反映流体分子运动的物理本质，恒为正值。

若取当地大气压强 p_a 为零，则

$$p=\rho gh \tag{2.4.1}$$

式中：p 是以当地大气压强 p_a 为起点来计算的压强值，称为相对压强。

$$p=p'-p_a \tag{2.4.2}$$

工程中，大气压强 p_a 处处存在，并自相平衡，一般不显示其影响。所以工程上使用的测压仪表在大气压强作用下读数都为零，即测出的是相对压强，因此相对压强又称表压强或计示压强。

2. 流体静压强分布图

由式(2.3.2)可知，静止液体中，任一点的压强值与其所处的深度 h 成正比。因此，压强与液体深度成线性函数关系。流体静压强分布图是描述流体静压强分布规律的几何图示，是在受压面承压的一侧，以一定比例尺的矢量线段，表示压强的大小及方向的图形。如图2.4.1所示几种情况下的压强分布图形象地表现出了重力场中流体静压强的分布规律。图中实线部分为绝对压强分布图，虚线部分为相对压强分布图，可见相对压强比绝对压强分布图更简单，更直观，同时，也更符合工程测量习惯。工程中受压面的正、反两侧均有大气压强，其作用相互抵消，所以一般流体静压强分布图画的都是相对压强分布图。

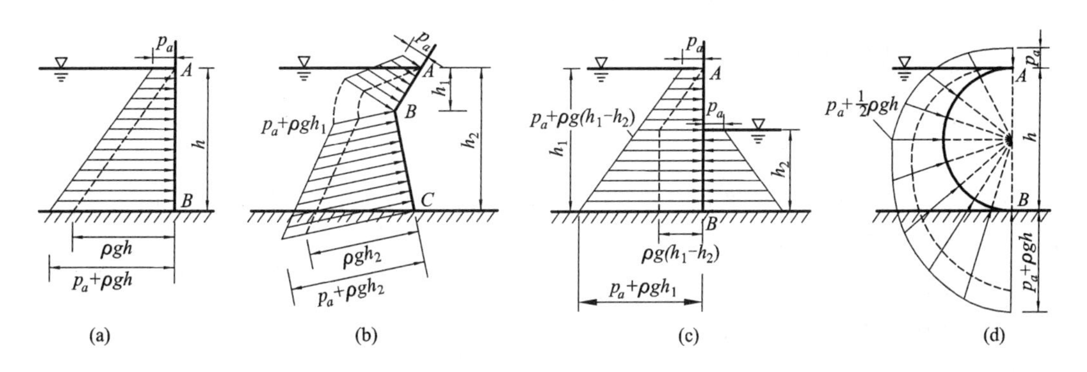

图2.4.1　压强分布图

3. 真空及其度量

当静止流体中某点的绝对压强 p' 小于大气压强 p_a 或相对压强为负值时，说明该点处于真空状态。真空的大小以真空值 p_v 表示。任一点的真空值是当地大气压强 p_a 与该点的绝对压强 p' 的差值，即

$$p_v = p_a - p' = \rho g h_v \tag{2.4.3}$$

式中：h_v 为真空高度，简称真空度。

4. 绝对压强、相对压强及真空值的关系

画出绝对压强、相对压强之间的关系图2.4.2，对比该图及式(2.4.2)和(2.4.3)可知，当绝对压强高出当地大气压强时(如图中 A 点)，相对压强为正(称为正压)；当绝对压强低于当地大气压强时(如图中 B 点)，相对压强为负(称为负压)。而真空值是随着绝对压强减小而增大的，当 $p'=0$ 时达到最大，即 $p_{v\max}=p_a$；当 $p'=p_a$ 时最小，$p_{v\min}=0$。因此，真空值恒为正，且 $p_v=-p$，也可写为 $p_v=|p|$。

值得注意的是，物理学中的真空概念与流体力学中的不同，流体力学的真空是指 $p'\leqslant p_a$(或 $p\leqslant 0$)的一个区域，而物理学的真空仅指 $p_{v\min}=0$ 的一个绝对真空(或完全真空)状态。

大气压强一般用气压计测量，在不同地区、不同季节、不同气象条件下，它不是一定的数值。工程实际中，通常只需知道相对压强的分布，就可计算出物体或建筑物所受到的

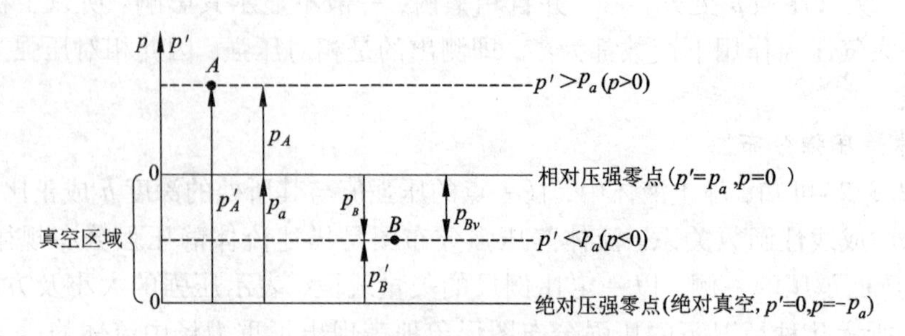

图 2.4.2 绝对压强、相对压强和真空值的关系

流体总压力，而没必要知道绝对压强的值，也不必测量大气压强值。只有作精确实验，需要计算准确的绝对压强值时，才有必要读取气压计上大气压强的值。

2.4.2 压强的度量单位

压强的度量单位有三种：

1. 应力单位

即单位面积上流体所承受的压力，其 SI 单位为牛/米^2（N/m^2），即帕斯卡（Pa）。应力单位常用于理论计算。

2. 液柱高单位

由于压强与液柱高度有式(2.4.1)关系，即

$$h=\frac{p}{\rho g}$$

式中：h 为压强的液柱高度，其常用单位有米水柱（mH_2O）、毫米汞柱（mmHg）等。液柱高单位来源于实验测定，故常用于实验室计量。

3. 工程大气压单位

标准大气压(atm)是根据北纬 45°海平面上 15°C 时测定的数值。

$$1\text{ 个标准大气压(atm)}=1.01325\times10^5\text{ Pa}=760\text{ mmHg}$$

工程上为计算方便，常以工程大气压作为压强的单位。即

$$1\text{ 个工程大气压(at)}=98\times10^3\text{ Pa}=10\text{ mH}_2\text{O}=736\text{ mmHg}$$

注意：

(1)液柱高单位、工程大气压单位在国家标准中均不是压强的法定计量单位。但考虑到国内外现有的实验测定数据、图表和相应的液柱式压力计等的实际使用情况，在此加以阐述；

(2)大气压是计量压强的一种单位，其值固定；而大气压强是指某地大气产生的压强，其值是变化的，随当地的地势和温度而变。故“大气压”与“大气压强”为两个不同的概念，切勿相混。

表 2.4.1 中列出了各种压强单位之间的换算关系。

表 2.4.1　压强单位及其换算对照表

帕(Pa)	工程大气压(at)	标准大气压(atm)	毫米汞柱(mmHg)	米水柱(mH_2O)
1	1.0197×10^{-5}	9.8692×10^{-6}	7.5006×10^{-3}	1.0197×10^{-4}
9.8067×10^{4}	1	9.6784×10^{-1}	7.3556×10^{2}	1×10
1.0133×10^{5}	1.0332	1	7.6000×10^{2}	1.0332×10
1.3322×10^{2}	1.3592×10^{-3}	1.3158×10^{-3}	1	1.3592×10^{-2}
9.8067×10^{3}	1×10^{-1}	9.6784×10^{-2}	7.3556×10	1

【例 2.4.1】 在如图 2.4.3 所示装置中已知标高 $\nabla_1=9$ m，$\nabla_2=8$ m，$\nabla_3=7$ m，$\nabla_4=10$ m，外界大气压强为 1 个工程大气压，装置中液体均为水，试求 1，2，3，4 各点的绝对压强、相对压强(以液柱高表示)及 M_2，M_4 两个压强表的表压强或真空值读数。

【解】

由图可看出，水面 1 处与外界大气相连通，故

$$p_1'=p_a=98000\ \text{Pa},\ p_1=0$$

根据流体静力学基本公式 $p=p_0+\rho gh$，对 1、2 两点而言，有

$$\begin{aligned}p_2'&=p_1'+\rho g(\nabla_1-\nabla_2)\\&=98\times10^3\ \text{Pa}+1000\times9.8\times(9-8)\ \text{Pa}\\&=1.078\times10^5\ \text{Pa}\end{aligned}$$

$$\begin{aligned}p_2&=\rho g(\nabla_1-\nabla_2)\\&=9.8\times10^3\times(9-8)\ \text{Pa}\\&=9.8\times10^3\ \text{Pa}=1\ mH_2O\end{aligned}$$

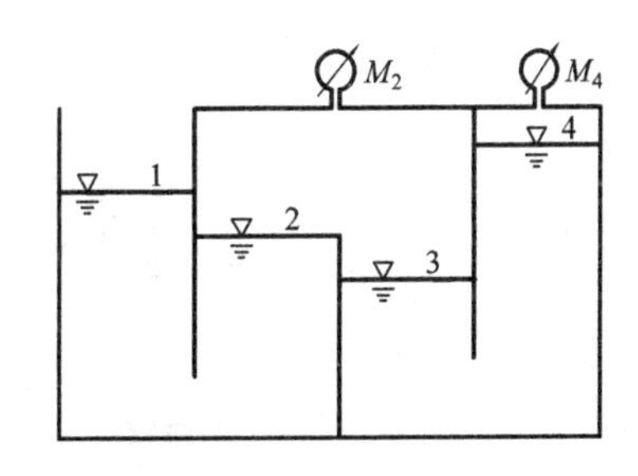

图 2.4.3　压强计算用图

装置中 2、3 两处空气连通，则有

$$p_3'=p_2'=1.078\times10^5\ \text{Pa}$$

$$p_3=p_2=9.8\times10^3\ \text{Pa}=1\ mH_2O$$

对 3、4 两点而言，有

$$p_4'=p_3'-\rho g(\nabla_4-\nabla_3)=1.078\times10^5\ \text{Pa}-9800\times(10-7)\ \text{Pa}=7.84\times10^4\ \text{Pa}$$

$$p_4=p_3-\rho g(\nabla_4-\nabla_3)=1\ mH_2O-(10-7)\ mH_2O=-2\ mH_2O$$

M_2 的表压强 $p_{M_2}=p_2=9.8\times10^3\ \text{Pa}=9.8\text{kPa}$

M_4 的真空值 $p_{M_4}=p_{v_4}=-p_4=-(-2\times9.8\times10^3)\text{Pa}=19.6\ \text{kPa}$

【例 2.4.2】 某水泵吸水管在水泵进口处装有真空表，当水泵运转时测得真空表读数为 588 mmHg。试将其换算为真空值(N/m^2)、真空度(mH_2O)和工程大气压。

【解】

$$p_v=\rho_p gh_v=13.6\times10^3\times9.8\times0.588\ N/m^2=78.4\ kN/m^2=78.4\ \text{kPa}$$

$$h_v=\frac{p_v}{\rho g}=\frac{78.4}{9.8}\ mH_2O=8\ mH_2O$$

$$p_v=\frac{8}{10}\ \text{at}=0.8\ \text{at}=0.8\ \text{个工程大气压}$$

2.4.3 测压仪器

测量流体静压强的大小在工程上是非常普遍的要求，有压管道、水泵、风机等设备上均安装有压力计和真空计。测压仪器主要有三种：金属式、电测式和液柱式。本节仅仅介绍液柱式测压仪。液柱式测压仪是根据流体静力学的压强分布规律与等压面原理，利用液柱高度的变化来测量流体的压强或压差的仪器，其构造简单，方便可靠，测量精度高，但量程小，一般用于低压实验场所。由于仪表构造和测量目的不同，液柱式测压仪主要有如下几种。

1. 测压管

测压管是一根直径不小于5 mm的玻璃管，一端连接在与待测点 A 同高的容器壁上，另一端开口直通大气，如图2.4.4所示。

$$p'_A = p_a + \rho gh$$

或

$$p_A = \rho gh$$

在实验室中，当这种测压管所测压强大于 $2mH_2O$ 时，不便使用。

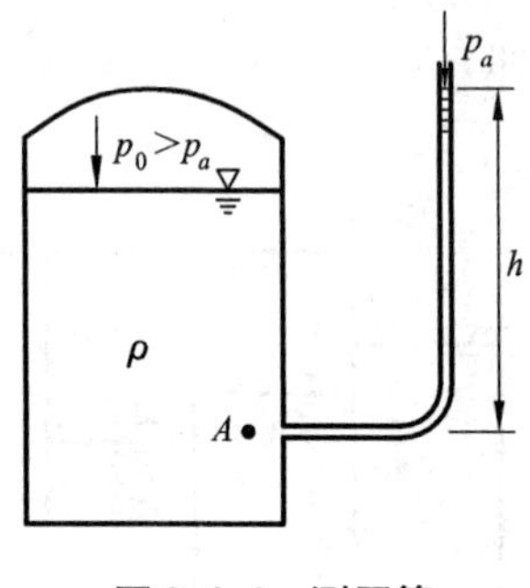

图2.4.4 测压管

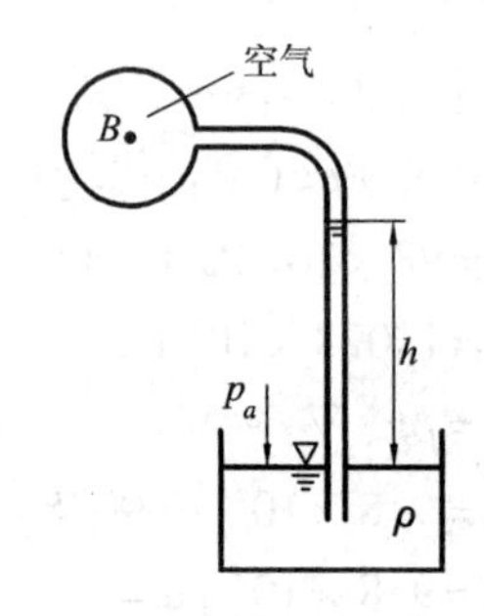

图2.4.5 真空计

若将上述测压管朝下放置，改为图2.4.5所示形式，则称为真空计或倒式测压管。容器中 B 处压强为

$$p'_B = p_a - \rho gh$$

或

$$p_{vB} = \rho gh = -p_B$$

2. U形测压管

当测压管中流体压强较大，测压液柱过高，读数不便时，可在U形管中装入密度较大的介质如水银，如图2.4.6，称为U形测压管。

在图2.4.6(a)中，1，2为等压面上的两点，$p_1 = p_2$，从U形管的左边看：

$$p'_1 = p'_A + \rho gh_1$$

从U形管的右边看：

$$p'_2 = p_a + \rho_p gh_2$$

即

$$p'_A + \rho gh_1 = p_a + \rho_p gh_2$$

则待测点 A 的绝对压强为

$$p'_A = p_a + (\rho_p h_2 - \rho h_1)g$$

相对压强为

$$p_A = (\rho_p h_2 - \rho h_1)g$$

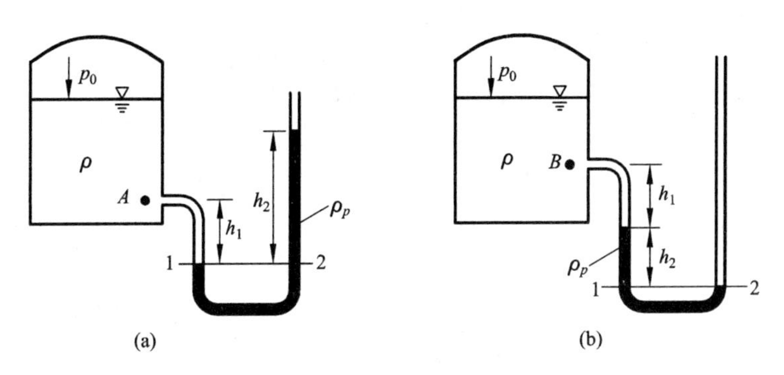

图 2.4.6　U 形测压管

若待测点的压强小于大气压强，水银面将如图 2.4.6(b)所示，则待测点 B 的绝对压强为

$$p'_B = p_a - (\rho_p h_2 + \rho h_1)g$$

其真空度为

$$p_{vB} = (\rho_p h_2 + \rho h_1)g = -p_B$$

值得说明的是：虽然 U 形水银测压管可测量较大的压强，也有很长的应用历史，但由于水银有毒，且易挥发而污染环境，对人体有害，故目前实验室很少采用水银作为测压管中的工作液体，而以某些密度较大的油来代替，积极推行国家提倡的无汞实验室。在本教材中，为计算方便，仍使用水银作为测压管中的重质工作液体。

3. *差压计*

差压计常用 U 形管制成，用于测量两点间压强差。根据压差的大小，U 形管中可装入空气或各种不同密度的液体。如图 2.4.7(a)的倒 U 形空气差压计，1－1 为等压面，可列出如下关系

$$p_A - \rho g(h + h' - H) = p_B - \rho g h'$$

所以

$$p_A - p_B = \rho g(h - H)$$

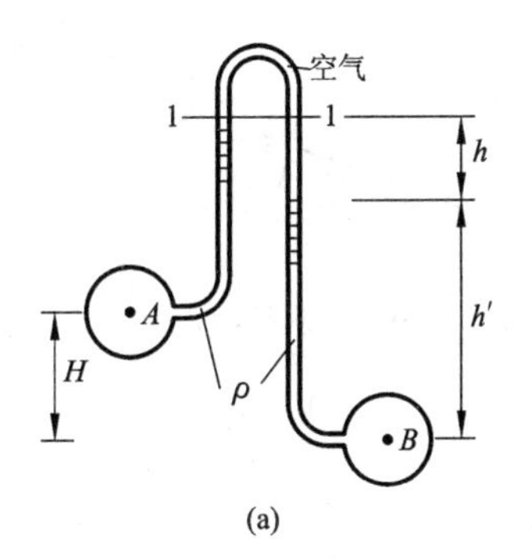

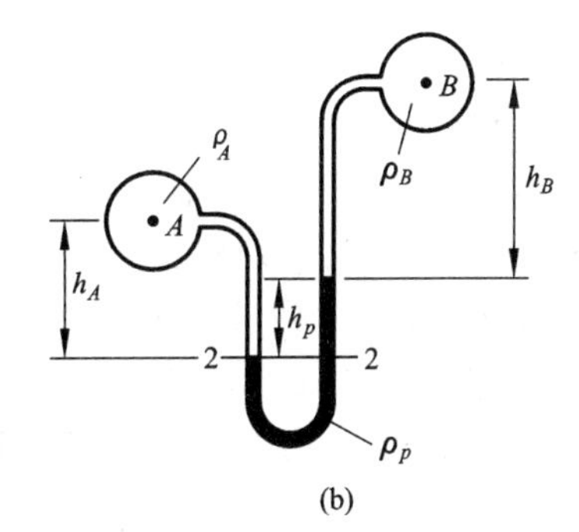

图 2.4.7　差压计

当所测压差较大时，可采用图 2.4.7(b)所示的水银 U 形差压计，水银中 2－2 为等压面，可得

$$p_A + \rho_A g h_A = p_B + \rho_B g h_B + \rho_p g h_p$$

故

$$p_A - p_B = \rho_B g h_B + \rho_p g h_p - \rho_A g h_A$$

若 A, B 处为同种液体，即 $\rho_A=\rho_B=\rho$，则

$$p_A-p_B=\rho g(h_B-h_A)+\rho_p g h_p$$

若 A, B 处为同种液体，且同高，即 $h_A=h_B+h_p$，则

$$p_A-p_B=(\rho_p-\rho)gh_p$$

说明两者压强差等于密度差与水银柱高差的乘积。

若 A, B 处为同种气体，忽略空气密度，则

$$p_A-p_B=\rho_p g h_p$$

说明两者压强差就等于水银柱高差所产生的压强。

4. 复式压力计(多管测压计或复式差压计)

复式压力计是由几个 U 形管组合而成，如图 2.4.8 所示。当所测压强(或压差)较大时(一般大于 3 个工程大气压)，可采用这种测压计。如果图 2.4.8 中球形容器内是气体，U 形管上端也充以气体，此时气体重量影响可以忽略，则容器中 A 处的绝对压强为

$$p_A=p_a+\rho_p g(h_1+h_2)$$

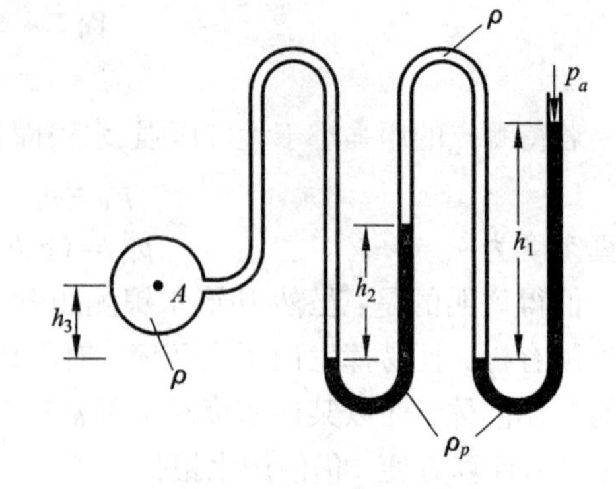

图 2.4.8 复式压力计

如果容器中所装为液体，U 形管上端也充满同种液体，则容器中心处 A 点的绝对压强为

$$\begin{aligned}p_A&=p_a+\rho_p g h_1-\rho g h_2+\rho_p g h_2-\rho g h_3\\&=p_a+\rho_p g(h_1+h_2)-\rho g(h_2+h_3)\end{aligned}$$

若要测更大的压强(或压差)，可在右边多装几支 U 形管。

5. 微压计

工程中某些气流压强或压差数值很小，只有几毫米水柱，若使用上述测压计，易产生较大误差。因此，为提高测量精度，常采用倾斜管微压计，如图 2.4.9 所示。容器断面面积为 A_1，内盛密度为 ρ 的液体，其侧壁装有可调节倾角 α 的断面面积为 A_2 的测压管。设容器内初始液面为 0－0，当容器内液体受待测气体压强 $p(>p_a)$ 作用导致液面下降 Δh 时，倾斜管内流体上升 L 斜长，垂直上升高度为 $h=L\sin\alpha$，达到平衡，于是可得

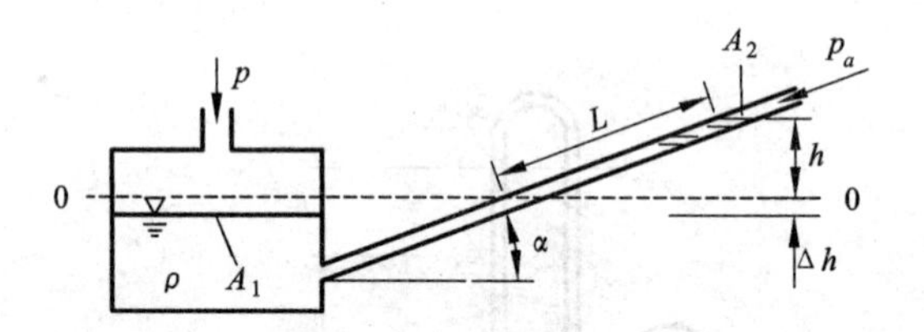

图 2.4.9 倾斜管微压计

$$p-p_a=\rho g(L\sin\alpha+\Delta h)$$

从初始液面算起，上下变动的液体体积相等，则 $A_1\Delta h=A_2L$，也即是 $\Delta h=\frac{A_2}{A_1}L$，代入上式，得待测气体的相对压强为

$$p=\rho g\left(L\sin\alpha+\frac{A_2}{A_1}L\right)=\rho g L\left(\sin\alpha+\frac{A_2}{A_1}\right)$$

若倾斜测压管的断面积 A_2 远小于容器的断面积 A_1，$\frac{A_2}{A_1}\approx 0$，即忽略容器中的液面变化，则相对压强为

$$p=\rho gL\sin\alpha$$

可见，α 越小，L 就越大，在适当的小倾斜角下，即使待测压强较小，在倾斜测管上也有可观的读数，从而使所测值更精确。如当 $\alpha=10°$时，微压计的放大倍数 $n=\frac{L}{h}=\frac{1}{\sin\alpha}=\frac{1}{\sin 10°}=5.75$。

【例 2.4.3】 图 2.4.10 为测量压差的双杯式微压计，在两个圆杯中装入相同液体——油，密度为 $\rho_1=900$ kg/m^3，连接双杯的 U 形管中装有水，密度为 $\rho_2=1000$ kg/m^3。已知 U 形管直径 $d=4$ mm，杯直径 $D=40$ mm。当 $p_1=p_2$时，U 形管中水面平齐，读数 $h=0$，若读数 $h=100$ mm，求压强差 p_1-p_2。

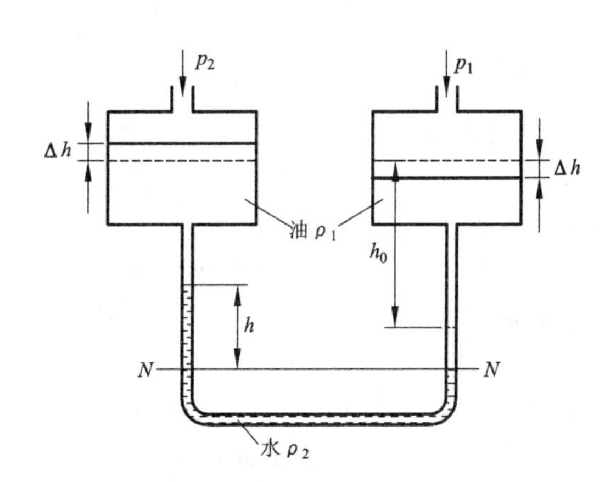

图 2.4.10　双杯式微压计

【解】

当 $p_1=p_2$时，设两圆杯的油液面与 U 形管的水面高差为 h_0；当 $p_1>p_2$时，左圆杯的油液面上升 Δh，右圆杯的油液面下降 Δh。$N-N$ 为等压面，由连通器原理可得

$$p_1+\rho_1 g\left(h_0-\Delta h+\frac{h}{2}\right)=p_2+\rho_1 g\left(h_0+\Delta h-\frac{h}{2}\right)+\rho_2 gh \tag{2.4.7}$$

由于 U 形管与圆杯中升降的液体体积相等，可得

$$\frac{\pi D^2}{4}\Delta h=\frac{\pi d^2}{4}\frac{h}{2}$$

即

$$2\Delta h=\left(\frac{d}{D}\right)^2 h$$

代入式(2.4.7)，得

$$p_1-p_2=\rho_2 gh+\rho_1 g(2\Delta h-h)=\rho_2 gh-\rho_1 gh\left[1-\left(\frac{d}{D}\right)^2\right]$$

代入数据，得

$$p_1-p_2=106.8\ \text{Pa}$$

换算成水柱，则

$$h=\frac{p_1-p_2}{\rho_2 g}=\frac{106.8}{1000\times 9.8}\ \text{mH}_2\text{O}=0.011\ \text{mH}_2\text{O}=11\ \text{mmH}_2\text{O}$$

由计算结果可知：待测压差 p_1-p_2只有 11 mm 水柱大，而使用双杯式微压计却可得到 100 mm 的读数，这充分显示了微压计的放大效果，U 形管与圆杯直径之比越小，两种液体

的相对密度差越小，则放大效果越显著。

2.5　作用在平面上的流体静压力

工程上常常需要计算水坝、闸门、桥墩、水箱等水工建筑物上所受到的流体静压力。对于气体，忽略其密度，压强处处相等，所以总压力的大小等于压强与受压面面积的乘积；而对于液体，由于不同高度处压强不等，因而计算总压力需考虑压强的分布。本节将讨论如何确定作用在平面上的由液体静压强所形成的总压力的大小、作用点(压力中心)。

作用在平面上的液体静压力的计算方法有解析法与图算法，分别介绍如下。

2.5.1　解析法

1. 总压力的大小及方向

设任意形状平面 AB 面积为 A，如图 2.5.1 所示，与水平液面成 α 角，倾斜放置在静止液体中，并将液体拦截在左侧。设立坐标系，使平面位于 xOy 面上，平面的延伸面与自由表面的交线为 Ox 轴，将平面绕 y 轴旋转 90°，从而显示出平面的几何形状。

在这个平面上取微元面积 $\mathrm{d}A$，其形心处的淹没深度为 h，则形心处的压强为

$$p = p_a + \rho gh$$

此微元面上的总压力为

$$\mathrm{d}P = (p_a + \rho gh)\mathrm{d}A$$

由图可知，平面 AB 左、右两侧都承受大气压强 p_a 的作用，其影响互相抵消，所以

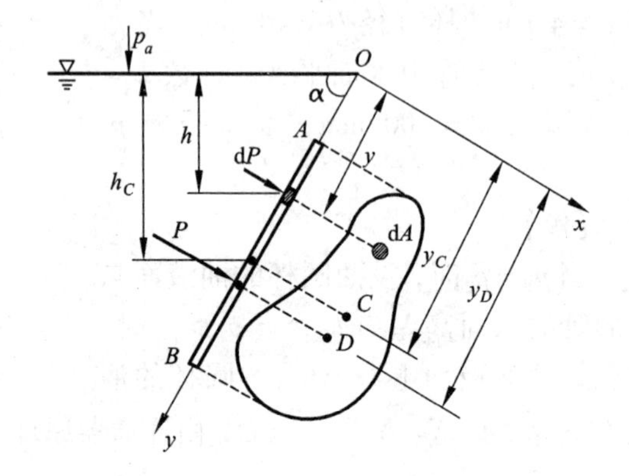

图 2.5.1　平面上的总压力

$$\mathrm{d}P = \rho gh\mathrm{d}A = \rho gy\sin\alpha\mathrm{d}A$$

将上式对整个受压面积 A 积分，可得作用在平面上的总压力

$$P = \int_A \rho gy\sin\alpha\mathrm{d}A = \rho g\sin\alpha\int_A y\mathrm{d}A$$

由材料力学知，式中 $\int_A y\mathrm{d}A$ 表示平面 AB 对 x 轴的静面矩，其大小为 $y_C A$，y_C 是平面 AB 的形心 C 到 x 轴的距离。因此总压力可写为

$$P = \rho g\sin\alpha y_C A = \rho gh_C A = p_C A \tag{2.5.1}$$

式中：h_C 为平面 AB 的形心 C 处的淹没深度。

上式表明：静止液体作用在任意形状平面上的总压力 P 等于平面形心处压强与平面面积的乘积，其大小与平面倾角无关。而且由于平面上的总压力是液体静压强的总和，所以作用方向重合于该平面的内法线方向，即垂直指向平面。

2. 压力中心(合力作用点)

利用理论力学的合力矩定理，即合力对任一轴的力矩等于各分力对同一轴的力矩之和，可求出压力中心的位置。

设压力中心为 D 点，其坐标值为 x_D，y_D。先讨论 y_D，据上述结论可得

$$P\,y_D = \int_A \rho g h y \mathrm{d}A = \int_A \rho g y^2 \sin\alpha \mathrm{d}A = \rho g \sin\alpha \int_A y^2 \mathrm{d}A$$

由材料力学知，$I_x = \int_A y^2 \mathrm{d}A$，称为平面面积对 x 轴的面积惯性矩。由于通常使用的是通过形心轴的惯性矩 I_C，因此利用材料力学中的平行移轴定理来进行换算，即 $I_x = I_{Cx} + y_C^2 A$。代入上式，得

$$P\,y_D = \rho g \sin\alpha (I_{Cx} + y_C^2 A)$$

再将 $P = \rho g \sin\alpha y_C A$ 代入，可得压力中心 D 的 y 坐标值为

$$y_D = y_C + \frac{I_{Cx}}{y_C A} \tag{2.5.2}$$

由于 I_{Cx} 恒为正，故 $y_D > y_C$，即压力中心 D 点总是低于形心 C 点。

压力中心 D 点的 x 坐标值，可用相同的方法求出

$$x_D = x_C + \frac{I_{Cxy}}{y_C A} \tag{2.5.3}$$

式中：x_C 为平面 AB 的形心 C 到 y 轴的距离，I_{Cxy} 为平面面积对平行于 x，y 轴的形心轴的惯性积。由于惯性积 I_{Cxy} 可为正可为负，所以 x_D 可能大于或小于 x_C，即压力中心 D 可能位于形心 C 的左边或右边。

在实际工程中受压平面常为轴对称平面（令此轴与 y 轴平行），如矩形、梯形、圆形等，则压力 P 的作用点必然位于此对称轴上，即 $x_D = 0$；若受压面为非对称平面，则还应求出 x_D，以确定压力中心 D 点的位置。

为便于计算，现将工程上常用的几何平面图形的惯性矩 I_{Cx}、形心位置 y_C 及图形面积 A 列于表 2.5.1 中，供参考。

表 2.5.1　几种常见对称平面图形的 I_{Cx}、y_C 及 A 值

几何图形名称	图形形状及有关尺寸	惯性矩 I_{Cx}	形心坐标 y_C	面积 A
矩　形	C，y_C，h，b	$\frac{bh^3}{12}$	$\frac{h}{2}$	bh
三角形	C，y_C，h，b	$\frac{bh^3}{36}$	$\frac{2h}{3}$	$\frac{bh}{2}$

几何图形名称	图形形状及有关尺寸	惯性矩 I_{Cx}	形心坐标 y_C	面积 A
梯　形		$\frac{h^3(a^2+4ab+b^2)}{36(a+b)}$	$\frac{h(a+2b)}{3(a+b)}$	$\frac{h(a+b)}{2}$
圆　形		$\frac{\pi r^4}{4}$	r	πr^2
半圆形		$\frac{(9\pi^2-64)r^4}{72\pi}$	$\frac{4r}{3\pi}$	$\frac{\pi r^2}{2}$
椭　圆		$\frac{\pi a^3 b}{4}$	a	πab

【例 2.5.1】 如图 2.5.2 所示，在蓄水池垂直挡水墙上的泄水孔处，装有尺寸为 $b \times h = 1\ \text{m} \times 0.5\ \text{m}$ 的矩形闸门，闸门上 A 点用铰链与挡水墙相连，A 点距液面高度 $h_0 = 2\ \text{m}$，开启闸门的锁链连接于闸门下缘 B 点，并与水面成 45°角。忽略闸门自重及铰链的摩擦力，求开启闸门所需拉力 T 至少应为多大？

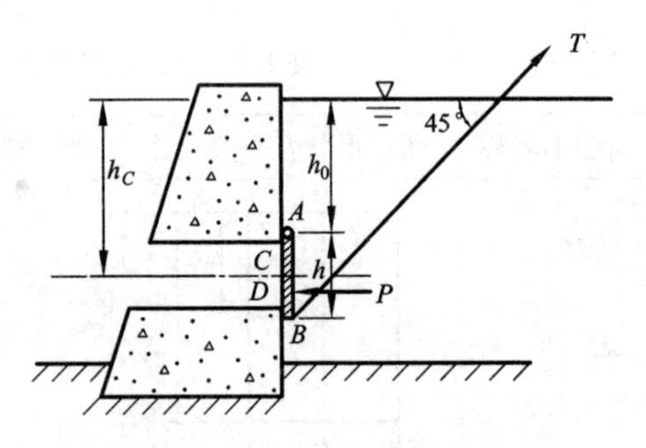

图 2.5.2　挡水墙上的矩形闸门

【解】

闸门形心 C 处水深

$$h_C = h_0 + \frac{h}{2} = (2 + \frac{0.5}{2})\ \text{m} = 2.25\ \text{m}$$

闸门所承受的静水总压力

$$P = \rho g h_C A = 1000 \times 9.8 \times 2.25 \times 1 \times 0.5\ \text{N} = 11.025\ \text{kN}$$

由式(2.5.2)及表 2.5.1 得压力中心 D 的位置为

$$y_D = y_C + \frac{I_{Cx}}{y_C A} = 2.25\ \text{m} + \frac{\frac{1}{12} \times 1 \times 0.5^3}{2.25 \times 1 \times 0.5}\ \text{m} = 2.26\ \text{m}$$

对铰链 A 列力矩平衡关系式 $\sum M_A = 0$，得

$$T \times h\cos 45° = P \times (y_D - h_0)$$

$$T = \frac{P(y_D - h_0)}{h\cos 45°} = \frac{11.025 \times (2.26 - 2)}{0.5 \times \frac{\sqrt{2}}{2}}\ \text{kN} = 8.11\ \text{kN}$$

即当 $T \geqslant 8.11$ kN 时，闸门被开启。

2.5.2　图算法

当受压平面为矩形，且有一对边平行于液面时，采用图算法能够很方便地求得流体静压力的大小和作用位置。图算法直观、便捷，并且便于对受压结构物进行受力分析。

设有底边平行于液面的长为 l，宽为 b 的矩形平面 $RSTQ$，与水平面夹角为 α，倾斜放置于静止液体中。上、下边的淹没深度分别为 h_1，h_2，如图 2.5.3 所示。由解析法可知，矩形平面上的总静压力为

$$P = \rho g h_C A = \rho g \cdot \frac{h_1 + h_2}{2} \cdot bl$$

令 $A_p = \frac{1}{2}\rho g(h_1 + h_2)l$，即为平面所受的流体静压强分布图的面积，则总压力可写为

$$P = A_p b \tag{2.5.4}$$

由上式可知，流体静压力的大小与以压强分布图($RSS'R'$)为底面，高度为矩形宽 b 的柱体 $RSS'RQ'QTT'$ 体积相等。也即是流体静压力相当于这样一块均质液体压在受压平面上，如图 2.5.3(b)所示。总压力的作用线一定通过该柱体的重心(反映在平面上即为压强分布图的形心)，并垂直地指向受压面。由于矩形为对称图形，故压力中心 D 必位于对称轴上。

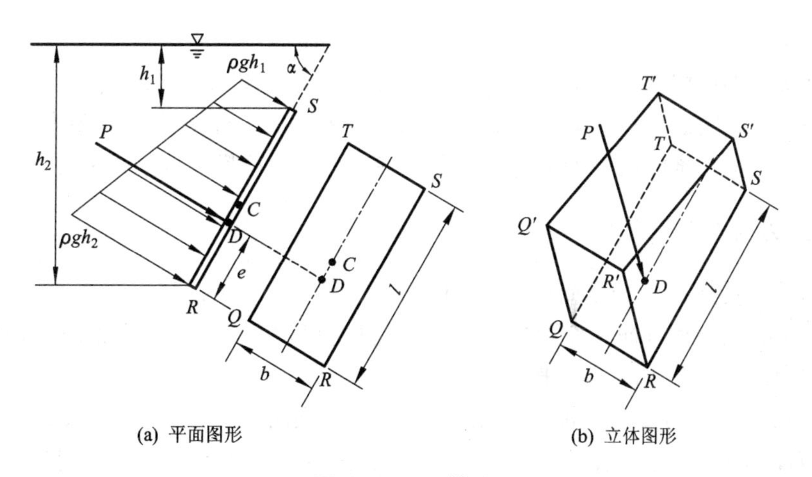

(a) 平面图形　　(b) 立体图形

图 2.5.3　图算法

当流体静压强分布图形为三角形或梯形时，压力中心离底边的距离 e 分别为

$$\left.\begin{aligned} e_{\text{三角形}} &= \frac{1}{3}l \\ e_{\text{梯形}} &= \frac{l(2h_1+h_2)}{3(h_1+h_2)} \end{aligned}\right\} \tag{2.5.5}$$

【例 2.5.2】 同例 2.5.1，用图算法计算。

【解】

绘出压强分布图如图 2.5.4，由式(2.5.4)得流体静压力的大小为

$$P = A_p b = \frac{1}{2}\rho g(2h_0+h)hb$$

$$= \frac{1}{2}\times 1\times 9.8\times(2\times 2+0.5)\times 0.5\times 1\ \text{kN} = 11.025\ \text{kN}$$

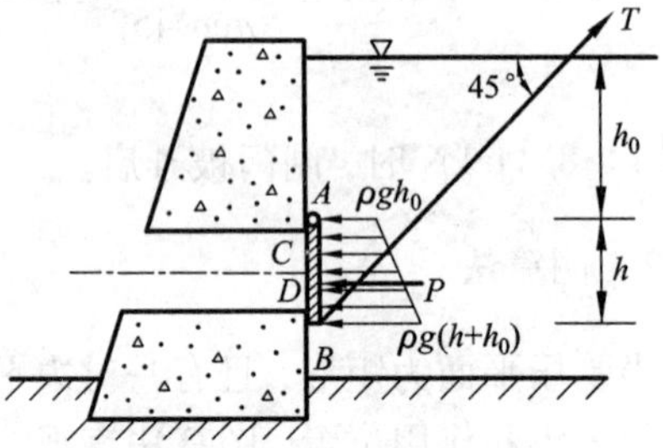

图 2.5.4 挡水墙上的矩形闸门

压力中心 D 距 B 点的距离采用式(2.5.5)计算，得

$$e = \frac{h(3h_0+h)}{3(2h_0+h)} = \frac{0.5\times(3\times 2+0.5)}{3\times(2\times 2+0.5)}\ \text{m} = 0.24\ \text{m}$$

对铰链 A 列力矩平衡关系式 $\sum M_A = 0$，得

$$T\times h\cos 45° = P(h-e)$$

则

$$T = \frac{P(h-e)}{h\cos 45°} = \frac{11.025\times(0.5-0.24)}{0.5\times\frac{\sqrt{2}}{2}}\ \text{kN} = 8.11\ \text{kN}$$

由上可见，解析法和图算法两种方法所得结果相同。

2.6 作用在曲面上的流体静压力

工程上常常需要计算静止流体对各种曲面所施加的总压力，例如弧形闸门、水管壁面、球形容器及拱坝坝面等。曲面有二维曲面和三维曲面之分。二维曲面也称柱面，只有一个主曲率；三维曲面也称空间曲面，它有两个主曲率。工程中使用的多为二维曲面，因此，本节主要讨论二维曲面上液体总压力的计算，再将结论推广到三维曲面。

2.6.1 总压力的大小和方向

由于压强与受压面处处正交，作用在曲面各微元面积上的总压力亦垂直于对应的微元面，但微元面的大小和方向是变化的，因而不能用直接积分来求整个曲面所受的总压力，而需采取先分解、后合成的方法来求。

如图 2.6.1(a)所示，在空间坐标系 $Oxyz$ 中有二维曲面 $ABCD$，柱面长为 L，柱面一侧受到静止液体作用。该曲面在 xOz 平面上投影如图 2.6.1(b)所示，如在此投影面上取微元面积 $\mathrm{d}A$，其形心在液面以下淹没深度为 h，则微元面积上所受到的流体静压力为

$$\mathrm{d}P = \rho g h \mathrm{d}A$$

该力垂直指向微元面积 $\mathrm{d}A$，假设它与水平方向夹角为 α，则可将 $\mathrm{d}P$ 分解为水平分力 $\mathrm{d}P_x$ 及铅直分力 $\mathrm{d}P_z$，如图2.6.1(c)所示，大小分别为

$$\mathrm{d}P_x = \mathrm{d}P\cos\alpha = \rho gh\mathrm{d}A\cos\alpha = \rho gh\mathrm{d}A_x$$
$$\mathrm{d}P_z = \mathrm{d}P\sin\alpha = \rho gh\mathrm{d}A\sin\alpha = \rho gh\mathrm{d}A_z$$

式中：$\mathrm{d}A_x$是 $\mathrm{d}A$ 在与 x 轴垂直的铅垂面(即 yOz 面)上的投影；$\mathrm{d}A_z$是 $\mathrm{d}A$ 在与 z 轴垂直的水平面(即 xOy 面)上的投影。

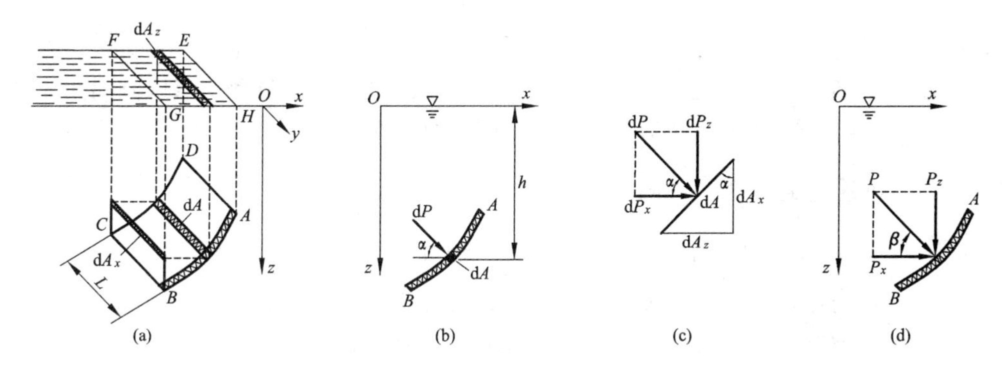

图2.6.1 二维曲面总压力

将上式对整个曲面相应的投影面积积分，可得此曲面所受静止液体总压力 P 的水平分力和铅直分力

$$\left.\begin{aligned} P_x &= \int_{A_x}\rho gh\mathrm{d}A_x = \rho g\int_{A_x}h\mathrm{d}A_x \\ P_z &= \int_{A_z}\rho gh\mathrm{d}A_z = \rho g\int_{A_z}h\mathrm{d}A_z \end{aligned}\right\} \tag{2.6.1}$$

式(2.6.1)中水平分力 P_x 可依据上节中平面上液体总压力公式来求解，即

$$P_x = \rho gh_{xC}A_x \tag{2.6.2}$$

式中：h_{xC} 为铅垂投影面 A_x 的形心在自由液面下的淹没深度。上式说明，曲面上静止液体总压力的水平分力 P_x 等于该曲面向铅垂方向的投影面 A_x 上的总压力。

由式(2.6.1)中铅直分力的表达式可以看出，$h\mathrm{d}A_z$ 是dA上底面为 $\mathrm{d}A_z$、高度为 h 的微小柱块体积，而$\int_{A_z}h\mathrm{d}A_z$ 则代表整个曲面向自由液面(或其延展面)投影的投影柱体体积，称为压力体，即图2.6.1(a)中 $ABCDEFGH$ 体积，以 V 表示，所以

$$P_z = \rho g\int_{A_z}h\mathrm{d}A_z = \rho gV \tag{2.6.3}$$

上式表明，曲面上静止液体总压力的铅直分力大小相当于压力体内液体的重量，它的作用线通过压力体重心。

因此，液体作用在二维曲面上的总压力为

$$P = \sqrt{P_x^2 + P_z^2} \tag{2.6.4}$$

总压力的作用方向与 x 轴成 β 角，如图2.6.1(d)，且

$$\beta = \arctan\frac{P_z}{P_x} \tag{2.6.5}$$

对于三维曲面，除上述讨论的水平分力 P_x、垂直分力 P_z外，还有另一个水平分力 P_y，则作用在三维曲面上的总压力 P 可由这三个分力合成，即

$$P=\sqrt{P_x^2+P_y^2+P_z^2} \tag{2.6.6}$$

在一般情况下，P_x，P_y和 P_z三个分力不一定共点，可能构成空间力系。这时不能化为单个合力，只能化为一个合力加上一个合力偶。

2.6.2 总压力的作用点

由于二维曲面上各 dP 为汇交(柱心)力系，其总压力作用线必通过柱心，所以总压力 P 的作用点可按如下方法确定：作出 P_x及 P_z的作用线，得交点，过此交点以倾斜角 β 作总压力 P 的作用线，它与曲面 $ABCD$ 相交的点，即为总压力的作用点。

2.6.3 压力体的确定及 P_z的方向

压力体是一个非常重要的概念，它直接影响到总压力的铅直分力 P_z的大小，由式(2.6.3)可知压力体本身只是一个由积分表达式所确定的纯几何体，与压力体内是否有液体无关。如图2.6.2所示，当曲面 AB 在不同侧面受到相同深度的同种液体作用时，其对应的压力体相等(图中阴影部分)，则铅直分力 P_z数值相等，但 P_z的方向相反。在(a)图中压力体与作用液体在受压曲面 AB 的同侧，压力体内有直接作用于曲面的液体，称为实压力体，P_z方向朝下；在(b)图中压力体与作用液体在受压曲面 AB 的异侧，压力体内无作用液体，称为虚压力体，P_z方向朝上。因此，铅直分力 P_z的方向可根据作用液体与压力体是同侧还是异侧(即压力体的虚实)来确定。无论压力体为虚为实，均相当于有一与压力体同体积的均质液体作用在受压曲面上，P_z的作用线通过压力体的重心，即平面图形的形心。

由上可见，压力体液重并不一定就是压力体内实际具有的液体重量，它只是为计算流体静压力的铅直分力大小而引入的一个数值当量。

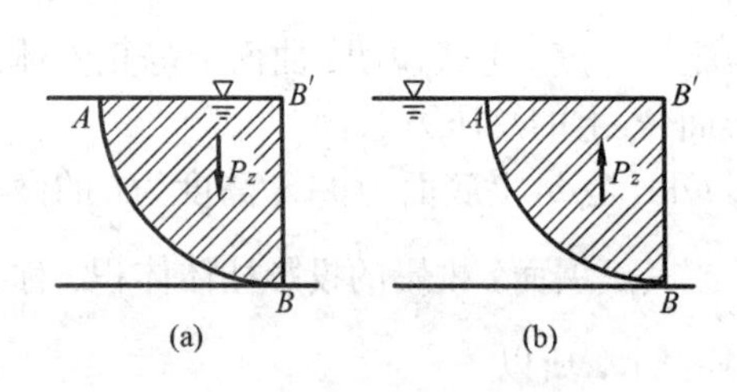

图2.6.2 压力体与 P_z 的方向

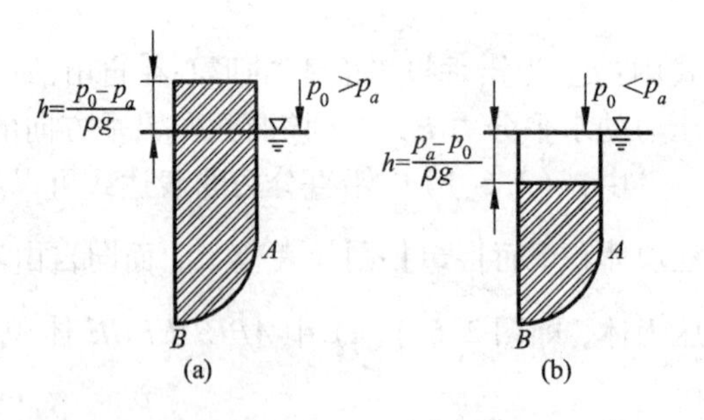

图2.6.3 压力体的确定

以上讨论的压力体是液面为自由表面时所得的几何体，此时液面上相对压强为零；如果液面上相对压强不为零(即不是自由表面)，则压力体不能以液面为顶，因为压力体积分表达式中 ρgh 是指作用在 dA_z面上的压强(包括液面上高于或低于外界大气压强的压强差值)。如图2.6.3所示，(a)图中液面上压强 $p_0>p_a$，压力体顶面应取在液面以上；(b)图中液面上 $p_0<p_a$，压力体顶面应取在液面以下。

综上所述，压力体是一个以曲面为底面，以自由液面或其延展面为顶面，以曲面周边

的铅垂面为侧面所围成的封闭柱形体的体积。

【例2.6.1】 作出曲面AB上的压力体，并指明铅垂分力P_z的方向。

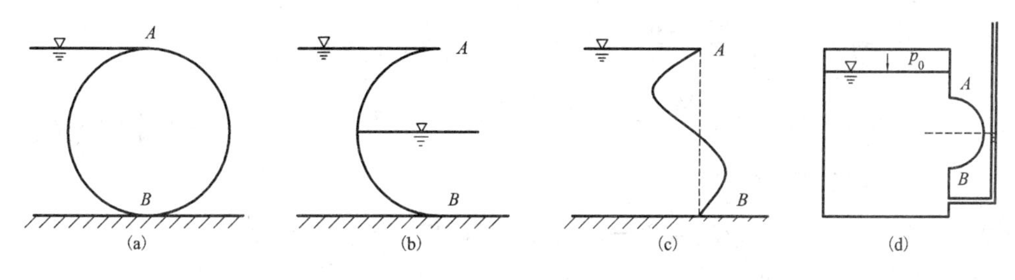

图2.6.4　例2.6.1图

【解】

因压力体是轴线垂直于纸面的柱体，故只需绘出平面图形即可。作压力体图时，注意压力体应由下列界限所围成：

1. 受压曲面(线)本身；
2. 自由液面或其延展面；
3. 从受压曲线的端点向自由液面或其延展面所作的垂线。

当液体与压力体位于受压曲面的同侧时，为实压力体，P_z朝下；当液体与压力体位于受压曲面的异侧时，为虚压力体，P_z朝上。

若曲面两侧同时受压，则分别按上述方法求出单侧受压的压力体，然后叠加。

根据以上原则绘出各压力体见图2.6.5中阴影部分所示。

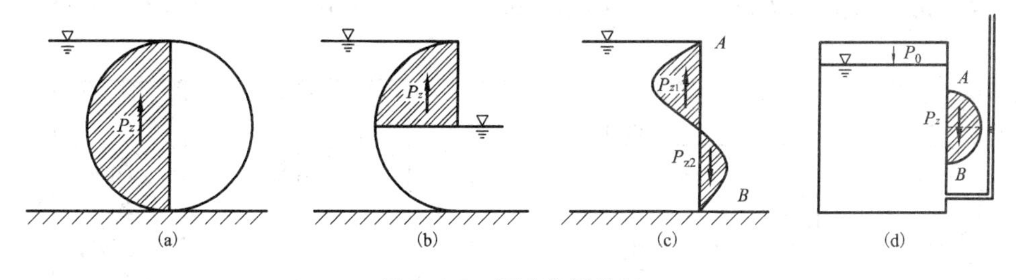

图2.6.5　压力体图绘制

【例2.6.2】 如图2.6.6所示，弧形闸门AB可以绕铰链C旋转，用以蓄(泄)水。已知扇形中心角$\alpha=45°$，宽度$b=1\text{m}$(垂直于纸面)，水深$H=3\text{m}$，求作用于此闸门上的静水总压力P的大小和方向。

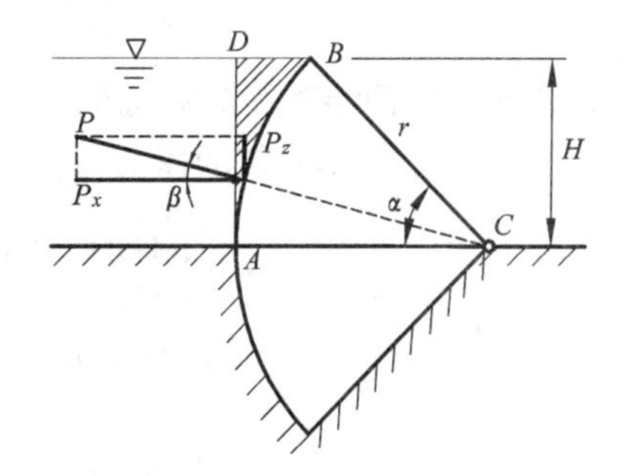

图2.6.6　弧形旋转闸门

【解】

作出压力体如图中阴影部分所示。由图知

$$r=\frac{H}{\sin\alpha}=\frac{3}{\sin45°}\ \text{m}=4.24\ \text{m}$$

由式(2.6.2)及(2.6.3)得

$$P_x=\rho g h_{xC}A_x=1\times 9.8\times\frac{3}{2}\times(3\times 1)\ \text{kN}=44.1\ \text{kN}$$

$$\begin{aligned}P_z&=\rho gV=\rho g\left[\frac{r(1-\cos\alpha)+r}{2}\times H-\frac{\alpha}{360^\circ}\times\pi r^2\right]\times b\\&=1\times 9.8\times\left[\frac{4.24\times(1-\cos 45^\circ)+4.24}{2}\times 3-\frac{45^\circ}{360^\circ}\times\pi\times 4.24^2\right]\times 1\ \text{kN}\\&=11.37\ \text{kN}\end{aligned}$$

总压力 $$P=\sqrt{P_x^2+P_z^2}=\sqrt{44.1^2+11.37^2}\ \text{kN}=45.54\ \text{kN}$$

总压力 P 的作用方向与水平方向的夹角为

$$\beta=\arctan\frac{P_z}{P_x}=\arctan\frac{11.37}{44.1}=14^\circ 27'$$

总压力 P 的作用点在弧形闸门上，作用与水平面夹角为 $14^\circ 27'$，其延长线，必定通过闸门的铰链 C。

【例 2.6.3】 如图 2.6.7 所示圆柱形压力水罐，由上下两半圆筒用螺栓连接而成。圆筒半径 $R=0.5$ m，长 $l=2$ m，罐上压力表 M 读数 $p=29.4$ kPa。试求：(1)两端平面盖板所受静水总压力；(2)上下两半圆筒所受静水总压力；(3)若螺栓材料的允许应力 $[\sigma]=120$ MPa，验证连接上下圆筒的螺栓能否承受由水压产生的拉力。螺栓直径 $d=10$ mm，间距 $e=50$ cm。

【解】

(1)两端盖板均为圆形平面，每个盖板所受静水总压力为

$$P=p_C A=(p+\rho gR)\pi R^2=(29.4+1\times 9.8\times 0.5)\times 3.14\times 0.5^2\ \text{kN}=26.93\ \text{kN}$$

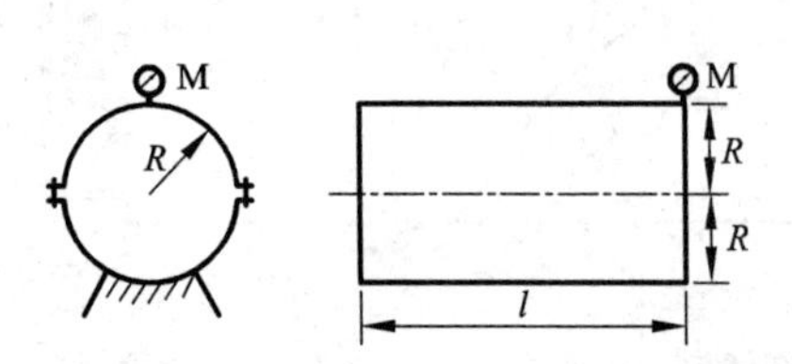

图 2.6.7 圆柱形压力水罐

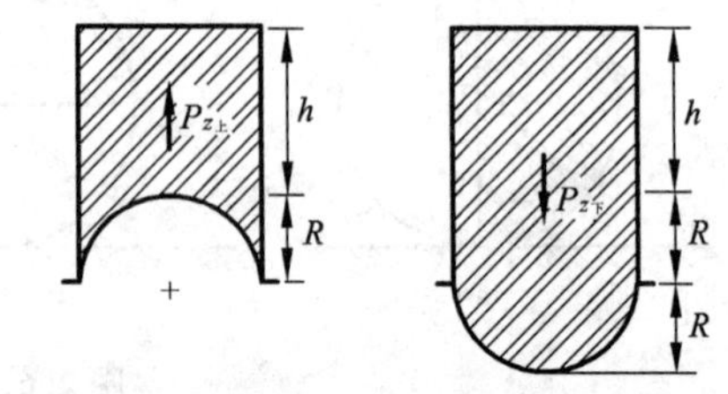

图 2.6.8 上下半圆筒的压力体图

(2)由于上下两半圆筒为对称的半圆柱面，所受静水总压力的水平分力相互抵消，只有铅直分力。上下两半圆筒的压力体如图 2.6.8 所示，压力表处水柱高度为

$$h=\frac{p}{\rho g}=\frac{29.4}{1\times 9.8}\ \text{mH}_2\text{O}=3\ \text{mH}_2\text{O}$$

则 $$\begin{aligned}P_{z上}&=\rho gV_{上}=\rho g\left[(h+R)\times 2R-\frac{1}{2}\pi R^2\right]\times l\\&=1\times 9.8\times\left[(3+0.5)\times 2\times 0.5-\frac{1}{2}\pi\times 0.5^2\right]\times 2\ \text{kN}\\&=60.90\ \text{kN}\end{aligned}$$

$$P_{z下}=\rho gV_{下}=\rho g[(h+R)\times 2R+\frac{1}{2}\pi R^2]\times l$$

$$=1\times 9.8\times[(3+0.5)\times 2\times 0.5+\frac{1}{2}\pi\times 0.5^2]\times 2\ \text{kN}$$

$$=76.30\ \text{kN}$$

(3)水罐上螺栓总个数为

$$n=2(\frac{l}{e}+1)=2\times(\frac{2}{0.5}+1)=10\ 个$$

螺栓所能承受的最大拉力为

$$F_{允}=n\cdot\frac{\pi}{4}d^2\cdot[\sigma]=10\times\frac{\pi}{4}\times 0.01^2\times 120\times 10^3\ \text{kN}=94.2\ \text{kN}$$

而螺栓所受总拉力为

$$F=P_{z上}=60.90\ \text{kN}<F_{允}$$

因此连接螺栓能够承受由罐内水压产生的拉力。

在本题中，可知 $P_{z上}<P_{z下}$，为何在验证压力水罐的连接螺栓所受拉力时，使用的是 $P_{z上}$，而不是 $P_{z下}$，请读者自行思考。

本章小结

在这一章中我们介绍了流体静力学的基本概念。主要内容有：

1. 流体的平衡包括绝对静止(平衡)与相对静止。平衡流体的最大特点是不能承受剪切应力，其表面力只有压强引起的压力。压强具有两个重要特性：垂直性与各向等值性。

2. 流体平衡微分方程式(2.2.1)是流体平衡的基本方程。其推导很简单，但所使用的分析某一微元体的受力的方法，对于以后分析更复杂的流体力学问题具有普遍的意义，应好好掌握。熟悉等压面的概念及性质。

3. 流体静压强的基本方程有两种形式：压强形式(即式(2.3.2))与能量(水头)形式(即式(2.3.3))。注意表达式中各项及其和值的物理意义。

4. 压强由于起量点与表达形式的不同，分为绝对压强与相对压强，熟悉两者之间的关系。流体力学的真空与物理上的真空概念不同，真空的大小用真空值度量。流体静力学的计算在工程上具有极强的实践性，因此，求解时注意单位换算(即应力单位、工程大气压单位和液柱单位之间的换算)。

5. 流体静力学的核心问题是计算静止流体作用在平面和曲面上的总压力及其作用位置，要能正确绘出压强分布图和指出压力体。

6. 本章讲述的帕斯卡原理、连通器原理等在工程和生活中都有重要的应用，应深刻理解其含义。

思考题

2.1　用一块平板挡水，平板形心的淹没深度为 h_C，压力中心的淹没深度为 h_D，当 h_C

增大时，$h_D - h_C$________。

A. 增大　　　　*B.* 不变　　　　*C.* 减小

2.2　压力体内________。

A. 必定充满液体　　　　*B.* 肯定不会有液体

C. 至少部分有液体　　　　*D.* 可能有液体，也可能无液体

2.3　液体点压强垂直于受压面，能否认为压强就是向量？为什么？

2.4　容器中盛有密度不同的两种液体，问测管 1 及测管 2 液面是否和容器中液面(0－0 面)平齐？1 及 2 两测压管液面何者较高？为什么？

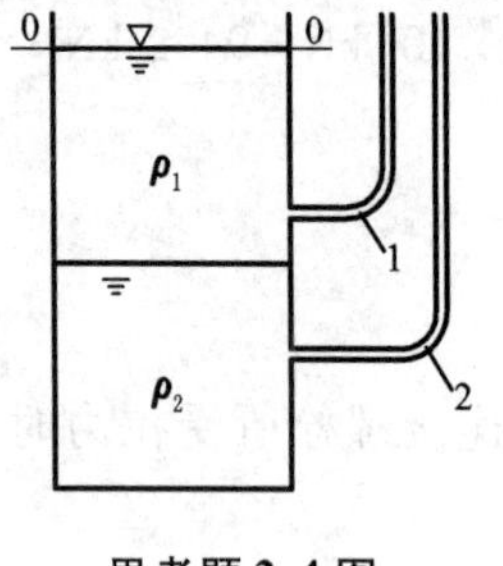

思考题 2.4 图

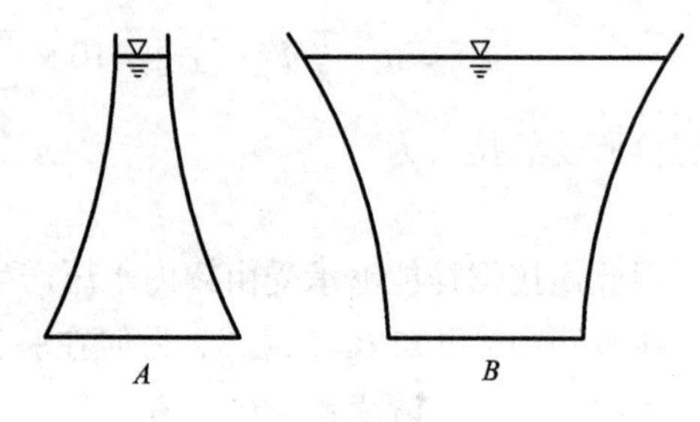

思考题 2.5 图

2.5　如图，底面积相同的盛水容器 *A* 和 *B*，其中盛水的深度相同，问两个底面上所受的静水总压力是否相同？若容器自重不计，将两个底面放在秤盘上，称得的重量是否相同？为什么？

2.6　在一盛满液体的容器壁上装置一个均质的圆柱，其半径为 r，由于圆柱始终有一半浸没在液体中，所以该半圆柱一直受到一向上的浮力，该浮力是否会使圆柱不停地绕 *O* 轴转动？为什么？

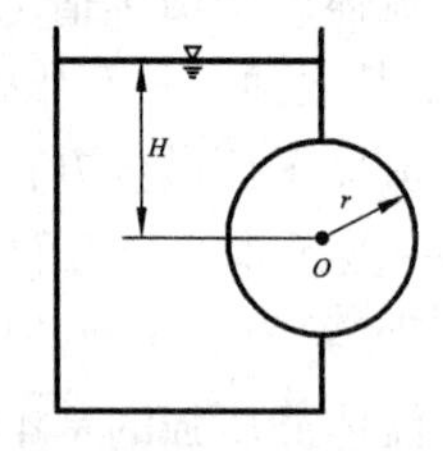

思考题 2.6 图

2.7　试找出思考题 2.7 图中压强分布图的错误之处，并改正(原题为：画出下列标有字母的平面上的流体静压强分布图)。

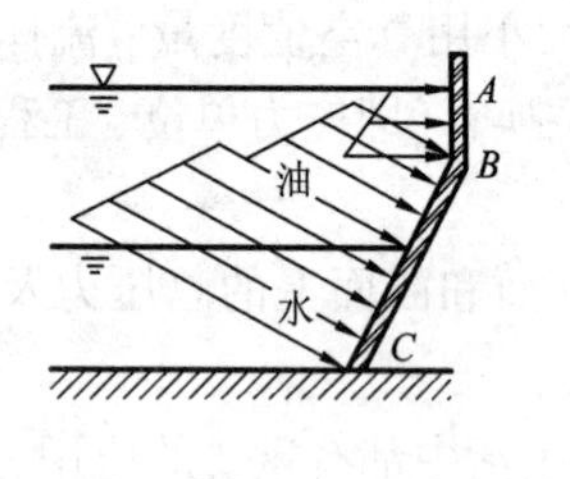

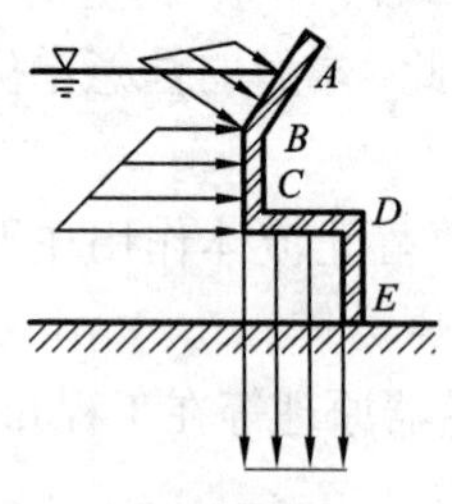

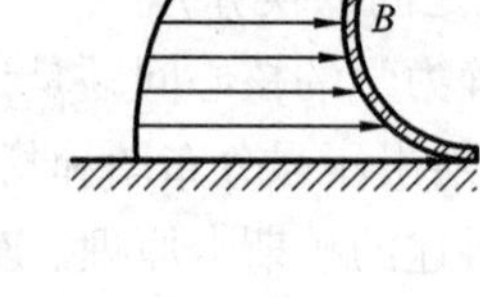

思考题 2.7 图

习　题

2.1　在海平面下深度 $h=300$ m 处，测得相对压强为 3090 kN/m^2，求海水的平均密度。

2.2　如图所示水压机，$a=25$ cm，$b=75$ cm，$d=8$ cm。当 $T=20$ kN，$G=1000$ kN 时处于平衡状态。试求大活塞的直径 D（不计活塞高差及重量）。

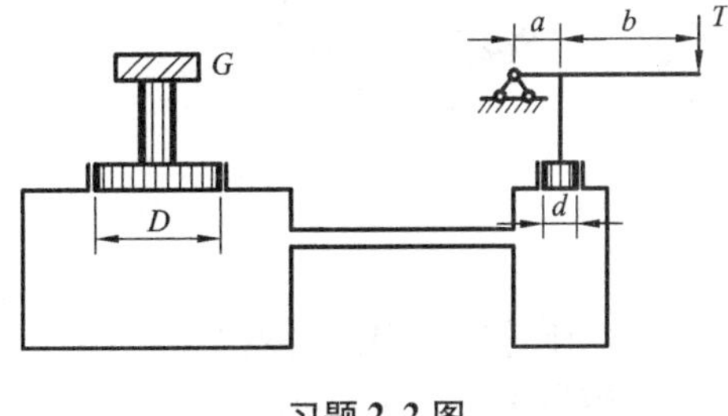

习题 2.2 图

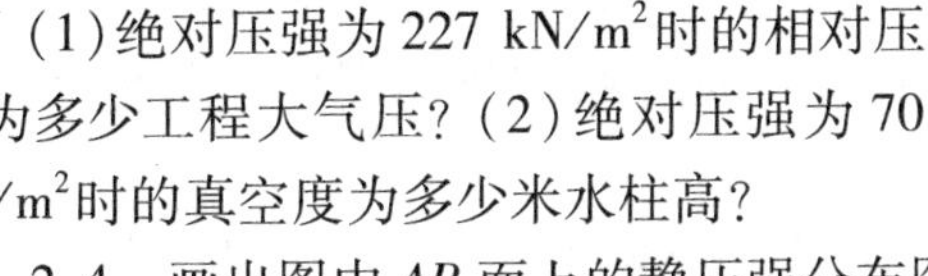
2.3　已知某地大气压强为 95 kN/m^2，求：(1)绝对压强为 227 kN/m^2 时的相对压强为多少工程大气压？(2)绝对压强为 70 kN/m^2 时的真空度为多少米水柱高？

2.4　画出图中 AB 面上的静压强分布图形。

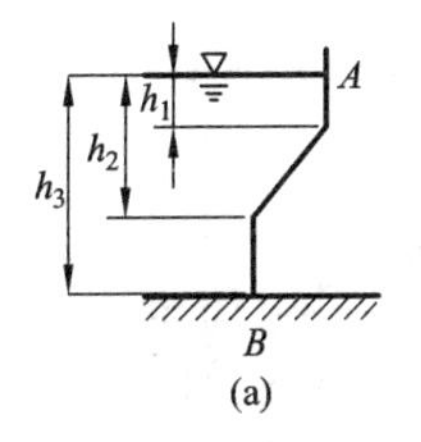

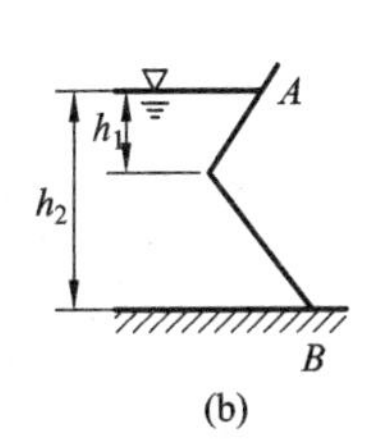

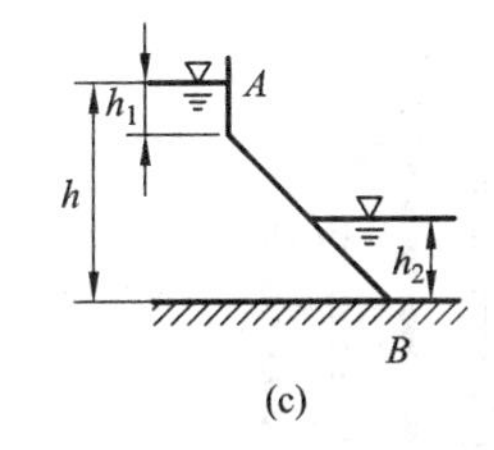

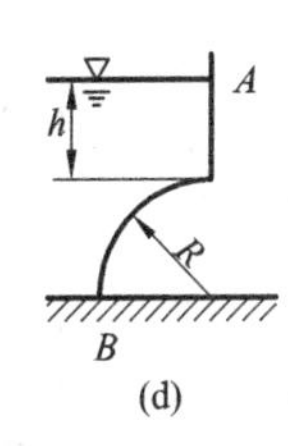

习题 2.4 图

2.5　如题 2.5 图所示的密闭盛水容器，测压管中液面高度 $h=1.5$ m，$p_a=9.8$ N/cm^2，容器内液面高度 $H=1.2$ m。问容器内液面压强 p_0 值为多少？

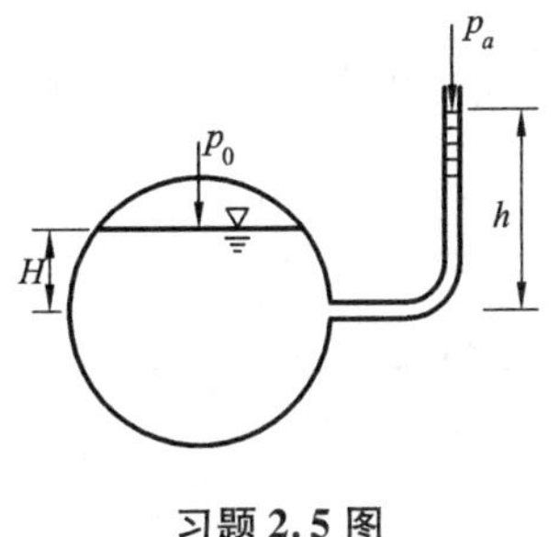

习题 2.5 图

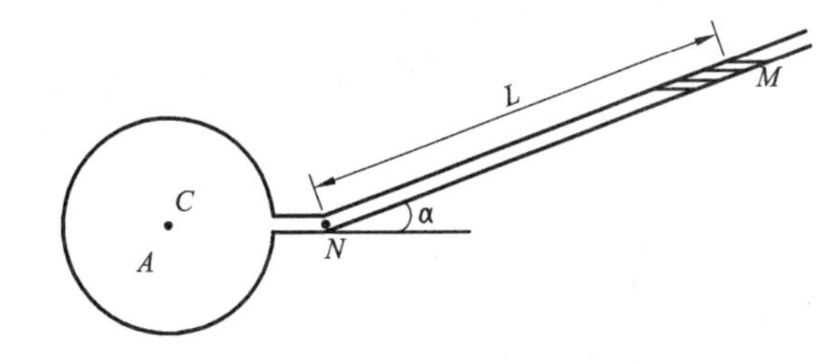

习题 2.6 图

2.6　图示 A 为水管的横断面，管中充满水，要求测出管中心 C 点的相对压强，为使读数精确，将测压管装成倾斜状态，N 点与 C 点在同一水平面上，测压管口与大气相通，$L=50$ cm，$\alpha=30°$。求 C 点的压强 p_C。

2.7　用复式差压计测量 A，B 两中心高程相同的水管，U 形管内为水银，密度 $\rho_1=13600$ kg/m^3，其连接管充以酒精，密度 $\rho_2=800$ kg/m^3。已知 $z_1=18$ mm，$z_2=62$ mm，$z_3=$

32 mm，$z_4=53$ mm，求两管中心的压差 p_A-p_B。

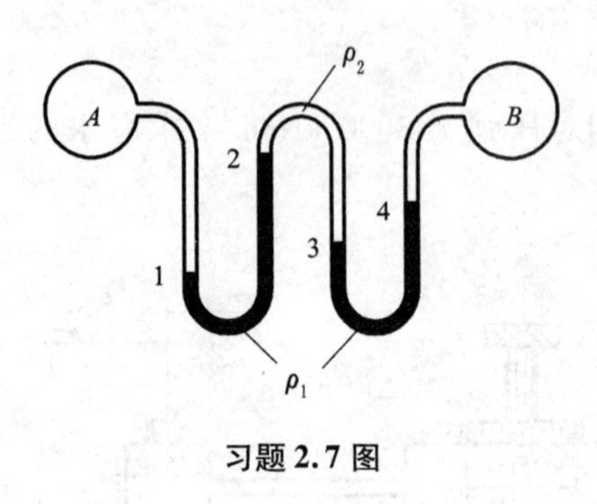

习题 2.7 图

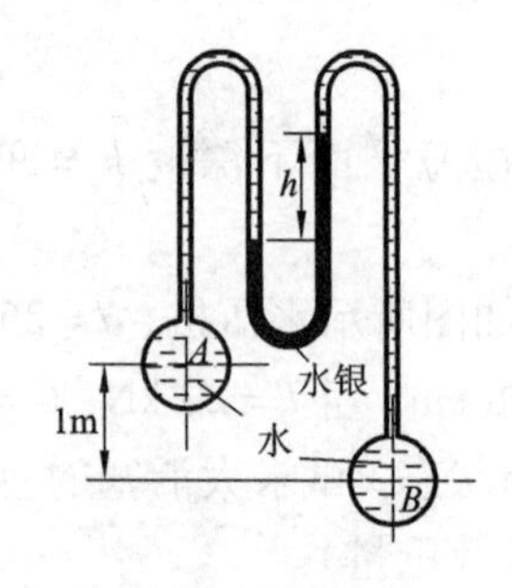

习题 2.8 图

2.8 比压计中水银面高差 $h=0.36$ m，其他液体为水。A，B 两容器位置高差为 1 m。试求 A，B 容器中心处压差 p_A-p_B 值。

2.9 如图所示，试由多管压力计中水银面高度的读数确定压力水箱中 A 点的相对压强。图中所有读数均自水箱底面算起，单位为米(m)。

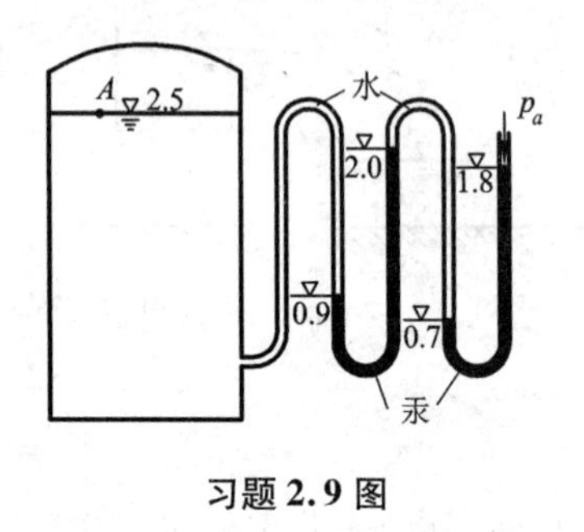

习题 2.9 图

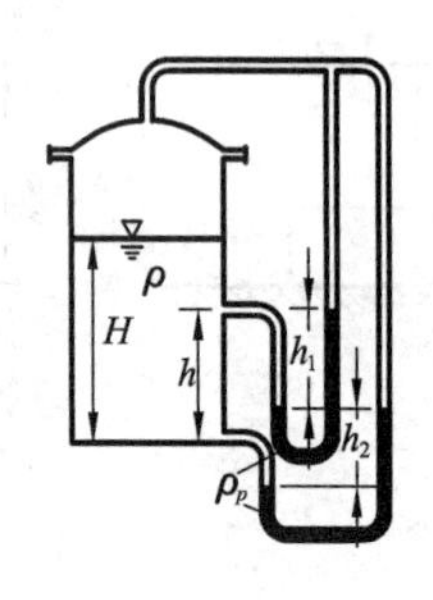

习题 2.10 图

2.10 如图灭火器内装有液体，从水银差压计上读得 $h_1=26.5$ mm，$h_2=40$ mm，$h=100$ mm，试求灭火器中液体的密度 ρ 及装液高度 H。

2.11 如图为一供水系统。已知 $p_1=14$ at(工程大气压)，$p_2=0.4$ at，$z_1=z_2=0.5$ m，$z_3=2.3$ m，当闸门关闭时，求点 A，B，C，D 处的压强水头。

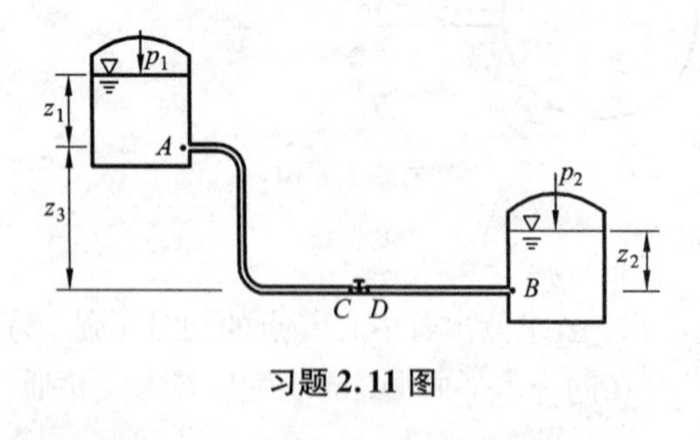

习题 2.11 图

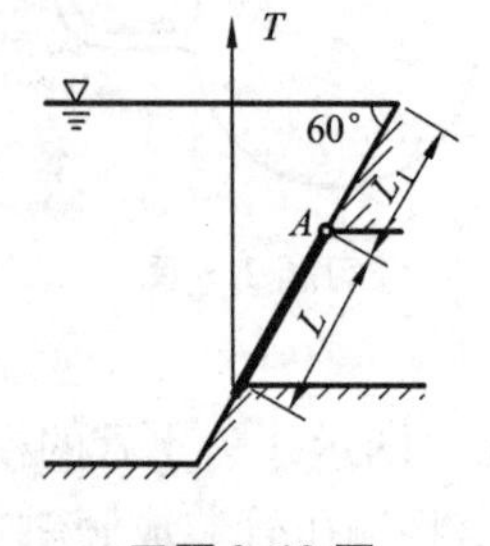

习题 2.12 图

2.12 如图，矩形闸门宽度为 $B=1.5$ m，上缘 A 处设有固定铰轴，已知 $L_1=2$ m，$L=2.5$ m，忽略闸门自重，求开启闸门所需的提升力 T。

2.13　如题2.13图所示角式转动闸门，在一侧受水压时自动关闭。若 $R_1 = R_2 = 1$ m，闸门宽 $B = 1$ m，水深 $H = 2.5$ m，求闸门所受的静水压力 P 及力矩 M，当 R_2 减为多少时，力矩 $M = 0$？门重不计。

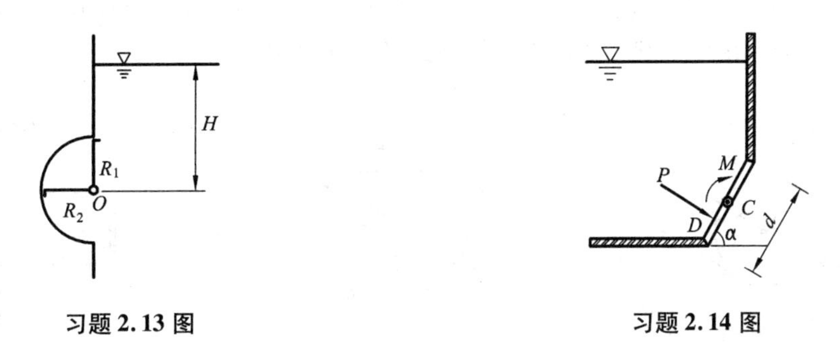

习题 2.13 图　　　　习题 2.14 图

2.14　在水箱底部 $\alpha = 60°$ 的斜平面上，装有一个直径 $d = 0.5$ m 的圆形泄水阀，阀的转动轴通过其中心 C 且垂直于纸面，为了使水箱内的水不经阀门外泄，试问在阀的转动轴上需施加多大的锁紧力矩 M？

2.15　有一混凝土重力坝如题2.15图所示，已知 $h_1 = 10$ m，$h_2 = 40$ m，$b_1 = 15$ m，$b_2 = 40$ m。试求单宽坝段所受的静水总压力及该力对 O 点的力矩(假设底部不透水，即无水压力)。

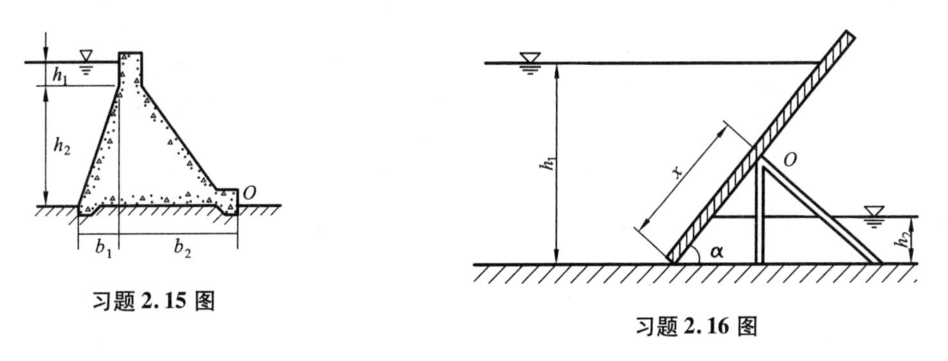

习题 2.15 图　　　　习题 2.16 图

2.16　图示绕铰链 O 转动的倾角 $\alpha = 60°$ 的自动开启式矩形闸门，当闸门左侧水深 $h_1 = 2$ m，右侧水深 $h_2 = 0.4$ m 时，闸门自动开启，试求铰链至水闸下端的距离 x。

2.17　绘出题2.17图中各个曲面上的压力体，并标示出曲面所受的垂直分力的作用方向。

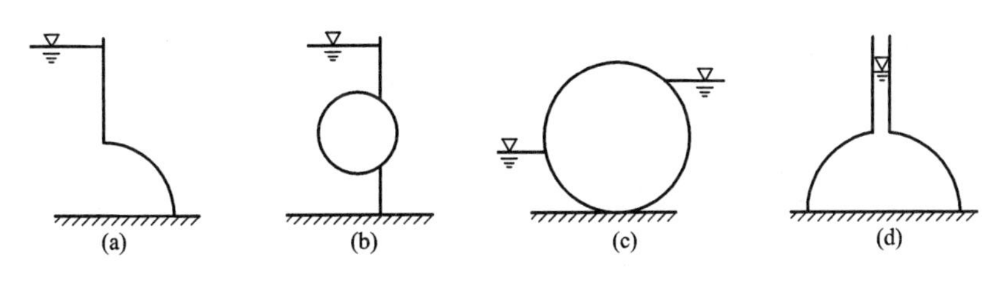

习题 2.17 图

2.18 如图所示为一直径 $D=4$ m 的圆柱，在与水平面成 $\alpha=30°$ 角的倾斜面上挡水，水面与圆柱面上 B 点齐平。试求作用在1 m长圆柱上的静水总压力的垂直分力 P_z 及水平分力 P_x。

2.19 圆弧形闸门 AB，宽度 $b=4$ m，圆心角 $\alpha=45°$，半径 $r=2$ m，闸门转轴恰好与门顶的水面齐平，求作用于闸门上的静水总压力的大小和方向。

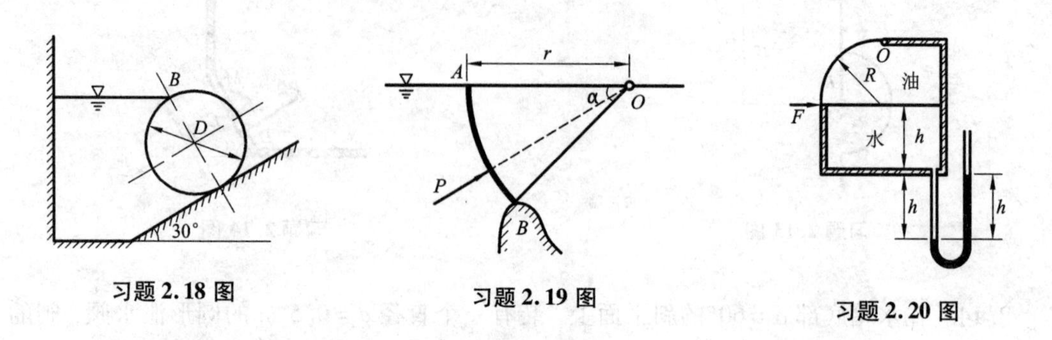

习题 2.18 图　　习题 2.19 图　　习题 2.20 图

2.20 如图所示密闭容器内装有油（比重为0.8）和水两层液体，在油层中有一个弧形闸门，其半径 $R=0.2$ m，容器垂直于纸面的宽度 $B=0.4$ m，油、水层厚度均为 $h=0.2$ m。汞比压计中的液柱高也为 $h=0.2$ m，弧形闸门的铰链在 O 点，试求封闭液体所需的力 F 为多少？

第 3 章　流体动力学基础

上一章讨论了流体静力学的基本理论及其应用。在自然界和工程实际中，更多见的是运动着的流体，如潺潺溪水、浩荡江河、悠悠明渠等。流动性是流体最基本的特征，静止只是流体的一种特殊存在形式。因此，研究流体的运动规律及其在工程实际中的应用，具有更普遍和更重要的意义。

流体运动是一种连续介质的流动，质点间存在着复杂的相对运动，虽然它们之间有某种内在联系，有共同的运动趋势，但各质点的运动情况不尽相同。因此，严格来说任何实际流体的运动都是在三维空间内发生和发展的。表征流体运动特性的物理量叫运动要素，如流速 v、动压强 p（这是为了区别于处于静止状态时的压强，在以后的阐述中简称压强）和流量 Q 等。流体动力学的基本任务就是研究各运动要素随时间和空间变化的规律，建立运动要素之间的基本方程，并用这些方程来解决工程中的实际问题。

决定流体运动状态的因素有流体自身的物理力学性质和流体所处的外部边界条件，随着这些因素的变化，流体会呈现出各种性态。但是，不论流动现象如何复杂，它都必须遵循物体机械运动的普遍规律。本章首先介绍描述流体运动的两种方法和流体运动的基本概念，再从运动学和动力学的普遍规律出发，建立流体运动所必须遵循的普遍规律，即：根据质量守恒定律建立流体运动的连续性方程，根据能量守恒定律建立流体运动的能量方程，根据动量定理建立动量方程。

3.1　流体运动的描述

流动时，表征流体运动特征的运动要素一般都随着时间和位置变化，而流体又是由为数众多的质点所组成的连续介质，不像固体那样有明确的个体，怎样来描述整个流体的运动规律呢？解决这个问题一般有两种方法：拉格朗日（Lagrange，J. 法国）法和欧拉法。

3.1.1　拉格朗日法

拉格朗日法以个别流体质点的运动作为观察对象，综合每个质点的运动来获得整个流体运动的规律性。

拉格朗日法为识别某一流体质点的运动，用起始时刻 $t=t_0$ 占有的空间坐标（a，b，c）作为该质点的标记，它的位移是起始坐标和时间变量的连续函数，如图 3.1.1 所示。

$$\left.\begin{aligned} x&=x(a,b,c,t)\\ y&=y(a,b,c,t)\\ z&=z(a,b,c,t)\end{aligned}\right\}\tag{3.1.1}$$

上式是个别质点运动的轨迹方程，式中：a，b，c，t 称为拉格朗日变数。将式（3.1.1）对时间求偏导数，在求导过程中 a，b，c 视为常数，便得到该质点的速度式（3.1.2）和加速度式(3.1.3)。

$$\left.\begin{aligned} u_x &= \frac{\partial x}{\partial t} = \frac{\partial x(a,b,c,t)}{\partial t} \\ u_y &= \frac{\partial y}{\partial t} = \frac{\partial y(a,b,c,t)}{\partial t} \\ u_z &= \frac{\partial z}{\partial t} = \frac{\partial z(a,b,c,t)}{\partial t} \end{aligned}\right\} \tag{3.1.2}$$

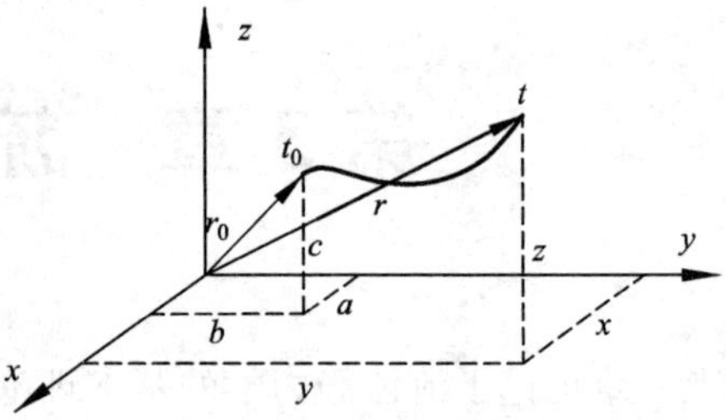

$$\left.\begin{aligned} a_x &= \frac{\partial u_x}{\partial t} = \frac{\partial^2 x}{\partial t^2} \\ a_y &= \frac{\partial u_y}{\partial t} = \frac{\partial^2 y}{\partial t^2} \\ a_z &= \frac{\partial u_z}{\partial t} = \frac{\partial^2 z}{\partial t^2} \end{aligned}\right\} \tag{3.1.3}$$

图 3.1.1 拉格朗日法

拉格朗日法实质上是应用理论力学中的质点动力学方法来研究流体的运动，其优点是物理概念清晰，直观性强，理论上能直接得出各质点的运动轨迹及其运动参数在运动过程中的变化，缺点是由于流体质点的相对位置在运动过程中不像固体质点那样固定，运动轨迹复杂，存在数学处理上的不可能性(求解困难)和工程中实际中的不必要性(无需知道个别质点的运动情况，只需了解整体运动的趋势)，因此，这种方法在流体力学中很少采用。

3.1.2 欧拉法

欧拉法以流体运动所经过的空间点作为观察对象，观察同一时刻各固定空间点上流体质点的运动，综合不同时刻所有空间点的情况，构成整个流体运动。若将拉格朗日法比做“跟踪”法，则欧拉法属于“布哨”法。通过在各固定空间点布哨，观察不同流体质点通过某一固定哨位运动要素的时变过程，综合各哨位情况全面了解整个流动的时空变化规律。欧拉法广泛应用于描述流体运动，例如天气预报，就是由分布在各地的气象台(站)在规定的同一时刻进行观测，并把观测到的气象资料汇总，绘制成该时刻的天气图，据此做出预报，这样的方法实际上就是欧拉法。

在数学上，将每一空间点都对应着某个物理量的一个确定值的空间区域，定义为该物理量的场。如某一瞬时各空间点上皆有具有一定流速的流体质点经过，在该瞬时被流体占据的各空间点的流速矢量的集合，便构成了流速矢量场，简称流速场。以欧拉法的观点来研究流体运动问题，就归结为研究含有时间 t 为参变量的流场，包括矢量场(速度场)和标量场(压强场、密度场、温度场)。因此，能够将运动要素视做空间坐标(x, y, z)与时间坐标 t 的函数。自变量 x, y, z, t 称为欧拉变量。采用欧拉法时，在每一瞬时 t 的流速场可以表示成

$$\left.\begin{aligned} u_x &= u_x(x,y,z,t) \\ u_y &= u_y(x,y,z,t) \\ u_z &= u_z(x,y,z,t) \end{aligned}\right\} \tag{3.1.4}$$

压强场可以表示成

$$p = p(x,y,z,t)$$

质点运动过程中，不同的质点先后经过某固定空间点所产生的该空间点上的加速度称为时变加速度(或当地加速度)。如图 3.1.2 中的管道出流，若水箱水位 H 随时间变化，水管内各固定点(如 A，B，C 各点)上的流速将随时间变化，从而形成时变加速度。同一个质点由于所占据空间点的位置变化，形成该质点的流速随时间而变化，产生的加速度就是位变加速度(或迁移加速度)。如图 3.1.2 中若水箱水位 H 稳定不变，出水管内各点流速不随时间变化，但因管道直径沿流程变化，C 点的流速会大于 B 点的流速，流体质点自 B 流至 C 点的过程中产生的加速度，叫做位变加速度。若水箱水位 H 随时间变化，从 B 至 C 既存在时变加速度又存在位变加速度。采用欧拉法后，质点的加速度包括时变加速度与位变加速度两部分，质点的加速度是速度对时间的全导数，而速度对时间的偏导数只是质点加速度中的时变加速度部分。

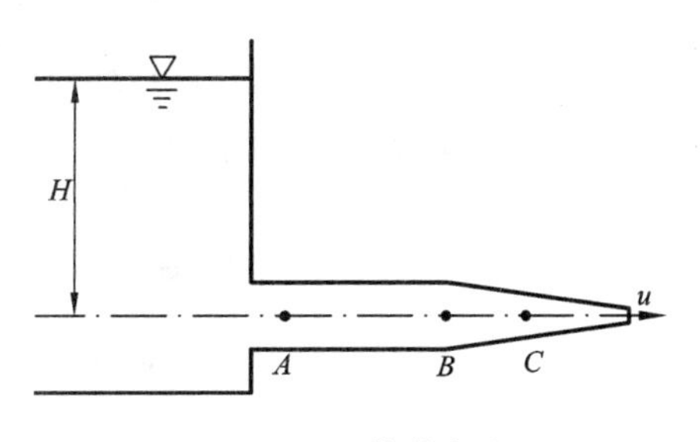

图 3.1.2　管道出流

可见，加速度场是流速场对时间 t 的全导数。在进行求导运算时，速度表达式(3.1.4)中的自变量 x，y，z 应当视做流体质点的位置坐标而不是固定空间点的坐标，即应当将 x，y，z 视做时间的函数：$x=x(t)$，$y=y(t)$，$z=z(t)$，所以加速度应按复合函数求导法则导出。例如，x 方向上的加速度分量为

$$a_x=\frac{\mathrm{d}u_x}{\mathrm{d}t}=\frac{\partial u_x}{\partial t}+\frac{\partial u_x}{\partial x}\frac{\mathrm{d}x}{\mathrm{d}t}+\frac{\partial u_x}{\partial y}\frac{\mathrm{d}y}{\mathrm{d}t}+\frac{\partial u_x}{\partial z}\frac{\mathrm{d}z}{\mathrm{d}t}$$

其中$\frac{\mathrm{d}x}{\mathrm{d}t}$，$\frac{\mathrm{d}y}{\mathrm{d}t}$，$\frac{\mathrm{d}z}{\mathrm{d}t}$是流体质点位置坐标($x$，$y$，$z$)的时间变化率，应当等于质点的运动速度，即

$$\frac{\mathrm{d}x}{\mathrm{d}t}=u_x,\qquad \frac{\mathrm{d}y}{\mathrm{d}t}=u_y\qquad \frac{\mathrm{d}z}{\mathrm{d}t}=u_z$$

故有

$$\left.\begin{aligned}a_x&=\frac{\partial u_x}{\partial t}+u_x\frac{\partial u_x}{\partial x}+u_y\frac{\partial u_x}{\partial y}+u_z\frac{\partial u_x}{\partial z}\\a_y&=\frac{\partial u_y}{\partial t}+u_x\frac{\partial u_y}{\partial x}+u_y\frac{\partial u_y}{\partial y}+u_z\frac{\partial u_y}{\partial z}\\a_z&=\frac{\partial u_z}{\partial t}+u_x\frac{\partial u_z}{\partial x}+u_y\frac{\partial u_z}{\partial y}+u_z\frac{\partial u_z}{\partial z}\end{aligned}\right\}\tag{3.1.5}$$

上式中右端第一项的意义为某点速度随时间 t 变化而产生的加速度，即为时变加速度；右端后三项的意义是由于坐标改变引起的速度对时间的变化率，即为位变加速度。

实际工程中，我们一般只需要弄清楚在某些空间位置上流体的运动情况，而并不去追究流体质点的运动轨迹(即从哪里来，向何处去)，更无须知道是什么流体质点通过这些空间位置。比如有压管流中，只要知道管道中不同位置的流速、动压强等就能满足工程实际的需要。所以欧拉法在流体力学中常用。

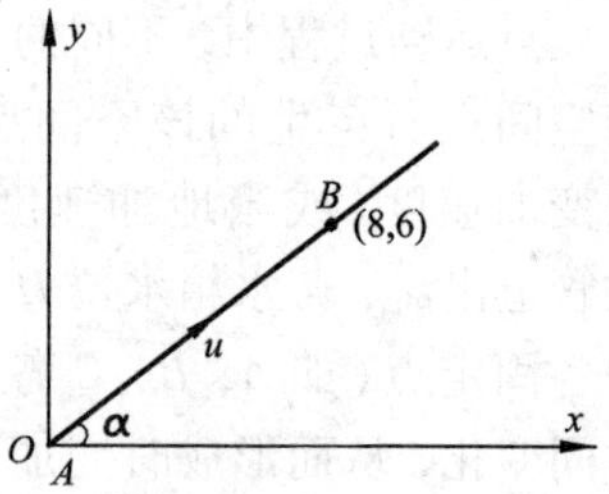

【例 3.1.1】 如图 3.1.3 所示,流体质点以速度 $u = 3\sqrt{x^2+y^2}$ 沿直线 AB 运动,已知 A,B 的坐标为 $A(0,0)$、$B(8,6)$。求质点在 B 点的加速度。

【解】

速度在 x, y 轴方向的分量为

$$u_x = u\cos\alpha = 3\sqrt{x^2+y^2}\frac{x}{\sqrt{x^2+y^2}} = 3x$$

$$u_y = u\sin\alpha = 3\sqrt{x^2+y^2}\frac{y}{\sqrt{x^2+y^2}} = 3y$$

$$a_x = \frac{\partial u_x}{\partial t} + u_x\frac{\partial u_x}{\partial x} + u_y\frac{\partial u_x}{\partial y} + u_z\frac{\partial u_x}{\partial z} = u_x\frac{\partial u_x}{\partial x} + u_y\frac{\partial u_x}{\partial y}$$

$$= 3x \cdot 3 + 3y \cdot 0 = 9x = 9 \times 8\ \mathrm{m/s^2} = 72\ \mathrm{m/s^2}$$

$$a_y = \frac{\partial u_y}{\partial t} + u_x\frac{\partial u_y}{\partial x} + u_y\frac{\partial u_y}{\partial y} + u_z\frac{\partial u_y}{\partial z} = u_x\frac{\partial u_y}{\partial x} + u_y\frac{\partial u_y}{\partial y}$$

$$= 3x \cdot 0 + 3y \cdot 3 = 9y = 9 \times 6\ \mathrm{m/s^2} = 54\ \mathrm{m/s^2}$$

$$a_z = 0$$

质点的加速度

$$a = \sqrt{a_x^2 + a_y^2} = \sqrt{72^2 + 54^2}\ \mathrm{m/s^2} = 90\ \mathrm{m/s^2}$$

y
B
(8,6)
u
O
α
A
x

图 3.1.3 例 3.1.1 图

3.2 流体运动的若干基本概念

3.2.1 恒定流与非恒定流

用欧拉法描述流体运动时，一般情况下，将各种运动要素都表示为空间坐标和时间的连续函数。

在流场中任何空间点上所有的运动要素都不随时间而变化的流动称为恒定流。也就是说，在恒定流的情况下，任一空间点上，无论哪个流体质点通过，其运动要素都是不变的，各运动要素仅仅是空间坐标的函数，而与时间无关。对于恒定流，流场方程为

$$\left.\begin{aligned} \boldsymbol{u} &= \boldsymbol{u}(x,y,z) \\ p &= p(x,y,z) \\ \rho &= \rho(x,y,z) \end{aligned}\right\} \tag{3.2.1}$$

所有的运动要素对于时间的偏导数应该等于零，如

$$\frac{\partial u_x}{\partial t} = 0, \frac{\partial u_y}{\partial t} = 0, \frac{\partial u_z}{\partial t} = 0, \frac{\partial p}{\partial t} = 0$$

如图 3.1.2，当水箱水面恒定时，出水管道中水流为恒定流，各个运动要素都不随时间变化。

若流场中任何空间点上有任何一个运动要素随时间而变化的流动称为非恒定流。如：水库水位变化时泄水孔中的水流，天然河道中洪水的涨落等。图 3.1.2 中当水箱水面上升或下降时，出水管道中水流为非恒定流。

严格来说，自然界和实际工程中的流体运动，极少是真正的恒定流，但我们遇到的大多数情况，又可以近似地当作恒定流处理。如渠道和涵管中，若引水流量一定，可视为恒定流；又如一年中可能有几度洪枯涨落的河流，在水位、流量稳定的不太长的观测时段内，也可以近似地按恒定流处理。

3.2.2　迹线与流线

迹线是某一流体质点在运动过程中，不同时刻所流经的空间点的连线，即流体质点运动的轨迹线。

流线是表示某一瞬时流动方向的曲线，该曲线上所有各点的流速矢量均与曲线相切。如图3.2.1所示。若绘出流场中同一瞬时的所有流线，那么该瞬时的流动就一目了然了。

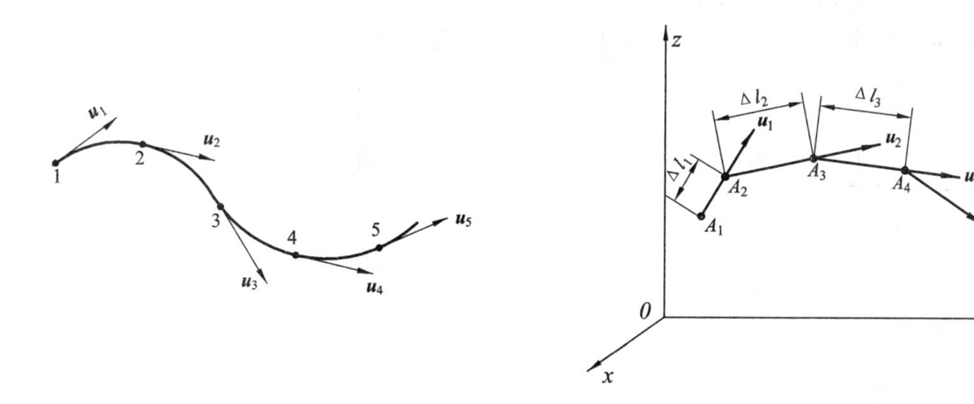

图3.2.1　某时刻流线图　　图3.2.2　流线的绘制

流线理论上能用几何方法绘出，绘制方法是：设在某时刻t_1，流场中有一点A_1，该点的流速向量为u_1（见图3.2.2），在这个向量上取与A_1相距为Δl_1的点A_2；在同一时刻，A_2点的流速向量设为u_2，在向量u_2上取与A_2点相距为Δl_2的点A_3；若该时刻A_3点的流速向量为u_3，在向量u_3上再取与A_3相距为Δl_3的点A_4，…，如此继续，可以得出一条折线$A_1A_2A_3A_4$…，若让所取各点距离Δl趋近于零，则折线变成一条曲线，这条曲线就是t_1时刻通过空间点A_1的一条流线。同样，可以作出t_1时刻通过其他各点的流线，这样的一簇流线就反映了t_1时刻流场内的流动图像，称为流谱。如果为恒定流，则各个时刻的流谱不变；如果为非恒定流，当时刻变为t_2时，又可以得到在t_2时刻的一簇新的流线，时间改变了，反映流场流动图像的流谱也就改变了。所以对于非恒定流，流线只具有瞬时的意义。

对于一个具体的实际流动，可以根据流线方程式，或者采用实验方法，或者采用逐步近似法来绘出它的流线。

流线具有以下几个基本特性：

1. 恒定流时，流线的形状和位置不随时间而改变。

因为整个流场内各点的流速向量均不随时间而改变，显然，不同时刻流线的形状和位置应是固定不变的。

2. 恒定流时流体质点运动的迹线与流线重合。

如图3.2.1，假定1，2，3，4，… 代表一条流线，在时刻t_1有一个质点从1点开始运动，经过 Δt_1时间后达到 2 点；虽然时刻变成了 $t_1+\Delta t_1$，但因恒定流的流线形状和位置均不改变，此时 2 点的流速仍与 t_1时刻相同，仍然为 u_2方向，于是质点从 2 点出发沿 u_2方向运动，再经过 Δt_2时间又到达 3；在到达 3 后又沿 3 点处的流速 u_3方向运动；如此继续下去，质点所走的轨迹完全与流线重合。

相反，若为非恒定流，不同的时刻，各点的流速方向均与原来不同，此时迹线一般与流线不相重合。

3. 除特殊点外，流线不能相交。

如果流线相交，那么交点处的流速向量应同时与这两条流线相切，显然，一个流体质点在同一时刻只能有一个流动方向，所以流线一般是不能相交的。流线只在一些特殊点相交，如速度等于零的驻点(如图 3.2.3 中的 A 点)；速度无穷大的点(图 3.2.4 中的 O 点)，通常称为奇点；以及流线相切点(图 3.2.3 中的 B 点)。

4. 除特殊点外，流线是不发生转折的光滑曲线(或直线)。

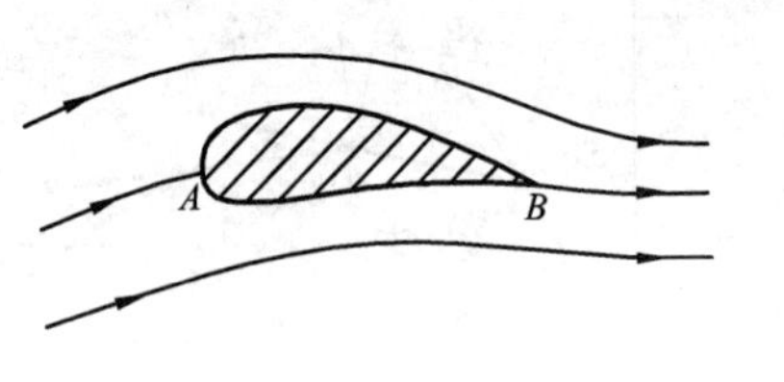

图 3.2.3 驻点和相切点

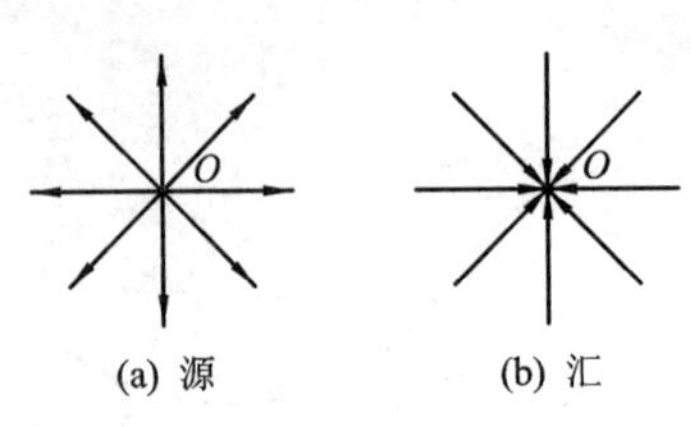

图 3.2.4 奇点

3.2.3 流管，元流，总流

在流场中，任取一条与流线不重合的微小的封闭曲线 C，在同一时刻，通过这条曲线上的每一点作流线，由这些流线所构成的管状曲面称流管，如图 3.2.5。虽然流管是由流线围成的虚的管道，但由流管定义可知，流体沿管壁运动，不能穿越流管。恒定流流管形状不变，非恒定流流管只具有瞬时的意义。

充满以流管为边界的一束流体称为元流(或微小流束)，当元流的横截面面积趋于零时，元流达到它的极限——流线。

任何一个实际流动都具有一定规模的边界，这种有一定大小尺寸的实际流动称为总流，总流可以视为无数个元流的集合。如图 3.2.6 管道中的流动就是总流。

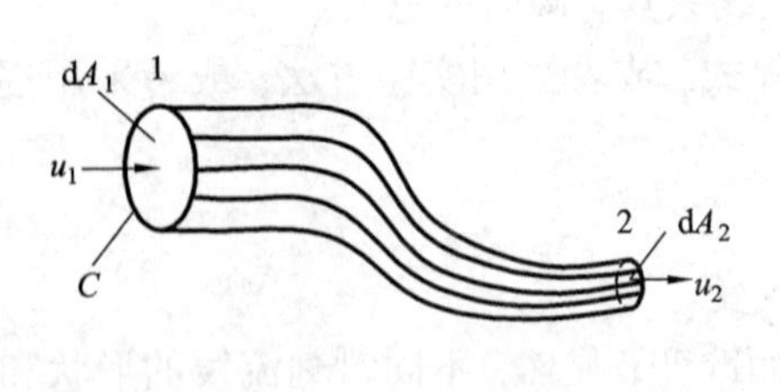

图 3.2.5 流管、元流

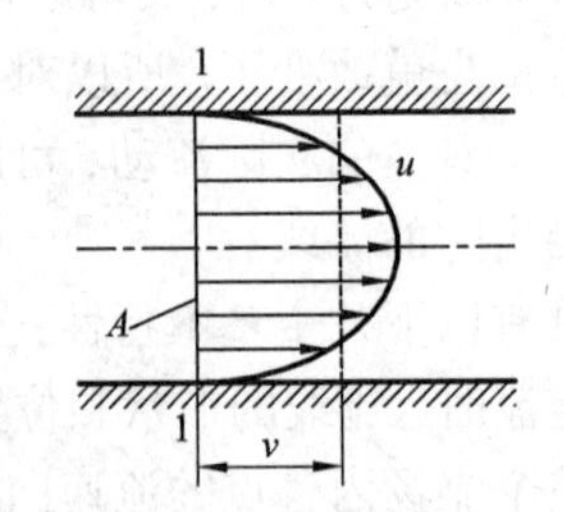

图 3.2.6 总流、断面平均流速

3.2.4　过流断面，流量和断面平均流速

与元流或总流的所有流线垂直的横断面称为过流断面（或过水断面）。元流的过流断面面积是一面积无限小的面积微元，以符号 dA 表示。对于任一瞬时，在元流过流断面上各点的运动要素可以视为相同，如图 3.2.5 元流进、出口断面 1、2 上各点的流速均为 u_1、u_2。总流的过流断面是有限大的，以符号 A 表示其面积。总流的过流断面面积等于所有元流过流断面面积之和。总流过流断面上各点的运动要素一般是不相等的。见图 3.2.6。

如果所有流线相互平行，则过流断面为平面，否则为曲面，见图 3.2.7。

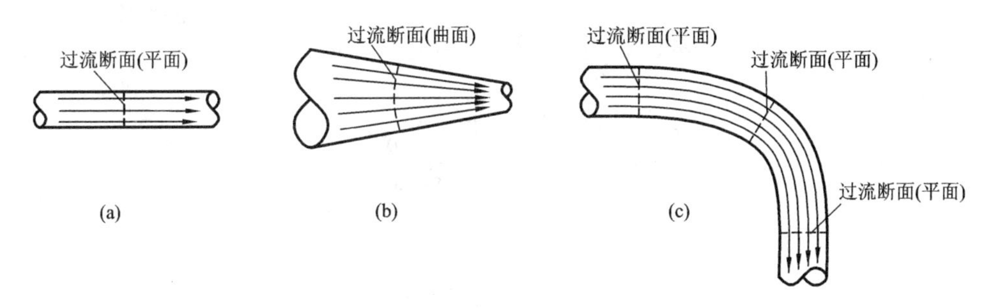

图 3.2.7　过流断面

单位时间内通过某一过流断面的流体体积称为该过流断面的体积流量，简称为流量，以符号 Q 表示。流量的单位是 m^3/s，工程上也常用 L/s（升/秒）单位。对于可压缩流体，常采用质量流量 Q_m 来表示单位时间内通过过流断面的流体质量。质量流量的单位是 kg/s。

由于元流过流断面面积 dA 上同一时刻各点的流速相等，过流断面与流速方向垂直，则能够将元流的流量表示成

$$dQ = u dA$$

总流过流断面 A 的流量 Q 等于所有元流流量之和

$$Q = \int_A dQ = \int_A u dA \tag{3.2.2}$$

总流过流断面上各点的流速一般各不相同，取其平均值 v 称为总流的断面平均流速（见图 3.2.6）

$$v = \frac{\int_A u dA}{A} = \frac{Q}{A} \tag{3.2.3}$$

显然，断面平均流速 v 是一个假想的流速，即假设过流断面上各点的流速大小均等于 v。应注意 v 并不代表断面各点的实际流速，只是由此算出的流量与真实的流量相等，以后若碰到含流速的量，如动能、动量等就会引起误差，必须修正。断面平均流速是总流所独有的。引入断面平均流速，可以使流体运动的分析得到简化，给今后的定量计算带来很大的便利。

【例 3.2.1】　已知半径为 r_0 的圆管中，过流断面上的流速分布为 $u = u_{\max}\left(\frac{y}{r_0}\right)^{\frac{1}{7}}$，式中

$u_{\max}$ 是断面中心点的最大流速，y 为距管壁的距离(图 3.2.8)。试求：

(1) 管中通过的流量和断面平均流速；

(2) 过流断面上流速等于平均流速的点距管壁的距离。

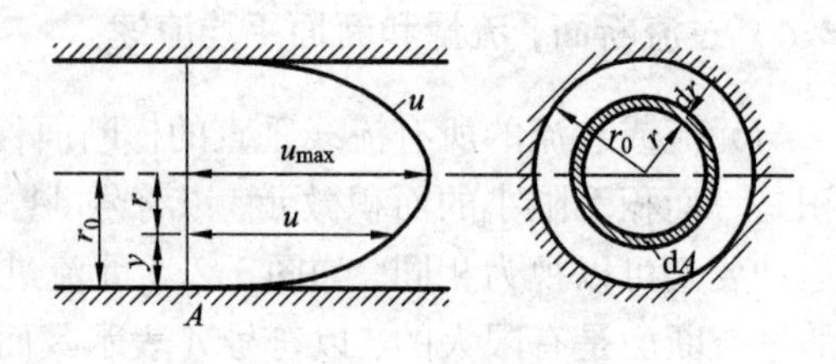

图 3.2.8 流量计算

【解】

(1) 在过流断面 $r = r_0 - y$ 处，取环形微元面积 $dA = 2\pi r dr$，微元面上各点的流速可视为相等。流量

$$Q = \int_A u dA = \int_{r_0}^{0} u_{\max}\left(\frac{y}{r_0}\right)^{\frac{1}{7}} 2\pi(r_0 - y)d(r_0 - y)$$

$$= \frac{2\pi u_{\max}\int_0^{r_0}(r_0 - y)y^{\frac{1}{7}}dy}{r_0^{1/7}} = \frac{49}{60}\pi r_0^2 u_{\max}$$

断面平均流速

$$v = \frac{Q}{A} = \frac{49}{60}u_{\max}$$

(2)依题意，令

$$u_{\max}\left(\frac{y}{r_0}\right)^{\frac{1}{7}} = \frac{49}{60}u_{\max}$$

$$\left(\frac{y}{r_0}\right) = \left(\frac{49}{60}\right)^7 = 0.242$$

$$y = 0.242r_0$$

即流速等于断面平均流速处距管壁的距离为 $0.242r_0$。

3.2.5 流动的分类

1. 按影响流动的空间自变量分类

以空间为标准，若各空间点上的运动要素(压强 p 除外)只与一个空间自变量(如流程坐标 l)有关，这种流动称为一元(维)流。如元流就是只与流程坐标 dl 有关的一元流。对于总流，若把过流断面上各点的流速用平均流速代替，这时的总流也可视为一元流。

若各空间点上的运动要素都平行于某一平面，且在该平面的垂直方向无变化，则运动要素只是两个空间坐标的函数，这种流动称为二元(维)流。如图 3.2.9，流体绕过很长的圆柱体，忽略两端的影响，这样的流动可简化为二元流动。

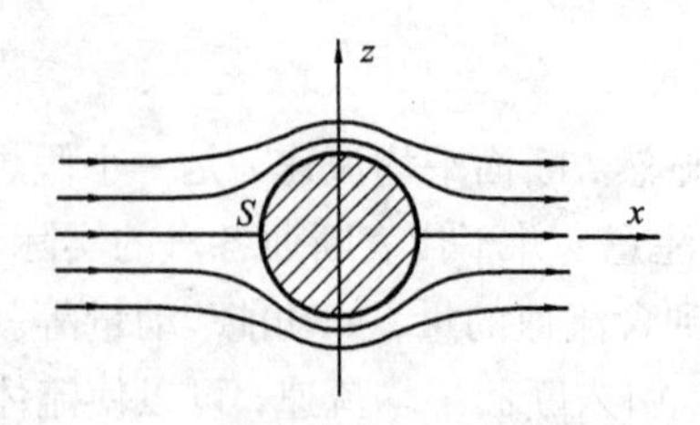

图 3.2.9 二元圆柱绕流

若各空间点上的运动要素是与三个空间自变量有关的流动则是三元(维)流。如图 3.2.10，一矩形断面渠道，当宽度由 b_1 突然扩大到 b_2，在

扩散后的相当范围内，流体中任意点的流速，不仅与断面的流程坐标 l 有关，还和该点在断面上的坐标 y，z 有关。

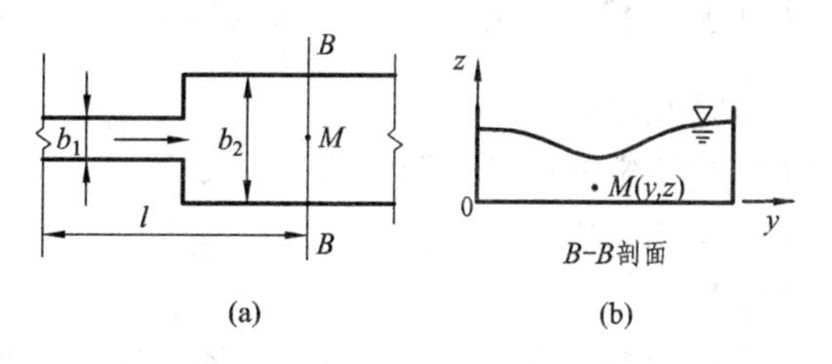

图 3.2.10 三元流

严格说来，任何实际流动都是三元流。但若用三元流来分析，需要考虑运动要素在三个空间坐标方向的变化，问题十分复杂，数学分析困难。工程流体力学中常采用简化的方法，引入断面平均流速的概念，将总流视为一元流，用一元流动分析法来研究实际流体运动的规律。但实际流动中过流断面上各点流速不等，用断面平均流速代替实际流速所产生的误差要加以修正，修正系数可通过试验求得。实践证明：土木、交通、水利等工程中的一般工程流体力学问题，将流动看做是一元流或二元流处理是可以满足生产需要的。但对有些问题，如高速水流的掺气、空化、脉动和泥沙的输移规律等的研究都与流体的内部结构有关，采用一元流分析不能满足要求，因为一元流回避了流体内部运动要素在空间上的分布，但目前对流体内在结构的研究还很不够，远远不能解决生产上的实际问题，因而多采用理论与试验相结合的方法来解决。

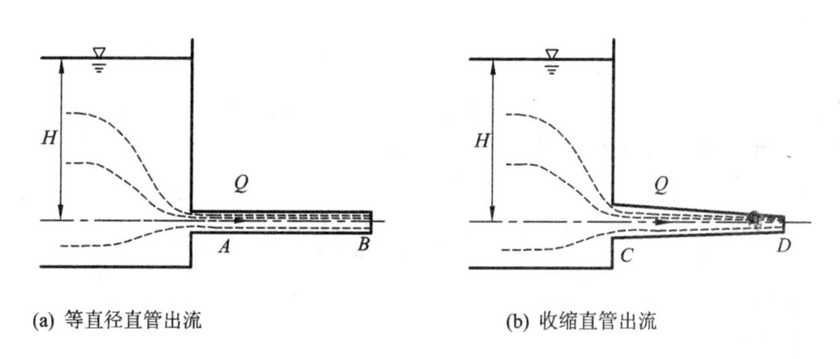

(a) 等直径直管出流　　(b) 收缩直管出流

图 3.2.11 均匀流与非均匀流

2. 按流体质点的位变加速度是否为零分类（或按流线的形状分类）

当流体质点运动的位变加速度等于零，即

$$\left.\begin{aligned} u_x\frac{\partial u_x}{\partial x}+u_y\frac{\partial u_x}{\partial y}+u_z\frac{\partial u_x}{\partial z}=0\\ u_x\frac{\partial u_y}{\partial x}+u_y\frac{\partial u_y}{\partial y}+u_z\frac{\partial u_y}{\partial z}=0\\ u_x\frac{\partial u_z}{\partial x}+u_y\frac{\partial u_z}{\partial y}+u_z\frac{\partial u_z}{\partial z}=0 \end{aligned}\right\}$$

这样的流动是均匀流，反之是非均匀流。

从流线的形状看，当流线为相互平行的直线时，该流动称为均匀流，否则为非均匀流。如图 3.2.11，无论水箱水面是否恒定，(a)图等直径直管 AB 中水流为均匀流，(b)图变直径直管 CD 中水流为非均匀流。水箱水面上升或下降时，(a)图 AB 管中水流为非恒定均匀流，(b)图 CD 管中水流为非恒定非均匀流。

【**例 3.2.2**】 已知流速场 $u_x = xy^3$，$u_y = -\frac{1}{3}y^3$，$u_z = xy$，试求：

(1)是几元流动?

(2)是恒定流还是非恒定流?

(3)是均匀流还是非均匀流?

【**解**】

(1)根据题目给定的已知条件，各空间点上的运动要素只与两个空间自变量(x, y)有关，故为二元流动。

(2)由题意可知，流场中的速度分量都不随时间而变化，时变加速度$\frac{\partial u_x}{\partial t}=0$，$\frac{\partial u_y}{\partial t}=0$，$\frac{\partial u_z}{\partial t}=0$，故为恒定流。

(3)迁移加速度

$$\begin{cases} u_x \dfrac{\partial u_x}{\partial x} + u_y \dfrac{\partial u_x}{\partial y} + u_z \dfrac{\partial u_x}{\partial z} = xy^6 - xy^5 \neq 0 \\ u_x \dfrac{\partial u_y}{\partial x} + u_y \dfrac{\partial u_y}{\partial y} + u_z \dfrac{\partial u_y}{\partial z} = \dfrac{1}{3}y^5 \neq 0 \\ u_x \dfrac{\partial u_z}{\partial x} + u_y \dfrac{\partial u_z}{\partial y} + u_z \dfrac{\partial u_z}{\partial z} = xy^4 - \dfrac{1}{3}xy^3 \neq 0 \end{cases}$$

为非均匀流。

综合以上分析，该流动为恒定非均匀二元流。

3.3 均匀流特性

3.3.1 均匀流的特性

1. 过流断面为平面，且形状、尺寸沿流程不变。

2. 均匀流中，同一流线上不同点的流速应相等，从而各过流断面上的流速分布相同，断面平均流速相等。

3. 均匀流过流断面上的流体动压强分布规律与静压强分布规律相同，即在同一过流断面上各点的测压管水头为一常数。

怎样来理解这个特性的含义呢？如图 3.3.1，在均匀管流中，任意选择两过流断面 1－1 和 2－2，上下分别装上一根测压管，则同一过流断面上不同位置的测压管液面必然上升到同一高程，即 $z+\frac{p}{\rho g}=C$，但不同过流断面上测压管液面所上升的高程不相同，对 1－1 断面，$z_1+\frac{p_1}{\rho g}=C_1$，对 2－2 断面，$z_2+\frac{p_2}{\rho g}=C_2$。现简单证明如下。

在均匀流过流断面上取一底面积为 dA、高为 dh 的微元柱体，其轴线 $n-n$ 与流线正交，并与铅垂线成夹角 α，见图 3.3.2。柱体两端面形心点的坐标、压强分别为 z、p 及($z+dz$)、($p+dp$)。分析微元柱体在轴线 $n-n$ 方向受力如下。

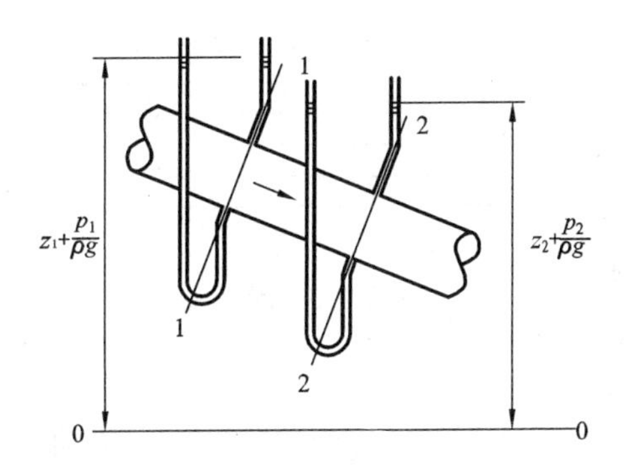

图 3.3.1　均匀流断面动压强分布规律

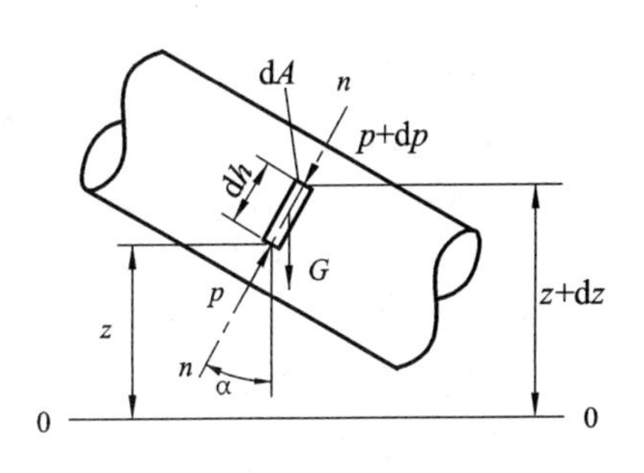

图 3.3.2　均匀流微元柱体受力分析

表面力：端面压力有 $p\mathrm{d}A$ 和 $(p+\mathrm{d}p)\mathrm{d}A$；侧面上流体动压力及流体的内摩擦切力与 $n-n$ 方向正交，在 $n-n$ 方向均无投影。

质量力：柱体自重在 $n-n$ 方向的的分力

$$\mathrm{d}G\cos\alpha=\rho g\mathrm{d}A\mathrm{d}h\cos\alpha=\rho g\mathrm{d}A\mathrm{d}z$$

均匀流中，与流线正交的 $n-n$ 方向无加速度，即无惯性力存在，外力沿 $n-n$ 方向平衡，作用在微元柱体轴线方向的合力等于零

$$(p+\mathrm{d}p)\mathrm{d}A-p\mathrm{d}A+\rho g\mathrm{d}A\mathrm{d}z=0$$

$$\rho g\mathrm{d}z+\mathrm{d}p=0$$

积分得

$$z+\frac{p}{\rho g}=C$$

上式与流体静力学基本方程(2.3.3)完全一致，表明：均匀流过流断面上的流体动压强与静压强分布规律相同，因而过流断面上任一点的动压强或断面上的动压力都可以按照流体静力学公式来计算。

3.3.2　渐变流和急变流

按照流体质点位变加速度的大小，亦即流线不平行和弯曲的程度，可将非均匀流进一步分为渐变流和急变流。

当流体质点的位变加速度很小，或流线虽然不是相互平行的直线，但接近于平行直线时称为渐变流(或缓变流)。渐变流的极限就是均匀流。

由于渐变流的流线近似于平行直线，其特性与均匀流近似：过流断面接近于形状、尺寸沿流程不变的平面；各过流断面上的流速分布基本相同，断面平均流速基本相等；过流断面上动压强可近似地看做与静压强分布规律相同。

值得说明的是关于均匀流或渐变流过流断面上动压强遵循静压强分布规律的结论，必须是对有固体边界约束的流动才适用。如由孔口或管道末端射入空气的射流，虽然在出口断面或距出口断面不远处，流线近似于平行直线，可视为渐变流(见图3.3.3)，但因该断面周界上各点均与气体接触，各点压强均为气体压强，从而过流断面上动压强不服从静压强的分布规律。

若流线之间夹角很大或者流线的曲率半径很小，这种流动称为急变流。

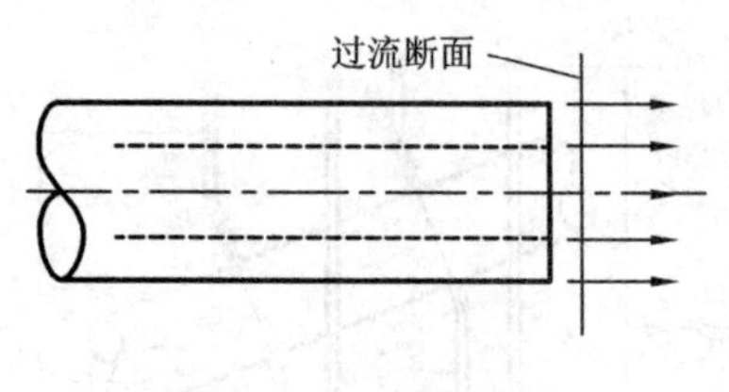

图 3.3.3 射流出口

渐变流与急变流是两个不严格的、但具有工程实际意义的概念，它们之间没有明显的、确定的界限。一个实际流动，如果其流线之间夹角很小，或流线曲率半径很大，可将其视为渐变流，但究竟夹角要小到什么程度，曲率半径要大到什么程度才能视为渐变流，没有定量标准，主要看对于一个具体问题所要求的精度。例如图 3.3.4 所示闸孔出流后形成的收缩断面 $c-c$ 上的流动也常常作为渐变流来对待。

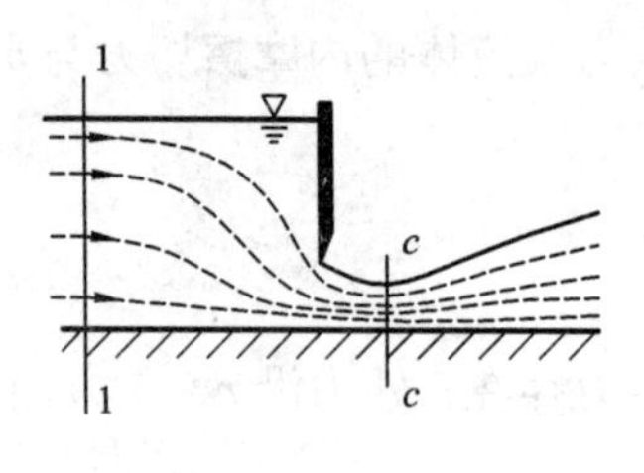

图 3.3.4 闸孔出流

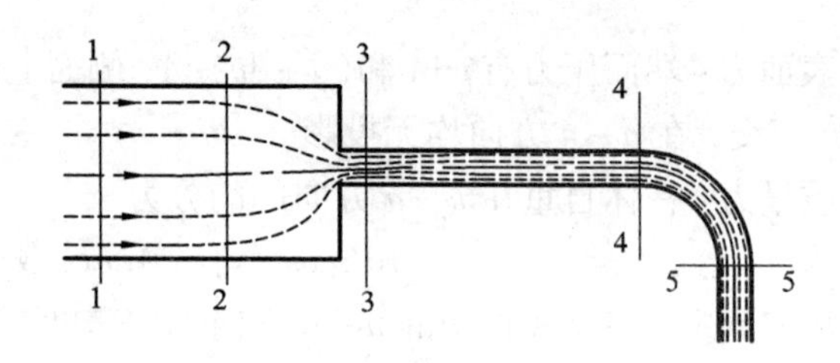

图 3.3.5 均匀流、渐变流、急变流

流动是否可看做渐变流与流动的边界有密切的关系，当边界为近于平行的直线时，流动往往是渐变流，如图 3.3.5 中在断面 1 与 2、3 与 4 之间的流动；管道转弯、断面扩大或收缩以及明渠中由于建筑物的存在使流线发生急剧变化处的流动都是急变流，如图 3.3.4 中闸门前后的断面 1 与 c 之间、图 3.3.5 中断面 2 与 3 及断面 4 与 5 之间的流动为急变流。

如果流线的不平行程度和弯曲程度太大，在过流断面上，垂直于流线方向就产生离心惯性力，这时，再将过流断面上的动压强按静压强看待所引起的偏差就会很大。现在我们来分析在急变流情况下过流断面上的动压强分布特性。如图 3.3.6(a)所示为一流线上凸的急变流，为简单起见设流线为一簇互相平行的同心圆弧。如果仍然像分析均匀流过流断面上动压强分布的方法那样，在过流断面上取一微元柱体来研究它的受力情况。很显然，急变流与渐变流相比，平衡方程式中，多了一个离心惯性力。离心惯性力的方向与重力沿 $n-n$ 轴方向的分力相反，因此使过流断面上动压强比静压强要小，图中的虚线部分表示静

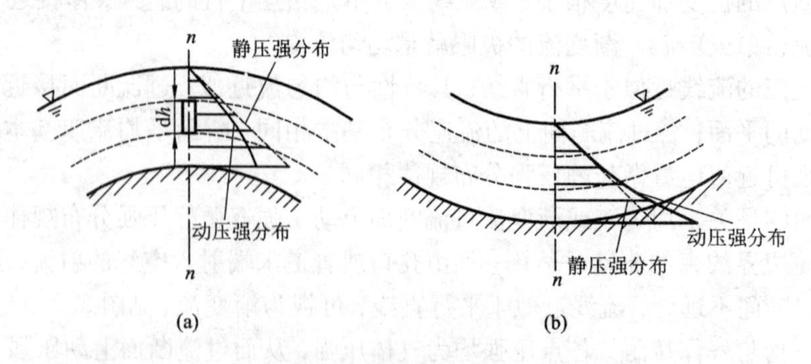

图 3.3.6 急变流流体动压强分布

压强分布，实线部分为实际的流体动压强分布情况。

反之，假如急变流为一下凹的曲线流动，如图3.3.6(b)，由于流体质点所受的离心惯性力方向与重力作用方向相同，因此过流断面上动压强比按静压强计算所得的数值要大，图中虚线部分仍代表静压强分布，实线为实际流体动压强分布。

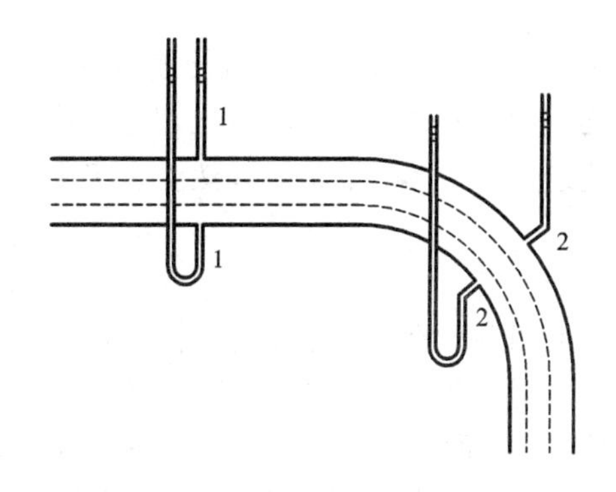

图3.3.7　断面上流体动压强分布

如图3.3.7所示管道，若在渐变流断面1－1及急变流断面2－2上的不同位置安上两根测压管，可观察到断面1－1上两支测压管的液面上升的高度一致，而断面2－2上两支测压管液面则不一样高，外侧明显高于内侧。这表明渐变流与急变流断面上的流体动压强分布不一致。

3.4　恒定流动的连续性方程

流体运动必须遵守没有质量交换条件下各种物质运动的普遍规律——质量守恒定律，连续性方程是质量守恒定律的流体力学表达式。

对于一元流动，可以通过元流分析法，得到总流的连续性方程。如图3.4.1，在恒定总流中，任取一段总流，其进口断面1－1的面积为A_1，出口断面2－2的面积为A_2。流段1－1至2－2内的总流，可视为无数元流的集合。我们先分析其中任一元流：设元流进、出口断面的面积、流速及流体密度分别为dA_1，u_1，ρ_1及dA_2，u_2，ρ_2。

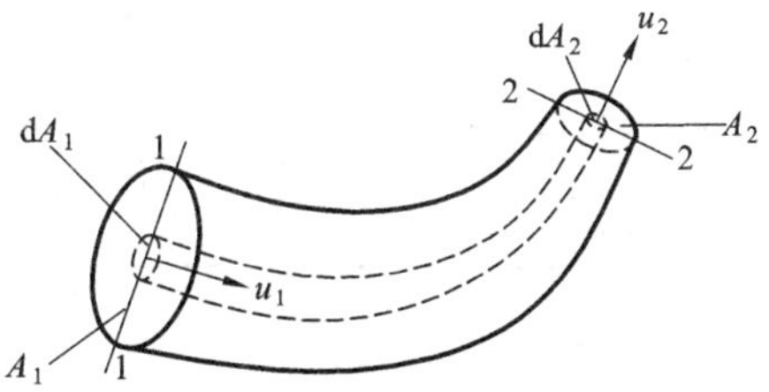

图3.4.1　连续性方程

在恒定流时，元流的形状、位置不随时间而改变，且没有流体穿过侧壁流入或流出，根据质量守恒定律可知：在dt时段内从断面1－1流入的流体质量与从断面2－2流出的流体质量相等

$$u_1 dA_1 dt\rho_1 = u_2 dA_2 dt\rho_2$$

由于我们所研究的是不可压缩的连续介质，$\rho_1=\rho_2$，则

$$\left.\begin{aligned} u_1 dA_1 &= u_2 dA_2 \\ dQ_1 &= dQ_2 \end{aligned}\right\} \tag{3.4.1}$$

这就是恒定流条件下不可压缩元流的连续性方程。若将上式对总流过流断面积分

$$\int_{A_1} dQ_1 = \int_{A_2} dQ_2$$

$$\int_{A_1} u_1 dA_1 = \int_{A_2} u_2 dA_2$$

代入断面平均流速的公式，得

$$\left.\begin{aligned} A_1v_1 &= A_2v_2 \\ Q_1 &= Q_2 = Q \end{aligned}\right\} \tag{3.4.2}$$

上式是不可压缩流体恒定总流的连续性方程。式中：v_1、v_2分别表示总流断面1-1与2-2的平均流速。公式表明在不可压缩流体恒定总流中，各断面所通过的流量相等。也就是说，上游流进多少流量，下游也必然流出多少流量。式(3.4.2)也可写为

$$\frac{v_1}{v_2}=\frac{A_2}{A_1} \tag{3.4.3}$$

由此可见，在不可压缩流体恒定总流中，任意两个过流断面，其平均流速 v 与断面面积 A 成反比，断面大的地方流速小，断面小的地方流速大。也就是说流线密集的地方流速大、流线稀疏的地方流速小，如图3.4.2所示。

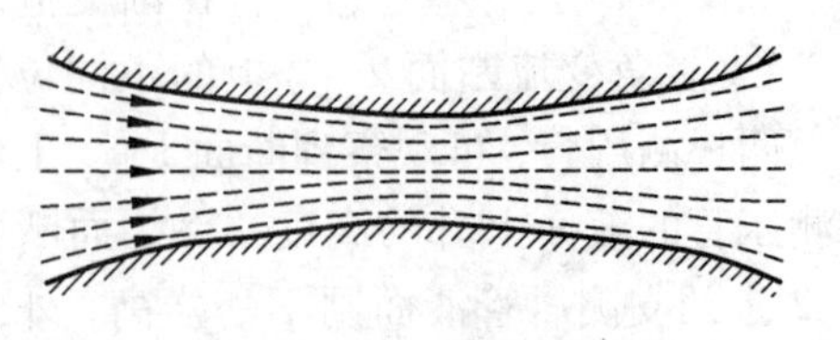

图3.4.2　流线的特性

连续性方程的实质是质量守恒，只有流量沿程不变，才能满足质量守恒原则。当断面1-1与2-2之间有流量汇入或流出时(如图3.4.3)，应当对总流连续性方程进行修正：

$$\left.\begin{aligned} Q_1 &= Q_2 + Q_3(\text{分流}) \\ Q_1 + Q_2 &= Q_3(\text{汇流}) \end{aligned}\right\}$$

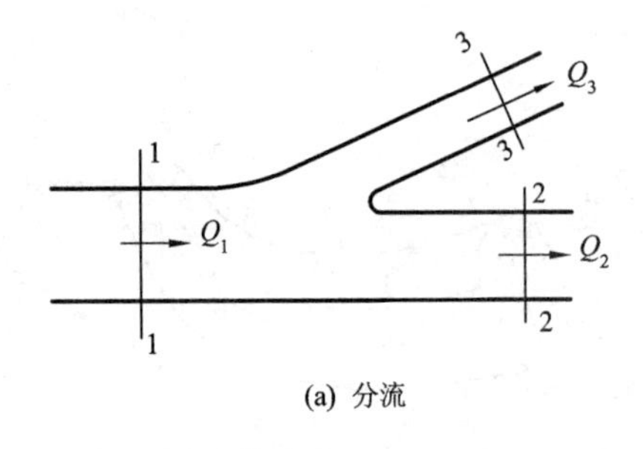

(a) 分流

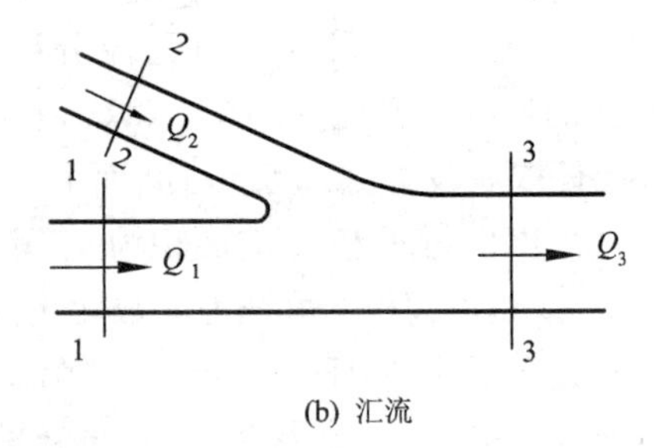

(b) 汇流

图3.4.3　有分(汇)流情况

恒定总流连续性方程的适用条件是：

(1)连续流体(内部无空隙)；

(2)不可压缩流体，无论理想、实际流体均适用；

(3)作恒定流动。

对于可压缩流体，其质量流量 $Q_m=\rho Q$ 沿程不变，但因流体密度 ρ 沿流线方向随压强或温度而变，所以，可压缩流体的体积流量 Q 是沿程变化的。

连续性方程是解决工程流体力学问题的重要公式，它总结和反映了流体的过流断面面积与断面平均流速沿流程变化的规律，不涉及力的关系，是一运动学方程。

【例3.4.1】 已知变直径管道(图3.4.4)粗管直径 $d_1=300$ mm，断面平均流速 $v_1=1$ m/s，细管直径 $d_2=100$ mm，试求细管断面的

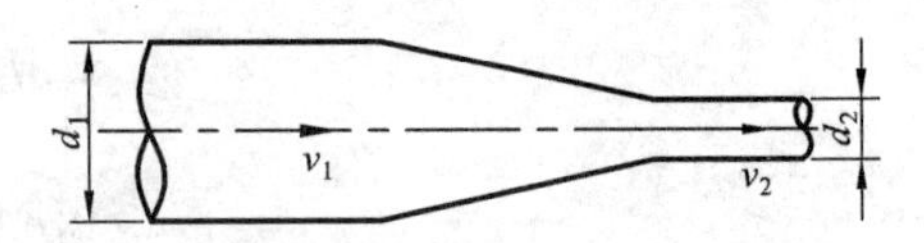

图3.4.4　变直径管道

平均流速。

【解】

由总流连续性方程 $v_1A_1=v_2A_2$ 得

$$v_2=\frac{v_1A_1}{A_2}=v_1\left(\frac{d_1}{d_2}\right)^2=1\times(\frac{0.3}{0.1})^2\ \mathrm{m/s}=9\ \mathrm{m/s}$$

【例3.4.2】 如图3.4.5所示汇流叉管，已知流量 $Q_1=1.8\ \mathrm{m^3/s}$，$Q_3=3.5\ \mathrm{m^3/s}$，过流断面2-2的面积 $A_2=0.2\ \mathrm{m^2}$，求断面2-2的平均流速。

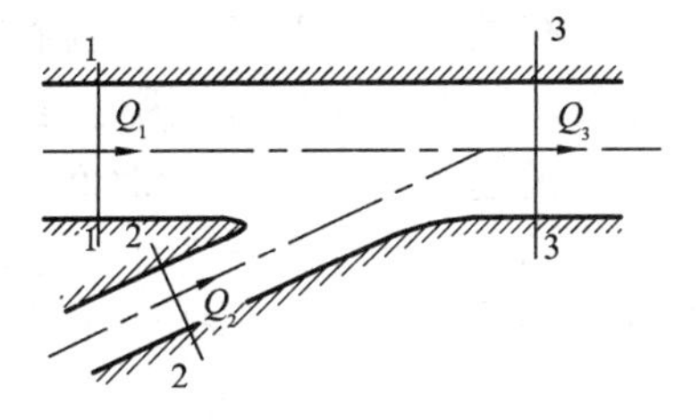

图3.4.5　汇流叉管

【解】

根据分叉管道流动的连续性方程

$$Q_1+Q_2=Q_3$$

$$Q_2=Q_3-Q_1=(3.5-1.8)\ \mathrm{m^3/s}=1.7\ \mathrm{m^3/s}$$

由 $Q_2=v_2A_2$ 得

$$v_2=\frac{Q_2}{A_2}=\frac{1.7}{0.2}\ \mathrm{m/s}=8.5\ \mathrm{m/s}$$

3.5　恒定元流的能量方程

3.5.1　理想流体恒定元流的能量方程

由于流体的运动过程就是在一定条件下的能量转换过程，因此各运动要素之间的关系可以根据能量守恒定律推求。

能量守恒定律（动能定律）：运动物体在某一时段内的动能增量等于该时段内作用在该物体上的全部外力对此物体所作之功的代数和。

在理想流体恒定总流中，任意截取一段元流来研究，如图3.5.1，假设两过流断面的参数如下：

元流断面	面积	流速	位置高度	流体动压强
1-1	dA_1	u_1	z_1	p_1
2-2	dA_2	u_2	z_2	p_2

作恒定流动时，元流流管的形状和位置不随时间而变，流体在流管中相继推进，经 dt 时间后，原来位于断面1-1与2-2之间的流体，全部移到断面1′-1′至2′-2′的新位置。根据质量守恒定律，流段1-2的流体质量与流段1′-2′的流体质量相等，而断面1′-1′至2-2间流管中所包含的流体质量和动能在 dt 时段前后等值，因此流段1-1′的流体质量 m_1 等于流段2-2′的流体质量 m_2，但因流速改变，流段1-1′与2-2′的动能不相等。

$$m_1=\rho dA_1u_1dt=m_2=\rho dA_2u_2dt=m$$

由连续性方程

$$dQ = u_1 dA_1 = u_2 dA_2$$

得 $$m = \rho dQ dt$$

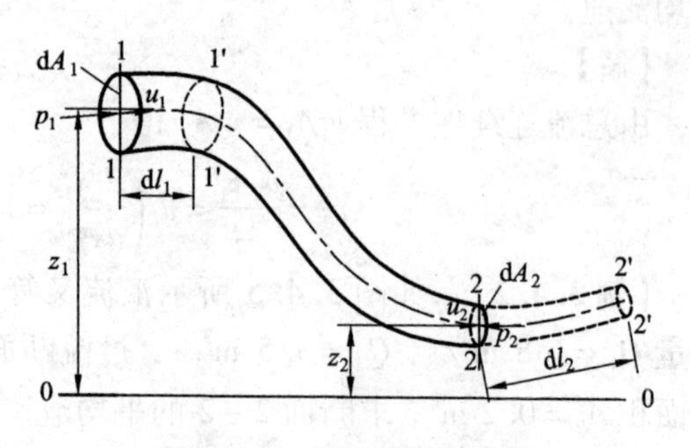

图 3.5.1 元流的能量方程

dt 时段内，流段 1－1′ 与流段 2－2′的动能增量为

$$\frac{1}{2}m_2u_2^2 - \frac{1}{2}m_1u_1^2 = \frac{1}{2}\rho dQdt(u_2^2 - u_1^2)$$

作用在微元流段 1－2 上沿流程方向的外力包括质量力和表面力。因为是恒定流，各空间点的运动要素均不随时间而变，则惯性力作用为零，质量力只有重力 mg。重力作功相当于把质量为 m 的流体从位置 1－1′移动到 2－2′所作的功

$$mg(z_1 - z_2) = \rho g dQdt(z_1 - z_2)$$

由于研究的是理想流体，没有粘滞性，所以在微元表面上无粘滞切应力(内摩擦力)作用；同时因流管侧壁上所受的流体动压力与流动方向垂直，在流体沿流线前进过程中不作功；因此作功的表面力只有元流两端过流断面上的流体动压力。断面 1－1 上的流体动压力

$$P_1 = p_1 dA_1$$

断面 2－2 上的流体动压力

$$P_2 = p_2 dA_2$$

则表面力作功

$$P_1 dl_1 - P_2 dl_2 = p_1 dA_1 u_1 dt - p_2 dA_2 u_2 dt = (p_1 - p_2)dQdt$$

将动能增量及全部外力作功之和代入能量守恒定律：

$$\frac{1}{2}\rho dQdt(u_2^2 - u_1^2) = \rho g dQdt(z_1 - z_2) + (p_1 - p_2)dQdt$$

两端同除以 $\rho g dQdt$

$$\frac{1}{2g}(u_2^2 - u_1^2) = (z_1 - z_2) + \frac{1}{\rho g}(p_1 - p_2)$$

整理得

$$z_1 + \frac{p_1}{\rho g} + \frac{u_1^2}{2g} = z_2 + \frac{p_2}{\rho g} + \frac{u_2^2}{2g} \tag{3.5.1}$$

上式就是不可压缩理想流体恒定元流的能量方程。是由瑞士科学家伯诺利(Bernoulli)于 1738 年首先提出，所以又称理想流体恒定元流的伯诺利方程。

3.5.2 伯诺利方程的物理意义与几何表示

1. 能量意义

在前一章流体静力学中我们已经明确了流体中某一点处的几何高度 z 代表单位重量流体相对于某基准面所具有的位能(重力势能)，$\frac{p}{\rho g}$代表单位重量流体所具有的压能(压强势能)，两者之和$(z + \frac{p}{\rho g})$代表单位重量流体所具有的总势能(位能＋压能)。在运动的流体

中，流体除具有势能之外，还有动能。若有某一质量为 m 的流体质点，其流速为 u，该质点所具有的动能为$\frac{1}{2}mu^2$，该质点内单位重量流体所具有的动能为$\frac{\frac{1}{2}mu^2}{mg}=\frac{u^2}{2g}$，可见$(z+\frac{p}{\rho g}+\frac{u^2}{2g})$代表微元过流断面上单位重量流体所具有的全部机械能，包括动能、压能与位能。公式(3.5.1)表明：在不可压缩理想流体恒定流情况下，微元内不同的过流断面上，单位重量流体所具有的机械能守恒。

上面所讨论的运动流体是理想流体，因它没有粘性存在，不需要克服内摩擦力而消耗能量，故流体运动的机械能保持不变。但注意，理想流体能量方程中的任何一项能量，如位能、动能或压能，都是可以变化的，因为能量可以互相转化，所谓能量保持不变，是指流体的总机械能保持不变。

2. 几何意义

同样，在流体静力学中我们已经知道流体中某一点的几何高度 z 表示元流过流断面上某点相对于某基准面的位置高度，称为位置水头；$\frac{p}{\rho g}$称为压强水头，当 p 为相对压强时，$\frac{p}{\rho g}$又称为测压管高度；$(z+\frac{p}{\rho g})$称为测压管水头，以 H_p 表示。同样$\frac{u^2}{2g}$也具有长度的量纲，也可直观地用一段几何长度来表示，称为流速水头，相当于在不计射流自重和空气阻力情况下，流体以速度 u 垂直向上喷射到空气中时所能达到的高度。在工程流体力学中，将$(z+\frac{p}{\rho g}+\frac{u^2}{2g})$称为总水头，以 H 表示。式(3.5.1)表明：在不可压缩理想流体恒定流情况下，微元内不同的过流断面上，三种形式的水头可以相互转化，但总水头守恒，总水头沿流线为一水平线。

3.5.3 实际流体恒定元流的能量方程

由于实际流体均具有粘性，在流动过程中流体质点之间以及流体与边界之间将产生粘滞内摩擦力，克服摩擦力作功要消耗能量，流体的部分机械能将转换为热能而散失，因此，总机械能将沿程减少。对实际流体而言，恒定元流的能量方程应写为

$$z_1+\frac{p_1}{\rho g}+\frac{u_1^2}{2g}=z_2+\frac{p_2}{\rho g}+\frac{u_2^2}{2g}+h'_w \tag{3.5.2}$$

式中：h'_w——元流单位重量流体从过流断面1－1移至断面2－2所损失的机械能，称为元流的水头损失。

3.5.4 恒定元流能量方程的应用

在科学实验中，广泛采用一种根据元流能量方程设计的测量流体点流速的仪器，叫做毕托(Pitot H. 法国)管。

毕托管是一根很细的弯管，如图3.5.2所示，其迎流端开一小孔与一测压管相连，称为测速管；顺流侧面开另一小孔(或环形窄缝)与另一测压管相连，称为测压管，测压管与测速管组合在一起。当需要测量流体中某点流速时，将弯管前端置于该点并正对流动方

向，只需要读出这两根测压管的液面高差，即可求得所测点的流速。

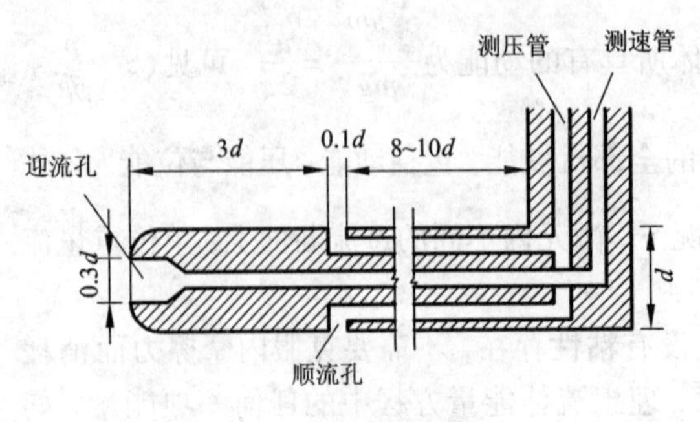

图 3.5.2 毕托管构造

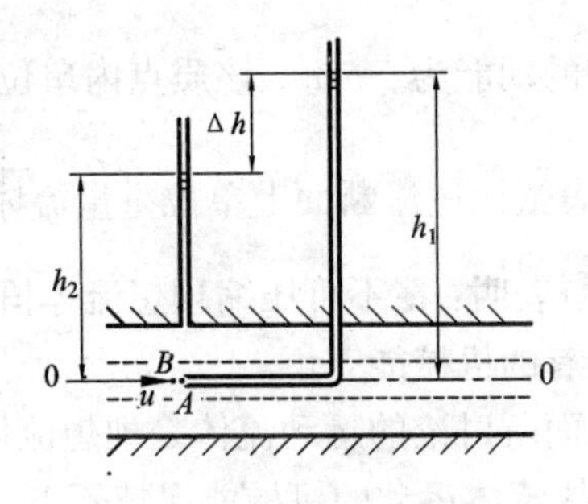

图 3.5.3 任意点流速的测量

现根据元流的能量方程，分析其原理如下。

如图 3.5.3，欲测量 A 点流速，先在该点放置一根两端开口，前端弯转 90°的细管，使前端管口正对流动方向，另一端垂直向上，此管即为测速管。管中液柱受液流的顶冲，液面将上升到 h_1 高度，A 点液流受到弯管的阻挡，流速变为零(称为驻点或滞止点)，动能全部转换为压能；另在 A 点上游同一水平流线上取相距很近的 B 点，在 B 点所在的过流断面边壁上安放一根测压管(即为测速管)，此测压管的液面将上升至 h_2 高度，根据均匀流(或渐变流)过流断面上动压强与静压强分布规律相同可知，B 点的测压管水头值为 h_2(以过 AB 的水平面为基准面)。因为 A 点与 B 点相距很近，B 点的压强、流速实际上等于 A 点在放置测速管以前的压强与流速。

应用理想流体元流的能量方程

$$z_B + \frac{p_B}{\rho g} + \frac{u_B^2}{2g} = z_A + \frac{p_A}{\rho g} + \frac{u_A^2}{2g}$$

即

$$h_2 + \frac{u^2}{2g} = h_1$$

$$u = \sqrt{2g(h_1 - h_2)} = \sqrt{2g\Delta h} \tag{3.5.3}$$

式中:Δh 为两根测压管的液面高差。由上式可见只要测出两根测压管的液面差，即可计算任意点流速 u。

考虑到毕托管装置中，实际流体从迎流孔流至顺流孔存在能量损失，同时毕托管放入液流中，多少会有对液流的扰动，需要对(3.5.3)式进行修正。

$$u = \mu\sqrt{2g\Delta h} \tag{3.5.4}$$

式中:μ 称为毕托管的校正系数，一般 $\mu = 0.98 \sim 1.0$，从工厂买来的毕托管，说明书上就有 μ 值。若毕托管使用时间过长，μ 值需重新率定。

3.6 恒定总流的能量方程

3.6.1 实际流体恒定总流的能量方程

前一节推导了实际流体恒定元流的能量方程，但在运用能量方程解决工程实际问题时，遇到的往往都是总流，如流体在管道、明渠中的流动。因此必须把元流的能量方程对总流过流断面积分，才能推广为总流的能量方程式。

设元流的流量为 dQ，单位时间内通过元流任一过流断面的流体重量为 $\rho g dQ$，将式(3.5.2)中各项均乘以 $\rho g dQ$，则单位时间内通过元流两过流断面间流体的能量关系是

$$(z_1 + \frac{p_1}{\rho g} + \frac{u_1^2}{2g})\rho g dQ = (z_2 + \frac{p_2}{\rho g} + \frac{u_2^2}{2g})\rho g dQ + h'_w \rho g dQ$$

将连续性方程

$$dQ = u_1 dA_1 = u_2 dA_2$$

代入上式，并对总流过流断面积分，得

$$\int_{A_1}(z_1 + \frac{p_1}{\rho g})\rho g u_1 dA_1 + \int_{A_1}\frac{u_1^3}{2g}\rho g dA_1 = \int_{A_2}(z_2 + \frac{p_2}{\rho g})\rho g u_2 dA_2 + \int_{A_2}\frac{u_2^3}{2g}\rho g dA_2 + \int_Q h'_w \rho g dQ \tag{3.6.1}$$

上式含有三种类型的积分：

(1) 关于 $\int_A (z + \frac{p}{\rho g})\rho g u dA$ 的积分

这类积分表示单位时间内通过过流断面 A 的流体总势能(包括位能与压能)。一般而言，总流过流断面上的测压管水头 $(z + \frac{p}{\rho g})$ 的分布规律与过流断面上的流动状况有关，若为均匀流或渐变流，则同一断面上动压强的分布规律与静压强相同，$(z + \frac{p}{\rho g})$ = 常数，因而对渐变流断面积分是可能的。

$$\int_A (z + \frac{p}{\rho g})\rho g u dA = (z + \frac{p}{\rho g})\rho g \int_A u dA = (z + \frac{p}{\rho g})\rho g Q$$

(2) 关于 $\int_A \frac{u^3}{2g}\rho g dA$ 的积分

这类积分表示单位时间内通过过流断面 A 的流体总动能。由于过流断面上的流速分布与流动内部结构和边界条件有关，一般难以确定。工程实际中为了计算方便，常用断面平均流速 v 来表示实际动能。设总流过流断面上各点的实际流速为 u，断面平均流速为 v，两者的差值为 Δu(有正有负)，如图3.6.1，$u = v + \Delta u$，则

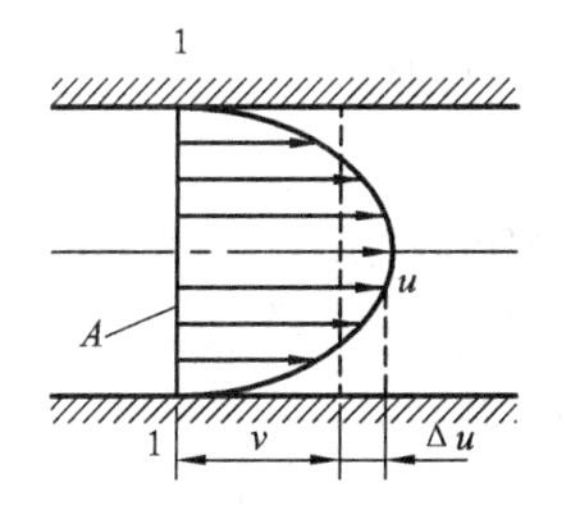

图3.6.1　总流断面平均流速

$$\begin{aligned}\int_A \frac{u^3}{2g}\rho g dA &= \frac{\rho g}{2g}\int_A (v + \Delta u)^3 dA \\ &= \frac{\rho g}{2g}\int_A (v^3 + 3v^2\Delta u + 3v\Delta u^2 + \Delta u^3) dA \\ &= \frac{\rho g}{2g} v^3 A + 3v^2\int_A \Delta u dA + 3v\int_A \Delta u^2 dA + \int_A \Delta u^3 dA)\end{aligned}$$

根据平均值的数学性质：①$\int_A \Delta u dA = 0$；②Δu^2 恒大于零。忽略高次项 $\int_A \Delta u^3 dA$，则上式可写为

$$\int_A \frac{u^3}{2g}\rho g \mathrm{d}A = \frac{\rho g}{2g}(v^3 A + 3v\int_A \Delta u^2 \mathrm{d}A) = \frac{\rho g}{2g}\alpha v^3 A = \frac{\alpha v^2}{2g}\rho g Q$$

式中：α 是用断面平均流速 v 代替实际点流速 u 而引入的动能修正系数

$$\alpha = \frac{\int_A u^3 \mathrm{d}A}{v^3 A} = \frac{1}{A}\int_A (\frac{u}{v})^3 \mathrm{d}A \tag{3.6.2}$$

可见 α 值取决于总流过流断面上的流速分布，由以上分析可知，α 恒大于或等于1。若过流断面上实际流速为均匀分布，$u = v$，$\Delta u = 0$，则 $\alpha = 1$；实际流速 u 分布愈不均匀，则 $\int_A \Delta u^2 \mathrm{d}A$ 项愈大，α 愈大于1。一般的管流或明渠流中，$\alpha = 1.05 \sim 1.10$，但有时可达到2.0或更大（详见第4章），工程计算中的常见流动通常近似取 $\alpha = 1$。

（3）关于 $\int_Q h'_w \rho g \mathrm{d}Q$ 的积分

这类积分表示单位时间内总流从过流断面1－1流至2－2的机械能损失。根据积分中值定理，可得

$$\int_Q h'_w \rho g \mathrm{d}Q = h_w \rho g Q$$

式中：h_w 是过流断面上各微元单位重量流体所损失的能量 h'_w 的平均值。即单位重量流体在两过流断面间的平均机械能损失，也称为总流的水头损失。

将三种类型的积分结果代入式(3.6.1)，各项同除以 $\rho g Q$ 后汇总得

$$z_1 + \frac{p_1}{\rho g} + \frac{\alpha_1 v_1^2}{2g} = z_2 + \frac{p_2}{\rho g} + \frac{\alpha_2 v_2^2}{2g} + h_w \tag{3.6.3}$$

上式即为不可压缩实际流体恒定总流的能量方程，是能量守恒原理的总流表达式。它反映了总流中不同过流断面上测压管水头（$H_p = z + \frac{p}{\rho g}$）和断面平均流速 v 的变化规律及其相互关系，是流体动力学的核心方程，它与连续性方程一起联合运用，可以解决许多流体力学问题。

恒定总流的能量方程与恒定元流的能量方程相比，不同之处一是以总流断面的平均流速 v 代替实际点流速 u（考虑动能修正系数 α），即用总流过流断面上单位重量流体所具有的平均动能来表示动能项；二是用总流单位重量流体的平均能量损失 h_w 表示水头损失。

总流能量方程中各项以及方程的能量意义、几何意义与元流的能量方程相类似，需注意的是总流方程的“平均”意义。

式中：z——总流过流断面上某点（所取计算点）单位重量流体的位能（位置高度或位置水头）；

$\frac{p}{\rho g}$——总流过流断面上某点（所取计算点）单位重量流体的压能（测压管高度或压强水头）；

$\frac{\alpha v^2}{2g}$——总流过流断面上单位重量流体的平均动能（平均流速高度或平均流速水头）；

h_w——总流流经两断面间单位重量流体的平均机械能损失（平均水头损失）。

因为所取的过流断面是均匀流或渐变流断面，根据均匀流（或渐变流）的性质，过流断面上各点单位重量流体的总势能均相等，$(z+\frac{p}{\rho g})$表示的是过流断面上单位重量流体的平均势能；而$\frac{\alpha v^2}{2g}$是过流断面上单位重量流体的平均动能。故三项之和$(z+\frac{p}{\rho g}+\frac{\alpha v^2}{2g})$是过流断面上单位重量流体的平均机械能。

3.6.2　能量方程的图示及水力坡度

因为单位重量流体所具有的各种能量都具有长度的量纲，为了形象地反映流动中各种能量的变化规律，可以把能量方程用图形描绘出来：以水头为纵坐标，按一定的比例尺沿流程将过流断面的z，$\frac{p}{\rho g}$及$\frac{\alpha v^2}{2g}$分别绘于图上（如图3.6.2），称为水头线图。z，$\frac{p}{\rho g}$值一般选取过流断面形心点的值来标绘。将各断面的测压管水头值$(H_P=z+\frac{p}{\rho g})$描出的点连接起来可以得到一条测压管水头线（又称测管水头线），如图中虚线所示；将各断面的总水头值$H=z+\frac{p}{\rho g}+\frac{\alpha v^2}{2g}$描出的点连接起来可以得到一条总水头线（又称能线），如图中实线所示。任意两断面之间的总水头线的降低值，即为该两断面间的水头损失h_w。

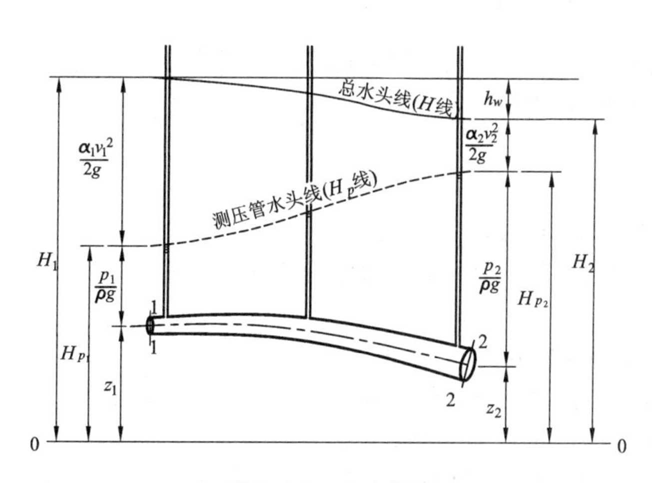

图3.6.2　水头线图

由能量方程的物理意义不难得出，实际流体的总水头线必定是一条沿流程下降的线（直线或曲线），因为总水头总是沿程减小的；而测压管水头线则可能沿流程下降也可能沿流程上升，甚至可能是一条水平线。

水头线图形象、全面地描绘了三种能量（水头）沿流程的相互消长情况，是沿流程能量（水头）变化的几何图示，很有实用价值。

为了反映总水头线沿流程下降的快慢程度，引入水力坡度的概念：单位流程长度内的水头损失称为水力坡度，也称为总水头线坡度，常以J表示。

$$J = \frac{\mathrm{d}h_w}{\mathrm{d}l} = -\frac{\mathrm{d}H}{\mathrm{d}l} = -\frac{\mathrm{d}\left(z + \frac{p}{\rho g} + \frac{u^2}{2g}\right)}{\mathrm{d}l} \tag{3.6.4}$$

取负号的目的是让总水头 H 沿流程降低时水力坡度 J 为正值。

对于理想流体，总机械能保持不变，总水头线沿流程水平，所以 $J=0$；而对于实际流体，总机械能沿流程减小，总水头线沿流程降低，所以 $J>0$。

同样，定义单位流程长度内测压管水头 H_p 的减小量称为测压管坡度，以 J_p 表示。

$$J_p = -\frac{\mathrm{d}H_p}{\mathrm{d}l} = -\frac{\mathrm{d}\left(z + \frac{p}{\rho g}\right)}{\mathrm{d}l} \tag{3.6.5}$$

仍然令测压管水头 H_p 沿流程降低时 J_p 为正。

测压管水头线与总水头线之间总是相差一个流速水头值 $\frac{\alpha v^2}{2g}$，对于理想流体，总水头线沿流程水平，而实际流体，总水头线沿流程下降，因此无论理想流体还是实际流体，测压管水头线沿流程的变化取决于过流断面的流速大小，既可以沿流程上升又可以沿流程下降，还可以沿流程为水平线，即 J_p 可以大于零，小于零，还可以等于零。

若为均匀流，沿流程流速不变，则总水头线平行于测压管水头线，$J_p = J$。

3.6.3 总流能量方程的应用条件

在将元流的能量方程推导为总流的能量方程时，积分中加入了一些限制条件，这些条件也为总流能量方程的应用条件。

1. 恒定流动。
2. 流体不可压缩。
3. 作用于流体上的质量力只有重力。
4. 所选取的两个计算过流断面应符合渐变流或均匀流条件，但两计算断面之间允许存在急变流。

如图 3.6.3 所示管嘴出流，只要把过流断面选在管嘴进口之前符合渐变流条件的断面 1－1 及进口之后流线基本平行的收缩断面 2－2，虽然在由水箱进入管嘴时发生明显的急变流，但对过流断面 1－1 及 2－2，仍然可以应用能量方程。

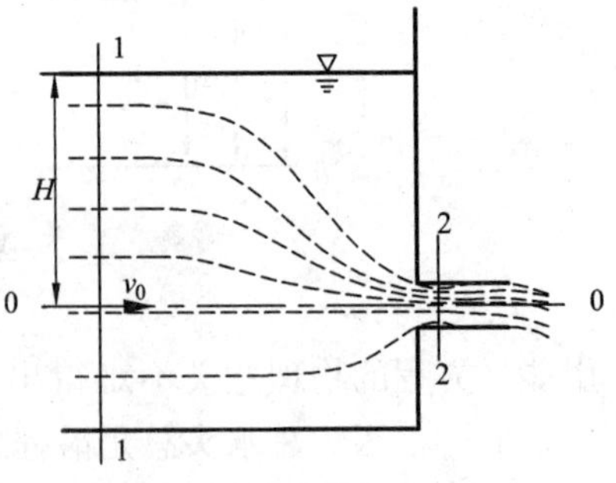

5. 两断面之间没有分流和汇流，流量保持不变。

图 3.6.3　管嘴出流

下面举例说明恒定总流能量方程的应用。

【例 3.6.1】 如图 3.6.4 所示，用一根直径 $d=150\mathrm{mm}$ 的管道从水箱中引水。若水箱中水位保持恒定，从水箱液面至管道出口断面中心的高差 $H=6\mathrm{m}$，总水头损失 $h_w=3.5\mathrm{m}$ 水柱。试求管道的流量 Q。

【解】

这是一道运用恒定总流能量方程求解的例题。

应用总流能量方程解题首先应进行“三选”：选基准面、过流断面和计算点。为便于计算，基准面的选取，最好能使能量方程中计算点的位置高度一个是零，一个是正值；过流断面应取在均匀流或渐变流断面上，它与计算点的选取共同使其中一个断面的已知量最多，另一个含待求量。根据以上原则，本题选取通过管道出口断面中心的水平面为基准面 0－0；水箱液面为 1－1 过流断面，管道出口为 2－2 过流断面；1－1 断面的计算点取在自由液面上，2－2 断面的计算点取在管轴中心点。此时，p_1、p_2均等于当地大气压，相对压强为零。

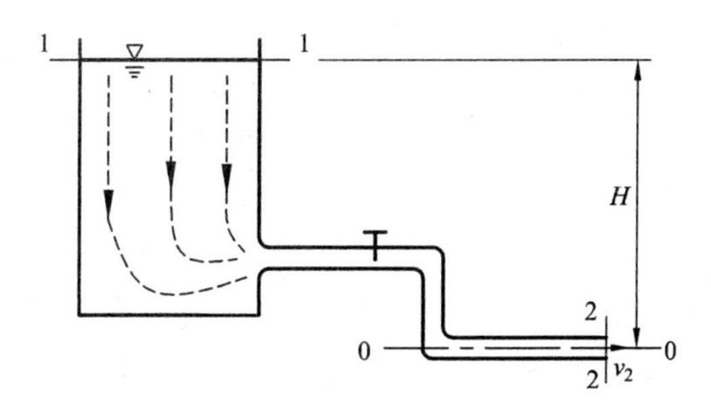

图 3.6.4　管道出流

一般水箱过流断面面积 A_1 远远大于管道过流断面面积 A_2，由总流连续性方程可知：v_1 相对于 v_2 很小，可以忽略不计。对断面 1－1、2－2 列能量方程

$$H=\frac{\alpha_2 v_2^2}{2g}+h_w$$

取 $\alpha_2=1.0$，则管道出口断面平均流速

$$v_2=\sqrt{2g(H-h_w)}=\sqrt{2\times 9.8\times(6-3.5)}\ \mathrm{m/s}=7\ \mathrm{m/s}$$

管道内通过的流量

$$Q=v_2A_2=7\times\frac{\pi}{4}\times 0.15^2\ \mathrm{m^3/s}=0.1237\ \mathrm{m^3/s}=123.7\ \mathrm{L/s}$$

【例 3.6.2】　水流通过如图 3.6.5 所示管路系统流入大气，已知：U 形测压管中水银柱高差 $h_p=0.25$ m，水柱高 $h_1=0.92$ m，管径 $d_1=0.1$ m，管道出口直径 $d_2=0.05$ m，不计管中水头损失。其余已知条件如图中所示。试求：管中通过的流量 Q。

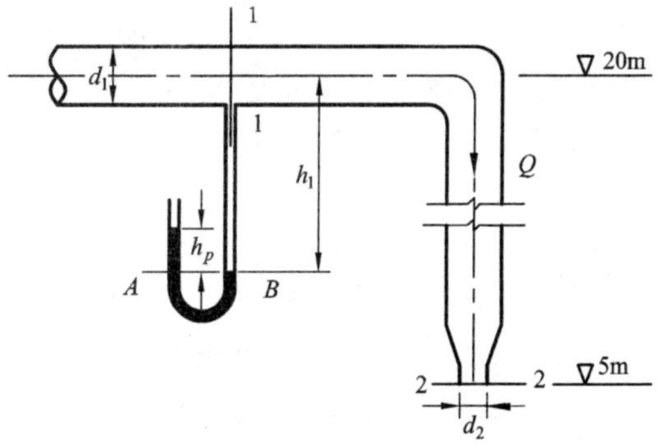

图 3.6.5　例 3.6.2 图

【解】

选取通过管道出口断面形心的水平面为基准面 0－0；安装 U 形测压管处的管道断面为 1－1 过流断面，管道出口为 2－2 过流断面（与基准面 0－0 重合）；两断面的计算点均取在管轴中心上。

首先计算过流断面 1－1 中心点的压强。在 U 形测压管中，因为 $A-B$ 为等压面，所以

$$\frac{p_A}{\rho g}=\frac{p_B}{\rho g}=0.25\ \text{m 水银柱}=0.25\times 13.6\text{m 水柱}=3.4\text{m 水柱}$$

由于均匀流过流断面上动压强与静压强分布规律相同

$$\frac{p_1}{\rho g}=\frac{p_B}{\rho g}-h_1=(3.4-0.92)\text{m 水柱}=2.48\text{m 水柱}$$

p_2等于当地大气压，$p_2=0$。

由连续性方程 $v_1\ \frac{\pi}{4}d_1^2=v_2\ \frac{\pi}{4}d_2^2$ 得

$$v_2=\left(\frac{d_1}{d_2}\right)^2 v_1=\left(\frac{0.1}{0.05}\right)^2 v_1=4v_1$$

设动能修正系数 $\alpha_1=\alpha_2=1.0$，列 1-1 和 2-2 过流断面的能量方程

$$(20-5)+2.48+\frac{v_1^2}{2g}=0+0+\frac{(4v_1)^2}{2g}+0$$

$$v_1=4.78\ \text{m/s}$$

$$Q=\frac{\pi}{4}\times 0.1^2\times 4.78\ \text{m}^3/\text{s}=0.0375\ \text{m}^3/\text{s}=37.5\ \text{L/s}$$

文丘里(Venturi，意大利)流量计是最常用的测量有压管道内流量的仪器，它由渐缩段、喉管和渐扩段组成，如图 3.6.6 所示。欲测量某管段的流量，则把文丘里流量计连接在该管段中，因喉管断面缩小，流速增大，动能增加，势能减小，安装在该断面的测压管液面就会低于安装在渐缩段进口断面前的测压管液面。实测两测压管液面等差，便可根据恒定总流的能量方程计算得到管道的流量。

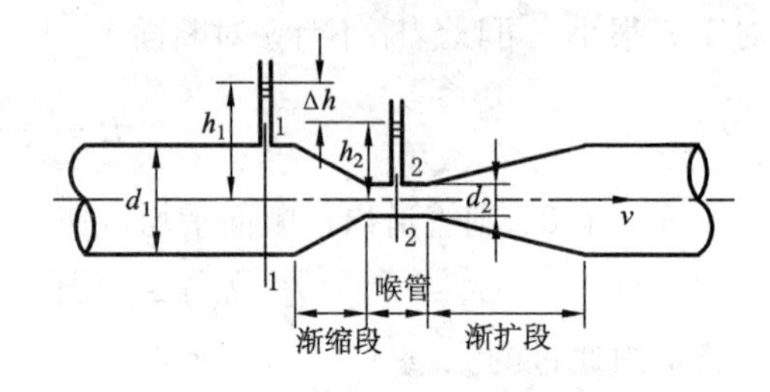

图 3.6.6 文丘里流量计构造

【例 3.6.3】 如图 3.6.7，已知某倾斜管路直径为 d_1，喉管直径 d_2，实测两根测压管水头差 Δh（或水银差压计的水银面高差 Δh_p），反映实际流量与不计能量损失的理论流量之比的流量系数为 μ，试求管道的实际流量 Q。

【解】

选取安装了测压管的渐缩段进口断前面1-1、喉道中心断面2-2为过流断面，计算点均取在管轴中心线上，基准面 0-0 置于管道下任一水平面。对 1-1、2-2 断面列能量方程

$$z_1+\frac{p_1}{\rho g}+\frac{\alpha_1 v_1^2}{2g}=z_2+\frac{p_2}{\rho g}+\frac{\alpha_2 v_2^2}{2g}+h_w$$

假定动能修正系数 $\alpha_1=\alpha_2=1.0$，由于渐缩段很短，水头损失暂时忽略不计，则

$$\left(z_1+\frac{p_1}{\rho g}\right)-\left(z_2+\frac{p_2}{\rho g}\right)=\Delta h=\frac{v_2^2-v_1^2}{2g}$$

代入连续性方程 $v_2=v_1\left(\frac{d_1}{d_2}\right)^2$ 得

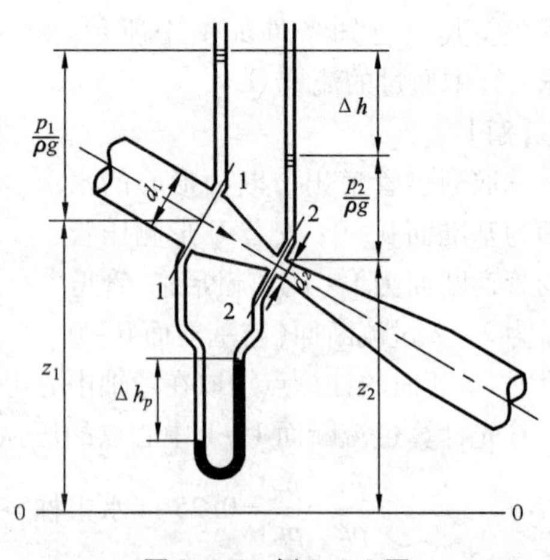

图 3.6.7 例 3.6.3 图

$$\Delta h=\frac{v_1^2}{2g}\left(\frac{d_1^4}{d_2^4}-1\right)$$

$$v_1=\sqrt{\frac{2g\Delta h}{\left(\frac{d_1}{d_2}\right)^4-1}}=\varphi\sqrt{2g\Delta h}$$

式中：$\varphi=\sqrt{\frac{1}{\left(\frac{d_1}{d_2}\right)^4-1}}=\sqrt{\frac{d_2^4}{d_1^4-d_2^4}}$，称为流速系数。

管道的理论流量（即理想流体的流量）

$$Q=\frac{\pi}{4}d_1^2\varphi\sqrt{2g\Delta h}$$

若令 $K=\varphi\frac{\pi}{4}d_1^2\sqrt{2g}=\frac{\pi}{4}d_1^2\sqrt{\frac{2g}{\left(\frac{d_1}{d_2}\right)^4-1}}$，可见 K 仅仅取决于文丘里管尺寸 d_1、d_2，是可以在测量流量之前预先确定的常数，称为文丘里管常数，则上式写为

$$Q=K\sqrt{\Delta h}$$

由于在上面的推导过程中，忽略了水头损失 h_w，而且假定 $\alpha_1=\alpha_2=1.0$，这样会造成一定的误差。经实验观测，实际流量略小于理论流量，所以需要修正。实际流量为

$$Q=\mu K\sqrt{\Delta h} \tag{3.6.6}$$

式中：μ 称为文丘里管流量系数，$\mu<1$，一般取值范围 $\mu=0.95\sim0.98$。μ 的确定需要对仪器进行率定。

若两断面间压差过大，测读不便则可以直接装上水银差压计，如图 3.6.7 下半部分所示。由差压计原理可知

$$\left(z_1+\frac{p_1}{\rho g}\right)-\left(z_2+\frac{p_2}{\rho g}\right)=\left(\frac{\rho_p}{\rho}-1\right)\Delta h_p=12.6\Delta h_p$$

此时管道通过的实际流量为

$$Q=\mu K\sqrt{12.6\Delta h_p} \tag{3.6.7}$$

3.6.4 总流能量方程应用的扩展

实际流体恒定总流的能量方程是应用最广的流体动力学基本方程。在应用中要注意方程的适用条件，对实际问题进行具体分析，灵活运用，切忌随意套用公式。下面结合三种情况进行扩展。

1. 两断面间有分流或汇流

总流的能量方程式(3.6.3)，是在两过流断面间无分流或汇流的条件下导出的，而实际工程中的输水、供气管道及河、渠等沿程多有分流或汇流，这种情况公式(3.6.3)是否还能适用呢？事实上，对于两过流断面间有分支或汇合的流动，仍可对每一支水流建立能量方程，但要注意连续性方程作相应的变化。现证明如下。

总流能量方程中的各项都代表单位重量流体所具有的能量。如图 3.6.8 所示汇流，根据能量守恒定律，在单位时间内从过流断面 1－1 和 2－2 输入的流体总能量，应当等于在

3－3 断面输出的总能量加上能量损失，即

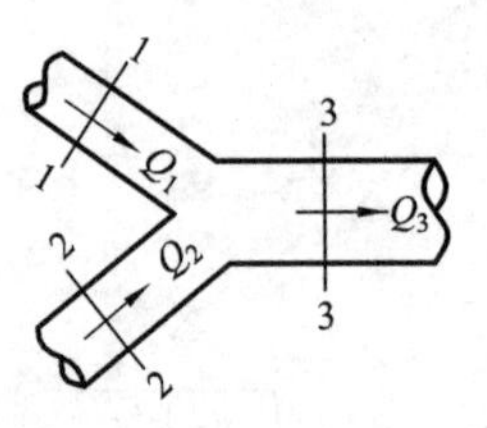

图 3.6.8 分支水流

$$\rho g Q_1\left(z_1+\frac{p_1}{\rho g}+\frac{\alpha_1 v_1^2}{2g}\right)+\rho g Q_2\left(z_2+\frac{p_2}{\rho g}+\frac{\alpha_2 v_2^2}{2g}\right)$$

$$=\rho g Q_3\left(z_3+\frac{p_3}{\rho g}+\frac{\alpha_3 v_3^2}{2g}\right)+\rho g Q_1 h_{w1-3}+\rho g Q_2 h_{w2-3}$$

将连续性方程 $Q_3=Q_1+Q_2$ 代入上式并整理得

$$Q_1\left[\left(z_1+\frac{p_1}{\rho g}+\frac{\alpha_1 v_1^2}{2g}\right)-\left(z_3+\frac{p_3}{\rho g}+\frac{\alpha_3 v_3^2}{2g}\right)-h_{w1-3}\right]$$

$$+Q_2\left[\left(z_2+\frac{p_2}{\rho g}+\frac{\alpha_2 v_2^2}{2g}\right)-\left(z_3+\frac{p_3}{\rho g}+\frac{\alpha_3 v_3^2}{2g}\right)-h_{w2-3}\right]$$

$$=0$$

上式左端两大项的物理意义表示各支流输入的总能量与输出总能量之差，因此，它不可能是一项为正，另一项为负(只能同为正或同为负)，同时 Q_1、Q_2 均不为零，因此，要左端两项之和等于零，只可能各自分别为零。即

$$Q_1\left[\left(z_1+\frac{p_1}{\rho g}+\frac{\alpha_1 v_1^2}{2g}\right)-\left(z_3+\frac{p_3}{\rho g}+\frac{\alpha_3 v_3^2}{2g}\right)-h_{w1-3}\right]=0$$

$$Q_2\left[\left(z_2+\frac{p_2}{\rho g}+\frac{\alpha_2 v_2^2}{2g}\right)-\left(z_3+\frac{p_3}{\rho g}+\frac{\alpha_3 v_3^2}{2g}\right)-h_{w2-3}\right]=0$$

于是，对每一支流有

$$\left.\begin{aligned}z_1+\frac{p_1}{\rho g}+\frac{\alpha_1 v_1^2}{2g}&=z_3+\frac{p_3}{\rho g}+\frac{\alpha_3 v_3^2}{2g}+h_{w1-3}\\z_2+\frac{p_2}{\rho g}+\frac{\alpha_2 v_2^2}{2g}&=z_3+\frac{p_3}{\rho g}+\frac{\alpha_3 v_3^2}{2g}+h_{w2-3}\end{aligned}\right\}\tag{3.6.8}$$

对于两断面间有汇流的情况，可作类似的分析，得出同样的结论。

2. 两断面间有机械能的输入或输出

总流的能量方程是在两过流断面间除水头损失外，再无能量输入或输出的条件下导出来的。当两过流断面间有水泵(图 3.6.9)、风机或水轮机(图 3.6.10)等流体机械时，则存在机械能的输入或输出。这种情况，根据能量守恒定律，只要加入单位重量流体流经流体机械获得或失去的机械能，公式(3.6.3)便扩展为有能量输入或输出的能量方程。

$$z_1+\frac{p_1}{\rho g}+\frac{\alpha_1 v_1^2}{2g}\pm H_t=z_2+\frac{p_2}{\rho g}+\frac{\alpha_2 v_2^2}{2g}+h_w\tag{3.6.9}$$

式中：H_t——单位重量流体与流体机械所交换的机械能。当有能量输入流体内部(即流体获得能量)时，H_t 前面取“＋”号，如抽水管路系统中设置的水泵，是通过水泵叶片的转动向水流输入能量的典型实例；当从流体内部输出能量给流体机械(即流体失去能量)时，H_t 前面取“－”号，如在水电站有压管路系统中安装的水轮机，是通过水轮机叶片将水流能量输出的典型实例。

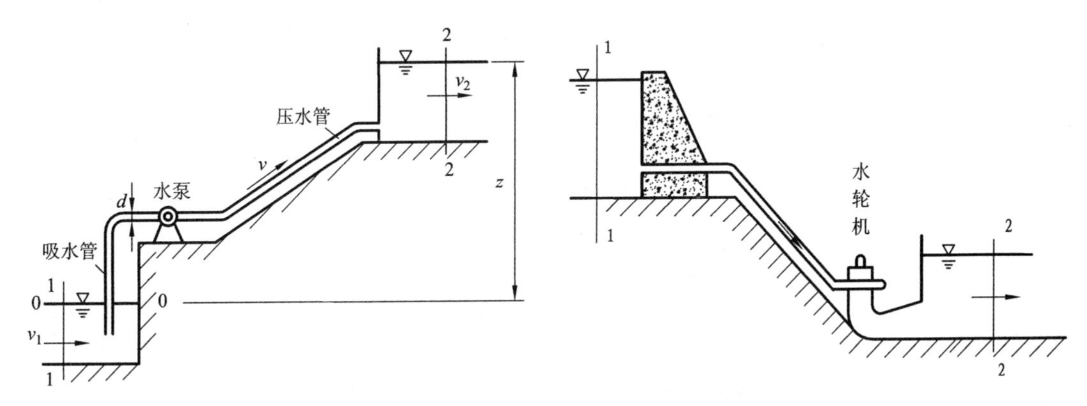

图 3.6.9　水泵——有外来能量输入的流动　　　图 3.6.10　水轮机——有自身能量输出的流动

【例 3.6.4】　如图 3.6.9，水泵从水池抽水至 $z=15$ m 高处。已知抽水量 $Q=30$ L/s，吸水管（水泵进口前的管道）和压水管（水泵出口后的管道）的直径相同，$d=150$ mm。若泵的效率 $\eta=0.8$，管路系统的总水头损失 $h_w=7\dfrac{v^2}{2g}$，问水泵的功率应为多少？

【解】

基准面 0－0 选在水池水面；1－1 与 2－2 过流断面分别选在下、上水池中与流速方向垂直且符合渐变流条件的断面上；计算点均取在水面上。

因水池水面远远大于水管截面，故管中流速远大于水池中流速，$v_1\approx 0$，$v_2=0$；且 $p_1=p_2=0$。列 1－1 与 2－2 断面的能量方程

$$H_t=z+h_w=z+7\frac{v^2}{2g}$$

由连续性方程得

$$v=\frac{4Q}{\pi d^2}=\frac{4\times 30\times 10^{-3}}{\pi\times 0.15^2}\ \text{m/s}=1.70\ \text{m/s}$$

将已知数据代入能量方程得

$$H_t=\left(15+7\times\frac{1.70^2}{2\times 9.8}\right)\ \text{m}=16.03\ \text{m 水柱}$$

输入的外来能量 $H_t=16.03$ m 水柱，相当于单位时间内把单位重量的水提升了 H_t 高度，则水泵的轴功率为

$$N=\frac{\rho g Q H_t}{\eta}=\frac{1.0\times 9.8\times 30\times 10^{-3}\times 16.03}{0.8}\ \text{kW}=5.89\ \text{kW}$$

3. 气流的能量方程

总流的能量方程式（3.6.3）是对不可压缩流体导出的。而气体是可压缩流体，但对于流速不很大（$v<50$ m/s），压强变化也不过大的系统，如工业通风管道、烟道等，气流在运动过程中密度的变化很小。在这样的条件下，能量方程仍可用于气流。由于气流的密度与外部空气的密度是相同的数量级，在采用相对压强计算时，需要考虑外部大气压在不同高度的差值。

设恒定气流(图 3.6.11)的密度为 ρ，外部空气的密度为 ρ_a，过流断面上计算点的绝对压强分别为 p'_1、p'_2。

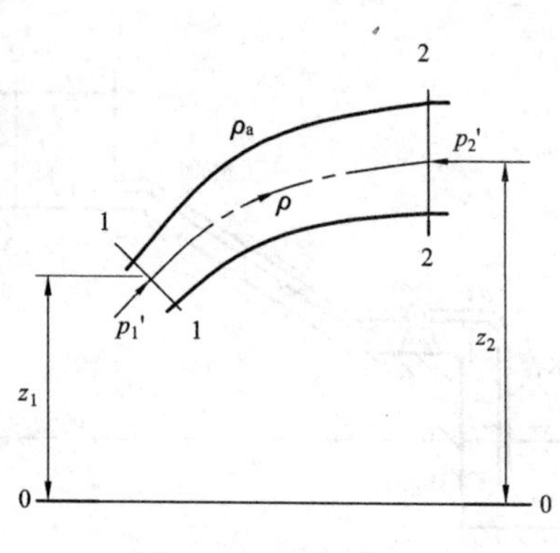

图 3.6.11　恒定气流

列 1 - 1 和 2 - 2 过流断面的能量方程

$$z_1+\frac{p'_1}{\rho g}+\frac{\alpha_1 v_1^2}{2g}=z_2+\frac{p'_2}{\rho g}+\frac{\alpha_2 v_2^2}{2g}+h_w$$

取 $\alpha_1=\alpha_2=1.0$。对于气流而言，“水头”概念不像液流那样直观、实用，进行气流计算时通常将上式改写成压强的形式

$$\rho g z_1+p'_1+\frac{\rho v_1^2}{2}=\rho g z_2+p'_2+\frac{\rho v_2^2}{2}+p_w \tag{3.6.10}$$

式中：p_w 称为压强损失，$p_w=\rho g h_w$。

将上式中的绝对压强用相对压强表示。若 p_a 为高度 z_1 处的大气压，则高度 z_2 处的大气压为 $p_a-\rho_a g(z_2-z_1)$，于是

$$p'_1=p_1+p_a$$
$$p'_2=p_2+p_a-\rho_a g(z_2-z_1)$$

将上述关系代入式(3.6.10)，整理得

$$p_1+\frac{\rho v_1^2}{2}+(\rho_a-\rho)g(z_2-z_1)=p_2+\frac{\rho v_2^2}{2}+p_w \tag{3.6.11}$$

这就是用相对压强计算的气流能量方程。式中 p 称为静压，$\frac{\rho v^2}{2}$ 称为动压，$(p+\frac{\rho v^2}{2})$ 称为全压。$(\rho_a-\rho)g$ 为单位体积气体所受的有效浮力，(z_2-z_1) 为气体沿浮力方向升高的距离，乘积 $(\rho_a-\rho)g(z_2-z_1)$ 为 1 - 1 过流断面相对 2 - 2 过流断面单位体积气体所具有的位置势能，称为位压。

当气流的密度与大气的密度相差无几($\rho\approx\rho_a$)，或者两断面的高差较小($z_1\approx z_2$)时，位压项很小，式(3.6.11)化简为

$$p_1+\frac{\rho v_1^2}{2}=p_2+\frac{\rho v_2^2}{2}+p_w \tag{3.6.12}$$

若气流的密度远大于大气的密度($\rho\gg\rho_a$)，此时相当于液体总流，式(3.6.10)中 ρ_a 可忽略不计，该式化简为

$$p_1+\frac{\rho v_1^2}{2}-\rho g(z_2-z_1)=p_2+\frac{\rho v_2^2}{2}+p_w \tag{3.6.13}$$

各项除以 ρg 得

$$z_1+\frac{p_1}{\rho g}+\frac{v_1^2}{2g}=z_2+\frac{p_2}{\rho g}+\frac{v_2^2}{2g}+h_w \tag{3.6.14}$$

这就是恒定总流的能量方程。由此可见，对于液体总流来说，压强 p_1、p_2 不论是绝对压强，还是相对压强，能量方程的形式是不变的。

【例 3.6.5】 自然排烟锅炉如图 3.6.12 所示，烟囱直径 $d=1.2$ m，烟气流量 $Q=7.2$ m³/s，烟气密度 $\rho=0.75$ kg/m³，外部空气密度 $\rho_a=1.2$ kg/m³，烟囱的压强损失 $p_w=0.035$

$\times\frac{H}{d}\frac{\rho v^2}{2}$。为保证烟气在烟囱内进行自然排烟，烟囱底部入口断面的真空度不能小于10 mm水柱，试求烟囱的高度H。

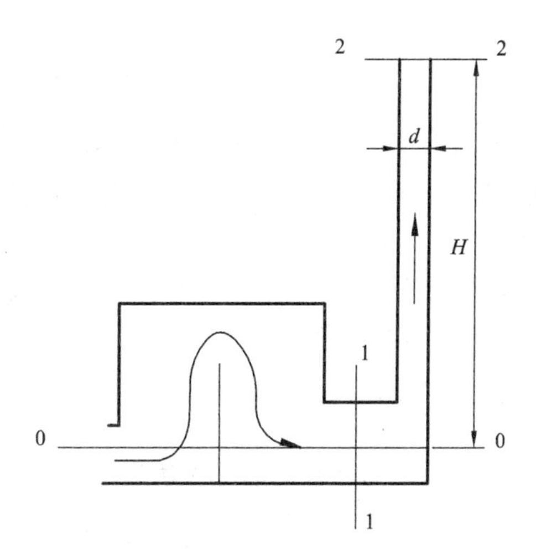

图3.6.12　自然排烟锅炉

【解】

选基准面在烟囱底部入口中心所在的水平面0－0，底部入口断面为1－1断面，烟囱出口断面为2－2断面。因进口断面要求真空度≥10 mmH_2O，则

$$p_1 = -\rho_{水} gh$$
$$= -1000\times9.8\times0.01\ N/m^2$$
$$= -98\ N/m^2$$

$$v_1\approx0,\quad z_1=0$$
$$p_2=0,\quad z_2=H$$
$$v_2=\frac{Q}{A}=\frac{4Q}{\pi d^2}=\frac{4\times7.2}{\pi\times1.2^2}=6.37\ m/s$$

代入(3.6.11)式

$$-98+9.8(1.2-0.75)H=\frac{0.75\times6.37^2}{2}+0.035\times\frac{H}{1.2}\times\frac{0.75\times6.37^2}{2}$$

解得　$$H=28.5\ m$$

烟囱的高度须大于此值。

自然排烟锅炉烟囱底部入口断面为负压($p_1<0$)，顶部出口断面为大气压($p_2=0$)，且$z_1<z_2$。在这种情况下，是位压$(\rho_a-\rho)g(z_2-z_1)$提供了烟气在烟囱内进行自然排烟的能量。可见实现自然排烟需要有一定的位压，为此烟气要有一定的温度，以保持有效浮力$(\rho_a-\rho)g$，同时烟囱还需要有一定的高度$(H=z_2-z_1)$，否则将不能维持自然排烟。

3.6.5　运用总流能量方程的注意之处

1. 基准面可以任意选取，但必须是水平面，且在计算不同过流断面的位置水头z时，必须选取同一基准面，习惯使$z\geqslant0$。

2. 选取的过流断面，除了必须符合均匀流或渐变流条件外，应力求使未知量最少。

3. 在计算过流断面的测压管水头$(z+\frac{p}{\rho g})$时，可任意选取过流断面上的点作为计算点，因为在均匀流或渐变流同一断面上的任何点$z+\frac{p}{\rho g}=C$，平均流速v相等。具体选择哪一点，以计算方便、未知量少为标准。习惯上，无压流(明渠流)一般选取自由表面上的点($p=0$)；有压流(管流)选取断面形心(方便结合基准面的选取令$z=0$或可求)。

4. 方程中的流体动压强p一般应取绝对压强，但对于液流或两过流断面高差较小的气流，也可用相对压强，但同一问题必须同一标准。

5. 严格来讲，不同过流断面上的动能修正系数α_1与α_2是不相等的，且不等于1，但在实用上，对大多数渐变流，可令$\alpha_1=\alpha_2=1$。

3.7 恒定总流的动量方程

前面推导了恒定总流的连续性方程和能量方程，它们在解决实际工程中的流体力学问题时具有重要的意义，但对于某些复杂的流体运动，特别是涉及到流体和其固定边界之间作用力的问题时，用能量方程求解就有一定的困难，比如急变流范围内流体对边界的作用力，若用能量方程求解，式中水头损失一般很难确定，但又不能忽略，如果采用动量方程式，则求解比较方便。

3.7.1 方程的推导

物体运动的动量定理可表达为：单位时间内，物体动量 $\boldsymbol{K}$ 的增量，等于作用于该物体上所有的外力的合力 $\sum\boldsymbol{F}$。即

$$\frac{\mathrm{d}\boldsymbol{K}}{\mathrm{d}t}=\sum\boldsymbol{F} \tag{3.7.1}$$

根据上述普遍的动量定理，来推求表达流体运动动量变化规律的方程式。

在恒定总流中，任意截取某一流段 1－2，从中再取出一根元流进行分析，各过流断面的运动要素见下表及图 3.7.1 所示。

过流断面	断面面积	平均流速	元流断面面积	元流流速
1－1	A_1	v_1	$\mathrm{d}A_1$	u_1
2－2	A_2	v_2	$\mathrm{d}A_2$	u_2

设经过微小时段 dt 后，原流段 1－2 移至新的位置 1′－2′，从而动量产生了变化。动量是向量，流段内动量的变化 d$\boldsymbol{K}$ 应等于流段 1′－2′与流段 1－2 内流体的动量之差

$$\mathrm{d}\boldsymbol{K}=\boldsymbol{K}_{1'-2'}-\boldsymbol{K}_{1-2}$$

而 $\boldsymbol{K}_{1-2}$是 1－1′和 1′－2 两段流体动量之和，即

$$\boldsymbol{K}_{1-2}=\boldsymbol{K}_{1-1'}+\boldsymbol{K}_{1'-2}$$

同理

$$\boldsymbol{K}_{1'-2'}=\boldsymbol{K}_{1'-2}+\boldsymbol{K}_{2-2'}$$

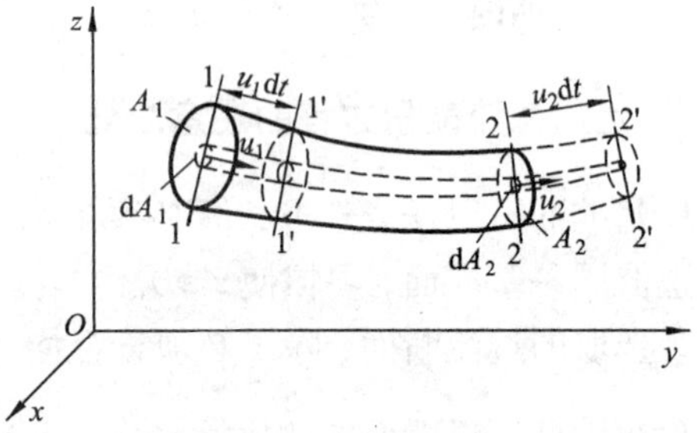

图 3.7.1 动量方程

虽然两式中的 $\boldsymbol{K}_{1'-2}$是处于不同时刻的流体动量，但因所讨论的流动是恒定流，流段 1′－2的几何形状及内部流体的质量、流速等运动要素均不随时间而改变，因此流体动量 $\boldsymbol{K}_{1'-2}$也不随时间而改变，所以

$$\mathrm{d}\boldsymbol{K}=\boldsymbol{K}_{2-2'}-\boldsymbol{K}_{1-1'}$$

为了确定动量 $\boldsymbol{K}_{2-2'}$及 $\boldsymbol{K}_{1-1'}$，再来分析所取的微元。微元在 1－1′流段内流体的动量为 $\rho u_1\mathrm{d}t\mathrm{d}A_1\boldsymbol{u}_1$，对过流断面面积 A_1 积分，可得总流在 1－1′流段内的动量

同理

$$\left.\begin{aligned}\boldsymbol{K}_{1-1'} &= \int_{A_1}\rho u_1\boldsymbol{u}_1\mathrm{d}t\mathrm{d}A_1 = \rho\mathrm{d}t\int_{A_1}u_1\boldsymbol{u}_1\mathrm{d}A_1\\ \boldsymbol{K}_{2-2'} &= \int_{A_2}\rho u_2\boldsymbol{u}_2\mathrm{d}t\mathrm{d}A_2 = \rho\mathrm{d}t\int_{A_2}u_2\boldsymbol{u}_2\mathrm{d}A_2\end{aligned}\right\} \tag{3.7.2}$$

因为总流过流断面上的实际流速分布一般很难用数学函数描述，所以采用类似于推导总流能量方程中动能项的方法，用平均流速v代替实际流速u，所造成的误差用动量修正系数β来修正。则(3.7.2) 式可写为

$$\left.\begin{aligned}\boldsymbol{K}_{1-1'} &= \rho\mathrm{d}t\beta_1\boldsymbol{v}_1\int_{A_1}u_1\mathrm{d}A_1 = \rho\mathrm{d}t\beta_1\boldsymbol{v}_1Q_1\\ \boldsymbol{K}_{2-2'} &= \rho\mathrm{d}t\beta_2\boldsymbol{v}_2\int_{A_2}u_2\mathrm{d}A_2 = \rho\mathrm{d}t\beta_2\boldsymbol{v}_2Q_2\end{aligned}\right\} \tag{3.7.3}$$

根据连续性方程 $Q_1 = Q_2 = Q$，所以

$$\mathrm{d}\boldsymbol{K} = \rho\mathrm{d}tQ(\beta_2\boldsymbol{v}_2 - \beta_1\boldsymbol{v}_1)$$

流体所受外力的合力以$\sum\boldsymbol{F}$表示，代入动量定理(3.7.1)，得

$$\frac{\mathrm{d}\boldsymbol{K}}{\mathrm{d}t} = \frac{\rho\mathrm{d}tQ(\beta_2\boldsymbol{v}_2 - \beta_1\boldsymbol{v}_1)}{\mathrm{d}t} = \sum\boldsymbol{F}$$

即

$$\rho Q(\beta_2\boldsymbol{v}_2 - \beta_1\boldsymbol{v}_1) = \sum\boldsymbol{F} \tag{3.7.4}$$

上式即为不可压缩流体恒定总流动量方程，它是一个矢量方程。其物理意义是：在不可压缩流体恒定总流中，单位时间内从下游断面流出的流体动量与从上游断面流入的动量之差，等于总流流段上所受的外力之和。

3.7.2 方程的讨论

1. 动量修正系数β

动量修正系数β是用平均流速v代替实际流速u所造成的误差的修正系数，比较式(3.7.2)与(3.7.3)可知

$$\beta = \frac{\int_A u\boldsymbol{u}\mathrm{d}A}{\boldsymbol{v}Q} \tag{3.7.5}$$

若过流断面为均匀流或渐变流断面，实际流速u与断面平均流速v在方向上基本一致，则

$$\beta = \frac{\int_A u^2\mathrm{d}A}{vQ} = \frac{\int_A u^2\mathrm{d}A}{v^2A} = \frac{1}{A}\int_A\left(\frac{u}{v}\right)^2\mathrm{d}A$$

而

$$\int_A u^2\mathrm{d}A = \int_A(v+\Delta u)^2\mathrm{d}A = \int_A(v^2 + 2v\Delta u + \Delta u^2)\mathrm{d}A = v^2A + \int_A\Delta u^2\mathrm{d}A = \beta v^2A$$

可见β的大小取决于过流断面上的流速分布：实际流速u的分布愈不均匀，动量修正系数β值越大；u分布愈均匀，β值越接近于1；且β恒大于或等于1。对一般的渐变流，$\beta = 1.02 \sim 1.05$，但有时可达1.33或更大。工程计算中为简便计，常见的流动通常取$\beta = 1.0$。

值得注意的是，动量修正系数β与能量方程中的动能修正系数α尽管在物理意义和取

值规律上基本相同，但两者的定义不同，大小不等。$\alpha=\dfrac{\int_A u^3\mathrm{d}A}{v^3A}=\dfrac{1}{A}\int_A\left(\dfrac{u}{v}\right)^3\mathrm{d}A$。

2. 方程的投影式

因动量方程是一矢量方程，在进行实际工程计算时，一般都是利用其在某坐标系中的投影式来计算。比如在直角坐标系中，恒定总流的动量方程(3.7.4)可写为

$$\left.\begin{aligned}\sum F_x&=\rho Q(\beta_2v_{2x}-\beta_1v_{1x})\\\sum F_y&=\rho Q(\beta_2v_{2y}-\beta_1v_{1y})\\\sum F_z&=\rho Q(\beta_2v_{2z}-\beta_1v_{1z})\end{aligned}\right\}\qquad(3.7.6)$$

式中：v_{1x}，v_{1y}，v_{1z}，v_{2x}，v_{2y}，v_{2z}为总流上、下游过流断面的断面平均流速 $\boldsymbol{v}_1$、$\boldsymbol{v}_2$在三个坐标方向的投影；$\sum F_x$，$\sum F_y$，$\sum F_z$ 为作用在过流断面 1－1 与 2－2 之间流段上的所有外力之和$\sum\boldsymbol{F}$ 在三个坐标方向的投影代数和。

3.7.3 方程的推广及应用

恒定总流动量方程的推导，是从简单的一元流出发，输出动量的只有一个下游过流断面，输入动量的也只有一个上游过流断面。实际上，动量方程也可以像能量方程、连续性方程一样，推广应用到流场中任意选取的封闭隔离体。现举例如下。

如图 3.7.2 所示分叉管路，当对分叉段流体应用动量方程时，可以把由管壁以及上、下游过流断面所组成的封闭体中的流体作为隔离体，如图中虚线部分。在这种情况下，该隔离体的动量方程应为

$$\rho Q_2\beta_2\boldsymbol{v}_2+\rho Q_3\beta_3\boldsymbol{v}_3-\rho Q_1\beta_1\boldsymbol{v}_1=\sum\boldsymbol{F}\qquad(3.7.7)$$

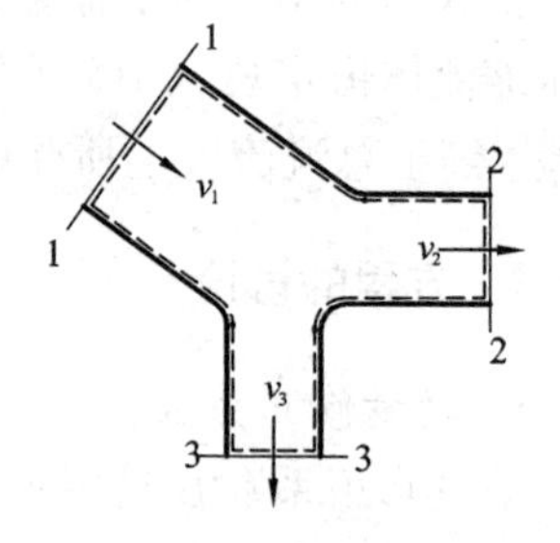

图 3.7.2 分叉管路

恒定总流动量方程的应用条件有：

1. 恒定流动；
2. 过流断面是均匀流或渐变流断面；
3. 不可压缩流体。

动量方程是自然界中动量守恒定理在流体运动中的具体表达式，反映了流体动量变化与作用力之间的关系，它是流体动力学的重要方程，可解决急变流动中，流体与边界之间的相互作用力问题。

【例 3.7.1】 如图 3.7.3 过水低堰位于一水平河床中，上游水深 $h_1=1.8$ m，下游收缩断面的水深 $h_2=0.6$ m，在不计水头损失的情况下，求水流对单宽堰段的水平推力。

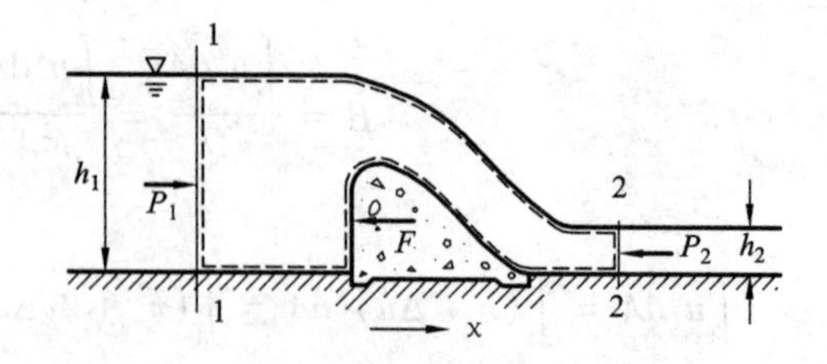

图 3.7.3 过水堰流

【解】

用动量方程解题的关键也是“三选”，只不过此“三选”不同于解能量方程的“三选”，是选过流断面、隔离体和投影轴。

(1)“三选”

选过流断面：选符合渐变流条件的上游断面 1 – 1 和下游流线基本平行的收缩断面 2 – 2；选隔离体：由过流断面 1 – 1、2 – 2、自由液面、上下游河床及过水堰面所包围的水体（图中虚线包围的部分）；选投影轴：因为只求水平推力，所以只需设立水平投影轴 x，方向如图 3.7.3。

（2）分析隔离体受力

质量力：只有重力，但在 x 轴方向没有投影；

表面力：① 隔离体两端面的流体动压力：因为符合渐变流条件，可以按照流体静力学方法计算。

上游 1 – 1 断面：$P_1 = \frac{1}{2}\rho g h_1^2 \cdot 1 = 15.88\ \text{kN}$，方向水平向右；

下游 2 – 2 断面：$P_2 = \frac{1}{2}\rho g h_2^2 \cdot 1 = 1.76\ \text{kN}$，方向水平向左。

② 过水堰的反作用力：此力是待求的力，设为 $\boldsymbol{F'}$，方向水平向左。

③ 边壁（包括河床及堰面）摩阻力：因为水头损失不计，故摩阻力为零。

（3）分析流入、流出的动量

流入的动量：$\rho Q\beta_1 v_1$；流出的动量：$\rho Q\beta_2 v_2$。因 v_1、v_2 均未知，需要通过其他方程求解。由连续性方程

$$v_1 = v_2 \frac{h_2}{h_1}$$

由能量方程：取基准面为河床水平面，过流断面同动量方程所选，计算点均取在自由液面上，列 1 – 1 与 2 – 2 的能量方程：

$$h_1 + \frac{v_1^2}{2g} = h_2 + \frac{v_2^2}{2g}$$

联解连续性方程与能量方程，得

$$v_2 = \frac{1}{\sqrt{1-\left(\frac{h_2}{h_1}\right)^2}}\sqrt{2g(h_1 - h_2)} = \frac{1}{\sqrt{1-\left(\frac{0.6}{1.8}\right)^2}}\sqrt{2\times 9.8(1.8-0.6)}\ \text{m/s} = 5.14\ \text{m/s}$$

$$Q = v_2 h_2 = 5.14\times 0.6 = 3.09\ \text{m}^3/\text{s}$$

$$v_1 = 5.14\times\frac{0.6}{1.8}\ \text{m/s} = 1.71\ \text{m/s}$$

（4）列 x 方向动量方程

$$\rho Q(\beta_2 v_2 - \beta_1 v_1) = P_1 - P_2 - F'$$

令 $\beta_2 = \beta_1 = 1$，代入数据解得

$$F' = P_1 - P_2 - \rho Q(v_2 - v_1) = 3.53\ \text{kN}$$

水流对单宽过水堰段的水平推力 $\boldsymbol{F}$ 与 $\boldsymbol{F'}$ 互为反作用力。也可以说水流对单宽过水堰段的水平推力 $F = 3.53\ \text{kN}$，方向水平向右。

【例 3.7.2】 如图 3.7.4，水平射流从喷嘴射出，冲击一个前后斜置的固定平板，射流轴线与平板成 θ 角，已知射流流量为 Q_0，速度为 v_0，空气及平板阻力不计。求：（1）射流沿平板的分流量 Q_2、Q_3；（2）射流对平板的冲击力。

【解】

选射流冲击平板之前的 1－1 过流断面和冲击后转向的 2－2、3－3 过流断面，由过流断面 1、2、3 及平板、大气所包围的封闭体内的液体为隔离体（即图中虚线包围的部分），取 x 轴平行于平板，y 轴垂直于平板，如图 3.7.4所示。

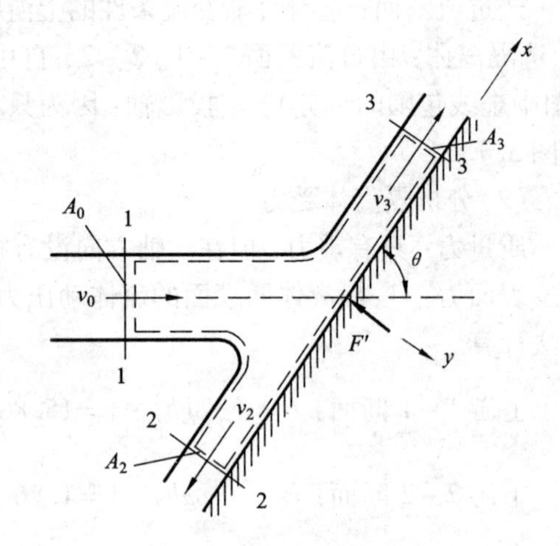

图 3.7.4 射流冲击平板

因为是水平射流，取基准面为过射流中心的水平面，同时由于射流流股四周及冲击转向后的液流表面都是大气压，故 $p_1 = p_2 = p_3 = 0$

对过流断面 1－1 和 2－2 列能量方程

$$0 + 0 + \frac{\alpha_0 v_0^2}{2g} = 0 + 0 + \frac{\alpha_2 v_2^2}{2g} + h_w$$

因 $\alpha_1 = \alpha_2 = 1$，$h_w = 0$，可得

$$v_0 = v_2$$

同理可得 $$v_0 = v_3$$

（1）求 Q_2和 Q_3

因为不计空气及平板摩阻力，且各过流断面的端面动水压力为零，所以作用在隔离体上的表面力只有平板给射流的反作用力 $\boldsymbol{F}'$，方向与平板垂直；

射流方向水平，重力在 x、y 轴方向的投影为零，无质量力作用。

对 1－1、2－2、3－3 间的隔离体列 x 方向的动量方程

$$\rho Q_3 v_3 + (-\rho Q_2 v_2) - \rho Q_0 v_0 \cos\theta = 0$$

得 $\quad Q_3 - Q_2 = Q_0 \cos\theta$

由连续性方程 $\quad Q_2 + Q_3 = Q_0$

解方程组得

$$\begin{cases} Q_2 = \dfrac{Q_0}{2}(1 - \cos\theta) \\ Q_3 = \dfrac{Q_0}{2}(1 + \cos\theta) \end{cases}$$

（2）求射流对平板的作用力 $\boldsymbol{F}$

对 1－1、2－2、3－3 间的隔离体列 y 方向的动量方程

$$-F' = 0 - \rho Q_0 v_0 \sin\theta$$

$$F' = \rho Q_0 v_0 \sin\theta$$

射流冲击平板的力 $\boldsymbol{F}$ 与 $\boldsymbol{F}'$大小相等，方向相反。如 $\theta = 90°$，则为射流垂直冲击平板，此时，$Q_1 = Q_2 = \dfrac{Q_0}{2}$，$F = \rho Q_0 v_0$。

【例 3.7.3】 如图 3.7.5(a)所示弯管，管轴中心线位于铅垂平面上，弯道转角为 θ，通过弯道的流量为 Q，弯管中的流体重量为 G。弯管两端过流断面的有关参数见下表：

断面名称	断面面积	形心点相对压强	断面平均流速
1-1	A_1	p_1	v_1
2-2	A_2	p_2	v_2

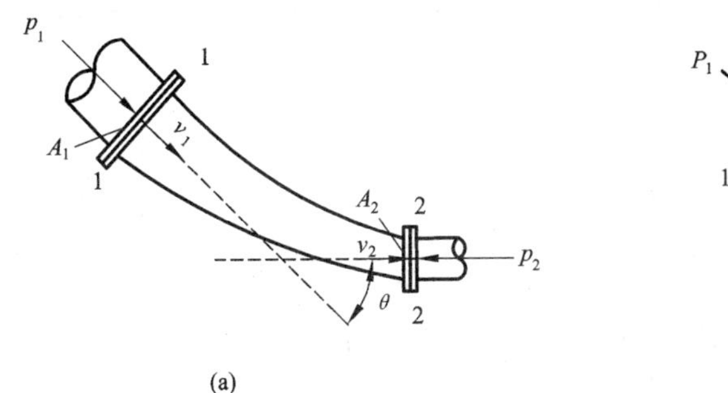

(a)

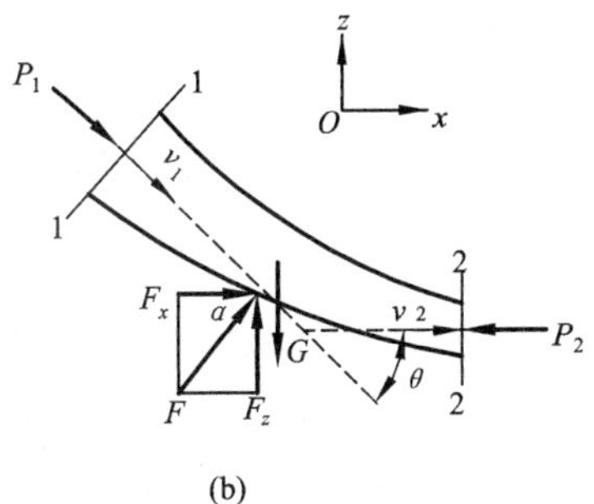

(b)

图 3.7.5　弯道水流

在弯管中，由于流体运动方向的改变以及管径变化产生流速大小的改变，从而引起弯道内流体动量的改变，这种动量的改变将产生流体对弯管的作用力。试求弯管内流体对管壁的作用力。

【解】

由于弯管中为急变流，流体动压强的分布规律和静压强不同，因此，不能用计算静压力的方法来求弯管中流体对管壁的作用力，应运用动量方程求解。

选题目给定的弯管转向前的1-1过流断面和转向后的2-2过流断面，以由过流断面1-1、2-2及弯管管壁所包围的封闭曲面内的流体为隔离体，取xOz坐标面位于管轴中心线所在的铅垂平面，如图3.7.5(b)所示。

隔离体所受的外力，包括隔离体内部流体的质量力以及隔离体边界面上的表面力。

本题质量力只有重力G；表面力则包括：① 隔离体两端过流断面的流体动压力P_1、P_2：

$$P_1 = p_1A_1$$
$$P_{1x} = P_1\cos\theta = p_1A_1\cos\theta$$
$$P_{1z} = P_1\sin\theta = p_1A_1\sin\theta$$
$$P_2 = p_2A_2$$

这里需要特别指出的是，在应用动量方程计算流体动压力时，其压强要以相对压强计算，这是因为对所选的隔离体来说，周界上均作用了大小相等的当地大气压强p_a，而任何一个大小相等的应力分布对任何封闭体的合力为零。

② 管壁对隔离体内流体的反作用力(包括摩擦力及流体动压力的反作用力)$\boldsymbol{F}$，这是待求的力，以相互垂直的两个分量F_x、F_z表示，方向先假定为与x、z轴的正向相同。

将分析和计算出的各作用力分别画在图上，注意标明力的方向。

列x、z方向的动量方程

x方向：　$$\rho Q(\beta_2v_2-\beta_1v_1\cos\theta)=p_1A_1\cos\theta-p_2A_2+F_x$$

z方向：　$$\rho Q[0-\beta_1(-v_1\sin\theta)]=-p_1A_1\sin\theta+F_z-G$$

联解连续性方程 $v_1=\frac{Q}{A_1}$，$v_2=\frac{Q}{A_2}$，因两过流断面符合渐变流条件，取动量系数相等 $\beta_1=\beta_2=\beta$，得

$$F_x=\rho Q\beta(v_2-v_1\cos\theta)-p_1A_1\cos\theta+p_2A_2$$
$$=\rho Q^2\beta(\frac{1}{A_2}-\frac{\cos\theta}{A_1})-p_1A_1\cos\theta+p_2A_2$$
$$F_z=G+\rho Q^2\beta\frac{\sin\theta}{A_1}+p_1A_1\sin\theta$$

合力 $F=\sqrt{F_x^2+F_z^2}$

合力 **F** 与水平方向的夹角 $\alpha=\arctan\frac{F_z}{F_x}$

流体对弯管的作用力与 **F** 互为反作用力，大小相等，方向相反。

从力学分析来看，当流体沿弯管作曲线运动时，将对管壁作用一个离心惯性力，指向弯道外侧，有将弯管外移的趋势；同时流体沿弯管流动产生对边壁的摩阻力，有将弯管前推的趋势；还有流体动压力的脉动影响，三者共同作用，可能使管道发生振动，为此工程上在大型管道转弯的地方，都设置有体积较大的砌体(称为镇墩)将弯道加以固定。

【例 3.7.4】 如图 3.7.6 所示，加油管通过一橡胶软管与油箱相连，管端安有出口直径 $d=3.0$ cm 的喷嘴，橡胶管直径 $D=5.5$ cm。已知油箱液面至喷嘴出口的水头损失 $h_w=0.3$ m，高差 $H=5.5$ m。用压力表测得橡胶管与喷嘴接头处的压强 $p=20$ kPa，此时如用手握住喷嘴，需要多大的水平力？汽油的密度 $\rho=725$ kg/m³。

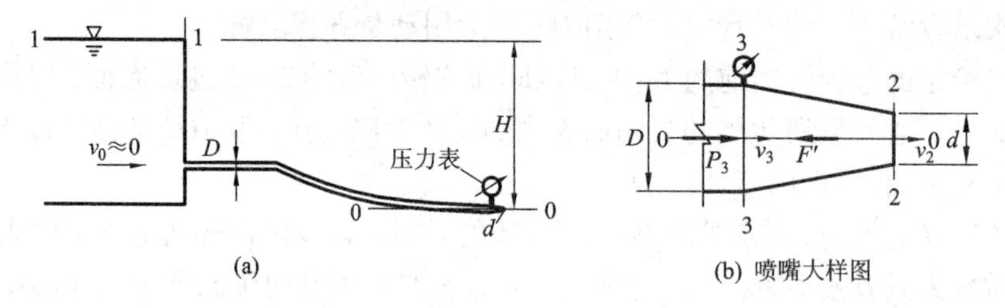

图 3.7.6

【解】

以过喷嘴出口断面中心的水平面为基准面 0－0；油箱液面为 1－1 过流断面，喷嘴出口为 2－2 过流断面，橡胶管与喷嘴接头处为 3－3 过流断面，此时，p_1、p_2 均等于零。先对过流断面 1－1、2－2 列能量方程

$$5.5=\frac{v_2^2}{2g}+0.3$$

解得 $v_2=10.1$ m/s

由连续性方程得 $v_3=v_2\left(\frac{d}{D}\right)^2=3.0$ m/s

$$Q=\frac{\pi}{4}d^2v_2=7.136\times10^{-3}\ \mathrm{m^3/s}$$

以喷嘴内汽油(即由过流断面 3－3、2－2 及喷嘴边壁所包围的封闭体内的流体)为隔

离体，列水平方向的动量方程

$$\rho Q(\beta_2 v_2 - \beta_3 v_3) = P_3 - P_2 - F'$$

式中：$P_3 = p \cdot \frac{\pi}{4}D^2 = 20 \times 10^3 \times \frac{\pi}{4} \times 0.055^2 = 47.5\ \text{N}$

$P_2 = 0$

取 $\beta_3 = \beta_2 = 1$，则

$$F' = P_3 - \rho Q(v_2 - v_3) = [47.5 - 730 \times 7.136 \times 10^{-3} \times (10.1 - 3.0)]\ \text{N} = 10.6\ \text{N}$$

用手握住喷嘴，需要10.6 N的水平力，方向水平向左。

3.7.4　应用动量方程的解题步骤及注意事项

1. 选取适当的过流断面与隔离体

注意：隔离体应包括动量发生变化的全部流段，即应对总流取隔离体；隔离体的两端断面要紧接所要分析的流段；为便于流体动压力的计算，还要求过流断面是均匀流或渐变流断面；隔离体的边界一般沿流向由固体边壁、自由液面组成，垂直于流向则由过流断面组成。

2. 选投影轴

因动量方程是矢量式，式中流速和作用力都是有方向的，所以列动量方程时，应先选好投影轴，并标明投影轴的正向。投影轴可任意选取，以计算方便为宜。

3. 全面分析隔离体所受的外力，注意不要遗漏

恒定流隔离体上所受的质量力只有重力，表面力包括过流断面上的流体动压力、固体边壁的反作用力及摩阻力。各力的方向应在图上标明，凡与投影轴正向一致者为正值，未知力可先假设方向，若所求结果为正，表明假定方向正确，若为负，表明力的方向与假定方向相反。

4. 分析隔离体流入、流出的动量，列动量方程

列动量方程时注意速度的方向，与投影轴正向一致者为正。特别值得注意的是：动量方程右端是流出的动量减去流入的动量，切切不可颠倒。求哪个方向上的力列哪个方向的方程，不必全部列出。

5. 求解

一个动量方程只能解一个未知数，当有两个以上未知数时，应与连续性方程、能量方程联合求解。

本章小结

本章阐述了研究流体运动的基本观点和基本方法。

1. 描述流体运动的两种方法——拉格朗日法和欧拉法。拉格朗日法是以单个流体质点为研究对象，将每个质点的运动情况汇总起来，以此描述整个流动，其自变量是区分质点的初始坐标(a, b, c)和时间t；欧拉法以流场中的固定空间点为研究对象，将每一时刻各空间点上质点的运动情况汇总起来，以此描述整个流动，其自变量是空间点坐标(x, y, z)和时间t。在流体力学研究中，广泛采用欧拉法，本教材的论述均为欧拉法。

2. 流动可以按照不同的分类方法分类：按运动要素是否随时间变化可将流动分为恒定流和非恒定流；按影响流动的自变量个数可将流动分为一元、二元和三元流动；按运动要素是否沿流程变化可将流动分为均匀流和非均匀流；按运动要素沿流程变化的快慢程度可进一步将非均匀流分为渐变流和急变流。

3. 用欧拉法描述流体运动，流线是直观地表征速度场(矢量场)中速度分布的矢量线。在流线的基础上，引申出流管、过流断面、元流和总流概念。断面平均流速是断面上均匀分布的假想流速，引入它可以使流动运动研究得以简化。

4. 本章的核心是建立了总流运动的三大方程，这三个方程分别是质量守恒定律、能量守恒定律和动量定理的总流表达式。

连续性方程

$$\left.\begin{aligned}A_1v_1&=A_2v_2\\Q_1&=Q_2\end{aligned}\right\}$$

能量方程

$$z_1+\frac{p_1}{\rho g}+\frac{\alpha_1v_1^2}{2g}=z_2+\frac{p_2}{\rho g}+\frac{\alpha_2v_2^2}{2g}+h_w$$

动量方程

$$\rho Q(\beta_2\boldsymbol{v}_2-\beta_1\boldsymbol{v}_1)=\sum\boldsymbol{F}$$

应通过求解例题、习题，掌握运用三大方程解题时应考虑的问题和解题技巧。

思考题

3.1　比较拉格朗日法和欧拉法的基本思路及其数学表达式有何不同?

3.2　什么是流线? 流线有哪些主要性质? 流线和迹线的区别和联系是什么?

3.3　恒定流的____。

① 位变加速度为零　　② 时变加速度为零

③ 位变加速度及时变加速度均为零　　④ 位变加速度及时变加速度均不为零

3.4　如图所示，水流通过由两段等截面及一段变截面组成的管道，如果上游水位保持不变，试问：

(1)当阀门开度一定，各段管中是恒定流还是非恒定流? 是均匀流还是非均匀流?

(2)当阀门逐渐关闭，这时管中是恒定流还是非恒定流?

(3)在恒定流情况下，当判别第Ⅱ段管中是渐变流还是急变流时，与该段管长有无关系?

思考题 3.4 图

3.5　区分均匀流及非均匀流与过流断面上流速分布是否均匀有无关系? 是否存在“非恒定均匀流”与“恒定急变流”?

3.6　在明渠恒定均匀流过流断面上1、2两点安装两根测压管，如图所示，则两测压管高度 h_1 与 h_2 的关系是

① $h_1 > h_2$　　② $h_1 < h_2$　　③ $h_1 = h_2$　　④ 无法确定

思考题 3.6 图

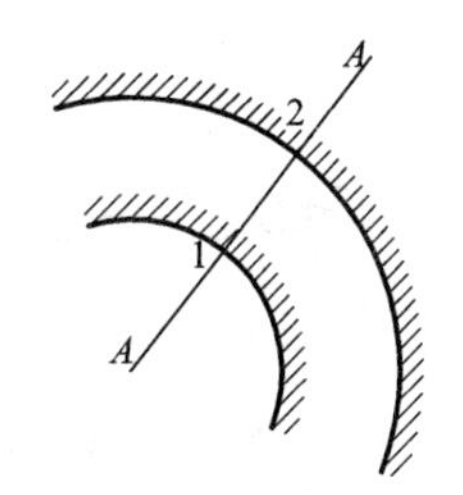

思考题 3.7 图

3.7　图示为一水平弯管，管中流量不变，在过流断面 $A-A$ 内外两侧的1、2两点处各装一根测压管，则两测压管水面的高度 h_1 与 h_2 的关系为

① $h_1 > h_2$　　② $h_1 = h_2$　　③ $h_1 < h_2$　　④ 不定

3.8　怎样定义断面平均流速？为什么要引入这个概念？

3.9　动能修正系数 α 及动量修正系数 β 的物理意义是什么？为什么 α、β 恒大于1？在同一过流断面上，比较 α 与 β 哪个大？

3.10　水总是____。

① 从高处向低处流　　② 从压强大处向压强小处流

③ 从流速大处向流速小处流　　④ 从总水头大处向总水头小处流

3.11　有一如图所示输水管道，水箱内水位保持不变，试问：

(1) A 点的压强是否比 B 点低？为什么？

(2) C 点的压强是否比 D 点低？为什么？

(3) E 点的压强是否比 F 点低？为什么？

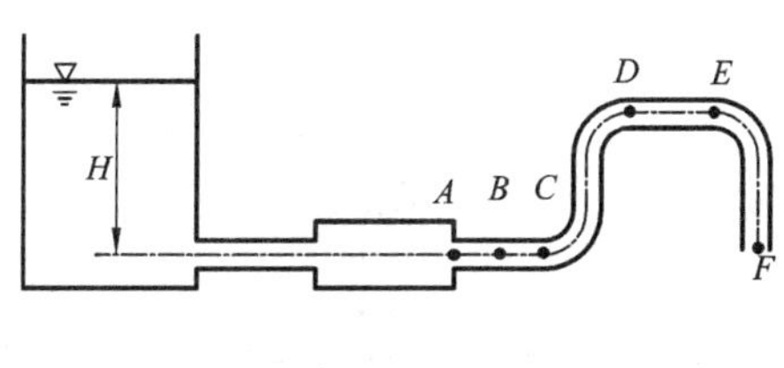

思考题 3.11 图

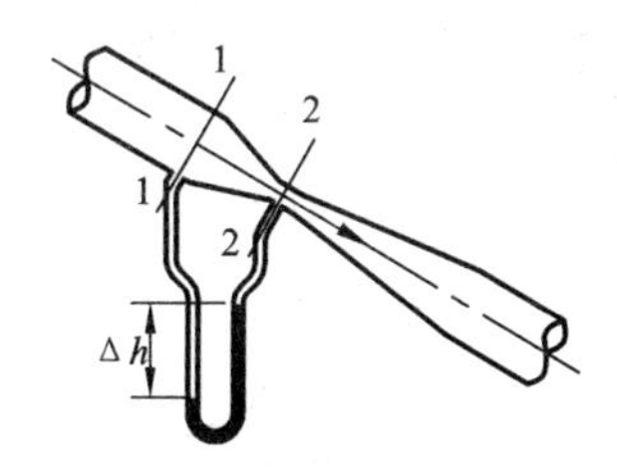

思考题 3.12 图

3.12　如图所示为装置文丘里管的倾斜管路，通过固定不变的流量 Q，文丘里管的入口及喉道接到水银比压计上，其读数为 Δh，试问：当管路水平放置时，其读数 Δh 是否会改变？为什么？

3.13　有一如图所示管路，当管中流量为 Q 时观察到点 A 处的玻璃管中的水柱高度为 h，试问：当调节阀门 B 使管中流量增大或减小后，玻璃管中是否会出现水流流动现象？如何流动？为什么？

3.14　如图所示为水箱等直径管道出流，试问：在恒定流情况下，垂直管中各断面的流速是否相等？压强是否相等？如果不相等如何计算？

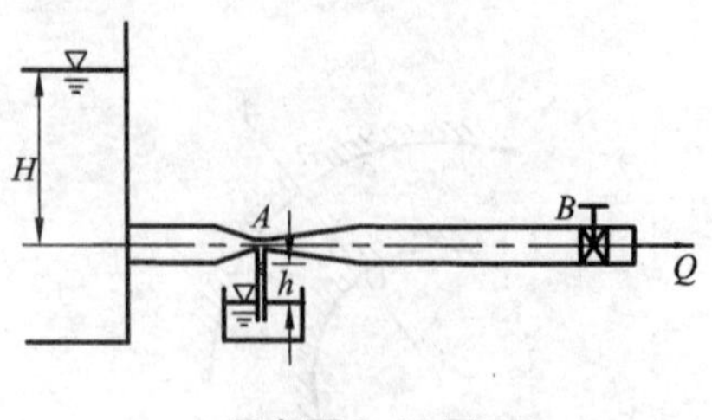

思考题 3.13 图

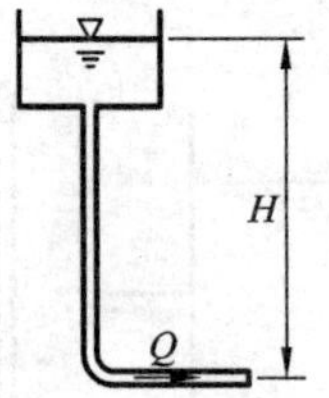

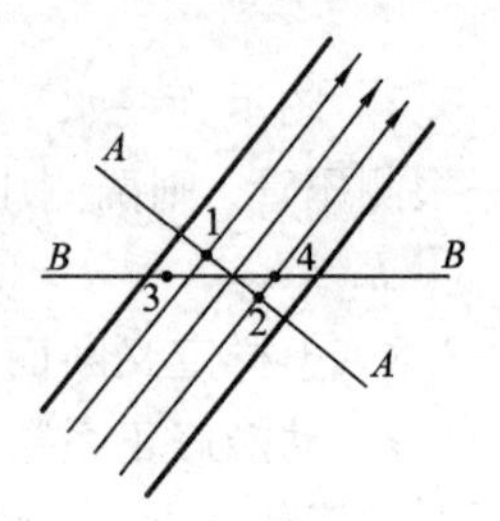

思考题 3.14 图

3.15　一等直径水管，$A-A$ 为过流断面，$B-B$ 为水平面，1，2，3，4 为面上各点，各点的运动物理量有以下关系

① $p_1=p_2$

② $p_3=p_4$

③ $z_1+\dfrac{p_1}{\rho g}=z_2+\dfrac{p_2}{\rho g}$

④ $z_3+\dfrac{p_3}{\rho g}=z_4+\dfrac{p_4}{\rho g}$

思考题 3.15 图

3.16　水在一条管道中流动，如果两截面的管径比为 $d_1/d_2=3$，则速度比为 $v_1/v_2=$______。

3.17　粘性流体总水头线沿流程的变化是__________________，测压管水头线沿流程的变化是____________________。

3.18　如图所示三种形式的叶片，受流量为 Q、流速为 v 的射流冲击，试问：

(1)哪一种情况叶片上受的冲力最大？哪一种情况受的冲力最小？为什么？

(2)如果图(a)中叶片以速度 $u=\pm v$，$u<v$，$u>v$ 运动，试讨论叶片的受力情况，哪种情况冲力大？

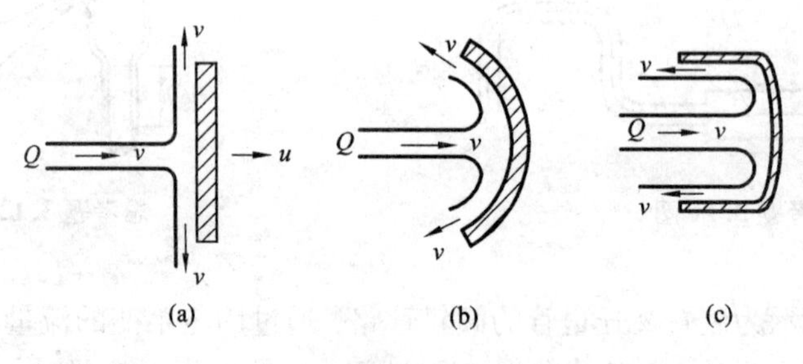

思考题 3.18 图

习　题

3.1　已知流场 $u_x=2t+2x+2y$，$u_y=t-y+z$，$u_z=t+x-z$。求流场中 $x=2$，$y=2$，$z=1$ 的点在 $t=3$ 时的加速度(m/s^2)。

3.2　已知流速场 $u_x = xy^3$，$u_y = -\frac{1}{3}y^3$，试求：

(1)点(1，2，3)之加速度。

(2)是几元流动？

(3)是恒定流还是非恒定流？

(4)是均匀流还是非均匀流？

3.3　已知过流断面为矩形宽度为 b 的平底渠道，其断面流速分布为 $u = u_{max}\left(\frac{y}{h}\right)^{\frac{1}{7}}$。式中：$u_{max}$是水面处的流速，$y$ 为距渠底的垂直距离，h 为渠道内水深。试求：

(1)通过断面的流量；

(2)断面平均速度。

3.4　一直径 $D = 1$ m 的盛水圆筒铅垂放置，现接出一根直径 $d = 10$ cm 的水平管子。已知某时刻水管中断面平均流速 $v_2 = 2$ m/s，试求该时刻圆筒中液面下降的流速 v_1。

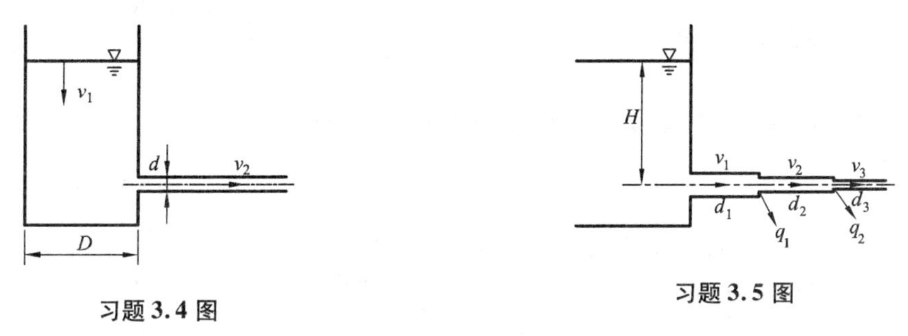

习题3.4图　　习题3.5图

3.5　如图所示管路系统，已知：$d_1 = 0.3$ m，$d_2 = 0.2$ m，$d_3 = 0.1$m，$v_3 = 10$ m/s，$q_1 = 50$ L/s，$q_2 = 21.5$ L/s，试求：

(1)各管段的流量；

(2)各管段的平均流速。

3.6　一引水隧洞出口后分岔，分别同混凝土矩形断面渠道和圆形断面管道相连接。已知：隧洞中流量 $Q = 7.2$ m³/s，渠道底宽 $b = 2$ m，水深 $h = 1$ m，渠中流速 $v_1 = 3$ m/s，试求：当管道中的流速限制在 $v_2 = 1.5$ m/s 时的管道直径 d。

3.7　一变直径的管段 AB，$d_A = 0.2$ m，$d_B = 0.4$ m，高差 $h = 1.5$ m，今测得 $p_A = 30$ kN/m²，$p_B = 40$ kN/m²，B 点断面平均流速 $v_B = 1.5$ m/s。试判断水在管中的流动方向。

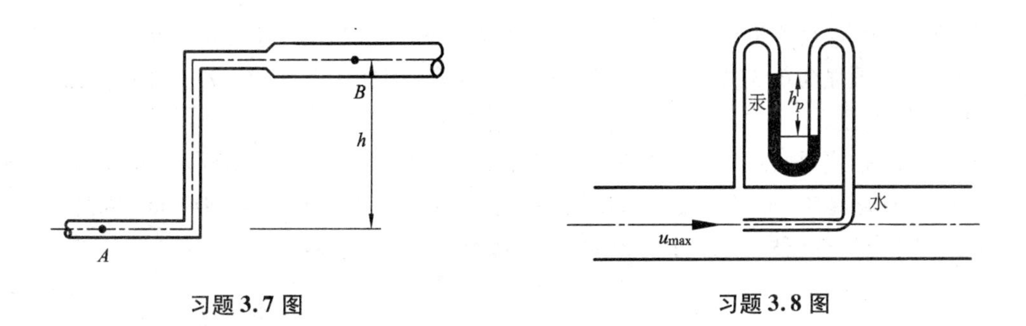

习题3.7图　　习题3.8图

3.8　利用毕托管原理测量输水管中的流量如图示。已知输水管直径 $d=200$ mm，测得水银差压计读数 $h_p=60$ mm，若此时断面平均流速 $v=0.84u_{max}$，这里 u_{max} 为毕托管前管轴上未受扰动水流的流速。问输水管中的流量 Q 为多大？

3.9　如习题3.9图所示，设一矩形断面的水渠，底宽 $B=3$ m，底坡 $i=0.005$（$i=\sin\theta$），通过流量 $Q=12$ m^3/s，断面1－1的水深 $h_1=2.0$ m，断面2－2的水深 $h_2=1.6$ m，两断面之间的距离 $l=2000$ m。试求沿这段渠道的能量损失 h_w。

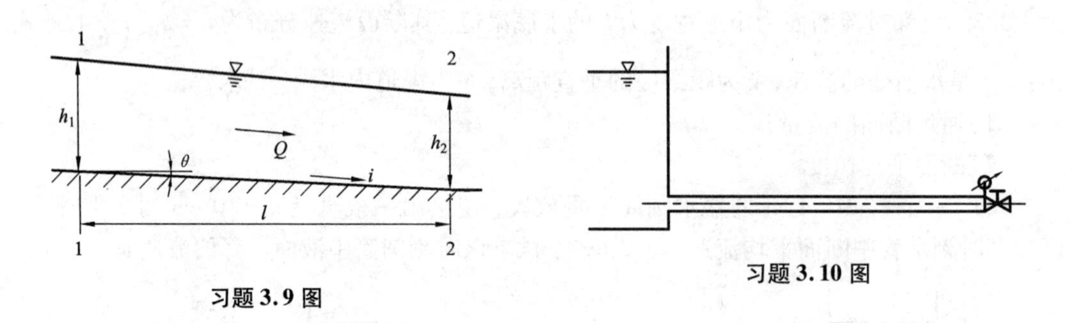

习题3.9图　　习题3.10图

3.10　如图所示管路，已知：管径 $D=10$ cm，当阀门全部关闭时压力表读数为0.5个大气压，而在阀门开启后压力表读数降至0.2个大气压，设管中的总水头损失为 $2\dfrac{v^2}{2g}$，v 为管中流速，试求：(1) 管中流速 v；(2) 管中流量 Q。

3.11　为了测量石油管道的流量，安装文丘里流量计，管道直径 $d_1=200$ mm，流量计喉管直径 $d_2=100$ mm，石油密度 $\rho=850$ kg/m^3，流量计流量系数 $\mu=0.95$。现测得水银压差计读数 $h_p=150$ mm。问此时管中流量 Q 多大？

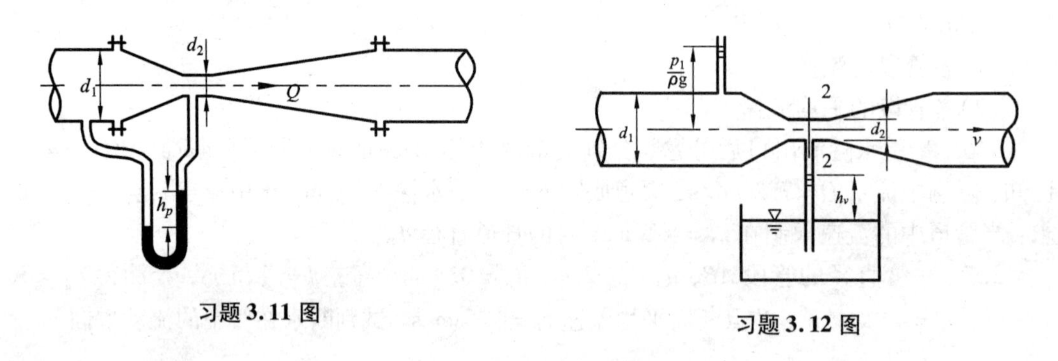

习题3.11图　　习题3.12图

3.12　管中过水流量为 $Q=2.8$ L/s，直径 $d_1=5$ cm，其相对压强 $p_1=78.4$ kPa，2－2断面处的真空压强为6.37 kPa，相应的真空高度为 h_v（习题3.12图）。若不计水头损失，求断面2－2的直径。

3.13　离心式通风机用集流器 A 从大气中吸入空气。在直径 $d=200$ mm 的圆柱形管道处，接一根细玻璃管，管的下端插入水槽中。已知管中的水上升 $H=150$ mm，求通风机的空气流量 Q（空气的密度 $\rho=1.29$ kg/m^3）。

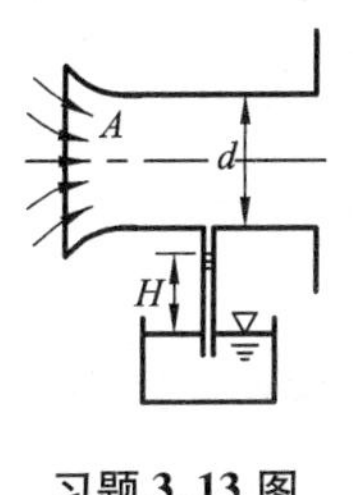

习题 3.13 图

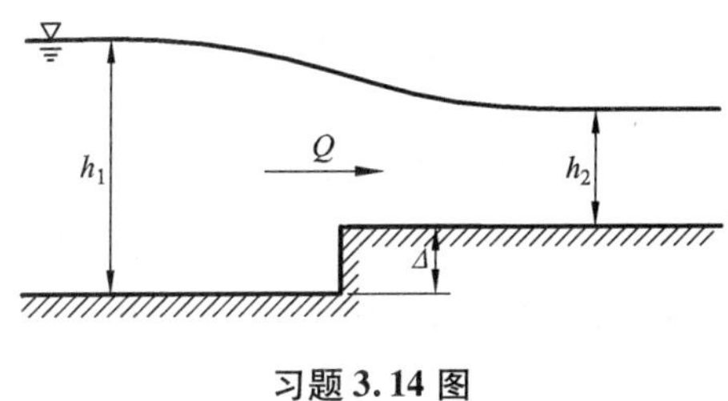

习题 3.14 图

3.14　一矩形断面平底渠道，其底宽 $b=2.7$ m，河床在某断面处抬高 $\Delta=0.3$ m，抬高前水深 $h_1=1.8$ m，抬高后水深为 $h_2=1.38$ m。若水头损失 h_w 为尾渠速度水头的一半，问流量 Q 等于多少？

3.15　如习题 3.15 图，离心式水泵从吸水池抽水往高处，已知抽水量 $Q=6.65$L/s，泵的安装高程距吸水池水面 $h_S=5.62$ m，吸水管直径 $d=100$ mm。若吸水管的总水头损失 $h_w=0.32$ m 水柱，试求水泵进口断面的真空度 h_v。

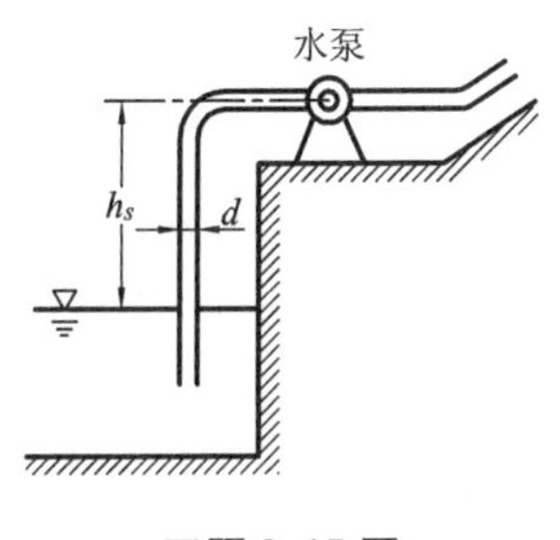

习题 3.15 图

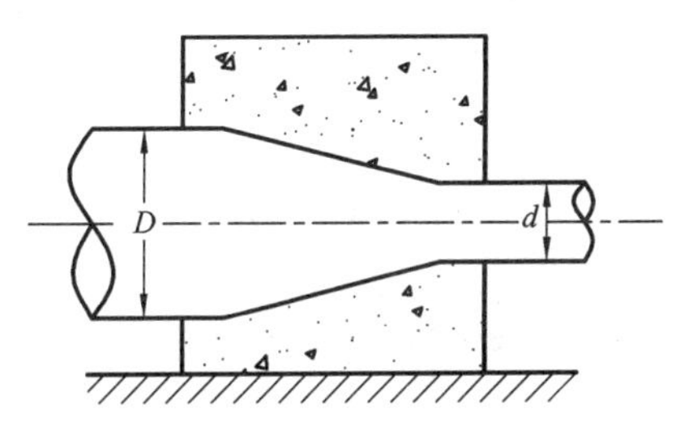

习题 3.16 图

3.16　图示一水电站压力水管的渐变段，直径 $D=1.5$ m，$d=1$ m，渐变段起点压强 $p_1=400$ kPa(相对压强)，流量 $Q=1.8$ m^3/s，若不计水头损失，求渐变段镇墩上所受的轴向推力为多少？

3.17　水平方向射流，流量 $Q=36$ L/s，流速 $v=30$ m/s，受垂直于射流轴线方向的平板的阻挡，截去流量 $Q_1=12$ L/s，并引起射流其余部分偏转，不计射流在平板上的阻力，试求射流的偏转角 θ 及对平板的作用力。

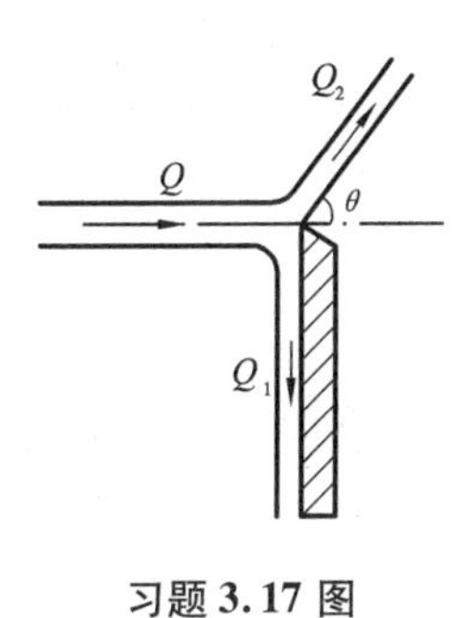

习题 3.17 图

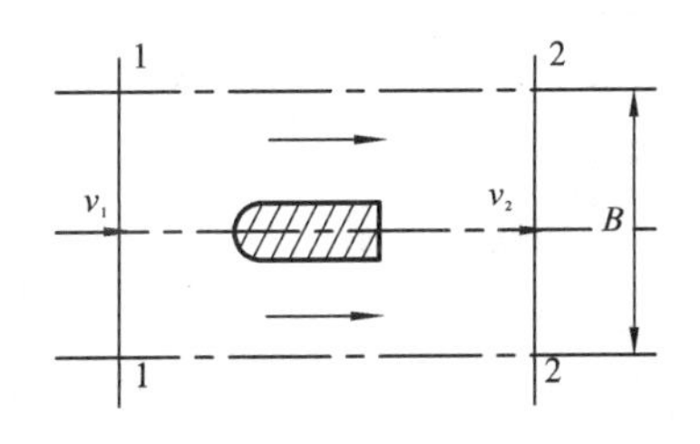

习题 3.18 图

3.18 如习题 3.18 图所示，在很宽的平底河槽上有一排闸墩，两墩的中线间距 $B=2$ m，墩前上游水深 $H_1=6$ m，行近流速 $v_1=2$ m/s，墩后下游水深 $H_2=5$ m。求每个闸墩所受的水平推力。

3.19 水流由直径 $d_1=200$ mm 的大管经一渐缩的弯管流入直径 $d_2=150$ mm 的小管，管轴中心线在同一平面内，大管与小管之间的夹角 $\theta=60°$，已知通过的流量 $Q=0.1$ m³/s，转弯进口处大管中心压强 $p_1=12$ kPa，若不计水头损失，求水流对弯管的动水压力。

3.20 如图所示为射流推进船的简图。用离心水泵将水从船头吸入，再由船尾喷出。已知：相对于船喷出的速度 $w=9$ m/s，船的前进速度 $u=18$ km/h，离心水泵的输水流量 $Q=900$ L/s，忽略水流在吸水管和出水管中的水头损失，试求：

(1)船的推进力 R；

(2)船的推进效率 η。

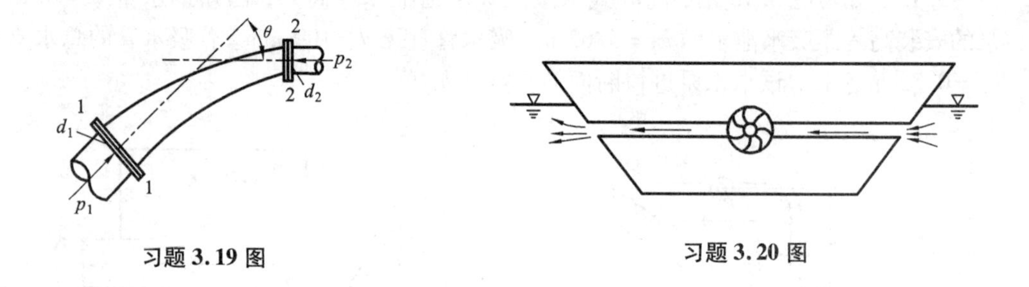

习题 3.19 图　　习题 3.20 图

3.21 一如图所示喷嘴水平射流冲击弯曲叶片，已知：喷嘴流量为 Q，出口流速为 v，面积为 A，叶片弯曲角为 β，试求：

(1)叶片对水流的作用力；

(2)如果叶片为平板，叶片受的作用力；

(3)弯曲叶片以速度 u 向右移动时，叶片受的作用力。

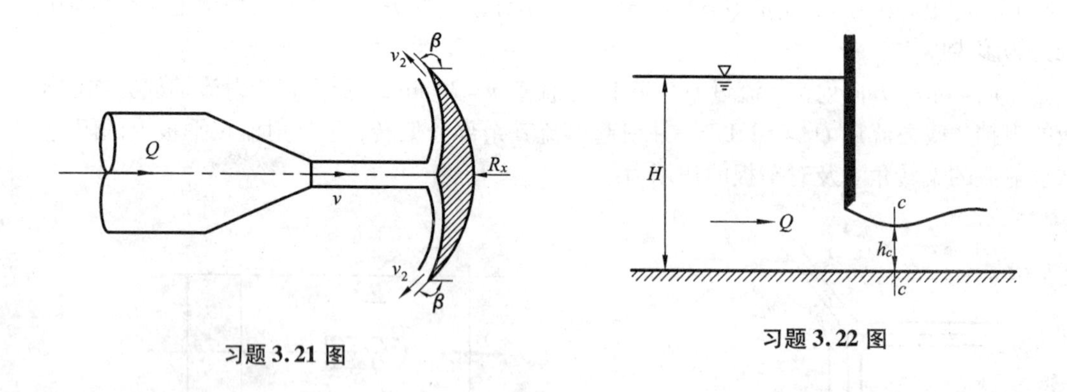

习题 3.21 图　　习题 3.22 图

3.22 如图所示平板闸下出流，已知闸门上游水深 H，闸门宽度 B 和流量 Q，试求水流对闸门的冲击力最大时的闸下水深 h_c。

3.23 一四通叉管（如图），其轴线均位于同一水平面内，两端输入流量 $Q_1=0.2$ m³/s，$Q_3=0.1$ m³/s，相应断面动水压强 $p_1=20$ kPa，$p_3=15$ kPa，两侧叉管直接喷入大气，

已知各管管径 $d_1=0.3$ m，$d_2=0.15$ m，$d_3=0.2$ m，$\theta=30°$。试求交叉处水流对管壁的作用力(摩擦力忽略不计)。

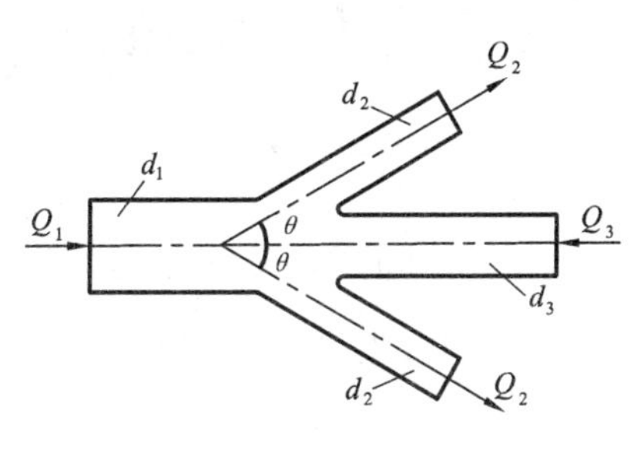

习题 3.23 图

第4章　流动阻力和水头损失

上一章，我们讨论了理想流体和实际流体元流的能量方程

理想流体：
$$z_1+\frac{p_1}{\rho g}+\frac{u_1^2}{2g}=z_2+\frac{p_2}{\rho g}+\frac{u_2^2}{2g}$$

实际流体：
$$z_1+\frac{p_1}{\rho g}+\frac{u_1^2}{2g}=z_2+\frac{p_2}{\rho g}+\frac{u_2^2}{2g}+h'_w$$

可见，因实际流体具有粘性，在流动时，流体内部各流层之间产生相对运动，形成流动阻力，而克服流动阻力做功，将有一部分流体的机械能不可逆地转化为热能而散发，形成机械能的损失。

上面实际流体能量方程中多出的一项 h'_w 就是单位重量实际流体从断面1流到断面2因克服阻力而损失的机械能。

流体的机械能损失一般有两种表示方法：对于液体，通常用单位重量流体的水头损失 h_w 来表示，其量纲为长度；对于气体，则常用单位体积内流体的压强损失 p_w 来表示，其量纲与压强的量纲相同。它们之间的关系是：

$$p_w=\rho g h_w$$

由此可见，要利用能量方程来解决实际工程中的流体力学问题，必须先分析能量损失的形成原因，掌握能量损失的计算方法。

本章采用以水为代表的流体，研究水头损失的成因与分类，探讨水头损失与液流型态的关系，分析水头损失的变化规律及其计算方法。

4.1　流动阻力和水头损失的分类

流动阻力和水头损失的变化规律，因流动状态和流动的边界条件而异。为便于分析计算，按流动边界情况的不同，对流动阻力和水头损失分类研究。

4.1.1　流动阻力和水头损失的分类

在边壁沿流程无变化（边壁形状、尺寸、流动方向均无变化）的均匀流流段上，产生的流动阻力称为沿程阻力或摩擦阻力。克服沿程阻力做功而引起的水头损失称为沿程水头损失。由于沿程水头损失均匀分布在整个流段上，与流段的长度成正比，所以也称为长度损失，以 h_f 表示。

如图4.1.1所示管流，当流体经过2、4、6流段时，边壁平直，流体运动只需克服沿程摩阻力，只有沿程水头损失 h_f。

在边壁沿程急剧变化的局部区段上，因漩涡区的存在、流动速度方向和大小的改变使该区段和附近区域受到集中阻力的作用，这种集中产生的流动阻力称为局部阻力，克服局

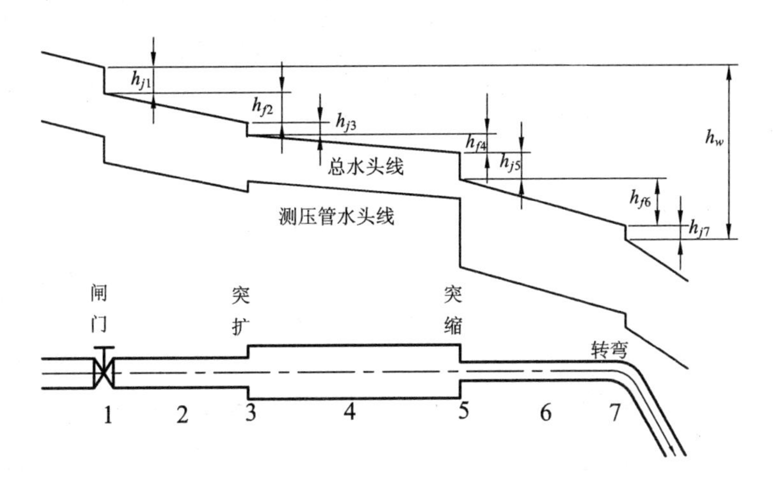

图4.1.1　管路水头损失示意图

部阻力引起的水头损失，称为局部水头损失，以 h_j 表示。如图4.1.1中，流体经过1(闸门)、3(突然扩大)、5(突然缩小)、7(转弯)等变形管段时，由于固体边界条件(形状、大小方向)急剧变化，流速的大小或方向显著改变，并往往伴随着产生一定的漩涡区，这种发生在局部区段的水头损失称为局部水头损失 h_j。

整个管路的水头损失等于各管段的沿程水头损失和局部水头损失之和。

$$h_w = \sum h_f + \sum h_j \tag{4.1.1}$$

4.1.2　水头损失的计算公式

沿程水头损失的计算通式是达西公式

$$h_f = \lambda \frac{l}{d}\frac{v^2}{2g} \tag{4.1.2}$$

局部水头损失的计算通式

$$h_j = \zeta \frac{v^2}{2g} \tag{4.1.3}$$

能量损失若用压强损失表示，其计算公式则为

$$p_f = \lambda \frac{l}{d}\frac{\rho v^2}{2} \tag{4.1.4}$$

$$p_j = \zeta \frac{\rho v^2}{2} \tag{4.1.5}$$

式中：l——管长；

d——管径；

v——断面平均流速；

g——重力加速度；

λ——沿程阻力系数；

ζ——局部阻力系数。

上述公式是长期工程实践经验的总结，详见本章后述。计算水头损失的关键是各种流动条件下阻力系数 λ 和 ζ 的计算。但因为流体运动的复杂性，除了少数简单流动状态之外，λ 和 ζ 的计算目前只能通过实验和半实验半理论的方法获得。

4.1.3 过流断面的水力要素及其对水头损失的影响

1. 过流断面面积 A

如图 4.1.2 所示两圆形过流断面，面积 $A_1 < A_2$，半径 $r_1 < r_2$，由连续性方程可知，当通过流量 Q 相同时，流速 $v_1 > v_2$，则流速梯度 $\frac{\mathrm{d}u_1}{\mathrm{d}r_1} > \frac{\mathrm{d}u_2}{\mathrm{d}r_2}$，根据牛顿内摩擦定律 $\tau = \mu \frac{\mathrm{d}u}{\mathrm{d}r}$ 可得，粘滞摩阻力 $\tau_1 > \tau_2$，克服摩阻力做功消耗的机械能（水头损失）$h_{w1} > h_{w2}$。

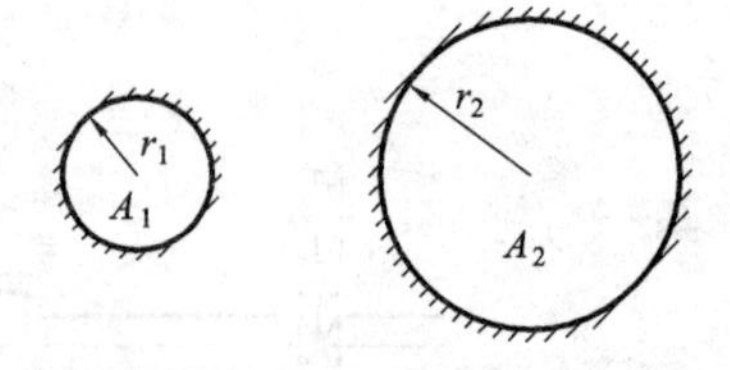

图 4.1.2 过流断面面积的影响

结论 1：在其他条件相同时，过流断面面积增加，则水头损失 h_w 减小。

2. 湿周 χ

所谓湿周，就是流体在过流断面上与固体边壁接触的周界线，常用 χ 表示。

如图 4.1.3 过流断面（a）为正方形，边长为 b；（b）为长方形，边长分别为 $2b$、$0.5b$。显然过流面积 $A_1 = A_2 = b^2$，但湿周 $\chi_1 = 4b < \chi_2 = 5b$，故边壁摩阻力 $\tau_1 < \tau_2$，克服摩阻力做功而引起的水头损失 $h_{w1} < h_{w2}$。

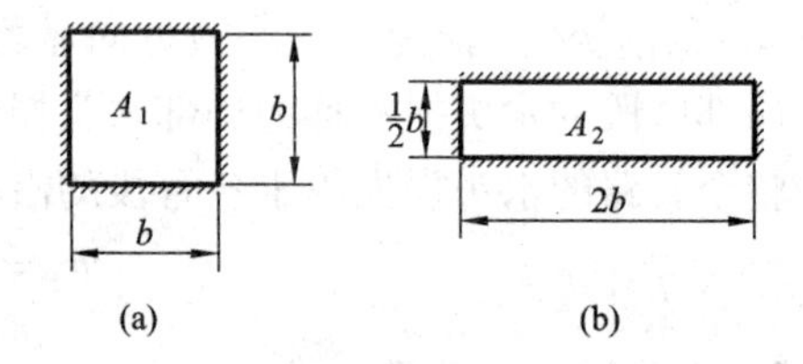

图 4.1.3 湿周的影响

结论 2：在其他条件相同时，湿周 χ 增加，则水头损失 h_w 增加。

3. 水力半径 R

两个断面湿周相同而形状不同，过水断面面积一般是不相等的。如图 4.1.4 中圆形与正方形管流断面，尽管 $\chi_1 = \chi_2$，但显然 $A_1 > A_2$，由前面分析可知 $h_{w1} < h_{w2}$。

由此可见，只用面积 A 或湿周 χ 均不能全面表征过流断面阻水的水力特征，只有把两者结合起来才全面。为此，定义面积 A 与湿周 χ 的比值为水力半径 R，即

$$R = \frac{A}{\chi} \tag{4.1.6}$$

当面积 A 增加或湿周 χ 减小时，水头损失 h_w 都减小，从上式可以看出，这两种情况对应的水力半径 R 均增大。

结论 3：在其他条件相同时，水力半径 R 增加，水头损失 h_w 减小。

水力半径是一个非常重要的水力要素，很多流体力学公式均包含有这个要素。水力半径的量纲是长度 L，常用 m 或 cm 为单位。值得注意的是，水力半径与几何半径不相等。例如，圆管满流时，直径为 d，面积 A

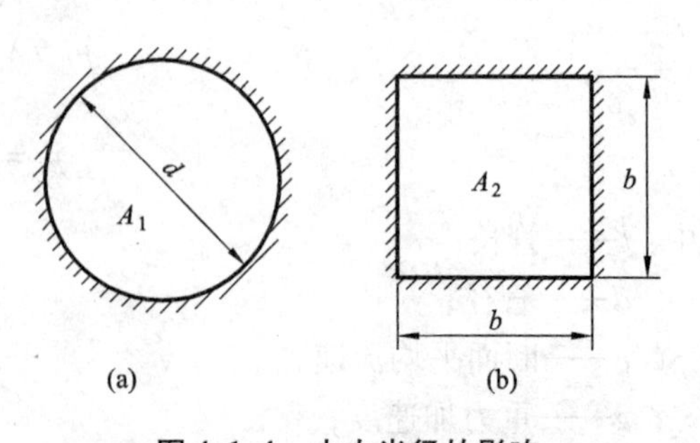

图 4.1.4 水力半径的影响

$=\frac{\pi}{4}d^2$，湿周$\chi=\pi d$，半径$r=\frac{d}{2}$，而水力半径$R=\frac{A}{\chi}=\frac{d}{4}\neq r$。

4.2　层流与紊流

实际流体由于粘性的存在，一方面使流层间产生内摩阻力，另一方面使流体的运动具有截然不同的两种运动型态，即层流和紊流流态。处于层流流态的流体，质点的运动形式呈有条不紊、互不掺混的层状；而处于紊流流态的流体，质点的运动形式杂乱无章，以相互掺混与涡体旋转为特征。1883 年雷诺通过实验研究，较深入地揭示了两种流动型态的本质差别与发生的条件。

4.2.1　雷诺实验

实验装置如图4.2.1 所示，由水箱A、喇叭进口水平玻璃管B、阀门C、颜色水容器D、颜色水注入针管E与颜色水阀门F构成。实验过程中，水箱A中的水位保持恒定，玻璃管B中的水流为恒定流。为了减少干扰，应适当调整阀门F的开度，使颜色水注入针管E中的流速与玻璃管B内注入点处的流速接近。

当阀门C的开度较小、玻璃管B内的流速较小时，注入的颜色水在B管中呈一条位置固定、界限明确的细直流束，见图4.2.2(a)，说明玻璃管内的水流有条不紊地呈层状运动，互不掺混，这种流态称为层流；若将阀门C的开度逐渐加大，玻璃管中流速增加，当流速大到某一临界值时，颜色水束开始摆动、发生弯曲、且流束的线条沿程逐渐变粗，见图4.2.2(b)；随着流速继续增大，颜色水束流出针管E后线条迅速断裂，与周围水体掺混，扩散至水内各处，见图4.2.2(c)，说明此时玻璃管中的流体质点皆作杂乱无章的掺混运动，这种流态称为紊流。

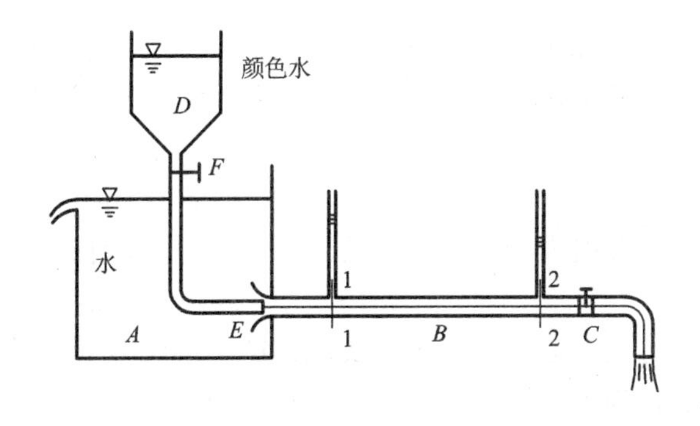

图4.2.1　雷诺实验装置

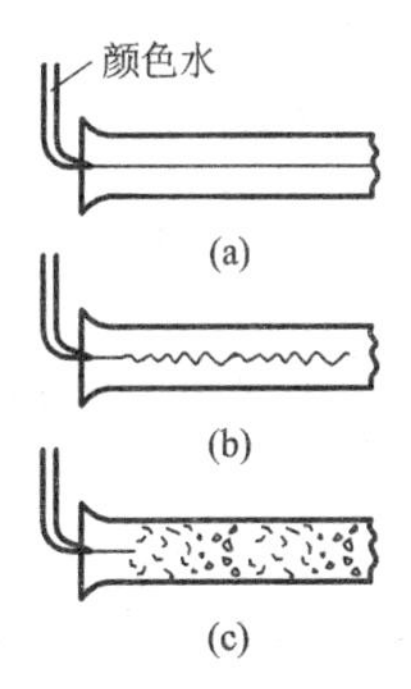

图4.2.2　雷诺实验现象

当实验以相反的程序进行，即阀门C由大到小逐渐关闭时，观察到的现象以相反的程序重复出现。

层流与紊流在流动结构上的差异必然会导致水头损失的不同。为了便于分析，在图4.2.1中玻璃管B的两个过流断面1与2上各安一根测压管，即可得到断面1至2间的水头损失。由能量方程

$$z_1+\frac{p_1}{\rho g}+\frac{\alpha_1 v_1^2}{2g}=z_2+\frac{p_2}{\rho g}+\frac{\alpha_2 v_2^2}{2g}+h_w$$

断面1至2间边壁平直，形状不变，故只有沿程水头损失 $h_w=h_f$，因 $z_1=z_2$，$\frac{\alpha_1 v_1^2}{2g}=\frac{\alpha_2 v_2^2}{2g}$，所以$\frac{p_1}{\rho g}-\frac{p_2}{\rho g}=h_f$，这就是说，两根测压管中的液面高差为两断面间的沿程水头损失。测定不同的断面平均流速 v 对应的两断面之间的沿程水头损失 h_f，将 $h_f \sim v$ 关系点绘在对数坐标上，能够得到图4.2.3所示的结果。

(1)当阀门 C 由小到大开时，实验曲线为 $ABCDE$，C 点是层流过渡到紊流的转换点，对应流速为上临界流速 v_k'；当阀门 C 由大到小关时，实验曲线为 $EDBA$，B 点为紊流过渡到层流的转换点，对应流速为下临界流速 v_k。

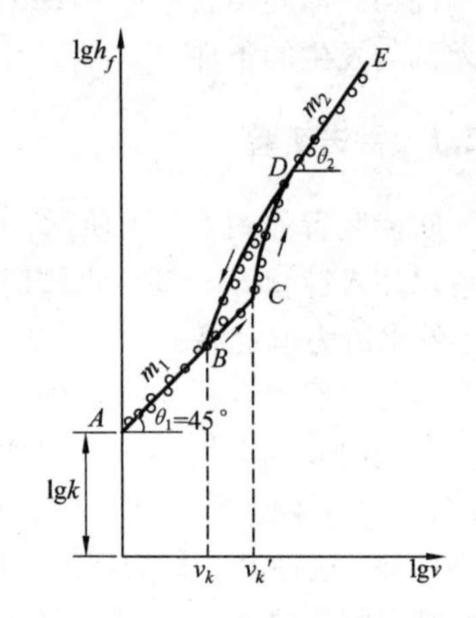

图4.2.3 $h_f \sim v$ 关系图

在对数坐标下直线方程为

$$\lg h_f=\lg k+m\lg v$$

式中:$\lg k$ 为截距，m 为直线的斜率，上式可表示成指数形式

$$h_f=kv^m$$

(2)在 AB 段上 $v<v_k$，流动为层流，AB 直线的斜率 $m_1=1.0$，说明沿程水头损失 h_f 与断面平均流速 v 成正比。

(3)在 DE 段上 $v>v_k'$，流动为紊流，DE 直线的斜率 $m_2=1.75\sim2.0$，说明 h_f 与 $v^{0.75\sim2.07}$成正比。

(4)BC 段为层流与紊流的过渡区域，$v_k<v<v_k'$，流动状态既取决于流动的初始流态，又取决于外界扰动的大小。

上述雷诺实验结果不只限于圆管中的水流，同样适合于其他流动边界形状，也适合于其他液体与气体。因此可得结论：任何实际流体的流动皆具有层流与紊流两种流态。

4.2.2 流态的判别——雷诺数

由于层流与紊流的流动结构及水头损失规律不同，在计算水头损失时首先要判别流态。

实验发现，流动状态不仅与流速有关，还与管径 d 以及流体的运动粘度 ν 有关，以上三个参数可以组合成一个无量纲数，称为雷诺数，用 Re 表示

$$Re=\frac{vd}{\nu}=\frac{\rho vd}{\mu} \tag{4.2.1}$$

对应于流动型态开始转变时的雷诺数称为临界雷诺数，以 Re_k 表示。

大量的实验证明，当管径或流体介质不同时，下临界流速 v_k 不同，但下临界雷诺数 Re_k 却是一个比较稳定的数，其值约为2000，即

$$Re_k=2000 \tag{4.2.2}$$

下临界雷诺数 Re_k 不随流体性质、管径或流速大小而变。而上临界雷诺数 Re'_k 则不稳定。实际流动中，当 $Re > Re_k$ 时，层流开始处于不稳定状态，如果没有外界扰动，层流流态理论上仍可以继续保持下去，直至上临界雷诺数 Re'_k，而 Re'_k 的大小视流动的平静程度及来流有无扰动而定，在实际流动中扰动总是存在的，因此用 Re'_k 来判别流态没有什么实际意义。工程实际中，通常采用下临界雷诺数 Re_k 作为流态判别的标准。

$$Re < Re_k = 2000 \quad 层流$$

$$Re > Re_k = 2000 \quad 紊流$$

在雷诺数的定义式(4.2.1)中，d 表示流动的特征长度，v 表示流动的特征流速。当过流断面为其他形状(如明渠流的过流断面)时，一般用水力半径 R 来表示过流断面的特征长度，即定义雷诺数

$$Re = \frac{vR}{\nu} \tag{4.2.3}$$

此时，相应的临界雷诺数 $Re_k = 500$。

实际工程中的流动一般为紊流，层流运动只存在于某些小管径、小流量的户内管路或粘性较大的机械润滑系统和输油管路中。

4.2.3　紊流的成因

由雷诺实验可知，紊流与层流的根本区别在于流动中有无流层间的掺混，而涡体的形成则是产生这种横向掺混的根源。下面通过对涡体形成过程的分析来探讨紊流的成因。

涡体的形成与发展过程如图4.2.4所示，假定流动的初始流态为层流流态。由于实际流体的粘滞作用，过流断面上的流速分布总是不均匀的，流速较大的高速流层会通过摩擦切应力的形式拖动相邻的低速流层向前运动，而低速流层作用于高速流层的摩擦切应力则表现为阻力，因此，对于图4.2.4(a)中所选定的任意流层而言，上、下两侧的摩擦切应力构成顺时针方向的力矩，有促使涡体产生的倾向。

由于外界干扰或来流中的残余扰动，所选定的流层可能会在局部发生微小的波动，如图4.2.4(b)，局部区域的流速与压强会调整。波谷一侧的过流面积增大，流线变得较稀疏、流速减小、压强增高；波峰一侧则相反，过流面积减小，流线变得较密集、流速增大、压强降低，显然，在这种横向压强差的作用下波动将加剧，如图4.2.4(c)所示。当波幅增大到一定程度后，在横向压强差与摩擦切应力力矩的共同作用下，波峰与波谷重叠，最后形成旋转运动的涡体，如图4.2.4(d)所示。涡体形成以后，涡体旋转方向与流体速度方向

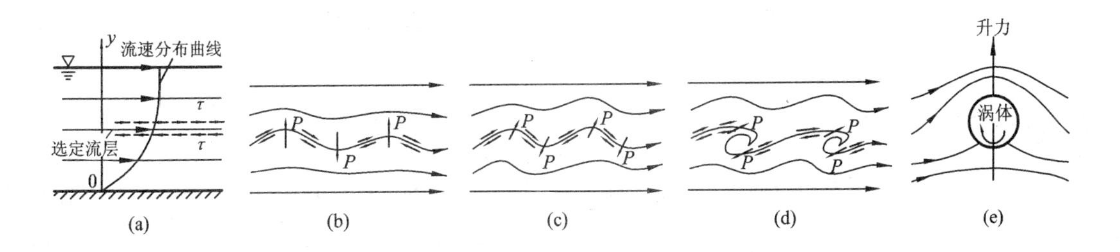

图4.2.4　紊流涡体形成原理图

一致的一边流速变大，压强减小；另一边则流速变小，压强增大，这样在流场中旋转着的涡体会受到横向升力的作用，这种升力有可能推动涡体作横向运动，进入其他流层，从而发生紊流运动，如图4.2.4(e)所示。

涡体形成并不一定就能形成紊流。一方面因为涡体的惯性有保持其本身运动的倾向，另一方面因为实际流体具有粘性，粘滞作用要约束涡体的运动，所以涡体能否脱离原流层而掺入邻层，取决于惯性作用与粘滞作用的相对大小。下面运用量纲分析法来分析雷诺数的力学意义。

设流动中某点的质量为 $\mathrm{d}m$，流速为 u，则它受到的惯性力 F 的量纲式为

$$\dim F=\dim(\mathrm{d}m\cdot a)=\dim(\mathrm{d}m\cdot\frac{\mathrm{d}u}{\mathrm{d}t})=\dim(\mathrm{d}m\cdot\frac{\mathrm{d}u}{\mathrm{d}x}\cdot\frac{\mathrm{d}x}{\mathrm{d}t})=\dim(\rho L^3\frac{v}{L}v)=\dim(\rho L^2v^2)$$

粘滞力 T 的量纲式为

$$\dim T=\dim(\mu A\frac{\mathrm{d}u}{\mathrm{d}y})=\dim(\mu L^2\frac{v}{L})=\dim(\mu Lv)$$

惯性力与粘滞力之比的量纲式为

$$\dim(\frac{F}{T})=\dim(\frac{\rho L^2v^2}{\mu Lv})=\dim(\frac{\rho Lv}{\mu})=\dim(\frac{\rho L}{\nu})=\dim(Re)$$

可见雷诺数的力学意义是表征流体质点所受的惯性力与粘滞力作用之比。如果流动平稳，没有任何扰动，涡体不易形成，则雷诺数虽然达到一定的数值，也不可能产生紊流，所以自层流转变为紊流时，上临界雷诺数极不稳定。反之，自紊流转变为层流时，只要雷诺数降低到某一数值，惯性力将不足以克服粘滞力，即使涡体继续存在，也不能掺入邻层，所以不管有无扰动，下临界雷诺数是比较稳定的。这正是雷诺数能够成为判断流态类型的重要参数的缘由。

【例4.2.1】 水和油的运动粘度分别为 $\nu_1=1.79\times10^{-6}\mathrm{m^2/s}$、$\nu_2=30\times10^{-6}\ \mathrm{m^2/s}$，若它们以 $v=0.5\mathrm{m/s}$ 的流速在直径为 $d=100$ mm 的圆管中流动，试确定其流动形态。

【解】

水的流动雷诺数

$$Re=\frac{vd}{\nu_1}=\frac{0.5\times0.1}{1.79\times10^{-6}}=27933>2000，为紊流流态。$$

油的流动雷诺数

$$Re=\frac{vd}{\nu_2}=\frac{0.5\times0.1}{30\times10^{-6}}=1667<2000，为层流流态。$$

4.3 均匀流的沿程水头损失

4.3.1 沿程水头损失与切应力的关系

在过流断面为任意形状的均匀流中选取一段流股，如图4.3.1实线部分所示。设流股的长度为 l，断面面积为 A'，湿周为 χ'，流动方向与铅直方向的夹角为 θ。在均匀流中，流体质点做等速运动，加速度为零，质量力中只含有重力

$$G=\rho gA'l$$

设流股表面的平均切应力为τ'_0，则流股表面受到的摩擦力

$$T=\tau'_0 l\chi'$$

流股断面1、2上受到的流体动压力分别为

$$P_1=p_1A'$$

$$P_2=p_2A'$$

均匀流中流速沿程不变，沿流动方向所受外力相互平衡

$$P_1+G\cos\theta-P_2-T=0$$

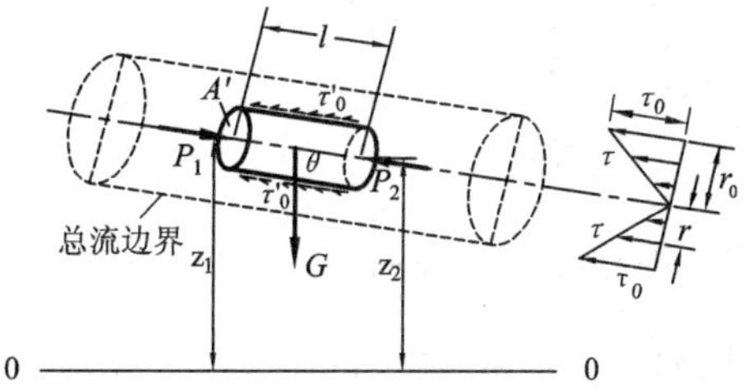

图4.3.1　均匀流中流股受力分析

将T、P_1、P_2与G的表达式代入，并注意到$l\cos\theta=z_1-z_2$，得到

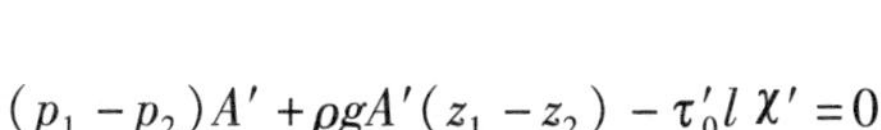

$$(p_1-p_2)A'+\rho gA'(z_1-z_2)-\tau'_0 l\chi'=0$$

用$\rho gA'$除以上式，移项得

$$z_1+\frac{p_1}{\rho g}-\left(z_2+\frac{p_2}{\rho g}\right)=\frac{\tau'_0\chi' l}{\rho gA'} \tag{4.3.1}$$

均匀流中流股断面1、2之间的水头损失只有沿程损失h_f，因此可以将能量方程表示成

$$z_1+\frac{p_1}{\rho g}=z_2+\frac{p_2}{\rho g}+h_f$$

将上式代入式(4.3.1)并整理得

$$h_f=\frac{\tau'_0\chi'}{\rho gA'}l=\frac{\tau'_0}{\rho g}\frac{l}{R'} \tag{4.3.2}$$

或

$$\tau'_0=\rho gR'J \tag{4.3.3}$$

式中：$R'=\frac{A'}{\chi'}$，为流股的水力半径；$J=\frac{h_f}{l}$为流股的水力坡度。

总流也是一种流股，因此可以将式(4.3.2)与(4.3.3)应用于总流。水力坡度J的大小不随流股的大小而变，总流的水力坡度也等于J。设R、τ_0分别表示总流的水力半径与总流边壁上的平均切应力，可得总流的沿程损失与边壁切应力之间的关系式

$$h_f=\frac{\tau_0}{\rho g}\frac{l}{R} \tag{4.3.4}$$

$$\tau_0=\rho gRJ \tag{4.3.5}$$

上述两式称为均匀流基本方程。它表明，具有任意断面形状的总流沿程水头损失h_f与流程长度l边壁平均切应力τ_0成正比，与水力半径R成反比。该方程适用于均匀流，无论是有压流还是无压流、层流或是紊流均适用。

将式(4.3.3)除以(4.3.5)，得

$$\frac{\tau'_0}{\tau_0}=\frac{R'}{R}=\frac{r}{r_0} \tag{4.3.6}$$

上式说明流股表面的平均切应力与流股的水力半径成正比。在圆管均匀流中，若流股是与圆管同轴的圆柱形状，则流股表面上各点的切应力是相等的。对于半径为r的流股，有R'

$=\frac{r}{2}$。因此，式(4.3.6)表明圆管均匀流断面上的切应力τ'在径向r上是线性分布的，管轴中心($r=0$)处为零、边壁($r=r_0$)处最大。图4.3.1所示为圆形过流断面，其切应力分布图见图4.3.1右侧。

4.3.2 沿程水头损失的通用计算公式

根据均匀流基本方程(4.3.4)，总流的沿程水头损失h_f取决于边壁上的平均摩擦切应力τ_0，若能确定τ_0的大小，容易得到h_f的变化规律。根据实验，可知圆管均匀流边壁上的摩擦切应力τ_0与下列五个因素有关：断面平均流速v、水力半径R、流体的密度ρ、流体的动力粘度μ、边壁面的粗糙高度Δ。依据第一章所述的量纲分析法，可以推导出τ_0的表达式(例1.6.3)

$$\tau_0=\frac{\lambda}{8}\rho v^2 \tag{4.3.7}$$

式中：无量纲系数λ即是本章4.1所述的沿程阻力系数。该式是圆管均匀流边壁摩擦切应力τ_0的通用表达式。

将式(4.3.7)代入(4.3.4)，便可得到达西公式

$$h_f=\lambda\frac{l}{4R}\frac{v^2}{2g} \tag{4.3.8}$$

若用圆管直径$d=4R$来代替水力半径R即得到式(4.1.2)

$$h_f=\lambda\frac{l}{d}\frac{v^2}{2g}$$

达西公式适用于层流与紊流两种流态，无论是圆管均匀流还是其他过流断面形状的均匀流均适用，因此达西公式是均匀流沿程水头损失的通用计算公式。该式将沿程水头损失h_f的计算转化为如何确定沿程阻力系数λ的问题。

实验研究表明，沿程阻力系数λ是雷诺数$Re=\frac{vd}{\nu}$和流道边壁的相对粗糙度(Δ/R)的函数

$$\lambda=f(Re,\frac{\Delta}{R}) \tag{4.3.9}$$

为了寻求λ随这两个因素变化的规律，需要对层流和紊流分别进行研究。

4.4 圆管中的层流运动

最早研究圆管层流的学者是法国生物学家泊肃叶(Poiseuille)，他在1841年导出了圆管层流速度分布式，现在人们把长直圆管中的层流流动，称为泊肃叶流动，它是最简单的流动情况之一。根据流层的表面切应力公式，可用理论方法推导出其断面流速分布和沿程阻力系数λ的表达式。层流运动规律也是流体粘度量测和研究紊流运动的基础。

4.4.1 圆管层流流速分布

对如图4.4.1所示的圆管流动，圆管半径为r_0，流速为$u(r)$。取半径为r的同轴圆柱形流股来讨论：流股表面的切应力大小相等，流股的水力半径$R=r/2$，由式(4.3.3)可得

管内任一点轴向切应力τ与沿程水头损失之间的关系

$$\tau=\rho g\frac{r}{2}J \tag{4.4.1}$$

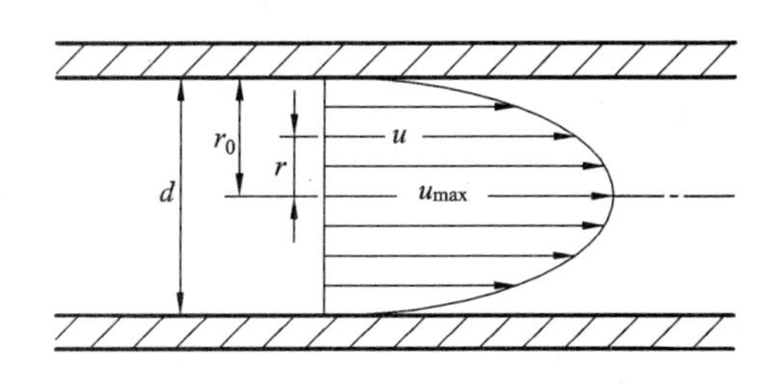

图 4.4.1　圆管层流的流速分布

圆管中的层流运动，可以看成无数无限薄的圆筒，一个套着一个地相对滑动，各流层之间互不掺混。这种层流运动各流层间的切应力大小应满足牛顿内摩擦定律

$$\tau=-\mu\frac{\mathrm{d}u}{\mathrm{d}r} \tag{4.4.2}$$

由于速度 u 随 r 的增大而减小，所以等式右边加负号，以保证τ为正。

联解式(4.4.1)和(4.4.2)，整理得

$$\mathrm{d}u=-\frac{\rho gJ}{2\mu}r\mathrm{d}r$$

在均匀流中，J 值不随 r 而变。积分上式，并带入边界条件：$r=r_0$时，$u=0$，得

$$u=\frac{gJ}{4\nu}(r_0^2-r^2) \tag{4.4.3}$$

可见圆管层流运动的断面流速分布是以管中心线为轴的旋转抛物面，见图 4.4.1。当 $r=0$，即在管轴线上流速达最大值。

$$u_{max}=\frac{gJ}{4\nu}r_0^2=\frac{gJ}{16\nu}d^2 \tag{4.4.4}$$

将式(4.4.3)代入平均流速定义式

$$v=\frac{Q}{A}=\frac{\int_A u\mathrm{d}A}{A}=\frac{\int_0^{r_0}u\cdot 2\pi r\mathrm{d}r}{A}$$

则平均流速为

$$v=\frac{gJ}{8\nu}r_0^2=\frac{gJ}{32\nu}d^2 \tag{4.4.5}$$

比较式(4.4.4)和式(4.4.5)得

$$v=\frac{1}{2}u_{max}$$

可见圆管层流运动的断面平均流速等于最大流速的一半。

将层流时流速分布公式(4.4.3)代入动能修正系数 α 与动量修正系数 β 的定义式，很容易导出圆管层流运动的 $\alpha=2$，$\beta=1.33$。

4.4.2　沿程水头损失和沿程阻力系数

根据断面平均流速的表达式(4.4.5)可得：

$$J=\frac{8\nu}{gr_0^2}v=\frac{32\nu}{gd^2}v$$

而 $J=h_f/l$，故

$$h_f = Jl = \frac{32\nu l}{gd^2}v \tag{4.4.6}$$

上式从理论上证明了层流沿程水头损失和断面平均流速的一次方成正比，这与雷诺实验的结果一致。

将式(4.4.6)写成计算沿程水头损失的通式——达西公式形式

$$h_f = \lambda \frac{l}{d}\frac{v^2}{2g} = \frac{32\nu v l}{gd^2} = \frac{64}{\frac{vd}{\nu}}\frac{l}{d}\frac{v^2}{2g} = \frac{64}{Re}\frac{l}{d}\frac{v^2}{2g}$$

可见圆管层流的沿程阻力系数

$$\lambda = \frac{64}{Re} \tag{4.4.7}$$

表明圆管层流的沿程阻力系数 λ 仅与雷诺数 Re 有关，且成反比，而和管壁粗糙无关。

【例4.4.1】 设圆管的直径 $d=2$ cm，流速 $v=12$ cm/s，水温 $t=10$ ℃。试求在管长 $l=20$ m 的沿程水头损失。

【解】

先判明流态，查得在10℃时水的运动粘滞系数 $\nu=0.013\ \text{cm}^2/\text{s}$。

$$Re = \frac{vd}{\nu} = \frac{12\times 2}{0.013} = 1846 < 2000\text{，故为层流。}$$

沿程阻力系数 λ

$$\lambda = \frac{64}{Re} = \frac{64}{1846} = 0.0347$$

沿程水头损失为

$$h_f = \lambda\frac{l}{d}\frac{v^2}{2g} = 0.0347\times\frac{2000}{2}\times\frac{12^2}{2\times 980}\text{cm} = 2.55\ \text{cm}$$

【例4.4.2】 应用细管式粘度计测定油的粘度，已知细管直径 $d=6$ mm，测量段长 $l=2$ m。实测油的流量 $Q=77\ \text{cm}^3/\text{s}$，水银压差计的读数 $h_p=30$ cm，油的密度 $\rho=900\ \text{kg/m}^3$。试求油的运动粘度 ν 和动力粘度 μ。

【解】

列细管测量段前、后断面1、2的能量方程

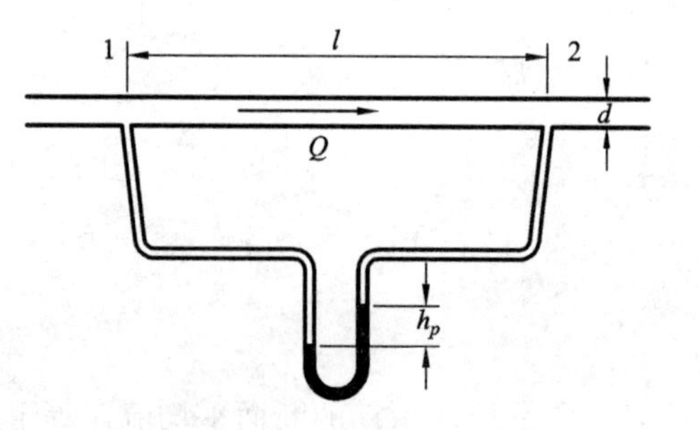

图4.4.2 细管式粘度计

$$h_f = \frac{p_1}{\rho g} - \frac{p_2}{\rho g}$$

由连通器原理得：$p_1 - p_2 = (\rho_p - \rho)gh_p$

代入上式，得

$$h_f = \left(\frac{\rho_p}{\rho} - 1\right)h_p = \left(\frac{13600}{900} - 1\right)\times 0.3\ \text{m} = 4.23\ \text{m}$$

流速 $$v = \frac{4Q}{\pi d^2} = 2.73\ \text{m/s}$$

设流动为层流
$$\lambda = \frac{64}{Re}$$
$$h_f = \lambda \frac{l}{d}\frac{v^2}{2g} = \frac{64\nu}{vd}\frac{l}{d}\frac{v^2}{2g}$$
解得
$$\nu = h_f \frac{2gd^2}{64lv} = 4.23 \times \frac{2 \times 9.8 \times 0.006^2}{64 \times 2 \times 2.73}\ \text{m}^2/\text{s} = 8.56 \times 10^{-6}\ \text{m}^2/\text{s}$$
$$\mu = \rho\nu = 900 \times 8.56 \times 10^{-6}\ \text{Pa} \cdot \text{s} = 7.71 \times 10^{-3}\ \text{Pa} \cdot \text{s}$$
校核流态
$$Re = \frac{vd}{\nu} = \frac{2.73 \times 0.006}{8.56 \times 10^{-6}} = 1914 < 2000$$
确为层流，计算成立。

4.5　紊流的特征

由于紊流流动伴随有涡体发生、发展与横向掺混，因此紊流的流动结构较为复杂，流速分布规律及沿程水头损失规律比上一节介绍的圆管层流要复杂得多。本节先介绍紊流的基本概念及基本特征，下一节再介绍紊流沿程水头损失的研究结果与计算方法。

4.5.1　紊流运动要素的脉动

紊流流动中每一个单个涡体均经历着形成、发展与衰亡三个不同阶段，在总流中同时存在无数个涡体，所有涡体所构成的集合在宏观上处于动平衡状态，即一些涡体处在衰亡阶段，一些处在发展阶段，而另一些处在形成阶段。这样一来，总流中涡体集合的总体并不随时间发生变化，紊流的运动要素在时间、空间上的分布具有随机性这一基本特性的同时，也具有统计意义上的确定性。

若在边界条件（如图4.1.1所示雷诺实验装置的上游水箱水位、管路末端阀门开度等）不变的条件下，选择圆管紊流中除管壁附近以外的任一固定点，用流速仪测量该点瞬时流速沿管轴线方向的分量 u_x 随时间的变化过程，将会得到图4.5.1(a)、(c)所示的情况。在图4.5.1(b)中同时给出了用脉动压强计测到的管壁上任一固定点的瞬时压强 p 的时间变化过程。由图可见，在恒定流中的固定点上，瞬时流速与瞬时压强的数值并不是一个常数，而是在某一值的上下作不断地波动，这是不同的流体涡团通过该固定点所造成的必然结

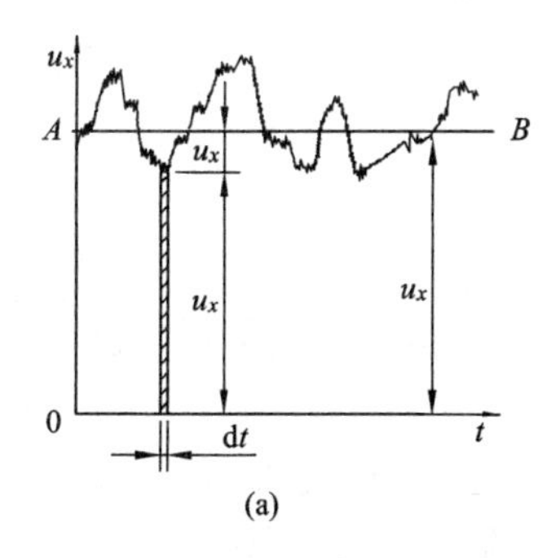

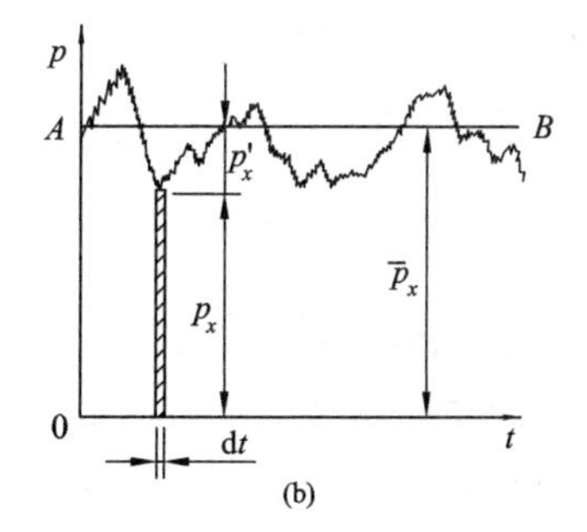

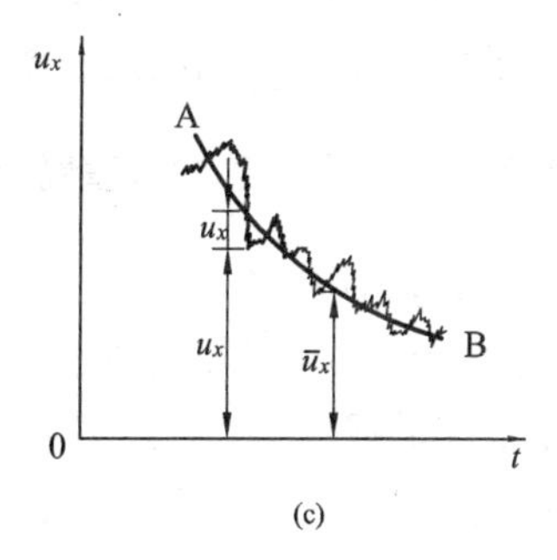

图4.5.1　紊流的脉动图

果，这种波动式的变化称为脉动。

紊流中运动要素的脉动是紊流流态的一般规律。脉动现象对很多工程问题有直接的影响。如压强的脉动会在边壁上产生较大的瞬时荷载，流速的脉动会提高紊流所挟带物质的扩散能力等。然而，紊流的脉动现象十分复杂，脉动的幅度与频度的规律性较差，精确描述、预测瞬时流速或瞬时压强的时空变化规律是十分困难的。尽管已经能够应用现代计算技术借助于超大型计算机直接计算某些特定条件下大尺度涡体引起的瞬时变化规律，但直至目前，在流体工程设计、研究中，仍广泛采用时间平均法来研究紊流运动。时均法将紊流视作两种流动的叠加：时均流动与脉动流动。

设 f 表示瞬时流速分量或瞬时压强，则 f 在一定的时段 T 内的时均值能够表示成

$$\bar{f} = \frac{1}{T}\int_0^T f\mathrm{d}t \tag{4.5.1}$$

称 $\bar{f}$ 为时均分量或时均值，并且称

$$f' = f - \bar{f} \tag{4.5.2}$$

为脉动分量或脉动值。根据式(4.5.2)易知，脉动分量的时均值为零

$$\frac{1}{T}\int_0^T f'\mathrm{d}t = \frac{1}{T}\int_0^T f\mathrm{d}t - \frac{1}{T}\int_0^T \bar{f}\mathrm{d}t = \bar{f} - \bar{f} = 0$$

时均分量、脉动分量分别反映了时均流动与脉动流动的特征，紊流的研究转变为分别寻求时均值与脉动值的变化规律。

用时均法来研究紊流运动时，需要假定流速、压强等随时间的变化过程是符合各态遍历假说的随机变量，即假定在选取式(4.5.1)中的统计时段 T 足够大的条件下，在时段 T 内瞬时量的时间变化过程能够代表该量所有可能出现的状态特征。考虑到前面所阐述的涡体集合的动平衡特征和运动要素在统计意义上的确定性，采用建立在各态遍历假说的基础上的统计理论来描述、研究流速与压强等运动要素的变化规律，是可行的、也是具有实际意义的。

鉴于紊流固有的时间脉动特征，严格而论，紊流总是非恒定的。但是，紊流的时均值可以是恒定的。根据运动要素的时均分量是否随时间变化可将紊流分为恒定流[图4.5.1(a)]与非恒定流[图4.5.1(c)]。紊流的流线是指时均流速的方向(而不是瞬时具有脉动的流速的方向)线。这样一来，可以方便地应用前几章讨论的均匀流、渐变流的概念与公式。为了简便起见，在后文中将略去时均运动要素的时间平均符号，仍采用 u、p 等来表示紊流时间平均流场的运动要素。

4.5.2 紊流运动的近壁特征

1. 粘性底层

紊流时均流动的流速分布特征与水头损失，很大程度上取决于流道边壁附近的流动状态，实验研究揭示，近壁处的流动与远离边壁区域内的流动存在很大的差异：在靠近边壁的流层内，由于边壁约束，流体质点基本不能垂直于边壁方向运动，而且流速梯度较大，粘滞切应力起主导作用，该薄层称为粘性底层(或层流底层)。在粘性底层以外为紊流区，包括紊流充分发展的紊流核心区和紊动处于发展状态的过渡层(也称缓冲区)，如图4.5.2

所示。

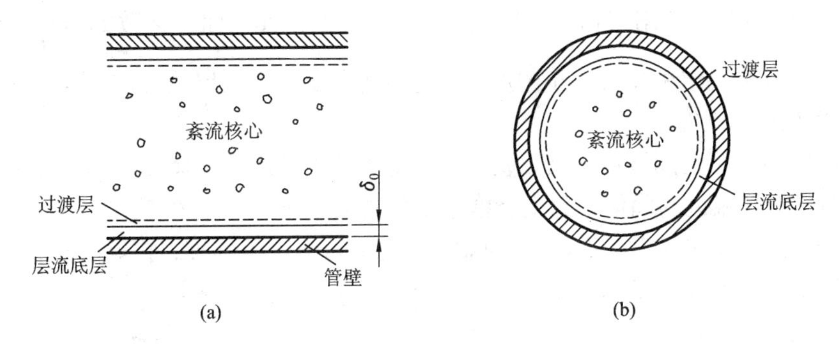

图4.5.2　紊流区域划分

对于圆管紊流，实验观测表明，粘性底层的厚度

$$\delta_0 = \frac{32.8d}{Re\sqrt{\lambda}} \tag{4.5.3}$$

式中：d 为圆管直径；$Re = \frac{vd}{\nu}$为流动雷诺数；λ 为沿程阻力系数。可见，随着 Re 的增大，粘性底层将变薄。由于 λ 是难以预先确定的，用上式计算 δ_0 不方便。定义一个可以反映边壁摩擦切应力τ_0 大小(时均值)的流速尺度 u_* 为摩阻流速

$$u_* = \sqrt{\frac{\tau_0}{\rho}} \tag{4.5.4}$$

将$\tau_0 = \frac{\lambda}{8}\rho v^2$ 代入上式，得到

$$u_* = v\sqrt{\frac{\lambda}{8}} \tag{4.5.5}$$

或

$$\lambda = 8\left(\frac{u_*}{v}\right)^2 \tag{4.5.6}$$

将上式与 $Re = \frac{vd}{\nu}$代入式(4.5.3)后整理得

$$\delta_0 = 11.6\frac{\nu}{u_*} \tag{4.5.7}$$

或令

$$Re_\delta = \frac{\delta_0 u_*}{\nu} = 11.6 \tag{4.5.8}$$

可以用以上两式估算粘性底层的厚度 δ_0。在粘性底层内，切应力仍为$\tau = \mu\frac{du}{dy}$。

为了进一步探索近壁流区的特征，以摩阻流速 u_* 为特征流速、以到壁面的距离 y 为特征长度来定义粗糙雷诺数 Re_*

$$Re_* = \frac{yu_*}{\nu} \tag{4.5.9}$$

当距离边壁足够远($y \geqslant \delta_0$)时，$Re_* \geqslant Re_\delta = 11.6$，流态从层流转变为紊流。粗糙雷诺数$Re_*$是近壁流区内惯性作用与粘性作用相对大小的一种度量。而雷诺数$Re = \frac{vd}{\nu}$是紊流核心区内惯性作用与粘性作用相对大小的度量，它不适合于表征近壁流区的情况。

2. 流道壁面的类型

粘性底层和过渡层的厚度极薄，但是在一定条件下它对流动阻力和沿程水头损失有着重大的影响。任何流道的固体边壁上，总存在着高低不平的突起粗糙体，绝对光滑的壁面是不存在的。将粗糙体突出壁面的“特征高度”定义为绝对粗糙度，它具有长度的量纲，以符号Δ表示，如图4.5.3所示。

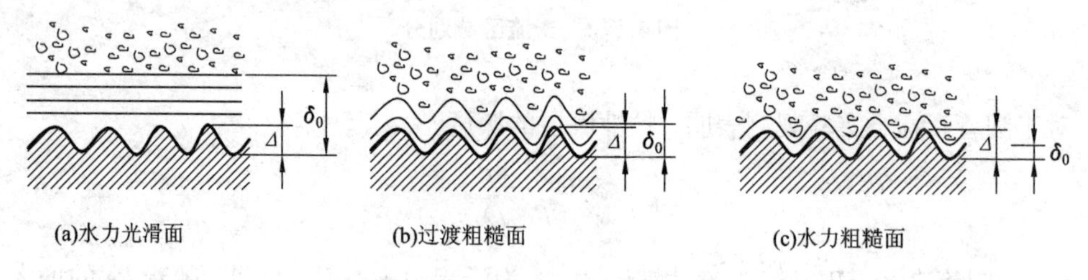

图4.5.3 层流底层与壁面类型

实验研究发现，壁面粗糙度对流动阻力的影响取决于绝对粗糙度Δ对紊流结构的影响程度。因为粘性底层能够起到垫层作用，根据粗糙度的大小和粘性底层厚度的比较，可以将流道壁面分成三种类型：

(1)水力光滑面

当雷诺数Re较小或绝对粗糙度Δ较小时，粘性底层厚度δ_0可以大于绝对粗糙度Δ若干倍，粘性底层能够完全掩盖住粗糙突起体，流体在平直的粘性底层上滑动，像在光滑壁面上流动一样，边壁对流动的阻力只有粘性底层的粘滞摩阻力，粗糙度对紊流不起任何作用，如图4.5.3(a)所示。这种壁面称为水力光滑面(或光滑面)。

(2)水力粗糙面

当Re较大或Δ较大时，粘性底层极薄，δ_0可以小于Δ若干倍，紊流绕过突入到紊流区的粗糙体时会产生小漩涡，加剧了紊流的脉动，如图4.5.3(c)所示。此时，边壁对流动的阻力主要由这些小漩涡的横向掺混运动而形成，而粘性底层的粘滞阻力作用是十分微弱的，边壁粗糙度对紊流的影响将起主导作用。这种壁面称为水力粗糙面(或粗糙面)。

(3)过渡粗糙面

此时粘性底层已不足以完全掩盖住边壁粗糙度的影响，但粗糙度还没有起决定性作用，介于水力光滑与水力粗糙之间，这种壁面称为过渡粗糙面，如图4.5.3(b)所示。

值得说明的是，水力光滑面或粗糙面并非完全取决于固体边界表面本身是光滑还是粗糙，而必须依据粘性底层和绝对粗糙度两者的相对大小来确定，即使同一固体边壁，在某一雷诺数下可能是光滑面，而在另一雷诺数下又可能是粗糙面。

4.5.3 紊动产生附加切应力

在层流运动中，只有因流层间的相对运动所产生的粘滞切应力，可由牛顿内摩擦定律计算：$\tau=\mu\frac{\mathrm{d}u}{\mathrm{d}y}$，称为粘性阻力。

而在紊流中，除流层间的相对运动外，还有流体涡团的横向掺混，因此，紊流切应力的计算，应引用时间平均的概念，将紊流运动的时均切应力$\bar{\tau}$看做是两部分组成。

第一部分：由相邻两流层间时均流速差所产生的粘滞切应力$\bar{\tau}_1$(即粘性阻力)

$$\bar{\tau}_1=\mu\frac{d\,\bar{u}_x}{\mathrm{d}y} \tag{4.5.10}$$

式中：$\bar{u}_x$ 为流体质点沿流向的时均流速。

第二部分：纯粹由脉动流速所产生的附加切应力$\bar{\tau}_2$，称为惯性阻力。

$$\bar{\tau}=\bar{\tau}_1+\bar{\tau}_2 \tag{4.5.11}$$

紊流运动的微观结构很复杂，建立的理论也较多，计算附加切应力$\bar{\tau}_2$ 最常用到的是普朗特混合长度理论。

普朗特动量传递学说：假设流体质点在横向脉动运移过程中瞬时流速保持不变，因而动量也保持不变，到达新位置后，动量突然改变，并与新位置上原有流体质点所具有的动量一致。根据动量定律，这种流体质点的动量变化，将产生附加切应力。

运用这一学说可建立附加切应力与脉动流速的关系

$$\bar{\tau}_2=-\rho\,\overline{u'_x u'_y} \tag{4.5.12}$$

式中：u'_y为垂直于流向的脉动速度。可推得：

$$\bar{\tau}_2=\rho l^2\left(\frac{\mathrm{d}\bar{u}_x}{\mathrm{d}y}\right)^2$$

式中：l 称为混合长度，需根据具体问题作出新的假定，并结合实验结果才能确定。

普朗特 1904 年提出的边界层理论，使纯理论的古典流体力学开始与以实验为主的古典水力学相结合，形成一门理论与实验并重的现代流体力学；1925 年，普朗特又提出紊流的动量传递理论与混合长度假设，这是一种半经验半理论方法，对二元恒定平行流的紊动切应力提出了一个简单可行的计算模型，对解决有关实际工程问题作出了贡献，被誉为现代流体力学的奠基人。

4.5.4 紊流运动的流速分布

紊流中，由于流体涡团相互掺混，互相碰撞，因而产生了流体内部各质点间的动量传递，动量大的质点将动量传给动量小的质点，动量小的质点牵制动量大的质点，结果造成断面流速分布的均匀化。

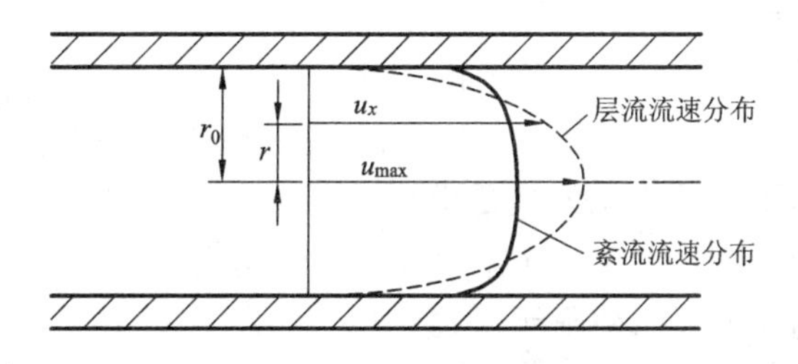

图 4.5.4　圆管断面的流速分布

图 4.5.4 实线部分为圆管过流断面上紊流的流速分布图，是按指数或对数规律分布的，比层流流速按抛物线分布(图中虚线部分)要均匀得多。因此，对一般实际工程的均匀流和渐变流，动能修正系数 α 和动量修正系数 β 均可近似按等于 1 计算。

4.6 紊流的沿程水头损失

4.6.1 尼古拉兹实验

由于紊流流动的复杂性，目前仍缺少有效地揭示紊流沿程水头损失规律的理论。尼古拉兹(Nikuradse,J. 德国)于1933年在人工均匀砂粒形成的粗糙管中进行了系统的沿程阻力系数和断面流速分布的测定，该实验被称为尼古拉兹实验，是紊流运动的经典实验之一，是研究沿程水头损失规律的重要基础。

1. 沿程阻力系数及其影响因素的分析

由达西公式(4.1.2)可知，沿程水头损失的计算，关键在于如何确定沿程阻力系数 λ。由于紊流运动的复杂性，λ 的确定不可能像层流那样严格地从理论上推导出来。其研究途径通常有二：一是直接根据紊流沿程水头损失的实测资料，综合成阻力系数 λ 的纯经验公式；二是用理论和试验相结合的方法，以紊流的半经验理论为基础，整理成半经验半理论公式。

为了通过实验研究沿程阻力系数 λ，首先要分析 λ 的影响因素。层流的阻力只有粘性阻力，理论分析已表明，在层流中，$\lambda = 64/Re$，即 λ 仅与 Re 有关，与管壁粗糙度无关。而紊流的阻力由粘性阻力和惯性阻力两部分组成，壁面粗糙在一定条件下成为产生惯性阻力的主要外因，每个粗糙突出都将成为不断产生漩涡引起紊动的源泉，因此，粗糙度的影响在紊流中是一个十分重要的因素。这样，紊流的水头损失一方面取决于反映流动内部矛盾的粘性力和惯性力的对比关系，另一方面又取决于流动的边壁几何条件，前者可用 Re 来表示，后者则包括管长、过流断面的形状、大小以及壁面的粗糙程度等。对圆管来说，过流断面的形状已确定，管长 l 和管径 d 也已包括在达西公式中，因此边壁的几何条件只剩下壁面粗糙需要通过 λ 来反映。也就是说，沿程阻力系数 λ，主要取决于 Re 和壁面粗糙这两个因素。

壁面粗糙中影响沿程水头损失的具体因素仍有不少。例如，对于工业管道就包括粗糙的突起高度、粗糙的形状和粗糙的疏密和排列等因素。尼古拉兹在试验中使用了一种简化的粗糙模型，他把大小基本相等，形状近似球体的人工砂粒用漆汁均匀而稠密地粘附于管道内壁，如图4.6.1所示。这种尼古拉兹使用的人工均匀粗糙叫做尼古拉兹粗糙。对于这种特定的粗糙形式，就可以用糙粒的突起高度 Δ(相当于砂粒直径)来表示边壁的粗糙程度，称为绝对粗糙度。但粗糙对沿程水头损失的影响不完全取决于粗糙的绝对突起高度 Δ，而是决定于它的相对高度，即 Δ 与管径 d 或半径 r_0 之比。Δ/d 或 Δ/r_0 称为相对粗糙度，其倒数 d/Δ 或 r_0/Δ 则称为相对光滑度。这样，影响 λ 的因素就是雷诺数和相对粗糙度。

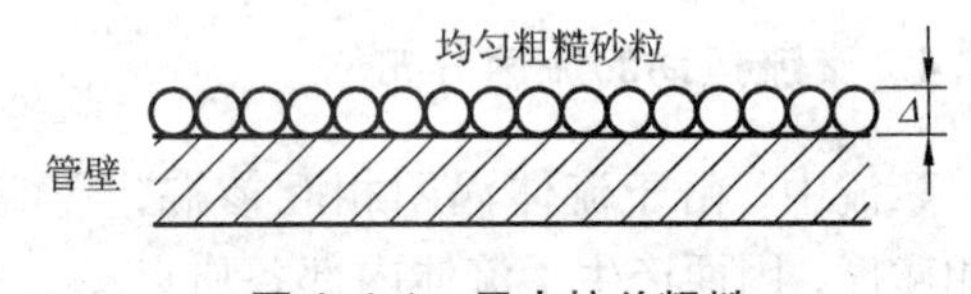

图4.6.1 尼古拉兹粗糙

$$\lambda = f\left(Re, \frac{\Delta}{d}\right)$$

2. 沿程阻力系数的测定和阻力分区图

为了探索沿程阻力系数 λ 的变化规律，尼古拉兹用多种管径和多种粒径的砂粒，得到了 $d/\Delta=30\sim1040$ 六种不同的相对光滑度。在类似于雷诺实验的装置中，量测不同流量时的断面平均流速 v 和沿程水头损失 h_f，根据 $Re=\dfrac{vd}{\nu}$ 和达西公式 $h_f=\lambda\dfrac{l}{d}\dfrac{v^2}{2g}$，即可算出 Re 和 λ。把实验结果点绘在对数坐标纸上，就得到图 4.6.2，后人称之为尼古拉兹图。

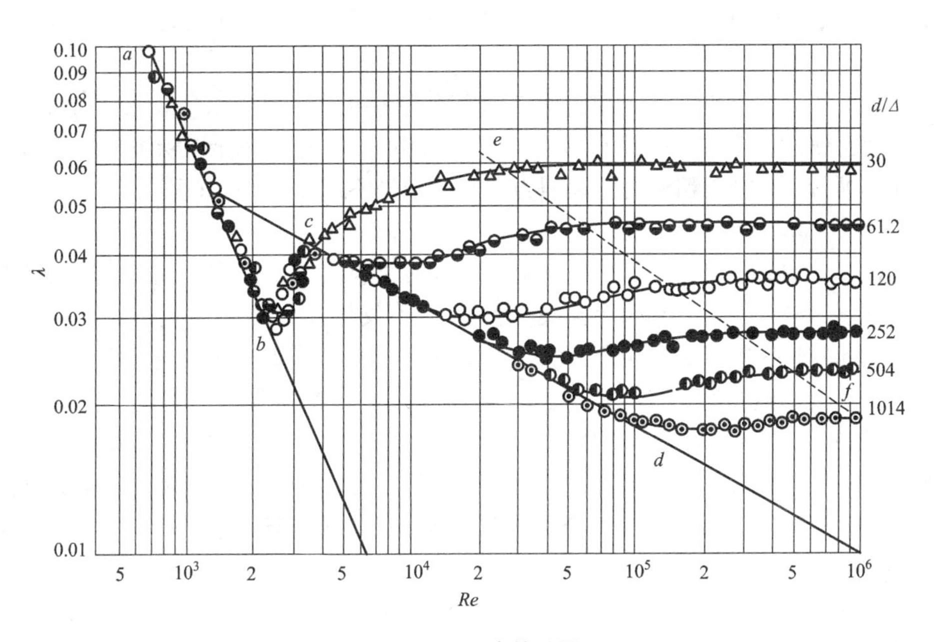

图 4.6.2　尼古拉兹图

根据图中 $\lambda\sim Re$ 曲线变化的特征，可将流动分为五个流区（阻力区）。

（1）层流区

当 $Re<2000$ 时，所有的实验点，不论其相对光滑度如何，都集中在下降直线 ab 上。表明层流时 λ 随 Re 的增大而减小，与相对粗糙度无关。它的理论公式是 $\lambda=64/Re$。因此，尼古拉兹试验与理论分析结果得到了相互证实，同时也与雷诺实验的结论一致。

（2）层流到紊流的过渡区

在 $Re=2000\sim4000$ 范围内，是由层流向紊流的转变过程。各种相对光滑度的实验点均集中在 bc 之间，由于过渡流态极不稳定，因此实验点数据散乱。

（3）水力光滑区

在 $Re>4000$ 后，不同相对光滑度的实验点，起初都集中在直线 cd 上，随着 Re 的加大，相对光滑度较小的管道，其试验点在较低的 Re 时就偏离直线 cd，而相对光滑度较大的管道，其试验点要在较大的 Re 时才偏离光滑区。在直线 cd 范围内，λ 只与 Re 有关而与 d/Δ 无关，且随 Re 的增大而减小，cd 也为一条下降直线。

（4）过渡粗糙区

即位于直线 cd 与虚直线 ef 之间的区域。在这个区域内，试验点已偏离光滑区直线 cd，不同相对光滑度的实验点各自分散成一条条波状曲线。λ 既与 Re 有关，又与 d/Δ 有关。

(5)水力粗糙区

虚直线 ef 以右的区域。在这个区域内，不同相对光滑度的实验点，分别落在一些与横坐标平行的直线上，λ 只与 d/Δ 有关，而与 Re 无关。由达西公式 $h_f=\lambda\dfrac{l}{d}\dfrac{v^2}{2g}$ 可见，沿程水头损失与流速的平方成正比，因此水力粗糙区又称为阻力平方区。

以上实验表明：紊流中 λ 确实取决于 Re 和 Δ/d 这两个因素。但是为什么紊流又分为三个阻力区，且各区的沿程阻力分数 λ 的变化规律又是如此不同呢？这个问题可用层流底层的存在来解释。

在水力光滑区，粗糙度 Δ 比层流底层的厚度 δ_0 小得多，粗糙完全被掩盖在层流底层以下，它对紊流核心的流动几乎没有影响。粗糙引起的扰动作用完全被层流底层内流体粘性的稳定作用所抑制，管壁粗糙对流动阻力和水头损失不产生影响，λ 只与 Re 有关，与 Δ/d 无关。

在紊流过渡区，层流底层变薄，粗糙开始影响到紊流核心区内的流动，加大了核心区内的紊动强度，增加了阻力和水头损失。这时，λ 不仅与 Re 有关，而且与 Δ/d 有关。

在水力粗糙区，层流底层更薄，粗糙突起高度几乎全部暴露在紊流核心中，粗糙的扰动作用已经成为紊流核心中惯性阻力的主要原因，Re 对紊流强度的影响与粗糙的影响相比已微不足道了，Δ/d 成了影响 λ 的惟一因素。

尼古拉兹实验比较完整地反映了沿程阻力系数 λ 的变化规律，揭示了影响 λ 变化的主要因素，它为沿程阻力系数和断面流速分布的测定、推导紊流的半经验公式提供了可靠的依据。

3. 人工粗糙管的沿程阻力系数 λ 的计算公式

在实验的基础上，尼古拉兹总结归纳了紊流光滑区 λ 的计算公式为

$$\frac{1}{\sqrt{\lambda}}=2\lg(Re\sqrt{\lambda})-0.8 \tag{4.6.1}$$

或写成

$$\frac{1}{\sqrt{\lambda}}=-2\lg\frac{2.51}{Re\sqrt{\lambda}} \tag{4.6.2}$$

适用范围：$Re<10^6$。

紊流粗糙区的 λ 公式为

$$\frac{1}{\sqrt{\lambda}}=2\lg\frac{d}{2\Delta}+1.74 \tag{4.6.3}$$

或写成

$$\frac{1}{\sqrt{\lambda}}=-2\lg\frac{\Delta}{3.7d} \tag{4.6.4}$$

适用范围：$Re>1140\dfrac{d}{\Delta}$。

式(4.6.1)～(4.6.4)都是半经验半理论公式，分别称为尼古拉兹光滑区公式和粗糙区公式。此外，还有许多直接由试验资料整理成的纯经验公式。这里只介绍两个应用最广的公式。

光滑区的布拉修斯(H. Blasius，德国)公式。布拉修斯于1913年在综合光滑区试验资料的基础上提出的指数公式应用最广，其形式为

$$\lambda = \frac{0.3164}{Re^{0.25}} \tag{4.6.5}$$

上式仅适用于$4000 < Re < 10^5$的情况，而尼古拉兹光滑区公式可适用于更大的范围。布拉修斯公式简单，计算方便，因此，得到了广泛的应用。

粗糙区的希弗林松公式

$$\lambda = 0.11\left(\frac{\Delta}{d}\right)^{0.25} \tag{4.6.6}$$

这也是一个指数公式，由于它的形式简单，计算方便，工程上也常采用。

4.6.2　工业管道沿程阻力系数

尼古拉兹曲线以及根据实验结果整理出来的紊流光滑区及粗糙区沿程阻力系数的计算公式极大地推动了紊流的研究，不过，直接将这些结果用在工业管道上还有一定困难。首先，尼古拉兹实验采用的是人工粗糙管，是将筛分后的均匀砂粒粘贴在管壁上形成的。而工业管道的粗糙是在制造过程中形成的，其粗糙物在形状、大小、分布规律等方面与人工粗糙管有很大差别。其次，公式(4.6.1)及公式(4.6.3)分别为水力光滑区和水力粗糙区紊流的沿程阻力系数计算公式，而工业管道大多处在过渡粗糙区，因此，须研究工业管道中的紊流运动。

1. 当量粗糙度

对人工均匀粗糙管可用砂粒直径来代表人工管道的绝对粗糙度Δ，但实际工程中管道的内壁粗糙度是无法直接量测的。

将工业管道和人工管道在同样试验条件下，进行沿程水头损失试验，把具有同一沿程阻力系数λ值的人工砂粒粗糙度作为工业管道的当量粗糙度，也以Δ表示。

常用工业管道的当量粗糙度见表4.6.1。

表4.6.1　工业管道的当量粗糙度

管道材料	Δ(mm)	管道材料	Δ(mm)
玻璃管	0.001	镀锌铁管(新)	0.15
无缝钢管(新)	0.014	镀锌铁管(旧)	0.5
无缝钢管(旧)	0.20	铸铁管(新)	0.3
焊接钢管(新)	0.06	铸铁管(旧)	1.2
焊接钢管(旧)	1.0	水泥管	0.5

2. 莫迪图

1939年，柯列布鲁克(C. F. Colebrook，英国)对自然粗糙管进行了研究，提出柯列布鲁克公式，1944年莫迪(Moody，美国)据此公式绘出工业管道不同相对粗糙度圆管的沿程阻

力系数 λ 与 Re的关系曲线，如图 4.6.3，称为莫迪图。

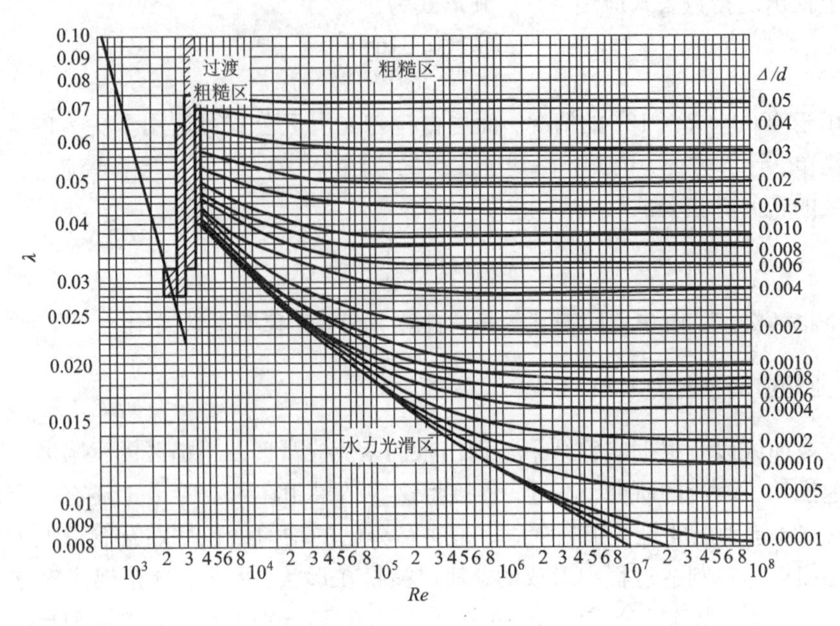

图 4.6.3 莫迪图

对比图 4.6.2(尼古拉兹图)与图 4.6.3(莫迪图)可见，在过渡粗糙区工业管道试验曲线和尼古拉兹曲线存在较大的差异：工业管道试验曲线在较小的 Re 下就偏离水力光滑区直线，且随着 Re 的增加平滑下降，而尼古拉兹曲线则存在着先下降再上升的过程。造成这种差异的原因有许多种解释，这里仅介绍一种。即认为引起差异的原因在于两种管道粗糙均匀性不同。在工业管道中粗糙是不均匀的，当层流底层比当量粗糙度还大很多时，粗糙中的最大糙粒就将提前对紊流核心内的紊动产生影响，使 λ 开始与 Δ/d 有关，试验曲线也就较早地离开了光滑区。随着 Re 的增大，层流底层越来越薄，对核心区内的流动能产生影响的糙粒越来越多，因而粗糙的作用是逐渐增加的。而尼古拉兹粗糙是均匀的，其作用几乎是同时产生，当层流底层的厚度开始小于糙粒高度之后，全部糙粒开始直接暴露在紊流核心内，促使紊流产生强烈的涡漩；同时，暴露在紊流核心内的糙粒部分随 Re 的增大而不断加大。因而沿程水头损失急剧上升。这就是为什么尼古拉兹试验中过渡粗糙区曲线产生上升的原因。

3. 柯列勃洛克

由上可见，尼古拉兹过渡粗糙区的试验资料对工业管道是完全不适用的。柯列勃洛克-怀特根据大量的工业管道试验资料，整理出工业管道过渡粗糙区曲线，并提出该曲线的方程为

$$\frac{1}{\sqrt{\lambda}}=-2\lg\left(\frac{\Delta}{3.7d}+\frac{2.51}{Re\sqrt{\lambda}}\right) \tag{4.6.7}$$

称为柯列勃洛克公式(以下简称柯氏公式)。它是尼古拉兹光滑区公式(4.6.2)和粗糙区公式(4.6.4)的机械结合：当 Re 值很小时，公式右边括号内的第二项很大，相对来说，第一项很小，这样，柯氏公式就接近尼古拉兹光滑区公式；当 Re 值很大时，公式右边括号内第

二项很小，公式接近尼古拉兹粗糙区公式。因此，柯氏公式不仅可适用于紊流过渡区，而且适用于紊流的三个阻力区，因此又称它为紊流的综合公式。

在采用紊流沿程阻力系数公式计算 λ 时，碰到的一个问题是：如何判别实际流动所处的紊流阻力流区呢？目前我国采用的紊流分区方法主要根据粗糙雷诺数 Re_* 与 $Re\delta$ 之比，即根据粘性底层厚度 δ_0 与绝对粗糙度 Δ 之比等方法。我国汪兴华教授根据柯氏公式适用于三个紊流阻力分区，它所代表的曲线是以尼古拉兹光滑区斜直线和粗糙区水平线为渐近线的特点，建议以柯氏公式(4.6.7)与尼古拉兹分区公式(4.6.2)和(4.6.4)的误差不大于2%为界来确立判别标准。具体如下：

紊流光滑区：　$2000 < Re \leqslant 0.32\left(\frac{d}{\Delta}\right)^{1.28}$

紊流过渡区：　$0.32\left(\frac{d}{\Delta}\right)^{1.28} < Re \leqslant 1000\left(\frac{d}{\Delta}\right)$

紊流粗糙区：　$Re > 1000\left(\frac{d}{\Delta}\right)$

由于柯氏公式广泛应用于工业管道的设计计算中，因此这种判别标准具有实用性。

此外，为了简化计算，还有一些学者提出了一些简化公式。如：

莫迪公式

$$\lambda = 0.0055\left[1 + \left(20000\frac{\Delta}{d} + \frac{10^6}{Re}\right)^{\frac{1}{3}}\right] \tag{4.6.8}$$

这是柯氏公式的近似公式。莫迪指出，此公式在 $4000 < Re < 10^7$，$\Delta/d \leqslant 0.01$，$\lambda < 0.05$ 时，与柯氏公式的误差不超过5%　。

阿里特苏里公式

$$\lambda = 0.11\left(\frac{\Delta}{d} + \frac{68}{Re}\right)^{0.25} \tag{4.6.9}$$

这也是柯氏公式的近似公式。它的形式简单，计算方便，是适用于紊流三个区的综合公式。当 Re 很小时括号内的第一项可忽略，公式实际上成为布拉修斯光滑区公式(4.6.5)。当 Re 很大时，括号内第二项可忽略，公式和粗糙区的希弗林松公式(4.6.6)一致。布拉修斯公式和尼古拉兹光滑区公式在 $Re < 10^5$ 时是基本一致的，而希弗林松公式和尼古拉兹粗糙区公式也十分接近。因此阿里特苏里公式和柯氏公式基本上也是一致的。

前苏联水力学专家舍维列夫(Фирс Александрович Щевелёв)在1953年进行了钢管和铸铁管的实验，提出计算过渡粗糙区及阻力平方区的沿程阻力系数的经验公式，称为舍维列夫公式：

$$\begin{cases} 过渡粗糙区(v<1.2\ \text{m/s})：\lambda = \dfrac{0.0179}{d^{0.3}}\left(1+\dfrac{0.867}{v}\right)^{0.3} & (4.6.10) \\ 阻力平方区(v\geqslant 1.2\ \text{m/s})：\lambda = \dfrac{0.021}{d^{0.3}} & (4.6.11) \end{cases}$$

式中：d 为内径，以 m 计。

注意：此公式主要适用于钢管和铸铁管。

【例4.6.1】　在管径 $d = 300$ mm，相对粗糙度 $\frac{\Delta}{d} = 0.002$ 的工业管道内，运动粘滞系数 $\nu = 1\times10^{-6}\ \text{m}^2/\text{s}$、$\rho = 999.23\ \text{kg/m}^3$ 的水以 3 m/s 的速度运动。试求：管长 $l = 300$ m 的

管道内的沿程水头损失 h_f。

【解】

$$Re=\frac{vd}{\nu}=\frac{3\times 0.3}{10^{-6}}=9\times 10^5$$

由图4.6.3查得，$\lambda=0.0238$，处于粗糙区。

也可用式(4.6.4)计算：

$$\frac{1}{\sqrt{\lambda}}=-2\lg\frac{\Delta}{3.7d}=-2\lg\frac{0.002}{3.7}$$

解得 $\lambda=0.0235$

可见查图和利用公式计算是很接近的。

$$h_f=\lambda\frac{l}{d}\frac{v^2}{2g}=0.0238\times\frac{300}{0.3}\times\frac{3^2}{2\times 9.8}\ \text{m}=10.8\ \text{m}$$

4.6.3 明渠流的沿程水头损失

实验研究表明，明渠(即渠道、河道等)紊流的沿程阻力规律与圆管紊流是类似的。1938年蔡克斯达(Зегжда，俄国)曾进行人工粗糙的矩形断面明渠流试验，得到了类似于尼古拉兹试验的沿程阻力系数变化曲线 $\lambda=f(Re,\frac{\Delta}{R})$，其中 R 表示水力半径，雷诺数 $Re=\frac{vR}{\nu}$。在土木、水利等实际工程中遇到的明渠流平均流速较大，一般处于阻力平方区(即紊流粗糙区)，流动阻力的变化规律相对简单一些。

早在1769年谢才对明渠均匀流进行了研究，总结出计算明渠均匀流流速或沿程水头损失的经验公式，这便是著名的谢才公式，其形式为

$$v=C\sqrt{RJ} \tag{4.6.12}$$

式中：v 为断面平均流速；R 为水力半径；J 为水力坡度；C 称为谢才系数。当初谢才认为 C 是常数，以后的分析和实验表明 C 不是常数。

若将谢才公式与达西公式比较，可以推得谢才系数 C 与沿程阻力系数 λ 的关系

$$\lambda=\frac{8g}{C^2}\ \text{或}\ C=\sqrt{\frac{8g}{\lambda}} \tag{4.6.13}$$

可见谢才公式与达西公式是一致的，只是表现形式不同。所以谢才公式也同达西公式一样既可应用于明渠流也可应用于管流。由于 λ 是无量纲的，由量纲分析法得，谢才系数 C 有量纲，其量纲是 $L^{\frac{1}{2}}T^{-1}$，单位为 $m^{\frac{1}{2}}/s$。

由式(4.6.12)可得沿程水头损失表达式

$$h_f=\frac{v^2}{C^2R}l \tag{4.6.14}$$

谢才系数 C 的确定，目前应用比较广的是曼宁(Manning，爱尔兰)公式。

$$C=\frac{1}{n}R^{\frac{1}{6}} \tag{4.6.15}$$

式中：R 为水力半径，以 m 计；n 为粗糙系数，简称糙率，各种情况下的糙率 n 值见表4.6.2，对于 $n<0.02$ m、$R<0.5$ m 的管道和小渠道，曼宁公式的适用性较好。

将曼宁公式代入式(4.6.13)得

$$n=\frac{1}{\sqrt{8g}}\lambda^{\frac{1}{2}}R^{\frac{1}{6}} \tag{4.6.16}$$

可见 n 取决于相对粗糙度、雷诺数以及水力半径。在大多数情况下，对于一定的壁面粗糙度，R 增大时 λ 会减小，R 和 λ 两者的变化几乎相抵，因此 n 变化很小。值得指出的是：就谢才公式(4.6.12)本身而言，可用于有压或无压均匀流的各阻力区。但是曼宁公式(4.6.15)计算的 C 值只与 n、R 有关，与 Re 无关，应用该式计算 C 值，则谢才公式在理论上仅适用于阻力平方区。

表 4.6.2　各种不同粗糙面的糙率 n

等级	边　壁　种　类	n	$\frac{1}{n}$
1	涂覆珐琅或釉质的表面;极精细刨光而拼合良好的木板	0.009	111.1
2	刨光的木板;纯粹水泥的粉饰面	0.010	100.0
3	水泥(含 1/3 细沙)粉饰面;安装和接合良好(新)的陶土、铸铁管和钢管	0.011	90.9
4	未刨的木板,但拼合良好;在正常情况下内无显著积垢的给水管;极洁净的排水管,极好的混凝土面	0.012	83.3
5	琢石砌体;极好的砖砌体;正常情况下的排水管;略微污染的给水管;非完全精密拼合的未刨木板	0.013	76.9
6	“污染”的给水管和排水管;一般的砖砌体;一般情况下渠道或管道的混凝土面	0.014	71.4
7	粗糙的砖砌体;未琢磨的石砌体;有洁净修饰的表面,石块安置平整,极污垢的排水管	0.015	66.7
8	普通块石砌体;状况满意的旧破砖砌体;较粗糙的混凝土;光滑的开凿得极好的崖岸	0.017	58.8
9	覆有坚厚淤泥层的渠槽;用致密黄土和致密卵石做成而为整片淤泥薄层所覆盖的均无不良情况的渠槽	0.018	55.6
10	很粗糙的块石砌体;用大块石的干砌体;碎石铺筑面;纯由岩山中开筑的渠槽;由黄土、卵石和致密泥土做成而为淤泥薄层所覆盖的渠槽(正常情况)	0.020	50.0
11	尖角的大块乱石铺砌;表面经过普通处理的岩石渠槽;致密粘土渠槽;由黄土、卵石和泥土做成而为非整片的(有些地方断裂的)淤泥薄层所覆盖的渠槽;大型渠槽受到中等以上的养护	0.0225	44.4
12	大型土渠受到中等养护的;小型土渠受到良好养护的;在有利条件下的小河和溪涧(自由流动无淤塞和显著水草等)	0.025	40.0
13	中等条件以下的大渠道;中等条件的小渠槽	0.0275	36.4
14	条件较坏的渠道和小河(例如有些地方有水草和乱石或显著的茂草,有局部的坍坡等)	0.030	33.3
15	条件很坏的渠道和小河,断面不规则,严重地受到石块和水草的阻塞等	0.035	28.6
16	条件特别坏的渠道和小河(沿河有崩崖的巨石、绵密的树根、深潭、坍岸等)	0.040	25.0

【例 4.6.2】 修建长 350 m 的钢筋混凝土输水管，直径 $d=250$ mm，通过流量 $Q=200$ m^3/h。试求沿程水头损失。

【解】

本题采用谢才公式计算。

$$R=\frac{d}{4}=0.0625 \text{ m}$$

$$A=\frac{\pi d^2}{4}=0.0491 \text{ m}^2$$

$$v=\frac{Q}{A}=1.13 \text{ m/s}$$

查表 4.6.2，选取糙率 $n=0.014$，由曼宁公式得

$$C=\frac{1}{n}R^{\frac{1}{6}}=45.0 \text{ m}^{\frac{1}{2}}/\text{s}$$

由谢才公式 $v=C\sqrt{RJ}$ 解得

$$h_f=\frac{v^2 l}{C^2 R}=3.54 \text{ m}$$

4.7 局部水头损失

由本章 4.1 节的叙述可知，局部水头损失产生于边壁沿程突变的区域。如图 4.7.1 中的流道突然扩大(缩小)，逐渐扩大(缩小)，弯头处的流动急剧转向，阀门处的突缩和突扩，三通连接处的汇流或分流等局部障碍处，由于边壁发生急剧变化，引起主流与固壁分离，使流场内部形成流速梯度较大的剪切层。在强剪切层内流动很不稳定，不断产生漩涡，漩涡体形成后继续发展(经过拉伸变形、失稳断裂、分裂成小漩涡等复杂过程)并向下游运动，最终在流体粘性的作用下将部分机械能转化为热能而散失。因此，流动局部阻力的根源是流道的局部突变，但流体能量的散失过程则是在一定的距离内发生。

局部水头损失的种类繁多，边壁的变化复杂多样，加上紊流运动本身的复杂性，目前尚难以通过机理分析来定量研究局部水头损失的规律，一般通过实验来确定局部水头损失

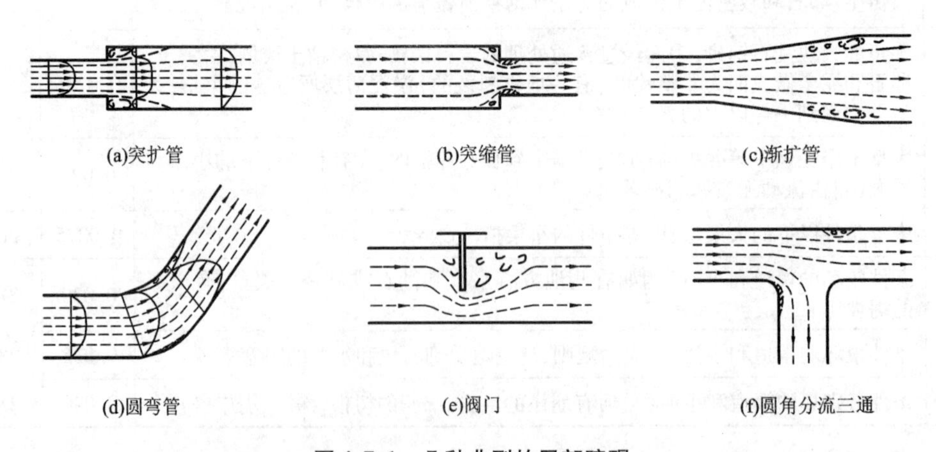

图 4.7.1 几种典型的局部障碍

的大小。尽管如此，对局部阻力和水头损失的规律进行定性分析还是必要的，它虽然不能完全解决局部损失的计算问题，但是对于解释和评估不同局部阻碍的损失大小，研究改善流道流动条件和减少局部水头损失的措施，以及提出正确、合理的设计方案等，都具有积极的意义。

4.7.1　局部水头损失的一般分析

从流动特征来分析，局部阻碍主要可分为过流断面的扩大或缩小；流动方向的改变；流量的汇入或分出等几种基本形式及其组合。从边壁的变化缓急来看，局部阻碍又分为突变和渐变两类。

各种局部阻碍条件下的流动状况和水头损失的研究表明，无论是改变流速的大小，还是改变流动的方向，也无论这种改变是渐变还是急变，局部水头损失总是和局部阻碍区域存在的漩涡相联系的。漩涡区域越大，漩涡强度越大，局部水头损失也越大。

主流与边壁脱离的区域内产生的漩涡，不断消耗主流的能量。同时，随着漩涡不断地迁移和扩散，下游流速分布的不均匀性和紊流脉动不断加剧，同样要消耗部分主流的能量。事实上，在局部阻碍范围内损失的能量，只占局部损失的一部分。另一部分是在局部阻碍下游一定长度的流段上损耗掉的。这段长度称为局部阻碍的影响长度。受局部阻碍干扰的流动，经过了影响长度之后，流速分布和紊流脉动才能恢复为均匀流动的正常状态。

对各种局部阻碍进行的大量实验研究表明，紊流的局部阻力系数 ζ 一般来说决定于局部阻碍的几何形状、固体壁面的相对粗糙度和雷诺数。即

$$\zeta = f(\text{局部阻碍形状}, \frac{\Delta}{d}, Re)$$

在不同情况下，各因素所起的作用不同，局部阻碍形状始终是一个起主导作用的因素。

4.7.2　圆管突然扩大的局部水头损失分析

圆管突扩的局部水头损失较为简单，能够在一定的假设条件下由理论分析导出。

图4.7.2所示圆管流动，在断面1-1处管道直径由 d_1 突然扩大到 d_2。实验观察发现，在边壁突变处主流脱离边壁，发生流动分离；在断面2-2处主流已恢复为充满整个管道断面；在断面1-1至2-2的范围内，主流与边壁之间形成环状回流区。回流区与主流的分界面是一个强剪切层。该层内漩涡产生与发展，使得分界面上发生流体质量、动量与能量的交换，部分能量被消耗，剪切层内形成的部分漩涡会进入主流并运动至下游逐渐衰灭。

下面应用流体运动的连续性、动量、能量三大方程来分析圆管突然扩大局部水头损失的大小。为此，设断面1-1上的平均流速为 v_1、压强为 p_1，断面2-2上的平均流速为 v_2、压强为 p_2，两断面均为渐变流；与局部水头损失 h_j 相比，断面1-1与2-2之间的沿程水头损失 h_f 很小，可以忽略。以0-0为基准面，列1-1和2-2断面的能量方程，将局部水头损失 h_j 表示成

$$\begin{aligned} h_j &= (z_1 + \frac{p_1}{\rho g} + \frac{\alpha_1 v_1^2}{2g}) - (z_2 + \frac{p_2}{\rho g} + \frac{\alpha_2 v_2^2}{2g}) \\ &= (z_1 + \frac{p_1}{\rho g}) - (z_2 + \frac{p_2}{\rho g}) + \frac{\alpha_1 v_1^2}{2g} - \frac{\alpha_2 v_2^2}{2g} \end{aligned} \tag{4.7.1}$$

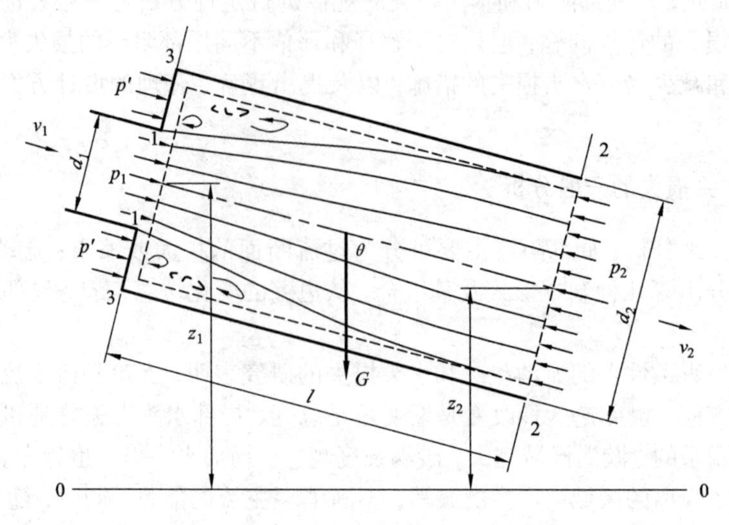

图 4.7.2 圆管突然扩大

选取断面 1 - 1 与 2 - 2 流段之间的流体为隔离体，设管段长度为 l、流量为 Q，以轴向(流向)为投影轴，建立动量方程

$$\rho Q(\beta_2 v_2 - \beta_1 v_1) = \sum F \tag{4.7.2}$$

分析隔离体上所受的外力：在断面 1 - 1 及 2 - 2 上为渐变流，流体动压强按静压强的规律分布，但在环形断面 1 - 3 部分为漩涡区，流体动压强无法计算，只能近似地假设按静压强分布，即 $p' = p_1$，据实验结果，已经证实了这种假设是符合实际的。因此，作用在断面 3 - 1 - 1 - 3 上有顺流向的总压力 $P_1 = p_1 A_2$，作用在断面 2 - 2 上有逆流向的总压力 $P_2 = p_2 A_2$。

因为 1 - 1 与 2 - 2 两断面之间的距离很短，作用在该流段四周表面上的摩擦阻力很小，可以忽略不计。此外，还有重力在流动方向的分量

$$G\cos\theta = \rho g A_2 l \cos\theta = \rho g A_2 (z_1 - z_2)$$

将上述作用力代入动量方程(4.7.2)得

$$p_1 A_2 - p_2 A_2 + \rho g A_2 (z_1 - z_2) = \rho Q(\beta_2 v_2 - \beta_1 v_1)$$

代入连续性方程 $Q = A_2 v_2$ 将上式改写成

$$\left(z_1 + \frac{p_1}{\rho g}\right) - \left(z_2 + \frac{p_2}{\rho g}\right) = \frac{v_2}{g}(\beta_2 v_2 - \beta_1 v_1)$$

将上式代入式(4.7.1)得

$$h_j = \frac{v_2}{g}(\beta_2 v_2 - \beta_1 v_1) + \frac{1}{2g}(\alpha_1 v_1^2 - \alpha_2 v_2^2)$$

紊流的断面流速分布较均匀，取 $\alpha_1 = \alpha_2 = \beta_1 = \beta_2 \approx 1$，代入上式并整理得

$$h_j = \frac{(v_1 - v_2)^2}{2g} \tag{4.7.3}$$

这就是圆管突然扩大的局部水头损失计算的理论公式。实验研究表明，在紊流条件下，该式较为准确，可以用于实际计算。

根据流动的连续性可知：$v_1=\frac{v_2A_2}{A_1}$，$v_2=\frac{v_1A_1}{A_2}$。因此，能够将圆管突然扩大局部水头损失的理论公式改写成式(4.1.3)的通用形式，即

$$h_j=(1-\frac{A_1}{A_2})^2\frac{v_1^2}{2g}=\zeta_1\frac{v_1^2}{2g} \tag{4.7.4}$$

或

$$h_j=(\frac{A_2}{A_1}-1)^2\frac{v_2^2}{2g}=\zeta_2\frac{v_2^2}{2g} \tag{4.7.5}$$

式中：$\zeta_1=\left(1-\frac{A_1}{A_2}\right)^2$ 与 $\zeta_2=\left(\frac{A_2}{A_1}-1\right)^2$ 为圆管突扩的局部阻力系数。

以上两式表明，局部水头损失的大小与流速水头成比例，紊流状态下的局部阻力系数与流道边壁的几何特征有关。

4.7.3　局部水头损失计算的通用公式

在本章4.1已叙述过，局部水头损失计算的通用公式为(4.1.3)式，即

$$h_j=\zeta\frac{v^2}{2g}$$

式中:局部阻力系数 ζ 值一般由试验测定，v 为发生局部水头损失之前(或之后)的断面平均流速，表4.7.1列出了管道及明渠中常用的一些局部阻力系数 ζ 值，可供计算时参考。值得提醒的是：查表时应特别注意标明的流速位置，计算时要使局部阻力系数 ζ 与流速水头相对应。

表4.7.1　常用管道及明渠的局部阻力系数

序号	名　称	示　意　图	ζ 值及其说明
1	断面突然扩大	A_1　v_1　A_2　v_2	$\zeta=\left(\frac{A_2}{A_1}-1\right)^2$ （应用 $h_j=\zeta\frac{v_2^2}{2g}$） $\zeta=\left(1-\frac{A_1}{A_2}\right)^2$ （应用 $h_j=\zeta\frac{v_1^2}{2g}$）
2	圆形渐扩管	A_1　α　v_2　A_2	$\zeta=k\left(\frac{A_2}{A_1}-1\right)^2$ （应用 $h_j=\zeta\frac{v_2^2}{2g}$） α°: 8° / 10° / 12° / 15° / 20° / 25° k: 0.14 / 0.16 / 0.22 / 0.30 / 0.42 / 0.62
3	断面突然缩小	A_1　A_2　v_2	$\zeta=0.5\left(1-\frac{A_2}{A_1}\right)$ （应用 $h_j=\zeta\frac{v_2^2}{2g}$）

<table>
<tr><th>序号</th><th>名 称</th><th>示 意 图</th><th>ζ 值 及 其 说 明</th></tr>
<tr><td>4</td><td>圆形渐缩管</td><td>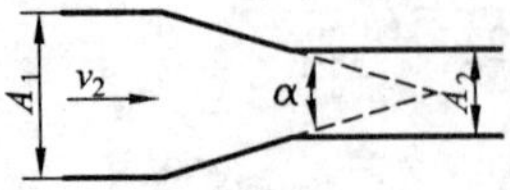</td><td>

$\zeta = k_1\left(\frac{1}{k_2}-1\right)^2$ （应用 $h_j = \zeta\frac{v_2^2}{2g}$）

<table>
<tr><td>α°</td><td>10°</td><td>20°</td><td>40°</td><td>60°</td><td>80°</td><td>100°</td><td>140°</td></tr>
<tr><td>k_1</td><td>0. 40</td><td>0. 25</td><td>0. 20</td><td>0. 20</td><td>0. 30</td><td>0. 40</td><td>0. 60</td></tr>
</table>

<table>
<tr><td>$\frac{A_2}{A_1}$</td><td>0. 1</td><td>0. 3</td><td>0. 5</td><td>0. 7</td><td>0. 9</td></tr>
<tr><td>k_2</td><td>0. 40</td><td>0. 36</td><td>0. 30</td><td>0. 20</td><td>0. 10</td></tr>
</table>
</td></tr>
<tr><td rowspan="2">5</td><td rowspan="2">管道进口</td><td>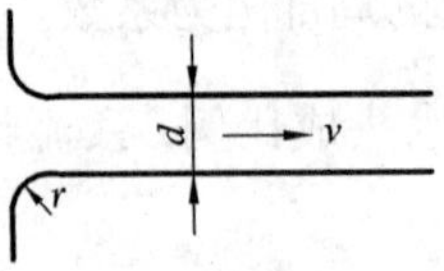
(a)</td><td>圆形喇叭口，$\zeta = 0.05$
完全修圆，$\frac{r}{d}\geqslant 0.15$，$\zeta = 0.10$
稍加修圆，$\zeta = 0.20 \sim 0.25$
直角进口，$\zeta = 0.50$</td></tr>
<tr><td>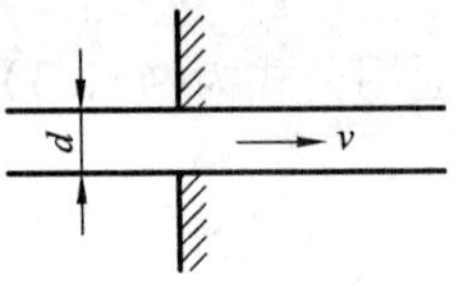
(b)</td><td>内插进口，$\zeta = 1.0$</td></tr>
<tr><td rowspan="2">6</td><td rowspan="2">管道出口</td><td>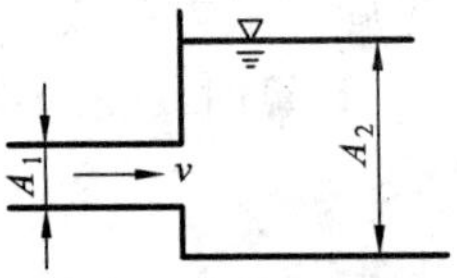
(a)</td><td>流入渠道，$\zeta = \left(1-\frac{A_1}{A_2}\right)^2$</td></tr>
<tr><td>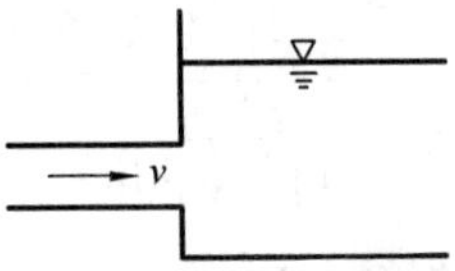
(b)</td><td>流入水池，$\zeta = 1.0$</td></tr>
<tr><td>7</td><td>折管</td><td>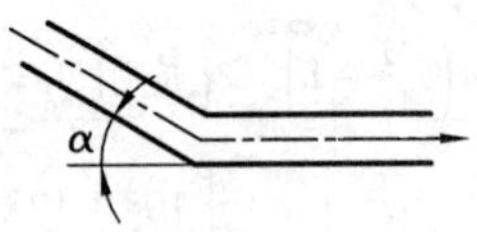</td><td>
<table>
<tr><td rowspan="2">圆形</td><td>α°</td><td>10°</td><td>20°</td><td>30°</td><td>40°</td><td>50°</td><td>60°</td><td>70°</td><td>80°</td><td>90°</td></tr>
<tr><td>ζ</td><td>0. 04</td><td>0. 1</td><td>0. 2</td><td>0. 3</td><td>0. 4</td><td>0. 55</td><td>0. 70</td><td>0. 90</td><td>1. 10</td></tr>
</table>

<table>
<tr><td rowspan="2">矩形</td><td>α°</td><td>15°</td><td>30°</td><td>45°</td><td>60°</td><td>90°</td></tr>
<tr><td>ζ</td><td>0. 025</td><td>0. 11</td><td>0. 26</td><td>0. 49</td><td>1. 20</td></tr>
</table>
</td></tr>
<tr><td>8</td><td>弯管</td><td>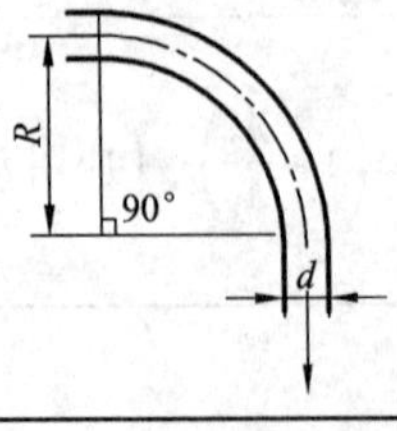</td><td>
<table>
<tr><td rowspan="4">α = 90°</td><td>d/R</td><td>0. 2</td><td>0. 4</td><td>0. 6</td><td>0. 8</td><td>1. 0</td></tr>
<tr><td>$\xi_{90°}$</td><td>0. 132</td><td>0. 138</td><td>0. 158</td><td>0. 206</td><td>0. 294</td></tr>
<tr><td>d/R</td><td>1. 2</td><td>1. 4</td><td>1. 6</td><td>1. 8</td><td>2. 0</td></tr>
<tr><td>$\xi_{90°}$</td><td>0. 440</td><td>0. 660</td><td>0. 976</td><td>1. 406</td><td>1. 975</td></tr>
</table>
</td></tr>
</table>

<table>
<tr><th>序号</th><th>名　称</th><th>示　意　图</th><th>ζ 值及其说明</th></tr>
<tr><td>9</td><td>缓弯管</td><td>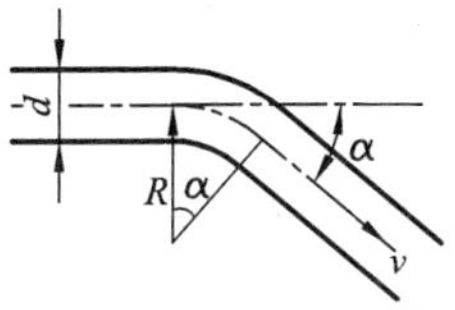</td><td>α 为任意角度，$\zeta=\kappa\zeta_{90^\circ}$
<table>
<tr><td>α°</td><td>20°</td><td>40°</td><td>60°</td><td>90°</td><td>120°</td><td>140°</td><td>160°</td><td>180°</td></tr>
<tr><td>κ</td><td>0.47</td><td>0.66</td><td>0.82</td><td>1.00</td><td>1.16</td><td>1.25</td><td>1.33</td><td>1.41</td></tr>
</table></td></tr>
<tr><td rowspan="2">10</td><td rowspan="2">分岔管</td><td>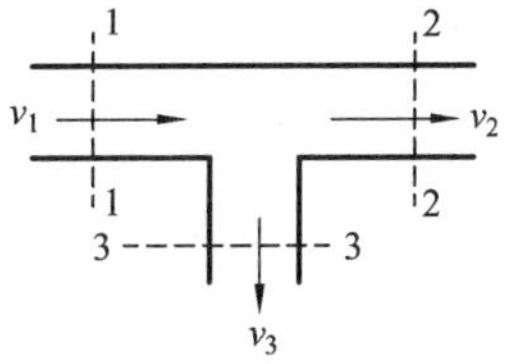</td><td>$\zeta_{1-3}=2$，$h_{j1-3}=2\dfrac{v_3^2}{2g}$，
$h_{j1-2}=\dfrac{v_1^2-v_2^2}{2g}$</td></tr>
<tr><td colspan="2"><table><tr><td>
$\zeta=0.5$</td><td>
$\zeta=1.0$</td><td>
$\zeta=3.0$</td><td>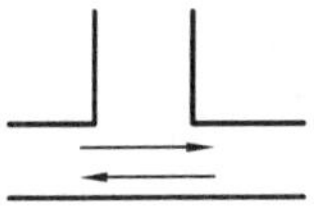
$\zeta=0.1$</td><td>
$\zeta=1.5$</td></tr></table></td></tr>
<tr><td>11</td><td>板式阀门</td><td>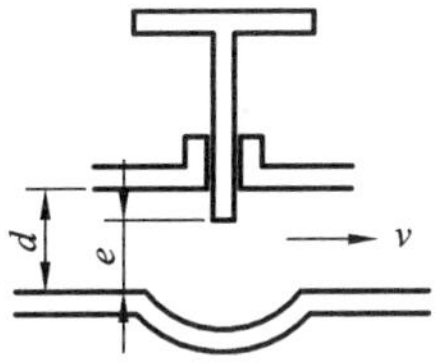</td><td><table>
<tr><td>e/d</td><td>0</td><td>0.125</td><td>0.2</td><td>0.3</td><td>0.4</td><td>0.5</td></tr>
<tr><td>ζ</td><td>∞</td><td>97.3</td><td>35.0</td><td>10.0</td><td>4.60</td><td>2.06</td></tr>
</table>
<table>
<tr><td>e/d</td><td>0.6</td><td>0.7</td><td>0.8</td><td>0.9</td><td>1.0</td></tr>
<tr><td>ζ</td><td>0.98</td><td>0.44</td><td>0.17</td><td>0.06</td><td>0</td></tr>
</table></td></tr>
<tr><td>12</td><td>蝶阀</td><td>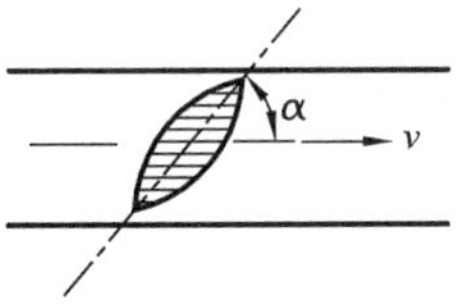</td><td><table>
<tr><td>α°</td><td>5°</td><td>10°</td><td>15°</td><td>20°</td><td>25°</td><td>30°</td><td>35°</td></tr>
<tr><td>ζ</td><td>0.24</td><td>0.52</td><td>0.90</td><td>1.54</td><td>2.51</td><td>3.91</td><td>6.22</td></tr>
</table>
<table>
<tr><td>α°</td><td>40°</td><td>45°</td><td>50°</td><td>55°</td><td>60°</td><td>65°</td><td>70°</td></tr>
<tr><td>ζ</td><td>10.8</td><td>18.7</td><td>32.6</td><td>58.8</td><td>118</td><td>256</td><td>751</td></tr>
</table>
<table>
<tr><td>α°</td><td>90°</td><td>全　开</td></tr>
<tr><td>ζ</td><td>∞</td><td>0.1～0.3</td></tr>
</table></td></tr>
<tr><td>13</td><td>截止阀</td><td>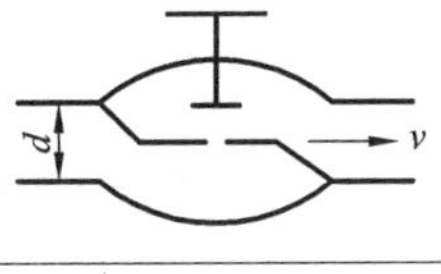</td><td><table>
<tr><td>d(cm)</td><td>15</td><td>20</td><td>25</td><td>30</td><td>35</td><td>40</td><td>50</td><td>≥60</td></tr>
<tr><td>ζ</td><td>6.5</td><td>5.5</td><td>4.5</td><td>3.5</td><td>3.0</td><td>2.5</td><td>1.8</td><td>1.7</td></tr>
</table></td></tr>
<tr><td>14</td><td>滤水网</td><td>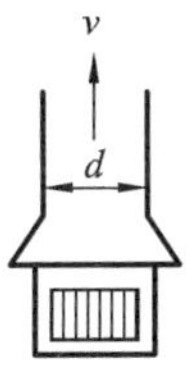
无底阀
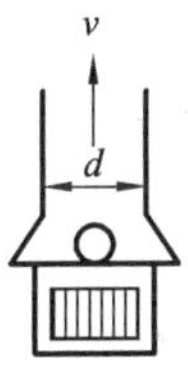
有底阀</td><td>无底阀：$\zeta=2\sim3$
有底阀：
<table>
<tr><td>d(cm)</td><td>4.0</td><td>5.0</td><td>7.5</td><td>10</td><td>15</td><td>20</td></tr>
<tr><td>ζ</td><td>12</td><td>10</td><td>8.5</td><td>7.0</td><td>6.0</td><td>5.2</td></tr>
</table>
<table>
<tr><td>d(cm)</td><td>25</td><td>30</td><td>35</td><td>40</td><td>50</td><td>75</td></tr>
<tr><td>ζ</td><td>4.4</td><td>3.7</td><td>3.4</td><td>3.1</td><td>2.5</td><td>1.6</td></tr>
</table></td></tr>
</table>

还须指出的是，由于实验条件的差异，对于某一个局部损失，查不同的手册和参考书所得的系数往往不尽相同，因此这些系数往往只能供规划和初步设计使用，对重要的工程应该通过实验自行确定。

【例 4.7.1】 水从一水箱经过两段水管流入另一水箱，如图 4.7.3 所示。$d_1 = 15$ cm，$l_1 = 30$ m，$\lambda_1 = 0.03$，$H_1 = 5$ m，$d_2 = 25$ cm，$l_2 = 50$ m，$\lambda_2 = 0.025$，$H_2 = 3$ m。水箱尺寸很大，可认为箱内水面保持恒定，在计算沿程损失与局部损失时，试求其流量。

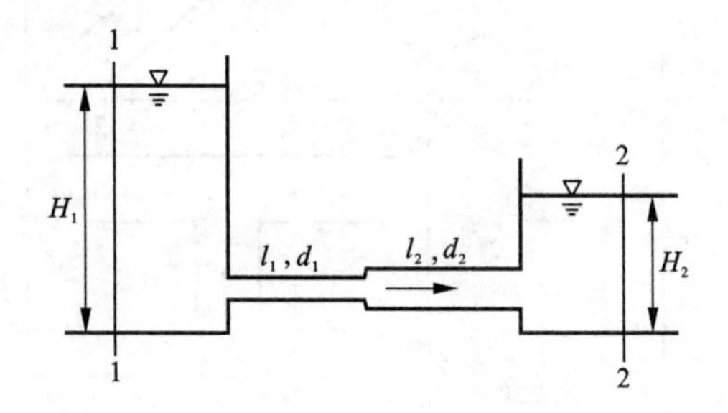

图 4.7.3 例 4.7.1 图

【解】

对 1－1 和 2－2 断面列能量方程，因水箱截面积远大于管道断面面积，故水箱流速远小于管道流速，因此可略去水箱的流速，得

$$H_1 - H_2 = \sum h_w$$

$$\sum h_w = \zeta_{进口}\frac{v_1^2}{2g} + \zeta_{突扩}\frac{v_1^2}{2g} + \zeta_{出口}\frac{v_2^2}{2g} + \lambda_1\frac{l_1}{d_1}\frac{v_1^2}{2g} + \lambda_2\frac{l_2}{d_2}\frac{v_2^2}{2g}$$

$$\zeta_{突扩} = \left(1 - \frac{A_1}{A_2}\right)^2 = \left(1 - \frac{d_1^2}{d_2^2}\right)^2$$

代入连续性方程 $v_2 = v_1\dfrac{A_1}{A_2} = v_1\left(\dfrac{d_1}{d_2}\right)^2$ 得

$$\sum h_w = \frac{v_1^2}{2g}\left[\zeta_{进口} + \left(1 - \frac{d_1^2}{d_2^2}\right)^2 + \zeta_{出口}\left(\frac{d_1}{d_2}\right)^4 + \lambda_1\frac{l_1}{d_1} + \lambda_2\frac{l_2}{d_2}\left(\frac{d_1}{d_2}\right)^4\right]$$

查表 4.7.1 知 $\zeta_{进口} = 0.50$，$\zeta_{出口} = 1$，所以

$$\begin{aligned}\sum h_w &= \frac{v_1^2}{2g}\left[0.50 + \left(1 - \frac{0.15^2}{0.25^2}\right)^2 + 1 \times \left(\frac{0.15}{0.25}\right)^4 + 0.03 \times \frac{30}{0.15} + 0.025 \times \frac{50}{0.25} \times \left(\frac{0.15}{0.25}\right)^4\right] \\ &= 7.69\,\frac{v_1^2}{2g}\end{aligned}$$

$$v_1 = \sqrt{\frac{2g(H_1 - H_2)}{7.69}} = \sqrt{\frac{2 \times 9.8 \times (5 - 3)}{7.69}}\ \text{m/s} = 2.26\ \text{m/s}$$

通过此管路流出的流量

$$Q = A_1 v_1 = \frac{\pi}{4}d_1^2 v_1 = \frac{\pi}{4} \times 0.15^2 \times 2.26\ \text{m}^3/\text{s} = 0.04\ \text{m}^3/\text{s} = 40\ \text{L/s}$$

本章小结

本章以理论研究结合经典实验结果，阐述了流动阻力和水头损失的规律及其计算方法。

1. 按流动边界条件的不同，将流动阻力及由此产生的水头损失 h_w 分为沿程水头损失 h_f 与局部水头损失 h_j。

$$h_w = h_f + h_j = \lambda \frac{l}{d}\frac{v^2}{2g} + \zeta \frac{v^2}{2g}$$

2. 粘性流体存在两种不同的流态——层流和紊流，临界雷诺数是判别流态的标准。不同流态，水头损失的规律不同。

层流　$Re = \frac{vd}{\nu} < 2000$　或　$Re = \frac{vR}{\nu} < 500$，$h_f \propto v^{1.0}$

紊流　$Re > 2000$　或　$Re > 500$，$h_f \propto v^{1.75 \sim 2.0}$

3. 均匀流基本方程 $\tau_0 = \rho gRJ$ 建立了沿程水头损失与切应力的关系。不同流态切应力的产生和变化有本质不同，最终决定层流和紊流水头损失的规律不同。

4. 圆管层流切应力 $\tau = -\mu \frac{\mathrm{d}u}{\mathrm{d}r}$，流速按抛物线分布 $u = \frac{\rho gJ}{4\mu}(r_0^2 - r^2)$，沿程阻力系数 $\lambda = \frac{64}{Re}$。

5. 紊流的特征是质点掺混和紊流脉动。紊流的切应力包括粘性切应力和附加切应力两部分；紊流流速按对数(或指数)规律分布，比层流分布要均匀；不同阻力区，紊流沿程阻力系数 λ 不同。

6. 尼古拉兹实验全面揭示了沿程阻力系数 λ 的变化规律，不同阻力区 λ 的影响因素不同，计算公式不同。具体见表4.8。

7. 局部水头损失的主要原因是主流脱离边壁，形成漩涡区。一般情况下，局部水头损失系数值决定于局部阻碍的形状，由实验确定。

表4.8　不同流区沿程阻力系数 λ 及沿程水头损失 h_f 的变化规律

达西公式：$h_f = \lambda \frac{l}{4R}\frac{v^2}{2g}$

流态	流区	流区判断条件	λ 与 Re、$\frac{\Delta}{d}$ 的关系	λ 的计算公式	h_f 与 v 的关系
层流	层流区	$Re < 2000$	λ 随 Re 数的变化呈直线下降，与 $\frac{\Delta}{d}$ 无关。	$\lambda = \frac{64}{Re}$	$h_f \propto v^{1.0}$
过渡流态	层流⇔紊流的形态转化区	$2000 < Re < 4000$	试验点数据散乱	无成熟计算公式	

流态	流区	流区判断条件	λ 与 Re、$\frac{\Delta}{d}$ 的关系	λ 的计算公式	h_f 与 v 的关系
紊流	紊流光滑区（水力光滑区）	$2000 < Re \leqslant 0.32(\frac{d}{\Delta})^{1.28}$	$\lambda = f(Re)$，与$\frac{\Delta}{d}$无关。	尼古拉兹公式：$\frac{1}{\sqrt{\lambda}} = -2\lg\frac{2.51}{Re\sqrt{\lambda}}$ 布拉修斯公式：$\lambda = \frac{0.3164}{Re^{0.25}}$	$h_f \propto v^{1.75}$
	紊流过渡区（过渡粗糙区）	$0.32\left(\frac{d}{\Delta}\right)^{1.28} < Re \leqslant 1000\left(\frac{d}{\Delta}\right)$	$\lambda = f(Re, \frac{\Delta}{d})$	柯列布鲁克－怀特公式：$\frac{1}{\sqrt{\lambda}} = -2\lg\left(\frac{2.51}{Re\sqrt{\lambda}} + \frac{\Delta}{3.7d}\right)$ 舍维列夫公式：$\lambda = \frac{0.0179}{d^{0.3}}(1 + \frac{0.867}{v})^{0.3}$ 适用范围：$v < 1.2$ m/s	
	紊流粗糙区（阻力平方区、完全粗糙区）	$Re > 1000\left(\frac{d}{\Delta}\right)$	对给定管道：$\lambda = f\left(\frac{\Delta}{d}\right) = C$，与 Re 数无关	尼古拉兹公式：$\frac{1}{\sqrt{\lambda}} = -2\lg\left(\frac{\Delta}{3.7d}\right)$ 舍维列夫公式：$\lambda = \frac{0.021}{d^{0.3}}$ 适用范围：$v \geqslant 1.2$ m/s 谢才公式：$v = C\sqrt{RJ}$ 其中 $C = \frac{1}{n}R^{\frac{1}{6}}$ 希弗林松公式：$\lambda = 0.11\left(\frac{\Delta}{d}\right)^{0.25}$	$h_f \propto v^{2.0}$

思考题

4.1 雷诺数有什么物理意义？为什么它能起到判别流态的作用？

4.2 为何不能直接用临界流速作为判别层流和紊流的标准？

4.3 常温下，水和空气在相同的管道中以相同的速度流动，哪种流体易为紊流？

4.4 怎样理解层流和紊流切应力的产生和变化规律不同，而均匀流基本方程 $\tau_0 = \rho gRJ$ 对两种流态都适用？

4.5 紊流的主要特征是什么？紊流有脉动现象，但又有恒定流，二者有无矛盾？为什么？

4.6　紊流阻力和层流阻力相比有何不同？紊流惯性切应力产生的原因是什么？

4.7　层流时壁面的绝对粗糙度对流体的流动有无影响？

4.8　何谓粘性(层流)底层？它对实际流动有何意义？

4.9　不同流区沿程阻力系数 λ 的影响因素是什么？

4.10　什么是当量粗糙度？

4.11　造成局部水头损失的原因是什么？

4.12　水流通过一串联管道，已知小管直径为 d_1，雷诺数为 Re_1，大管直径为 d_2，雷诺数为 Re_2，当$\frac{d_1}{d_2}=\frac{1}{2}$时，则雷诺数的比值$\frac{Re_1}{Re_2}=$______。

4.13　两根直径不等的管道，1管输油，2管输水，两管道的流速不同，油和水的下临界雷诺数分别为 Re_{k1} 和 Re_{k2}，则它们的关系是____。

①$Re_{k1}>Re_{k2}$　②$Re_{k1}=Re_{k2}$　③$Re_{k1}<Re_{k2}$　④无法确定

4.14　圆管流动过流断面上切应力分布为______。

①在过流断面上是常数　②管轴处是零，且与半径成正比

③管壁处是零，向管轴线性增大　④按抛物线分布

4.15　水在垂直管内由上向下流动，相距 l 的两断面间，测压管水头差 h，两断面间沿程水头损失 h_f，则____。

①$h_f=h$　②$h_f=h+l$　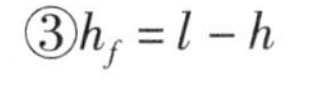③$h_f=l-h$　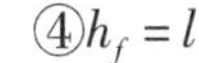④$h_f=l$

4.16　如图 A、B 两种截面管道，已知管长相同，沿程阻力系数与沿程水头损失相等，则通过均匀流的流量为______。

①$Q_A>Q_B$　②$Q_A<Q_B$

③$Q_A=Q_B$　④无法确定

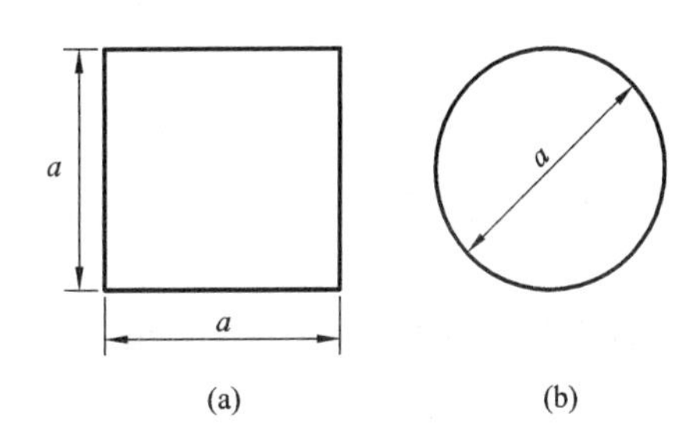

思考题4.16图

4.17　图示两根测压管的水面高差 h 代表局部水头损失的是______。

①图(a)　②图(b)

③图(c)　④以上答案都不对

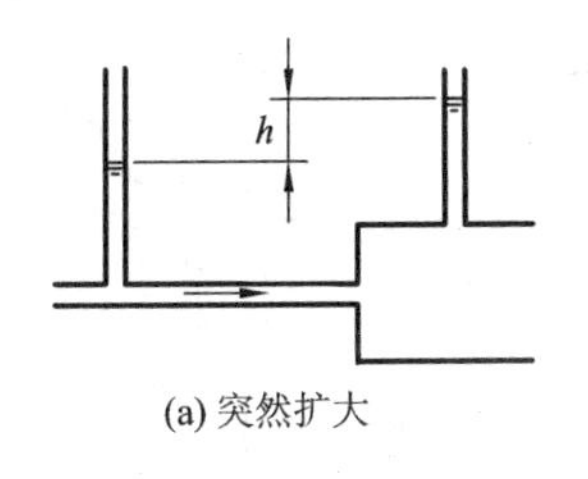

(a) 突然扩大

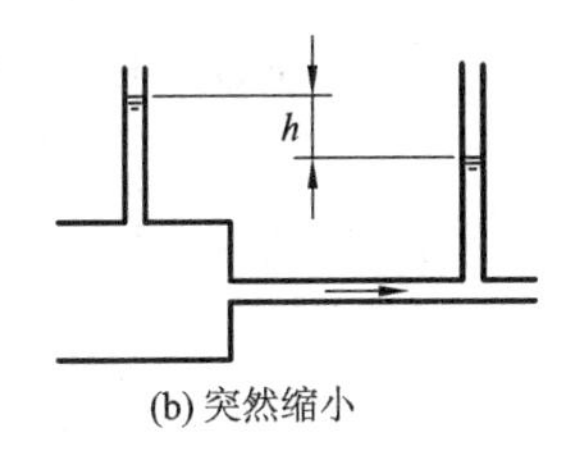

(b) 突然缩小

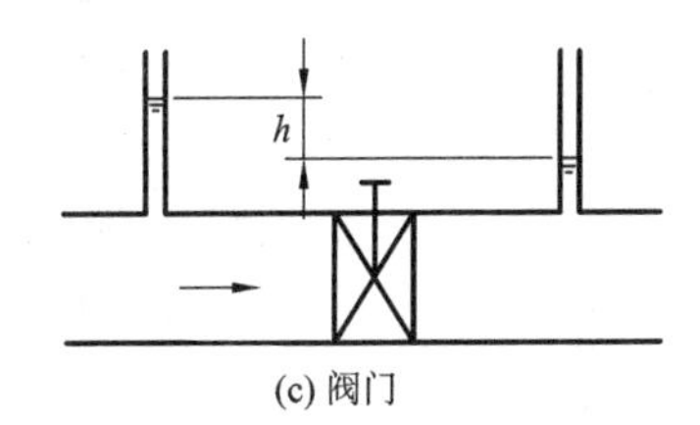

(c) 阀门

思考题4.17图

习 题

4.1 用直径 $d=100$ mm 的管道，输送流量为 10 kg/s 的水，如水温为5℃，试确定管内水的流态。如用这管道输送同样质量流量的石油，已知石油密度 $\rho=850$ kg/m^3，运动粘滞系数 $\nu=1.14$ cm^2/s，试确定石油的流态。

4.2 有一圆形风道，管径为 $d=300$ mm，输送的空气温度为20℃，求气流保持层流时的最大流量。若输送的空气量为 200 kg/h，气流是层流还是紊流？

4.3 设圆管直径 $d=200$ mm，管长 $l=1000$ m，输送石油的流量 $Q=40$ L/s，运动粘滞系数 $\nu=1.6$ cm^2/s，求沿程水头损失。

4.4 设有一均匀流管路，直径 $d=200$ mm，水力坡度 $J=0.8\%$，试求边壁切应力 τ_0 和长度 $l=200$ m 管路上的沿程损失。

4.5 某铸铁管直径 $d=50$ mm，当量粗糙度 $\Delta=0.25$ mm，水的流量为 3 L/s，水温 $t=20$ ℃，求在管长 $l=500$ m 的管道中的沿程水头损失。

4.6 为确定输水管路的沿程阻力系数的变化特性，在长为 20m 的管段上，设有一水银压差计以量测两断面的压强差，如图所示。管路直径为 15 cm，某一测次测得：流量 $Q=40$ L/s，水银面高差 $\Delta h=8$ cm，水温 $t=10$℃。试求：(1)沿程阻力系数；(2)管段的沿程水头损失；(3)判别管中水流形态。

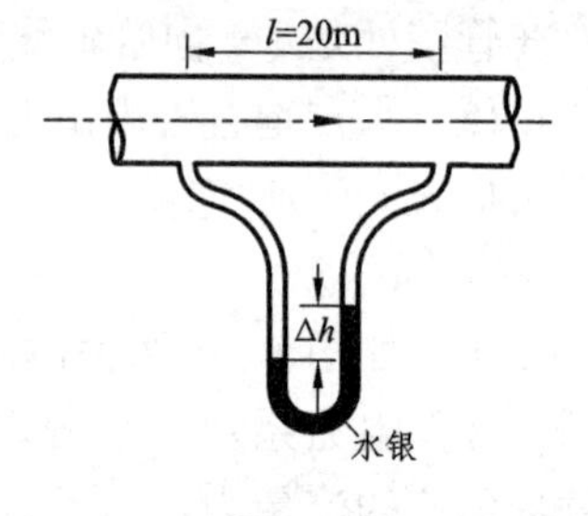

习题 4.6 图

4.7 长度 10 m，直径 $d=50$ mm 的水管，测得流量为 4 L/s，沿程水头损失为 1.2 m，水温为20℃，求该种管材的 Δ 值。

4.8 有一管路，通水多年，由于管路锈蚀，发现在水头损失相同的条件下，流量减少了一半，试估算此旧管的管壁相对粗糙度(假设新管时流动处于光滑区，锈蚀后流动处于粗糙区)。

4.9 有一输水管路，直径 $d=15$ cm，当量粗糙度 $\Delta=0.3$ mm，液体运动粘度 $\nu=0.0131$ cm^2/s，已测得管流水力坡度 $J=0.03$，试求管中流量。

4.10 混凝土矩形断面渠道，底宽 $b=1.2$ m，水深 $h=0.8$ m，曼宁粗糙系数 $n=0.014$，通过流量 $Q=1$ m^3/s，求水力坡度。

4.11 一梯形灌溉渠道，断面如图所示。底宽 $b=5$ m，水深 $h=1.5$ m，水流为均匀流动，渠道边壁为坚实壤土，粗糙系数 $n=0.022$。试求：(1)谢才系数 C；(2)当通过流量 $Q=13$ m^3/s 时，在长度为 500 m 渠道上的水头损失。

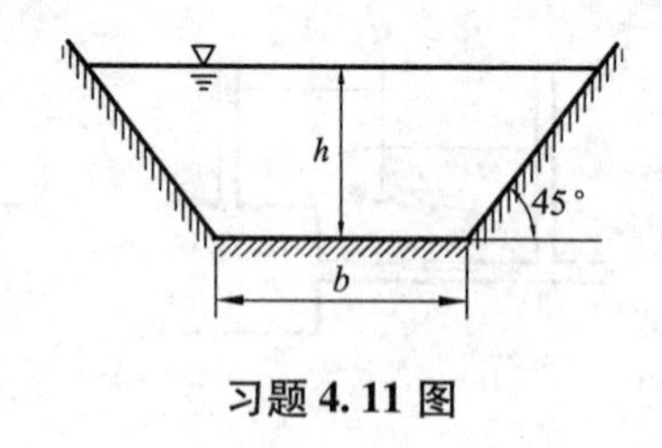

习题 4.11 图

4.12 烟囱的直径 $d=1$ m，通过的烟气流量 $Q=18000$ kg/h，烟气的密度 $\rho=0.7$ kg/m^3，外面大气的密度按 $\rho=1.29$ kg/m^3 考虑，如烟道的 $\lambda=0.035$，要保证烟囱底部的负压不小于 100 N/m^2，烟囱的高度至少应为多少？

4.13　水箱中的水通过等直径的垂直管道向大气流出。水箱的水深为 H，管道直径为 d，管道长为 l，沿程阻力系数为 λ，局部阻力系数为 ζ，试问在什么条件下，流量随管长的增加而减小？

4.14　两水池水位恒定，已知管道直径 $d=10$ cm，管长 $l=20$ m，沿程阻力系数 $\lambda=0.042$，局部阻力系数 $\zeta_{弯}=0.8$，$\zeta_{阀}=0.26$，通过流量 $Q=65$ L/s，试求水池水面高差 H。

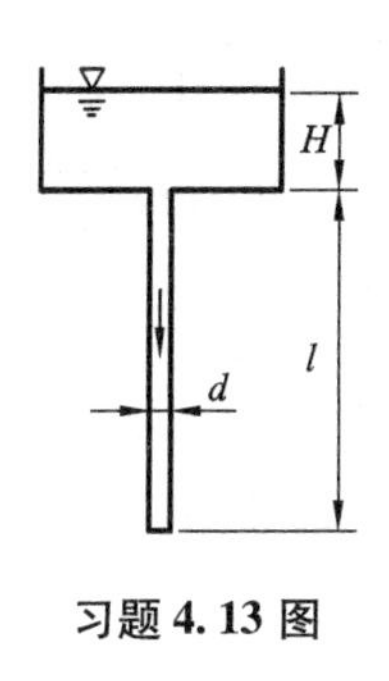

习题 4.13 图

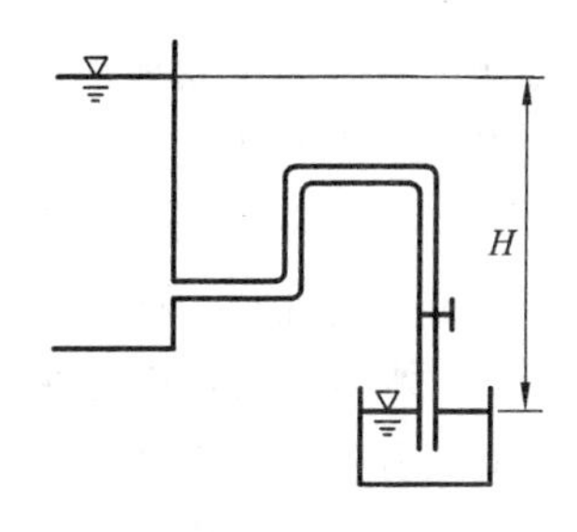

习题 4.14 图

4.15　有一突然扩大的圆管，小管径 $d_1=5$ cm，大管径 $d_2=10$ cm，为测定突然扩大局部阻力系数 ζ，在突扩前后断面上设一水银压差计测量两断面压强差，如图所示。当管中流量 $Q=15$ L/s 时，水银压差计高差 $\Delta h=38$ cm。试求突然扩大的局部阻力系数 ζ。

4.16　用突然扩大使管道的平均流速由 v_1 减到 v_2，若直径 d_1 及流速 v_1 一定，试求使测压管液面差 h 成为最大的 v_2 及 d_2 是多少？并求最大 h 值。

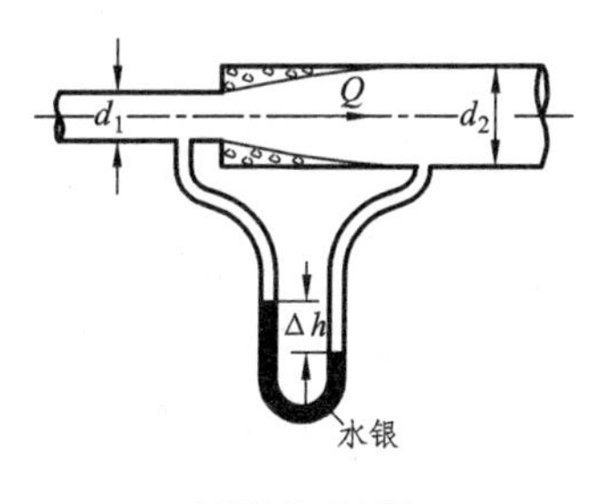

习题 4.15 图

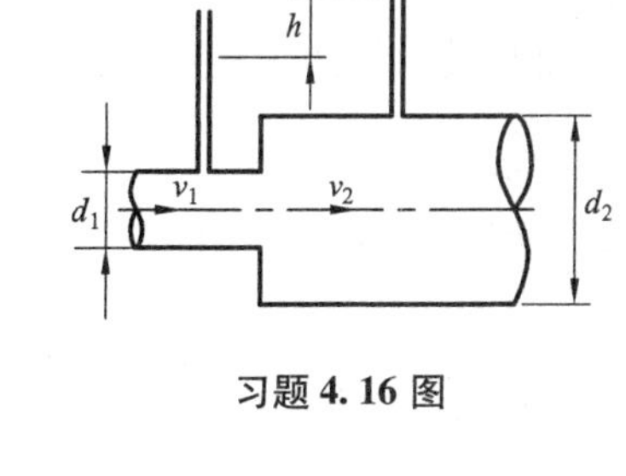

习题 4.16 图

4.17　流速由 v_1 变为 v_3 的突然扩大管，若中间加一中等直径的管段，使其形成两次突然扩大。试求：(1)中间管段中流速取何值时总的局部水头损失最小；(2)计算两级扩大时的局部水头损失最小值与一次扩大时局部水头损失的比值。

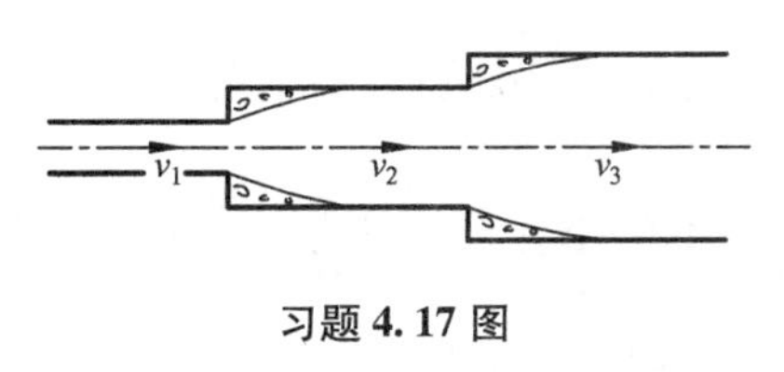

习题 4.17 图

4.18　一段直径 $d=100$ mm 的管路长 $l=10$ m。其中有两个 90°的弯管（$d/R=1.0$）。管段的沿程阻力系数 $\lambda=0.037$。如拆除这两个弯管而管段长度不变，作用于管段两端的总水头也维持不变，问管段中的流量能增加百分之几？

第5章　孔口、管嘴出流及有压管流

前面几章我们讨论了流体运动的基本规律和水头损失的计算方法。从本章开始，将把工程中常见的流动现象按其特征归纳成不同类型的典型流动，分析讨论这些流动的计算理论和方法。

本章将要讨论的孔口、管嘴出流和有压管流，是工程中常见的流动现象，例如给排水工程中的各类取水、泄水孔中的水流，某些流量量测设备，通风工程中通过门、窗的气流等都与孔口出流有关；水流经过路基下的有压短涵管、水坝中泄水管、消防水枪和水力机械化施工用的水枪等属于管嘴出流；有压管流则是市政建设、给水排水、采暖通风、交通运输、水利水电等工程中最常见的流动。本章将主要运用总流的连续性方程、能量方程和水头损失规律，来研究孔口、管嘴与有压管道的过流能力（流量）、流速与压强的计算及其工程应用。将孔口、管嘴出流和有压管道流动归为一类，这是因为它们的流动现象和计算原理相似，而且通过从短（孔口）到长（长管）的讨论，可以更好地理解和掌握这一类流动现象的计算基本原理和相互之间的区别。

5.1　孔口出流

5.1.1　薄壁小孔口恒定出流

如图5.1.1所示，在盛有液体的容器侧壁上开孔，液体将从孔中流出，这种液流现象称为孔口出流。当容器中液面保持恒定不变时，通过孔口的液流为恒定流。若孔壁很薄，容器边壁与出流流股的接触面只有一条周界线，孔壁厚度对流线形状不发生影响，称为薄壁孔口。当孔口直径 d 与孔口中心至自由液面的高差（称为作用水头）H 的比值 $\frac{d}{H}\leqslant\frac{1}{10}$ 时，可认为孔口断面上各点的水头都相等，称为小孔口；当 $\frac{d}{H}>\frac{1}{10}$ 时，则为大孔口，大孔口断面上各点的水头一般不相等。

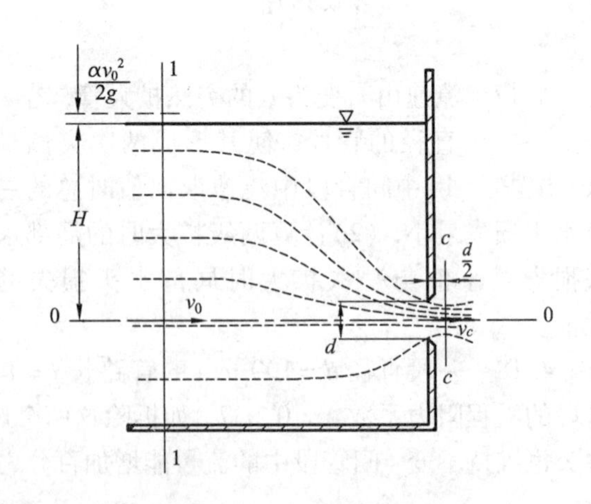

图5.1.1　孔口自由出流

1. 小孔口自由出流

孔口流出的液流直接进入大气时称为孔口自由出流，如图5.1.1。

孔口出流时容器内的液体质点将由远

而近地向孔口方向移动，在远离孔口的地方流速较小，且流线接近于与孔口中心线平行的直线，逐渐流向孔口时，流线开始弯曲，以便逐渐改变其流向。因为流线只能平顺地逐渐弯曲，不能转折，所以在孔口平面上，流线互不平行，都有向孔口中心汇集的趋势，因而在孔口平面之后，流股继续收缩，其横断面积小于孔口面积，这种现象称为过流断面的收缩。

通过实验观测，在离开孔口平面距离约为$\frac{1}{2}d$的断面，流股收缩至最小，流线趋于平行，而后由于空气阻力的影响，流速降低，流股又开始扩散，我们将此流股收缩至最小的断面称为收缩断面 $c-c$。设孔口断面面积为 A，收缩断面面积为 A_c，则孔口出流的收缩系数 $\varepsilon=\frac{A_c}{A}$，实验证明，对于薄壁小孔口：$\varepsilon=0.63\sim0.64$。

为推导孔口出流的基本公式，选取距孔口足够远的符合渐变流条件的上游断面 $1-1$，流速为 v_0（称为行近流速），收缩断面 $c-c$，流速为 v_c；以过孔口中心的水平面为基准面 $0-0$，$1-1$ 断面的计算点选在自由表面上，$z_1=H$，$\frac{p_1}{\rho g}=0$；$c-c$ 断面的计算点选在断面中心上，$z_c=0$，同时由实验可知：对于小孔口，$c-c$ 断面上流体动压强与大气压强接近，$\frac{p_c}{\rho g}=0$。对断面 $1-1$ 和 $c-c$ 列能量方程

$$H+\frac{\alpha_0 v_0^2}{2g}=\frac{\alpha_c v_c^2}{2g}+h_w$$

孔口出流时，沿流动方向流程很短，沿程水头损失很小，水头损失只计算局部水头损失

$$h_w=h_j=\zeta_0\frac{v_c^2}{2g}$$

式中：ζ_0——流经孔口的局部阻力系数。

若令 H_0 表示包括行近流速水头在内的孔口作用全水头，即 $H_0=H+\frac{\alpha_0 v_0^2}{2g}$，则收缩断面的流速

$$v_c=\frac{1}{\sqrt{\alpha_c+\zeta_0}}\sqrt{2gH_0}=\varphi\sqrt{2gH_0} \tag{5.1.1}$$

式中：φ——孔口自由出流的流速系数，$\varphi=\frac{1}{\sqrt{\alpha_c+\zeta_0}}\approx\frac{1}{\sqrt{1+\zeta_0}}$，经实验测得：孔口自由出流时 $\varphi=0.97\sim0.98$。

小孔口自由出流的流量

$$Q=A_c v_c=\varepsilon A\varphi\sqrt{2gH_0}=\mu A\sqrt{2gH_0} \tag{5.1.2}$$

式中：μ——孔口自由出流的流量系数，$\mu=\varepsilon\varphi$，$\mu=0.60\sim0.62$。

由以上分析可见，流速系数 φ 及流量系数 μ 取决于局部阻力系数 ζ_0 和收缩系数 ε。一般而言，收缩系数 ε 取决于孔口形状、边缘情况和孔口在壁面上的位置。对于小孔口，实验证明孔口形状对流量系数 μ 的影响是微小的，因此，薄壁小孔口的流量系数主要取决于孔口在壁面上的位置。

当孔口离容器的各个壁面的距离足够大(均大于孔口边长的3倍以上)时，如图5.1.2中的孔口1，流股在四周各方向上均能够充分地收缩，边壁对流股的收缩没有影响，这种收缩称为完善收缩，前面给出的薄壁小孔口的收缩系数 $\varepsilon=0.63\sim0.64$ 就是完善收缩条件下的实验值。

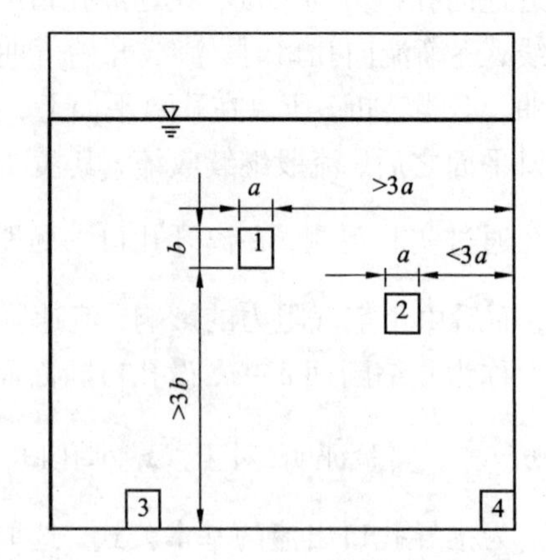

图5.1.2 孔口位置对收缩系数的影响

图5.1.2中的孔口2，有的边离侧壁的距离小于孔口边长的3倍，在这一边流股的收缩受侧壁的影响而减弱，称为不完善收缩；而图中孔口3、4因其底部和容器的底面位置重合，流股不可能在底部收缩，称为部分收缩，当发生不完善收缩和部分收缩时，收缩系数 ε 增加，此时应按相应的经验系数来计算 ε 值，可查有关手册和表格。

【例5.1.1】 液流从容器的垂直侧壁上的小孔口中水平射出(图5.1.3)，从收缩断面量起，水平射程为 $x=4.8$ m，孔口中心离地面高为 $y=2$ m，容器的液面比孔口高 $H=3$ m。求孔口的流速系数 φ。

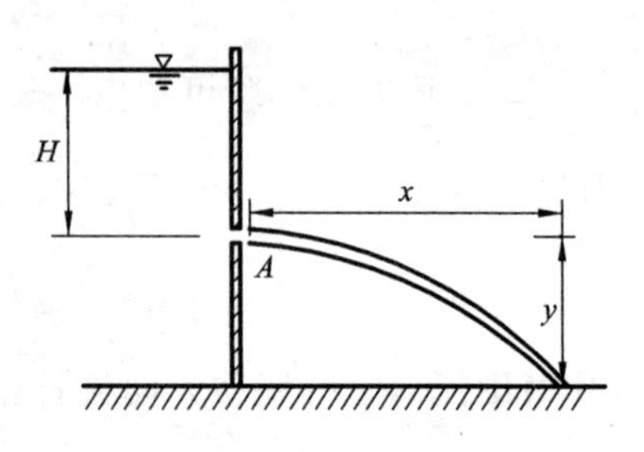

图5.1.3 例5.1.1图

【解】

设收缩断面 A 的断面平均流速为 v，t 为流体质点由断面 A 到地面所经过的时间，则

$$x=vt,\quad y=\frac{1}{2}gt^2$$

可解得

$$t=\sqrt{\frac{2y}{g}},\quad v=\sqrt{\frac{gx^2}{2y}}$$

已知理论流速 $v_c=\varphi\sqrt{2gH}$，因此可求得流量系数

$$\varphi=\frac{\sqrt{\frac{gx^2}{2y}}}{\sqrt{2gH}}=\sqrt{\frac{x^2}{4yH}}=\sqrt{\frac{4.8^2}{4\times2\times3}}=0.98$$

2. 小孔口淹没出流

若从孔口流出的流股被另一部分流体所淹没，称为孔口淹没出流，如图5.1.4所示。在淹没情况下，流股一样发生收缩，经过收缩断面 $c-c$ 后流股会迅速扩散。据此可以将局部水头损失分成两部分：流股收缩产生的局部水头损失与流股扩散产生的局部水头损失。其中，前者与孔口自由出流相同，而后者可按突然扩大来计算。因此，可以采用与孔口自由出流相类似的方法来推导孔口淹没出流的基

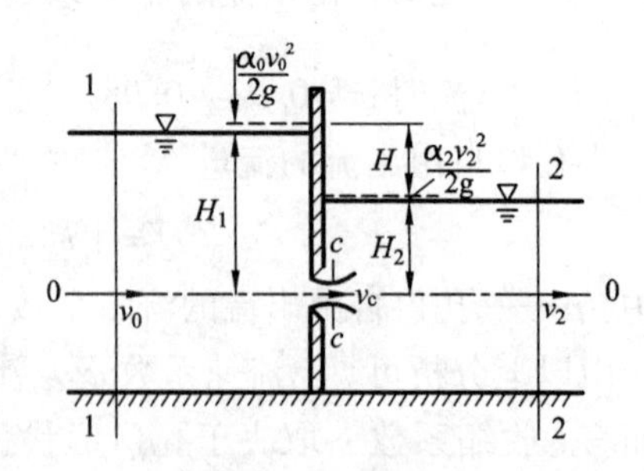

图5.1.4 孔口淹没出流

本公式。以通过孔口中心的水平面为0－0基准面，对断面1－1与2－2列能量方程为

$$H_1+\frac{\alpha_0 v_0^2}{2g}=H_2+\frac{\alpha_2 v_2^2}{2g}+\zeta_0\frac{v_c^2}{2g}+\zeta_e\frac{v_c^2}{2g}$$

式中：ζ_e——液流自收缩断面突然扩大的局部阻力系数，当 $A_2 \gg A_c$ 时，$\zeta_e \approx 1$。

令 $H_0=(H_1+\frac{\alpha_0 v_0^2}{2g})-(H_2+\frac{\alpha_2 v_2^2}{2g})$，通常因孔口两侧容器较大，当 $v_0\approx 0$，$v_2\approx 0$ 时，可以用上、下游液面的高差来代替 H_0。

收缩断面的流速

$$v_c=\frac{1}{\sqrt{\zeta_0+\zeta_e}}\sqrt{2gH_0}=\varphi\sqrt{2gH_0} \tag{5.1.3}$$

式中：φ——孔口淹没出流的流速系数，$\varphi=\frac{1}{\sqrt{\zeta_0+\zeta_e}}\approx\frac{1}{\sqrt{1+\zeta_0}}$，与孔口自由出流的流速系数相同，$\varphi=0.97\sim0.98$。

孔口的流量

$$Q=A_c v_c=\varepsilon A\varphi\sqrt{2gH_0}=\mu A\sqrt{2gH_0} \tag{5.1.4}$$

式中：μ——孔口淹没出流的流量系数，$\mu=\varepsilon\varphi$，由推导过程可见，与孔口自由出流的流量系数相同，$\mu=0.60\sim0.62$。

式(5.1.3)及(5.1.4)分别与孔口自由出流的流速公式(5.1.1)及流量公式(5.1.2)形式上完全相同，各项系数值也相等，不同的是自由出流的水头 H 是液面至孔口中心的高差，而淹没出流的水头乃是上、下游液面高差。因为淹没出流孔口断面各点的水头相同，所以淹没出流无“大”、“小”孔口之分。

5.1.2　大孔口恒定自由出流

当 $\frac{d}{H}>\frac{1}{10}$ 时，孔口各点的作用水头差异较大，如果把这种孔口分成若干个小孔口，对每个小孔口出流可近似采用小孔口出流公式，然后再把这些小孔口的流量加起来作为大孔口的出流流量。工程上进行大孔口恒定出流流量估算时可近似采用式(5.1.2)，式中 H_0 为大孔口形心处的水头，因大孔口出流多为不完善收缩，其流量系数 μ 一般较小孔口大。如水利工程上的闸孔出流(图5.1.5)可按大孔口出流计算，其流量系数 μ 可参考表5.1.1使用。

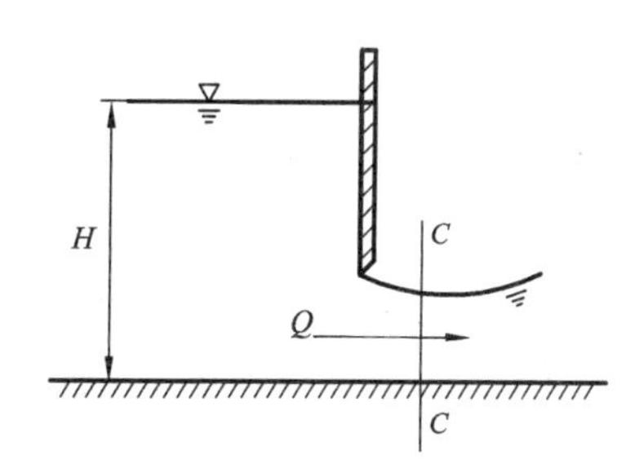

图5.1.5　闸孔出流

表5.1.1　闸孔(大孔口)出流的流量系数

序号	闸孔收缩情况	流量系数 μ
1	全部不完善收缩	0.70
2	底部无收缩，侧向收缩较大	0.65～0.70
3	底部无收缩，侧向收缩较小	0.70～0.75
4	底部无收缩，侧向收缩极小	0.80～0.85

5.1.3 孔口的非恒定出流

在工程上还会遇到许多的孔口非恒定出流情况，如船闸充水和泄水、容器充放液体等。孔口出流过程中，容器内液面随时间变化（降低或升高），导致孔口的流量随时间变化的流动，称为孔口的变水头出流。变水头出流是非恒定流，但如孔口面积远小于容器的截面积时，液面的变化比较缓慢，则可把整个出流过程划分为许多微小时段，在每一微小时段内，认为水头不变，孔口出流的基本公式仍适用，这样就把非恒定流问题转化为恒定流处理。容器泄流时间、蓄水池的流量调节等问题，都可按变水头出流计算。

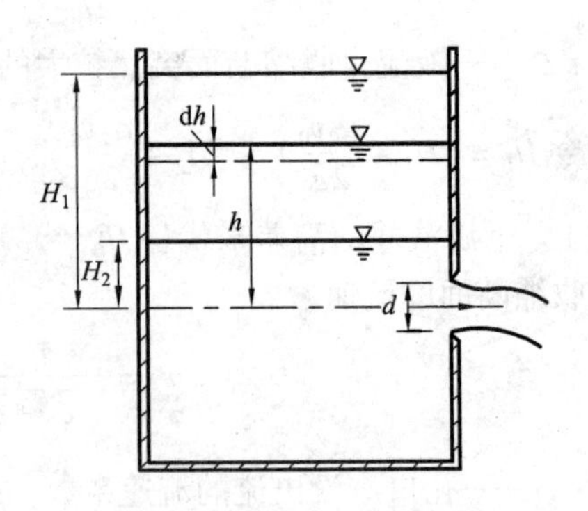

图 5.1.6 孔口非恒定出流

下面分析截面积为 F 的柱形容器的孔口变水头自由出流（图 5.1.6）。设某时刻液面高为 h，在微小时段 $\mathrm{d}t$ 内，经孔口流出的液体体积

$$\mathrm{d}V = Q\mathrm{d}t = \mu A\sqrt{2gh}\mathrm{d}t$$

在 $\mathrm{d}t$ 时段，液面下降了 $\mathrm{d}h$，容器内减少的液体体积

$$\mathrm{d}V = -F\mathrm{d}h$$

单位时间内经孔口流出的液体体积与容器内液体体积的减少量的应相等

$$\mu A\sqrt{2gh}\mathrm{d}t = -F\mathrm{d}h$$

$$\mathrm{d}t = -\frac{F}{\mu A\sqrt{2g}}\frac{\mathrm{d}h}{\sqrt{h}}$$

对上式积分，可求得液面从 H_1 降至 H_2 所需的时间

$$t = \int_{H_1}^{H_2}\frac{-F}{\mu A\sqrt{2g}}\frac{dh}{\sqrt{h}} = \frac{2F}{\mu A\sqrt{2g}}(\sqrt{H_1} - \sqrt{H_2}) \tag{5.1.5}$$

若 $H_2 = 0$，即得容器放空时间

$$t_0 = \frac{2F\sqrt{H_1}}{\mu A\sqrt{2g}} = \frac{2FH_1}{\mu A\sqrt{2gH_1}} = \frac{2V}{Q_{\max}} \tag{5.1.6}$$

式中：V——容器放空的体积；

$Q_{\max}$——开始出流的最大流量。

式(5.1.6)表明：变水头出流容器的放空时间，等于在起始水头 H_1 作用下，流出同体积的液体所需时间的两倍。

若不是孔口出流，而是后面要讲的管嘴或短管出流，以上各式仍然适用，只是流量系数应选用各自的值。

5.2　管嘴恒定出流

5.2.1　管嘴出流的水力现象

如图5.2.1所示，在容器孔口上连接一段断面与孔口形状相同，长度为(3～4)d的短管，这样的短管称为管嘴，液流流经管嘴且在出口断面满管流出的现象称管嘴出流。

若管嘴不伸入到容器内，称为外管嘴[图5.2.1(a)、(c)、(d)、(e)]；若管嘴伸入到容器内，称为内管嘴[图5.2.1(b)]。根据工程实际的需要，管嘴可以是断面形状不变的柱状，也可以是断面变化的收缩或扩散管[图5.2.1(c)、(d)]。为了减少进口水头损失，常将管嘴进口做成图5.2.1(e)所示的流线型。

与孔口出流一样，液流进入管嘴后，因为流线不能转折而形成收缩断面 $c-c$ (图5.2.2)，该处液流与管壁分离，形成漩涡区，区内的空气随液流带走因而气压下降，形成环状真空区；通过 $c-c$ 断面后流股又逐渐扩大到全断面，到管嘴出口处液流已完全充满整个断面。

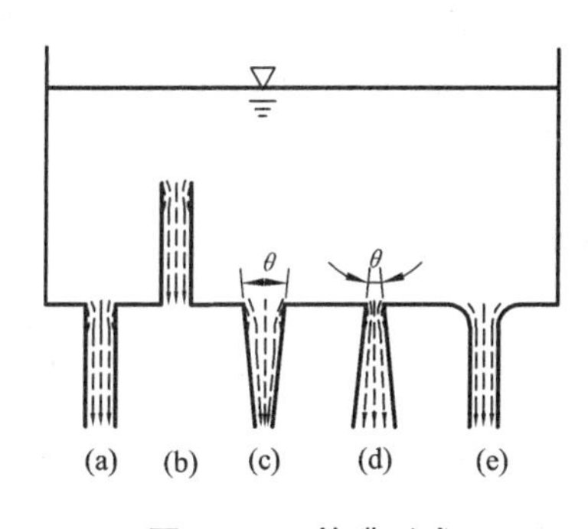

图5.2.1　管嘴形式

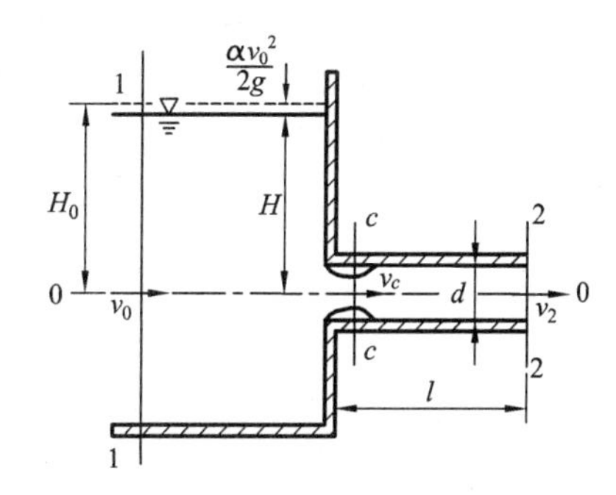

图5.2.2　管嘴自由出流

5.2.2　圆柱形外管嘴恒定出流的流量公式

如图5.2.2所示，开口容器中的液流，经过断面面积为A的圆柱形外管嘴自由出流，选取容器内满足渐变流条件的过流断面1－1，流速为v_0；管嘴出口断面2－2，流速为v；以过管嘴中心的水平面为基准面0－0。对断面1－1和2－2列能量方程

$$H+\frac{\alpha_0 v_0^2}{2g}=\frac{\alpha v^2}{2g}+h_w$$

因管嘴较短，沿程水头损失可以忽略，水头损失h_w中只计入局部水头损失

$$h_j=\zeta\frac{v^2}{2g}$$

令
$$H_0=H+\frac{\alpha_0 v_0^2}{2g}$$

则
$$H_0=(\alpha+\zeta)\frac{v^2}{2g}$$

管嘴出口流速

$$v=\frac{1}{\sqrt{\alpha+\zeta}}\sqrt{2gH_0}=\varphi_n\sqrt{2gH_0} \tag{5.2.1}$$

管嘴出口流量

$$Q=Av=\varphi_n A\sqrt{2gH_0}=\mu_n A\sqrt{2gH_0} \tag{5.2.2}$$

式中：ζ——圆柱形外管嘴的局部阻力系数，相当于管道锐缘进口的局部阻力系数，$\zeta=0.5$；

φ_n——圆柱形外管嘴的流速系数，$\varphi_n=\frac{1}{\sqrt{\alpha+\zeta}}=\frac{1}{\sqrt{1+0.5}}=0.82$；

μ_n——圆柱形外管嘴流量系数，因出口无收缩，$\mu_n=\varphi_n=0.82$。

比较公式(5.2.2)与(5.1.2)，可见两式在形式上完全相同，然而流量系数$\mu_n>\mu$，即在相同的作用水头和断面面积条件下，管嘴过流能力大于孔口过流能力。因此工程上的船闸、水箱等的泄水装置常采用管嘴。

5.2.3 圆柱形外管嘴的真空度

孔口外面接上管嘴后，增加了边壁阻力，过流能力不但不减小反而增大，这是为什么呢？主要是由于收缩断面处出现真空，对容器内的液体产生抽吸作用的缘故。

如图5.2.2，对收缩断面$c-c$与出口断面$2-2$列能量方程

$$\frac{p_c'}{\rho g}+\frac{\alpha_c v_c^2}{2g}=\frac{p_a}{\rho g}+\frac{\alpha v^2}{2g}+h_{jc-2}$$

$$\frac{p_a-p_c'}{\rho g}=\frac{\alpha v_c^2}{2g}-\frac{\alpha v^2}{2g}-h_{jc-2} \tag{5.2.3}$$

由式(5.2.1)可得：$v=\varphi_n\sqrt{2gH_0}$

$$\frac{v^2}{2g}=\varphi_n^2 H_0$$

由连续性方程

$$v_c=\frac{A}{A_c}v=\frac{1}{\varepsilon}v$$

$$\frac{v_c^2}{2g}=\frac{1}{\varepsilon^2}\frac{v^2}{2g}=\frac{1}{\varepsilon^2}\varphi_n^2 H_0$$

从断面$c-c$流至$2-2$的局部水头损失h_{jc-2}可按圆管突然扩大来计算

$$h_{jc-2}=\zeta_{c-2}\frac{v^2}{2g}=(\frac{A}{A_c}-1)^2\frac{v^2}{2g}=(\frac{1}{\varepsilon}-1)^2\varphi_n^2 H_0$$

收缩断面$c-c$处的真空度

$$h_{vc}=\frac{p_{vc}}{\rho g}=\frac{p_a-p_c'}{\rho g}$$

将以上各项代入式(5.2.3)得

$$h_{vc}=[\frac{\alpha}{\varepsilon^2}-\alpha-(\frac{1}{\varepsilon}-1)^2]\varphi_n^2 H_0 \tag{5.2.4}$$

对圆柱形外管嘴：由实验得到 $\varepsilon=0.64$，$\varphi_n=0.82$，取 $\alpha=1.0$，代入上式得

$$h_{vc}=\frac{p_a-p_c'}{\rho g}\approx 0.75\ H_0 \tag{5.2.5}$$

由此可见：圆柱形外管嘴收缩断面的真空度可达作用水头的75%，管嘴的作用相当于将孔口自由出流的作用水头增加了0.75倍，这大大提高了管嘴的出流能力。

5.2.4　圆柱形外管嘴的正常工作条件

由式(5.2.5)可见，收缩断面 $c-c$ 的压强随作用水头 H_0 的增大而减小。而当液流中压强小于当时气温下的汽化压强时，液流便开始空化，管嘴可能产生空蚀破坏；同时，收缩断面压强较低时，会将空气由管嘴出口处吸入，从而破坏原来的真空状态，管嘴内的流动变为孔口自由出流，出流能力降低。根据实验结果，当液流为水流、管嘴长度为 $(3\sim4)d$ 时，管嘴正常工作的收缩断面最大真空度为7.0 m，因此能够由式(5.2.5)得到作用水头必须满足的条件为

$$[H_0]\leqslant\frac{7\ \text{m}}{0.75}=9\ \text{m}$$

此外，当管嘴长度小于 $(3\sim4)d$ 时，收缩断面与管嘴出口的距离太小，液流未充分扩散以前便抵达出口，收缩断面上不能形成稳定的真空，管嘴不能发挥作用；若管嘴长度过大，沿程损失增大，出流能力减小。所以，长度为 $(3\sim4)d$ 的短管出流才称为管嘴出流。

圆柱形外管嘴的正常工作条件是：

(1)作用水头 $H_0\leqslant 9$ m；

(2)管嘴长度 $l=(3\sim4)d$。

5.3　短管的水力计算

5.3.1　有压管道与有压流

在工程实际中，为了输送流体，常常设置各种有压管道，如日常生活中的供水管网、煤气管道、通风管道、工农业生产中的抽水泵站系统等。这类管道的特点是：整个断面均被流体所充满，管内液流没有自由液面，断面的周界就是湿周，管道周界上的各点均受到流体压强(一般不等于大气压强，相对压强不等于零)的作用，因此，称为有压管道。流体在有压管道中的流动叫有压流或管流。

若有压流的运动要素不随时间变化，称为有压管中恒定流；若任一运动要素随时间而变，则称为有压管中非恒定流。

实际工程中的管道，根据管线布置情况可分为简单管道和复杂管道。管径不变且无分叉的管道称为简单管道，复杂管道是指由两根或两根以上的简单管道组合而成的管道系统。简单管道是最常见的管道，也是复杂管道的基本组成部分，其水力计算方法是各种管道水力计算的基础。

工程中为了简化计算，还根据管道中两种水头损失在总水头损失中所占的比重大小，将管道分为长管与短管。长管是指以沿程水头损失为主，局部水头损失及流速水头在总水

头损失中所占比重很小，可忽略不计或可按沿程水头损失的百分数近似计算的管道。短管是指局部水头损失及流速水头在总水头损失中占有一定的比重，计算时不能忽略的管道。注意不能简单地用管道的绝对长度来区分长管与短管。

5.3.2 短管水力计算的基本公式

短管的水力计算可分为自由出流与淹没出流两种情况。

1. 自由出流

液流出口直接流入大气称为自由出流，如图 5.3.1 所示短管，出口流入大气，形成恒定自由出流。以管道出口断面 2－2 形心所在的水平面为基准面，选取上游满足渐变流条件的 1－1 过流断面，该断面平均流速为 v_0，通常称为行近流速，断面 2－2 的流速为 v，列断面 1－1 与2－2之间的能量方程

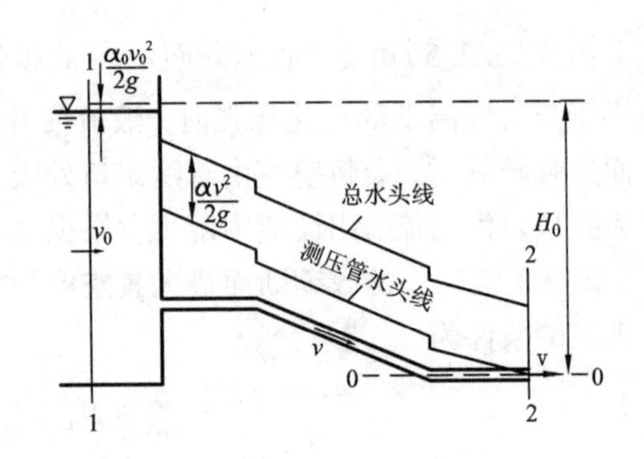

图 5.3.1 简单管道自由出流

$$z_1+\frac{p_1}{\rho g}+\frac{\alpha_0 v_0^2}{2g}=z_2+\frac{p_2}{\rho g}+\frac{\alpha_2 v^2}{2g}+h_w$$

若令

$$H_0=(z_1+\frac{p_1}{\rho g}+\frac{\alpha_0 v_0^2}{2g})-(z_2+\frac{p_2}{\rho g})$$

得到

$$H_0=\frac{\alpha_2 v^2}{2g}+h_w \tag{5.3.1}$$

式中：H_0 代表了断面 1－1 的总水头与断面 2－2 的测压管水头之差，也称为作用水头。因为 v_0 一般比较小，可以忽略不计；若上游液面及管道出口处的压强为大气压强，则作用水头 $H_0 \approx H$，其中 H 表示上游液面与短管出口的高差。

上式表明：有压管道自由出流的作用水头 H_0 除了用于克服水头损失 h_w 外，另一部分转化成了流体的动能 $\frac{\alpha_2 v^2}{2g}$ 而射入大气。

式(5.3.1)中的水头损失 h_w 应当包括管路系统中所有的沿程损失与局部损失之和。即

$$h_w=\sum h_f+\sum h_j=(\sum\lambda\frac{l}{d}+\sum\zeta)\frac{v^2}{2g} \tag{5.3.2}$$

将(5.3.2)代入式(5.3.1)，取 $\alpha_2 \approx 1.0$，整理得到短管出口的流速

$$v=\frac{1}{\sqrt{1+\sum\lambda\frac{l}{d}+\sum\zeta}}\sqrt{2gH_0} \tag{5.3.3}$$

流量

$$Q=vA=\frac{A}{\sqrt{1+\sum\lambda\frac{l}{d}+\sum\zeta}}\sqrt{2gH_0}=\mu_c A\sqrt{2gH_0} \tag{5.3.4}$$

式中：$\mu_c = \dfrac{1}{\sqrt{1+\sum\lambda\dfrac{l}{d}+\sum\zeta}}$，称为管道自由出流的流量系数，$A$ 为管道出口断面的面积。

2. 淹没出流

在图 5.3.2 所示淹没出流条件下，设上游断面 1－1 的总水头为 $H_1 = z_1 + \dfrac{p_1}{\rho g} + \dfrac{\alpha_1 v_1^2}{2g}$，下游断面 2－2 的总水头为 $H_2 = z_2 + \dfrac{p_2}{\rho g} + \dfrac{\alpha_2 v_2^2}{2g}$，取下游自由液面为基准面，则断面 1－1 与2－2之间的能量方程可以写成

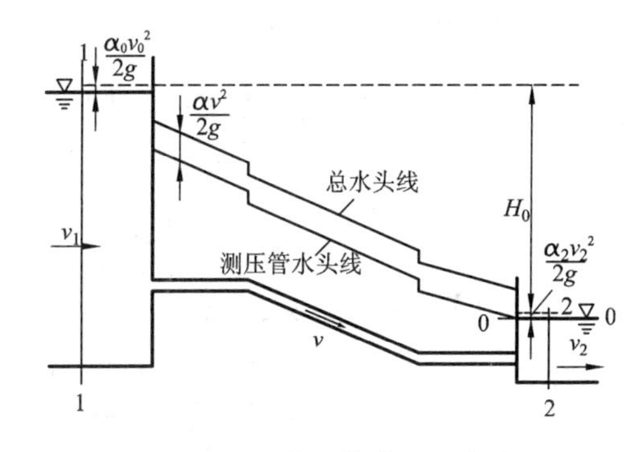

图 5.3.2 简单管道淹没出流

$$H_1 = H_2 + h_w$$

或

$$H_0 = h_w \tag{5.3.5}$$

式中：$H_0 = H_1 - H_2$ 表示作用水头。

上式表明：淹没出流管路的作用水头 H_0 完全用于克服管路的水头损失 h_w。根据式(5.3.2)及(5.3.5)，得短管出口断面的流速为

$$v = \frac{1}{\sqrt{\sum\lambda\dfrac{l}{d}+\sum\zeta}}\sqrt{2gH_0} \tag{5.3.6}$$

出流流量为

$$Q = \frac{A}{\sqrt{\sum\lambda\dfrac{l}{d}+\sum\zeta}}\sqrt{2gH_0} = \mu_c A\sqrt{2gH_0} \tag{5.3.7}$$

式中：$\mu_c = \dfrac{1}{\sqrt{\sum\lambda\dfrac{l}{d}+\sum\zeta}}$，称为管道淹没出流的流量系数。

若忽略上、下游过流断面的流速水头，上、下游液面上的压强等于大气压强，则 $H_0 \approx H$，其中 H 为上、下游液面的高差。由以上推导可见，管流水力计算与孔口、管嘴出流是相似的。

值得注意的是，当淹没出流出口突然扩大的局部损失系数为 1.0 时(扩大后断面很大的情况)，自由出流与淹没出流的流量系数相等，对比式(5.3.7)与(5.3.4)后容易发现，具有相同作用水头的自由出流与淹没出流的流量是相等的。

5.3.3 短管水力计算的基本类型

由简单管道水力计算的基本公式 $Q = \mu_c A\sqrt{2gH}$可见，式中存在三种类型的变量：作用水头 H，输送流量 Q，管道参数(l、d、λ、$\sum\zeta$ 等)。因此，有压管中恒定流的水力计算，主要有以下 4 种类型。

1. 工作水头 H 或水头损失 h_w 计算

即已知管道参数(l、d、λ、$\sum\zeta$)和输水能力 Q 时，计算水头损失 h_w 或确定通过一定流量时所必须的水头 H。主要用于设计水塔高度，确定水泵扬程、风机全压等。

计算方法：根据公式直接求解。

$$h_w=(\sum\lambda\frac{l}{d}+\sum\zeta)\frac{1}{2g}\left(\frac{Q}{\frac{\pi}{4}d^2}\right)^2=(\sum\lambda\frac{l}{d}+\sum\zeta)\frac{8Q^2}{g\pi^2d^4}$$

$$H=\left(\frac{Q}{\mu_cA}\right)^2\frac{1}{2g}=\frac{1}{\mu_c^2}\frac{v^2}{2g}$$

【例 5.3.1】 如图5.3.3。由水箱向管路输水已知供水量 $Q=2.25$ L/s，输水管段的直径和长度分别为 $d_1=70$ mm，$l_1=25$ m；$d_2=40$ mm，$l_2=15$ m。沿程阻力系数 $\lambda_1=0.025$，$\lambda_2=0.02$，阀门的局部阻力系数 $\zeta_v=3.5$。试求：

(1)管路系统的总水头损失；

(2)若管路末端所需的自由水头 $H_2=8$ m，求水箱液面至管路出口的高差 H_1。

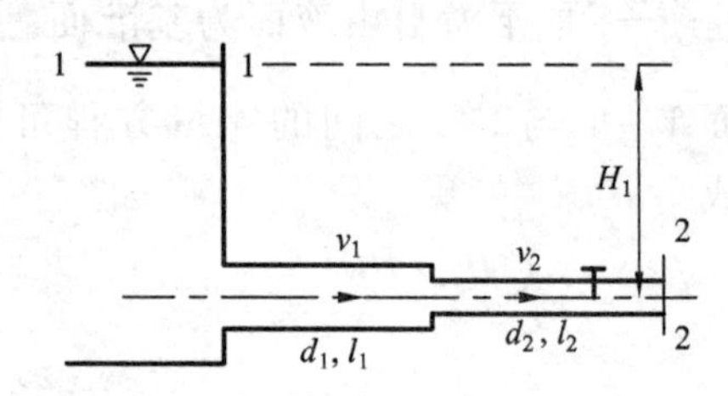

图 5.3.3 例 5.3.1 图

(注："自由水头"是给水设计中规定的供水管路末端所需压力的一种术语。)

【解】

(1)计算管路系统的总水头损失

$$v_1=\frac{Q}{A_1}=\frac{4Q}{\pi d_1^2}=\frac{4\times2.25\times10^{-3}}{\pi\times0.07^2}\text{ m/s}=0.58\text{ m/s}$$

$$v_2=\frac{Q}{A_2}=\frac{4Q}{\pi d_2^2}=\frac{4\times2.25\times10^{-3}}{\pi\times0.04^2}\text{ m/s}=1.79\text{ m/s}$$

水头损失包括沿程水头损失及管道入口、突然缩小、阀门等处的局部水头损失。查表4.7.1可得各局部阻力系数为：

管道入口：$\zeta_e=0.5$

突然缩小：$\zeta_r=0.5(1-\frac{A_2}{A_1})=0.5\times(1-\frac{d_2^2}{d_1^2})=0.3367$

$$\begin{aligned}h_w&=h_{f1}+h_{je}+h_{f2}+h_{jr}+h_{jv}\\&=(\lambda_1\frac{l_1}{d_1}+\zeta_e)\frac{v_1^2}{2g}+(\lambda_2\frac{l_2}{d_2}+\zeta_r+\zeta_v)\frac{v_2^2}{2g}\\&=\left[(0.025\times\frac{25}{0.07}+0.5)\times\frac{0.58^2}{2\times9.8}+(0.02\times\frac{15}{0.04}+0.3367+3.5)\times\frac{1.79^2}{2\times9.8}\right]\text{ m}\\&=2.02\text{ m}\end{aligned}$$

(2)计算水箱液面高度

当管路末端的自由水头 $H_2=8$ m 时，对水箱内液面 1－1 和管路出口断面 2－2 列能量方程

$$H_1=H_2+\frac{\alpha_2v_2^2}{2g}+h_w=(8+\frac{1\times1.79^2}{2\times9.8}+2.02)\text{ m}=10.18\text{ m}$$

即水箱液面至管路出口的高差 $H_1 = 10.18$ m。

2. 输流能力 Q 或流速 v 计算

即已知管道布置和尺寸(l、d、$\sum\zeta$)及作用水头 H，计算输送流量 Q 或管中流速 v。工程实际中，当作用水头、管道参数确定后，需要验算管路的输流能力，或验算流速的大小是否满足要求。

计算方法：由基本公式 $Q = \mu_c A\sqrt{2gH}$分析，式中 $\mu_c = f(\lambda)$，$\lambda = f(Re)$，$Re = f(v)$，$v = f(Q)$，可见流量系数 μ_c 与待求的流量 Q 有关，需采用迭代法(试算法)求解。迭代步骤：

①假设 λ_1；

②计算相应的流量系数 μ_c、流量 Q、流速 v 及雷诺数 Re；

③判断流区，采用适当的公式计算 λ_2；

④若 $\lambda_1 = \lambda_2$，则假设 λ_1 正确，相应的 Q 即为所求之流量；若 $\lambda_1 \neq \lambda_2$，则重复上述步骤，直到两次计算的 λ 值之差满足误差要求为止。

工程实例：虹吸管与倒虹吸管

虹吸管是一种压力输液管道，其顶部弯曲且轴线位置高于上游液面，如图5.3.4所示。应用虹吸管输送流体，可以跨越高地，减少挖方和埋设管路工程量。

根据能量方程分析，只有在虹吸管内形成真空，使作用在上游液面的大气压强和虹吸管内的真空压强之间产生压差，液流才能通过虹吸管的最高处引向低处。虹吸管的真空度理论上最大可达10 m水柱高，但实际上，若真空度过大，当虹吸管内压强接近该温度下的汽化压强时，液体因汽化而产生气泡，气泡在虹吸管顶部聚集，挤缩过流断面，破坏液流的连续性，影响虹吸管的正常工作，甚至可能造成断流；同时气泡随液流进入管内高压部位时，受到压缩而突然溃灭，容易造成管壁的空蚀破坏。因此，工程上一般控制虹吸管中最大真空度不超过允许值[h_v] = 7 ~ 8 m水柱。

虹吸管长度一般不大，应按短管计算。其计算任务主要有两个：一是计算虹吸管的输水能力；二是计算管道的最大安装高度。

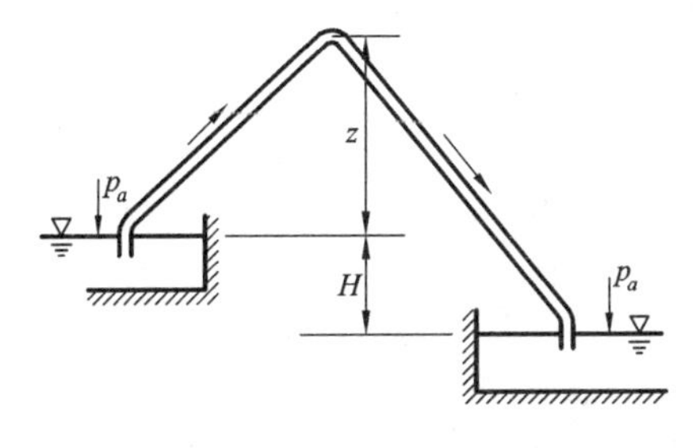

图5.3.4　虹吸管

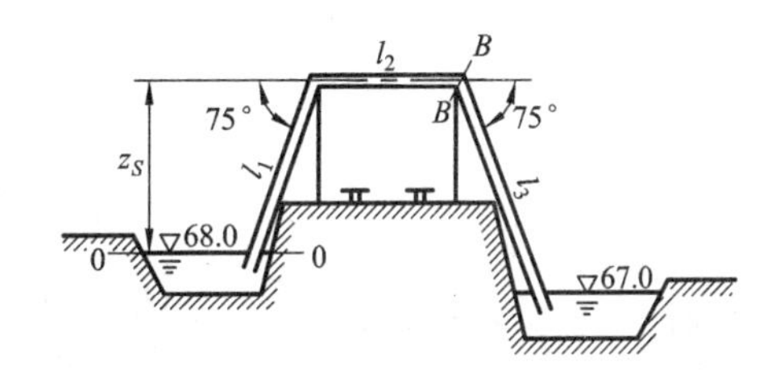

图5.3.5　例5.3.2图

【例5.3.2】 有一渠道用直径 $d = 1$ m的混凝土虹吸管来跨越铁路(如图5.3.5)，渠道上游水位68.0 m，下游水位67.0 m，虹吸管长度 $l_1 = 8$ m，$l_2 = 12$ m，$l_3 = 15$ m，中间有75°的折角弯头两个，每个 $\zeta_{弯} = 0.365$，$\zeta_{进口} = 0.5$，$\zeta_{出口} = 1.0$。试确定：

(1)虹吸管的过流能力；

(2)当虹吸管中的最大允许真空度[$h_{v\max}$] = 7 m时，虹吸管的最高安装高程为多少？

【解】

分析：由于虹吸管出口在下游水面以下，属于淹没出流；管径沿程不变，且无分叉，是简单管道。因此采用简单管道淹没出流的公式 $Q=\mu_c A\sqrt{2gH}$ 计算。

因为虹吸管流一般在阻力平方区流动，沿程阻力系数 λ 与雷诺数 Re 无关，即与流量无关，不需采用迭代法计算。

（1）输水能力 Q

查糙率表 4.6.2 知混凝土虹吸管：$n=0.014$

$$C=\frac{1}{n}R^{\frac{1}{6}}=\frac{1}{0.014}\times\left(\frac{\frac{\pi}{4}\cdot 1^2}{\pi\cdot 1}\right)^{\frac{1}{6}}\ \mathrm{m^{\frac{1}{2}}/s}=56.69\ \mathrm{m^{\frac{1}{2}}/s}$$

$$\lambda=\frac{8g}{C^2}=\frac{8\times 9.8}{56.7^2}=0.0244$$

$$\mu_c=\frac{1}{\sqrt{0.0244\times\frac{8+12+15}{1}+(0.5+2\times 0.365+1.0)}}=0.5694$$

虹吸管的过流能力

$$Q=\mu_c A\sqrt{2gH}=0.5694\times\frac{\pi}{4}\times 1\times\sqrt{2\times 9.8\times(68.0-67.0)}\ \mathrm{m^3/s}=1.98\ \mathrm{m^3/s}$$

（2）求最高安装高程 $\nabla_{安}$

分析：由于具有大气压强的自由表面已定，虹吸管中位置越高的地方真空度越大，最大真空度应当发生在管道的最高位置。本例题管道的最高位置是一段管道，则最高位置上水头损失最大的地方成为安装高程的控制断面。工程上为安全和计算简便起见，一般将弯头的局部损失视为在某个断面突然发生，弯头的前后均按均匀流计算。因此，最大真空值发生在第二个弯头后，即 $B-B$ 处。

以上游水面为基准面 0－0，对断面 0－0 和 $B-B$ 列能量方程

$$0+\frac{p_a}{\rho g}+\frac{\alpha_0 v_0^2}{2g}=z_S+\frac{p'_B}{\rho g}+\frac{\alpha v^2}{2g}+h_w$$

式中：z_S 为 $B-B$ 断面中心至上游渠道水面的高差。

$$h_w=\sum h_f+\sum h_j=\left(\lambda\frac{l_{0-B}}{d}+\zeta_{进}+2\zeta_{弯}\right)\frac{v^2}{2g}$$

考虑到行近流速 $v_0\approx 0$，$\alpha=1$，$v=\frac{Q}{A}=\frac{4Q}{\pi}$，因此

$$\frac{p_a-p'_B}{\rho g}=z_S+\left(1+\lambda\frac{l_{0-B}}{d}+\zeta_{进}+2\zeta_{弯}\right)\frac{v^2}{2g}$$

式中：$\frac{p_a-p'_B}{\rho g}$ 即 $B-B$ 断面的真空度 h_{vB}，根据题意 $h_{vB}\leqslant[h_{v\max}]$，即

$$z_S\leqslant[h_{v\max}]-\left(1+\lambda\frac{l_{0-B}}{d}+\zeta_{进}+\sum\zeta_{弯}\right)\frac{v^2}{2g}$$

$$=7\ \mathrm{m}-\left(1+0.0244\times\frac{8+12}{1}+0.5+2\times 0.365\right)\times\frac{\left(\frac{4\times 1.98}{\pi}\right)^2}{2\times 9.8}\ \mathrm{m}=6.12\ \mathrm{m}$$

即 $$\nabla_{安} = 68.0\ \text{m} + 6.12\ \text{m} = 74.12\ \text{m}$$

3. 设计管径 d

即已知管线布置(l, $\sum\zeta$)，要确定输送一定流量 Q 时，所需的断面尺寸 d。这时可能出现下述两种情况：

(1) 已知过流能力 Q，管长 l，管道布置 $\sum\zeta$ 及总水头 H，求管径 d。

计算方法：由短管流量计算公式(5.3.7)可得

$$d = \sqrt{\frac{4Q}{\mu_c \pi \sqrt{2gH}}}$$

由于 $\mu_c = \dfrac{1}{\sqrt{\alpha + \sum\lambda \dfrac{l}{d} + \sum\zeta}}$，与 d 有关，所以 d 需采用迭代法计算。

迭代步骤：

①假设 d_1；

②求出相应的 μ_c 和 d_2；

③与假设值 d_1 比较，若 $d_1 = d_2$，则假设正确，d_1 为所求管径；若 $d_1 \neq d_2$，则重复上述步骤，直至 $d_1 = d_2$。

以倒虹吸管为例。倒虹吸管与虹吸管刚好相反，管道低于上、下游水面，利用上、下游水位差的作用输送流量。倒虹吸管常用在不便直接跨越,采用虹吸管又受到最大安装高程限制的地方，如过江有压涵管，与铁路、公路交叉的输流涵管等。

倒虹吸管同虹吸管一样，一般不太长，要按短管计算。

【例 5.3.3】 渠道横穿高速公路，采用钢筋混凝土倒虹吸管，沿程阻力系数 $\lambda = 0.025$，如图 5.3.6 所示。已知通过流量为 3 m^3/s，倒虹吸管上、下游渠中水位差 $H = 3$ m，倒虹吸管长 $l = 50$ m，其中经过两个 30°的折角转弯，其局部水头损失系数为 $\zeta_b = 0.20$；进口局部水头损失系数 $\zeta_e = 0.5$，出口局部水头损失系数 $\zeta_0 = 1.0$，上、下游渠中流速相等。试确定倒虹吸管直径 d。

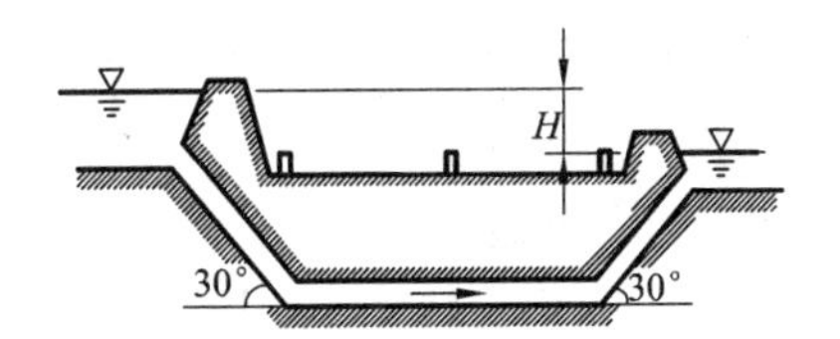

图 5.3.6　例 5.3.3 图

【解】

由于上、下游渠中流速相同，可得作用水头 $H_0 = H$，同时是淹没出流，$H = h_w$

管道断面平均流速

$$v = \frac{Q}{A} = \frac{4Q}{\pi d^2}$$

总水头损失等于沿程水头损失与局部水头损失之和

$$h_w = \left(\lambda \frac{l}{d} + \zeta_e + 2\zeta_b + \zeta_0\right) \frac{\left(\dfrac{4Q}{\pi d^2}\right)^2}{2g}$$

即 $$H = \left(\lambda \frac{l}{d} + \zeta_e + 2\zeta_b + \zeta_0\right) \frac{\left(\dfrac{4Q}{\pi d^2}\right)^2}{2g}$$

代入各项数据

$$3=(0.025\times\frac{50}{d}+0.5+2\times0.2+1.0)\frac{(\frac{4\times3}{\pi d^2})^2}{2g}$$

整理得

$$4.03d^5-1.9d-1.25=0$$

可用牛顿迭代法求方程的解

令 $$f(d)=4.03d^5-1.9d-1.25=0$$

则其导数 $$f'(d)=20.15d^4-1.9$$

迭代式为

$$d_{n+1}=d_n-\frac{f(d_n)}{f'(d_n)}$$

选取 $d_1=1$ m，通过迭代计算得到 $d_2=0.9518$ m，$d_3=0.9456$ m，$d_4=0.9456$ m，因此，$d=0.9456$ m。选取比计算值略大的标准直径 $d=1.0$ m 作为设计值。

在进行实际工程设计时，一般先根据流量要求和经济流速来计算管径，然后选择相应的标准管径。

(2)已知管道的过流能力 Q 及管长、管道布置(l、$\sum\zeta$)，要求选定所需的管径 d 与相应的水头 H。这是工程实际中有压管流水力计算最常见的一种类型，即供流管路系统设计。

在这种情况下，一般是从技术和经济条件综合考虑选定管道直径。

① 管道使用的技术要求。

流量一定的条件下，管径的大小与流速有关。若管内流速过大，可能由于水击作用而使管道遭到破坏；对挟带泥沙的管流，流速又不宜过小，以免泥沙沉积。

一般情况下，给水管道中的流速不应大于(2.5 ~ 3.0) m/s，不应小于 0.25 m/s。水电站引水管中流速不宜超过(5 ~ 6) m/s。

② 管道的经济效益

若采用的管径较小，则管道造价低；但流速增大，水头损失增大，抽水耗费的电能也增加。反之，若采用较大的直径，则管内流速小，水头损失减小，运转费用也减小；但管道的造价增高。因此重要的管道，应选择几个方案进行技术经济比较，使管道投资与运转费用的总和最小，这样的流速称为经济流速，其相应的管径称为经济管径。

一般的给水管道，若 d 为(100 ~ 200) mm，经济流速为(0.6 ~ 1.0) m/s；若 d 为(200 ~ 400) mm，经济流速为(1.0 ~ 1.4) m/s。水电站压力隧洞的经济流速约为(2.5 ~ 3.5) m/s；压力钢管约为(3 ~ 4) m/s，甚至(5 ~ 6) m/s。经济流速涉及的因素较多，比较复杂，选用时应注意因时因地而异。

当根据技术要求及经济条件选定管道的流速后，管道直径即可由下式求得

$$d=\sqrt{\frac{4Q}{\pi v}}$$

管道直径确定后，通过已知流量所需的水头，即可按本节中第一类问题的计算方法求得。

4. 确定管路上各断面的压强

即已知管道参数(λ、$\sum\zeta$、l、d)，输水流量 Q 及作用水头 H，要求确定管路上各断面的

压强，以校核管的强度。

在供流、消防等工程中，需要验算各部位的压强 p 是否满足工作要求，以防止因过大的真空值使空化、空蚀等有害现象发生；有时还要校核管材的设计应力是否在安全范围以内。对于这类问题，通常不是逐点计算其压强 p，而是先分析沿流程测压管水头线的变化情况，画出水头线图；再就重点部位列能量方程，逐点推求各断面的压强水头 H。

5.4　长管的水力计算

管路的总水头损失 $h_w=\left(\sum\lambda\dfrac{l}{d}+\sum\zeta\right)\dfrac{v^2}{2g}$，其中沿程水头损失 $h_f=\lambda\dfrac{l}{d}\dfrac{v^2}{2g}$ 是与管长 l 成正比的，当管路很长时，可使得 $\sum\lambda\dfrac{l}{d}\gg\sum\zeta$，此时进行管路的水力计算就可以忽略局部水头损失和流速水头，这种管路就是长管。

在长管的水力计算中，根据管路系统的不同特点，可以分为简单管路与复杂管路，而复杂管路又分为串联管路、并联管路、分叉管路、沿程均匀泄流管路及管网等。下面分别讨论。

5.4.1　简单管路

1. 水力计算的基本公式

如图5.4.1，以出口断面2－2中心所在的水平面为基准面0－0，对1－1和2－2断面列能量方程

$$H+\frac{\alpha_0 v_0^2}{2g}=\frac{\alpha v^2}{2g}+h_w$$

长管中$(h_j+\dfrac{\alpha v^2}{2g})$占总损失 h_w 的比重很小，可忽略不计，则

$$H=h_f=\lambda\frac{l}{d}\frac{v^2}{2g}\tag{5.4.1}$$

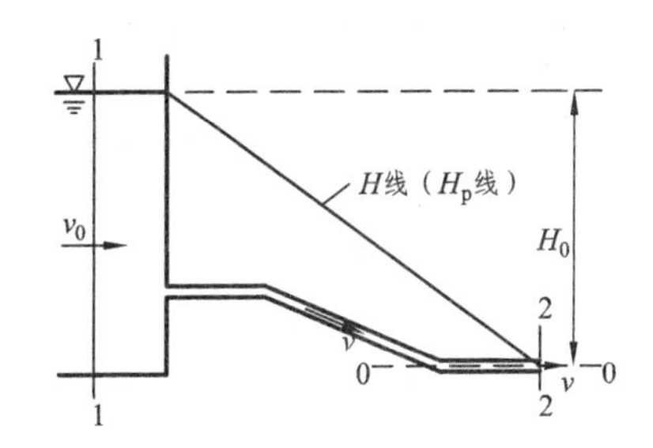

图5.4.1　简单管道长管

上式表明：长管的全部作用水头都消耗于克服沿程水头损失，其总水头线（H 线）是连续下降的直线，并与测压管水头线（H_p线）重合。

设管道直径为 d，流量为 Q，断面平均流速

$$v=\frac{Q}{A}=\frac{4Q}{\pi d^2}$$

代入式(5.4.1)

$$H=\lambda\frac{l}{d}\frac{1}{2g}\left(\frac{4Q}{\pi d^2}\right)^2=\frac{8\lambda}{g\pi^2 d^5}lQ^2$$

为了计算方便，定义管路的比阻

$$S=\frac{8\lambda}{g\pi^2 d^5}\tag{5.4.2}$$

则
$$H = SlQ^2 \tag{5.4.3}$$
式(5.4.1)及式(5.4.3)是长管水力计算的基本公式。

2. 比阻 S

从式(5.4.3)可见，当 $Q = 1\ \text{m}^3/\text{s}$ 时，$S = \dfrac{H}{l}$，即 S 为单位流量通过单位长度管段产生的水头损失。S 反映了管道流动阻力的大小，流动阻力越大，比阻越大，故称为管路的比阻。比阻的量纲为 L^{-6}T^2。

影响比阻大小的是沿程阻力系数 λ 和管径 d，即 $S = f(\lambda, d)$。

通过第4章的学习知道，沿程阻力系数 λ 的计算公式繁多，有的计算公式虽较精确，但使用并不方便，土建工程中多使用谢才公式与舍维列夫经验公式。

由谢才公式(4.6.12)得

$$v = C\sqrt{RJ} = C\sqrt{R\frac{h_f}{l}}$$

则
$$h_f = \frac{v^2 l}{C^2 R}$$

代入式(5.4.1)有

$$H = \frac{v^2 l}{C^2 R} = \frac{1}{C^2 R A^2} l Q^2$$

与式(5.4.3)比较可得

$$S = \frac{1}{C^2 R A^2}$$

再将曼宁公式 $C = \dfrac{1}{n}R^{1/6}$，$R = \dfrac{d}{4}$，$A = \dfrac{\pi}{4}d^2$ 代入上式，得

$$S = \frac{10.3n^2}{d^{5.33}} \tag{5.4.4}$$

式中：n 为管道糙率。

采用由曼宁公式计算 C 值的谢才公式一般只适用于阻力平方区。

将适用于钢管与铸铁管的舍维列夫公式(4.6.10)及(4.6.11)

$$\begin{cases} \text{过渡粗糙区}(v < 1.2\ \text{m/s}):\ \lambda = \dfrac{0.0179}{d^{0.3}}\left(1 + \dfrac{0.867}{v}\right)^{0.3} \\ \text{阻力平方区}(v \geq 1.2\ \text{m/s}):\ \lambda = \dfrac{0.021}{d^{0.3}} \quad (d\ \text{均以 m 计}) \end{cases}$$

代入比阻公式(5.4.2)得

$$\begin{cases} \text{阻力平方区}(v \geq 1.2\ \text{m/s}):\ S = \dfrac{0.001736}{d^{5.3}} & (5.4.5) \\ \text{过渡粗糙区}(v < 1.2\ \text{m/s}):\ S' = 0.852\left(1 + \dfrac{0.867}{v}\right)^{0.3}\left(\dfrac{0.001736}{d^{5.3}}\right) = kS & (5.4.6) \end{cases}$$

式中：k 为修正系数，只取决于流速的大小，$k = 0.852\left(1 + \dfrac{0.867}{v}\right)^{0.3}$。

适用于输水用的塑料管材，其比阻可按下式计算

$$S=\frac{0.000915}{d^{4.774}Q^{0.226}} \tag{5.4.7}$$

式中：Q 为管道中的流量。

【例 5.4.1】 由水塔沿长度 $l=3500$ m、直径 $d=300$ mm 的新铸铁管向工厂输水(见图5.4.2)。设安置水塔处的地面标高 z_b 为130.0 m，厂区地面标高 z_c 为110.0 m，工厂所需自由水头 H_2 为25 m。若需保证工厂供水量 Q 为85 L/s，求水塔高度(即地面至水塔水面的垂直距离)H_1。

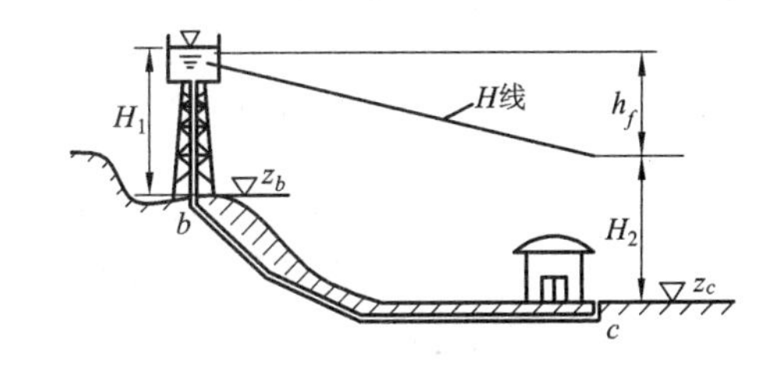

图 5.4.2　供水系统

【解】

给水管道常按长管计算。

$$h_f=SlQ^2$$

由糙率表4.6.2查得新铸铁管 $n=0.011$。

管道内流速

$$v=\frac{Q}{A}=\frac{0.085\ \mathrm{m^3/s}}{\frac{1}{4}\times3.14\times(0.3\mathrm{m})^2}=1.2025\ \mathrm{m/s}>1.2\ \mathrm{m/s}$$

可采用谢才公式计算

$$S=\frac{10.3\times n^2}{d^{5.33}}=\left(\frac{10.3\times0.011^2}{0.3^{5.33}}\right)\mathrm{s^2/m^6}=0.7630\ \mathrm{s^2/m^6}$$

$$h_f=SlQ^2=(0.7630\times3500\times0.085^2)\ \mathrm{m}=19.29\ \mathrm{m}$$

所需水塔高度

$$H_1=z_c+H_2+h_f-z_b=(110.0+25+19.29-130.0)\mathrm{m}=24.29\ \mathrm{m}$$

什么样的管道可视为长管？一般按照工程要求的计算精度来考虑，对于城市给水管网中的输水管路通常可看做长管。有的工程计算，如建筑给水管道水力计算时，为了计算方便，也按长管先计算沿程水头损失，然后按沿程水头损失的某一百分数估算局部水头损失。

5.4.2　串联管路

由直径不同的几段管道依次连接而成的管路，或是直径虽然不变，但流量变化的管路，称为串联管路。直径变化或有流量分出处称为节点。串联管路常用于沿程向节点处供流。如图5.4.3中的串联管路可以沿途向位于节点 B、C、D 处的用户供水。为了满足用户的需要，各段管道中的流量是不同的。同时需要维持各段管道中的流速在一定的经济流速范围内，所以各段管道的直径不等，流速的大小一般也不相同。

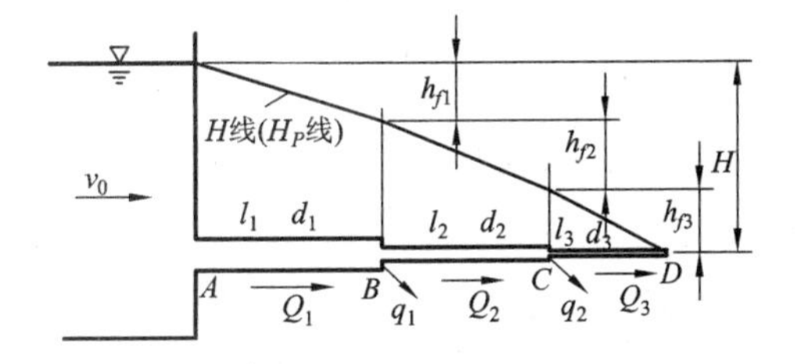

图 5.4.3　串联管路

一般而言，流量沿程在节点分出，各段管道的直径会随分流而沿程减小。

给水工程中，串联管路一般按长管计算。其总水头线与测压管水头线重合，整个管段的水头线呈折线型。

串联管道内的流动需满足两个基本方程：

$$\begin{cases} \text{管路阻力方程：} H = \sum_{i=1}^{n} h_{fi} = \sum_{i=1}^{n} S_i l_i Q_i^2 & (5.4.8) \\ \text{节点连续性方程：} Q_i = q_i + Q_{i+1} & (5.4.9) \end{cases}$$

（即：流入节点的流量 = 流出节点的流量）

式中：n——为管段总数；

q_i——各节点分出的流量。

【例 5.4.2】 图 5.4.3 所示由铸铁管组成的串联管道，已知流量为 $q_1 = 15$ L/s，$q_2 = 10$ L/s，$Q_3 = 5$ L/s，管径 $d_1 = 200$ mm、$d_2 = 150$ mm、$d_3 = 100$ mm，管长 $l_1 = 500$ m、$l_2 = 400$ m、$l_3 = 300$ m，要求 D 点的自由水头为 $H_D = 10$ m，试求管道进口 A 点的测压管水头 H_A。

【解】

由式(5.4.9)，有

$$Q_2 = Q_3 + q_2 = (0.005 + 0.01)\ \text{m}^3/\text{s} = 0.015\ \text{m}^3/\text{s}$$

$$Q_1 = Q_2 + q_1 = (0.015 + 0.015)\ \text{m}^3/\text{s} = 0.03\ \text{m}^3/\text{s}$$

由式(5.4.8)得，作用水头

$$H = h_{f1} + h_{f2} + h_{f3} = S_1 l_1 Q_1^2 + S_2 l_2 Q_2^2 + S_3 l_3 Q_3^2$$

根据连续性方程 $v = \frac{4Q}{\pi d^2}$，可算得

$$\begin{cases} v_1 = 0.95\ \text{m/s} \\ v_2 = 0.85\ \text{m/s} \\ v_3 = 0.64\ \text{m/s} \end{cases}$$

可见各段管中流速均小于 1.2 m/s，故要按式(5.4.6)计算比阻 S

$$S = 0.852\left(1 + \frac{0.867}{v}\right)^{0.3}\left(\frac{0.001736}{d^{5.3}}\right)$$

可算得：

$$\begin{cases} S_1 = 9.0928\ \text{s}^2/\text{m}^6 \\ S_2 = 42.5013\ \text{s}^2/\text{m}^6 \\ S_3 = 381.9150\ \text{s}^2/\text{m}^6 \end{cases}$$

管道进口 A 点的测压管水头

$$\begin{aligned} H_A &= H + H_D = \sum_{i=1}^{3} S_i l_i Q_i^2 \\ &= (9.09 \times 500 \times 0.03^2 + 42.50 \times 400 \times 0.015^2 + 318.92 \times 300 \times 0.005^2)\ \text{m} + 10\ \text{m} \\ &= 20.78\ \text{m} \end{aligned}$$

5.4.3 并联管路

凡是两条或两条以上的管道在同一点分叉又在同一点汇合的管路称为并联管路。

并联管路主要用于提高管路的可靠性或两节点间增设新管以提高输流能力。并联管道一般按长管计算。

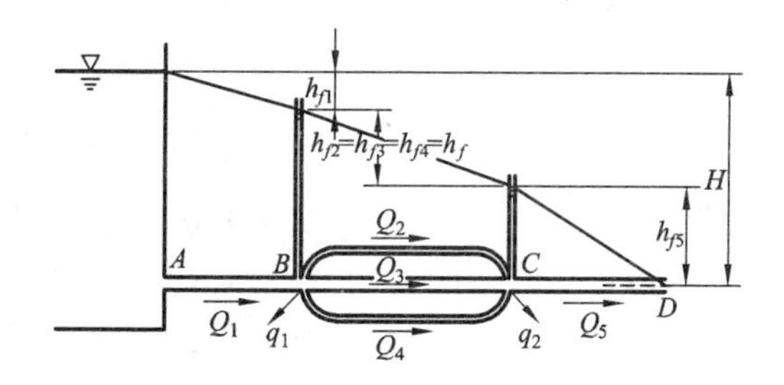

图5.4.4　并联管路

如图5.4.4所示，节点B、C间由3条管道并联，整个管路又是由3段管道串联而成。B、C两点为各并联支管所共有，如在B、C两点设置测压管，显然每根测压管只能有一个液面，B、C点各有且只有一个测压管水头，B、C间只可能有一个测压管水头差。所以，单位重量的液体通过B、C间任何一条管道，所损失的机械能相等，即

$$h_{wBC}=h_{w2}=h_{w3}=h_{w4} \tag{5.4.10}$$

若按长管计算，则

$$h_{fBC}=h_{f2}=h_{f3}=h_{f4} \tag{5.4.11}$$

并联管道内的流动同串联管道一样，同样需要满足两个基本方程

管路阻力方程：各支管水头损失相等

如图5.4.4：$S_2l_2Q_2^2=S_3l_3Q_3^2=S_4l_4Q_4^2$　　(5.4.12)

节点连续性方程：流入节点的流量=流出节点的流量　　(5.4.13)

如对节点B：$Q_1=Q_2+Q_3+Q_4+q_1$

必须指出:各并联支管的水头损失相等只表明通过每一并联支管单位重量流体的机械能损失相等；但由于各支管的长度、管径及糙率不同，通过的流量也不相同，因此，通过并联各支管液流的总机械能损失不等，流量大的，总机械能损失也大。

【例5.4.3】　图5.4.5所示输水管道系统，从A处用四条并联管道供水至B处。已知各管段的管长$l_1=200$ m、$l_2=400$ m、$l_3=350$ m、$l_4=300$ m，比阻$S_1=1.07$ s^2/m^6、$S_2=S_3=0.47$ s^2/m^6、$S_4=2.83$ s^2/m^6。若总流量为$Q=400$ L/s，求各管道的流量。

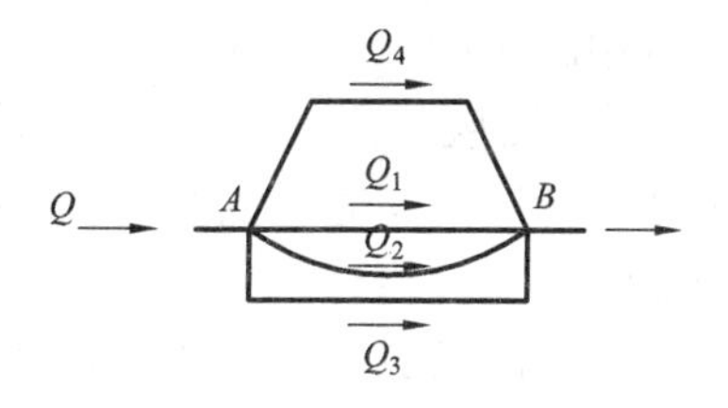

图5.4.5　例5.4.3图

【解】

根据式(5.4.12)有

$$H_{AB}=S_1l_1Q_1^2=S_2l_2Q_2^2=S_3l_3Q_3^2=S_4l_4Q_4^2$$

因此得

$$Q_2=Q_1\sqrt{\frac{S_1l_1}{S_2l_2}}=\sqrt{\frac{1.07\times200}{0.47\times400}}Q_1=1.067Q_1$$

$$Q_3=Q_1\sqrt{\frac{S_1l_1}{S_3l_3}}=\sqrt{\frac{1.07\times200}{0.47\times350}}Q_1=1.141Q_1$$

$$Q_4=Q_1\sqrt{\frac{S_1l_1}{S_4l_4}}=\sqrt{\frac{1.07\times200}{2.83\times300}}Q_1=0.502Q_1$$

根据连续性条件，有

$$Q = Q_1 + Q_2 + Q_3 + Q_4 = Q_1 + 1.067Q_1 + 1.141Q_1 + 0.502Q_1 = 3.71Q_1$$

解得

$$Q_1 = \frac{Q}{3.71} = \frac{400}{3.71}\ \mathrm{L/s} = 108\ \mathrm{L/s}$$

$$Q_2 = 1.067Q_1 = 115\ \mathrm{L/s}$$

$$Q_3 = 1.141Q_1 = 123\ \mathrm{L/s}$$

$$Q_4 = 0.502Q_1 = 54\ \mathrm{L/s}$$

5.4.4 分叉管路

凡分叉后不再会合的管路称为分叉管路。如图5.4.6，总管自水池引出后，从 B 点分叉，然后通过两根支管分别于 C、D 两点流入大气。分叉管路主要用于供水、供气管网和一管多机的电站引水管等。

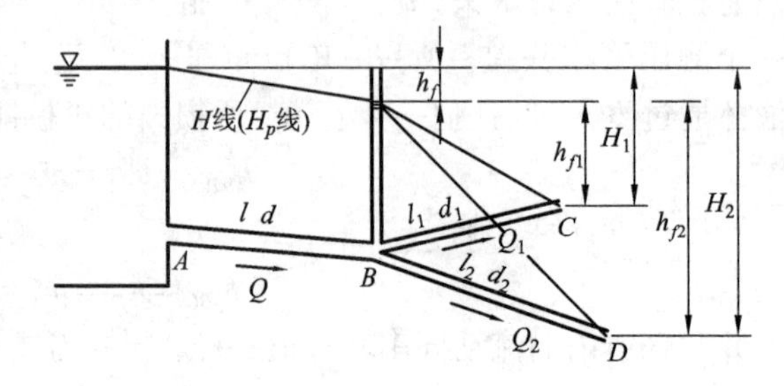

图5.4.6 分叉管路

分叉管路一般也按长管计算。计算时可将各支管视为串联管道，采用串联管道的管路阻力方程与节点连续性方程进行计算。

5.4.5 沿程均匀泄流管道

前面所述管道流动，在每根管段间通过的流量是沿程不变的，流量集中在管道末端泄出，这种流量称为通过流量(转输流量)。在实际工程中，如灌溉用人工降雨管道、给排水工程中的滤池反冲洗管、制冷工程中的冷却塔布水管、隧道工程中长距离通风管道的漏风等，管道内除通过流量外，还有沿管长由开在管壁上的孔口泄出的流量，称为途泄流量(沿线流量)，其中最简单的情况是单位长度上泄出相等的流量，这种管道称为沿程均匀泄流管道。

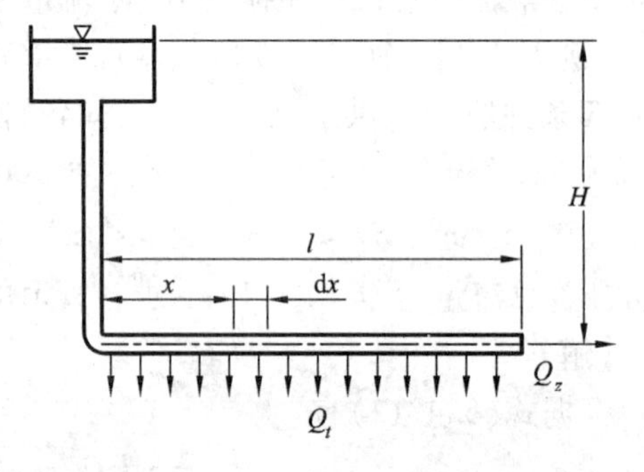

图5.4.7 沿程均匀泄流管道

设沿程均匀泄流管段长度为 l，通过流量为 Q_z，总途泄流量为 Q_t(图5.4.7)。

距开始泄流断面 x 处，取长度 $\mathrm{d}x$ 的微小管段，认为通过该管段的流量 Q_x 不变，其水头损失按简单管道计算，即

$$Q_x = Q_z + Q_t - \frac{Q_t}{l}x$$

$$\mathrm{d}h_f = SQ_x^2\mathrm{d}x = S\left(Q_z + Q_t - \frac{Q_t}{l}x\right)^2\mathrm{d}x$$

整个泄流管段的水头损失

$$h_f = \int_0^l \mathrm{d}h_f = \int_0^l S\left(Q_z + Q_t - \frac{Q_t}{l}x\right)^2 \mathrm{d}x$$

当管段直径和粗糙程度一定，且流动处于粗糙管区，比阻 S 是常量，上式积分得

$$h_f = Sl\left(Q_z^2 + Q_z Q_t + \frac{1}{3}Q_t^2\right) \tag{5.4.14}$$

上式可近似写为

$$h_f = Sl(Q_z + 0.55Q_t)^2 = SlQ_c^2 \tag{5.4.15}$$

式中：$Q_c = Q_z + 0.55Q_t$，称为折算流量。

式(5.4.15)将途泄流量折算成通过流量来计算沿程均匀泄流管道的水头损失。

若管段无通过流量，只有途泄流量，即 $Q_z = 0$，则

$$h_f = \frac{1}{3}SlQ_t^2 \tag{5.4.16}$$

上式表明，只有途泄流量的管道，水头损失是通过相同数量的通过流量管道的三分之一。

【例5.4.4】 由水塔供水的输水管道(图5.4.8)，由三段新铸铁管段组成，中间 BC 段为沿程均匀泄流管道，每米长度上连续分泄的流量 q 为0.1 L/s，在管道接头 B 点要求分泄流量 q_1 为15 L/s，通过流量 Q_z 为10 L/s。各段的长度及管径分别为：l_1 为300 m，d_1 为200 mm；l_2 为200 m，d_2 为150 mm；l_3 为100 m，d_3 为100 mm。若沿程阻力系数 $\lambda = 0.025$，求需要的水头 H。

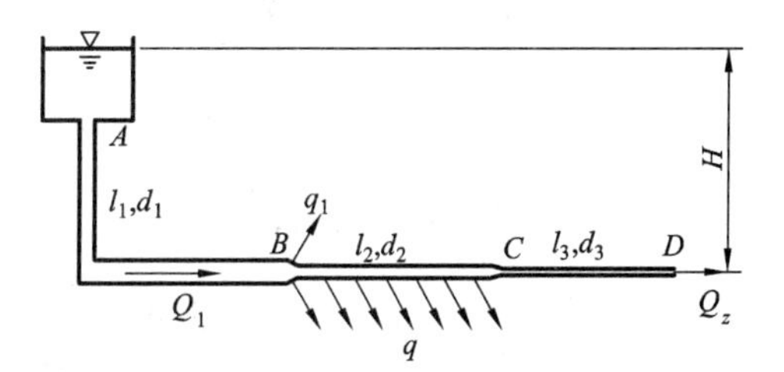

图5.4.8　例5.4.4图

【解】

本题中 AB、BC 及 CD 三段管道为串联管道，整个管道的水头可按长管计算

$$H = h_{f1} + h_{f2} + h_{f3} = S_1 l_1 Q_1^2 + S_2 l_2 Q_2^2 + S_3 l_3 Q_3^2$$

先计算各段管中流量：

$$Q_3 = Q_z = 10.0\ \mathrm{L/s}$$

因为 BC 管段为沿程均匀泄流管道，管中的流量可按折算流量 Q_c 计算，

$$Q_2 = Q_c = Q_z + 0.55ql_2 = (10.0 + 0.55 \times 0.1 \times 200)\ \mathrm{L/s} = 21.0\ \mathrm{L/s}$$

$$Q_1 = Q_3 + ql_2 + q_1 = (10.0 + 0.1 \times 200 + 15.0)\ \mathrm{L/s} = 45.0\ \mathrm{L/s}$$

再采用 $S = \dfrac{8\lambda}{g\pi^2 d^5}$ 计算各段管道的比阻

$$\begin{cases} S_1 = 6.46\ \mathrm{s^2/m^6} \\ S_2 = 27.23\ \mathrm{s^2/m^6} \\ S_3 = 206.78\ \mathrm{s^2/m^6} \end{cases}$$

$$故\quad\begin{cases}h_{f1}=S_1l_1Q_1^2=(6.46\times300\times0.045^2)\ \text{m}=3.92\ \text{m}\\h_{f2}=S_2l_2Q_2^2=(27.23\times200\times0.021^2)\ \text{m}=2.40\ \text{m}\\h_{f3}=S_3l_3Q_3^2=(206.78\times100\times0.01^2)\ \text{m}=2.07\ \text{m}\end{cases}$$

需要的水头 $H=\sum h_{fi}=8.39$ m。

5.4.6 管网

在供水、供气或通风系统中，常常需要将数段管道通过串、并联组合成管网，以便将水、气等流体输送到不同的用户。管网按其布置方式可分为树状管网与环状管网(图5.4.9)，树状管网管线短，投资省，但其可靠性较差；环状管网当局部管段损坏时，能够采用其他管线向用户供流，但管线长，投资高。

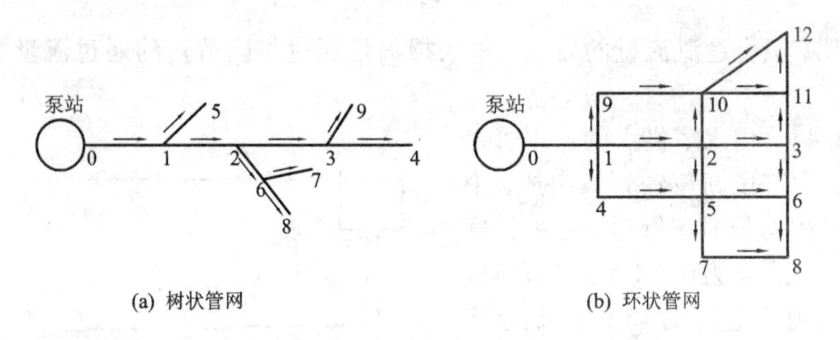

图5.4.9 树状管与环状管网

管网控制点:在管网中某点的地形标高和要求的自由水头以及从供水点至该点的水头损失三项之和为最大值的点，亦称水头最不利点。管网水力计算只要满足了控制点的自由水头需要，管网内的其余各点的供水要求就能得到满足。

管网的具体水力计算，以简单管道和串联、并联管道为基础，在有关专业教材中有详细资料，这里不再赘述。

5.5 离心式水泵装置及其水力计算

5.5.1 装置原理

离心式水泵是一种常用的抽水机械，它主要由工作叶轮、叶片、泵壳(或称蜗壳)、吸水管、压水管以及泵轴等零部件构成(图5.5.1)。

水泵的安装有两种方式，一种为自灌式，即水泵泵轴低于吸水池水面，另一种为吸入式，即泵轴高于吸水池水面。

离心泵启动之前，先要将泵体和吸水管内充满水，充水的办法根据水泵安装情况常有自灌方式、泵壳顶部注水漏斗加注、真空泵抽吸方式以及压水管回流等方式。

泵启动后，叶轮高速转动，水在叶轮的带动下获得离心力，由叶片槽道流入叶轮外，同时在泵的叶轮入口处形成真空，吸水池的水在大气压强的作用下沿吸水管上升流入叶轮吸水口，进入叶片槽内。由于水泵叶轮连续旋转，压水吸水便连续进行。

当液体通过叶轮时，叶片与液体的相互作用将泵的机械能传递给液体，从而使液体在随叶轮高速旋转时增加动能和压能。液体由叶轮流出后进入泵壳与叶轮之间的通道，泵壳一方面是用来汇集叶轮甩出的液体，将它平稳地引向压水管，另一方面是使液体在通过蜗壳与叶轮之间的通道时流速逐渐降低，以达到将一部分动能转变为压能的目的（其原理可由能量方程来理解）。

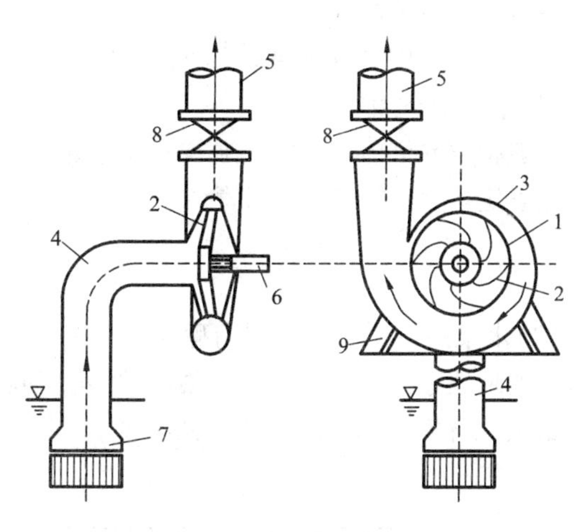

图5.5.1　水泵装置

1—叶轮；2—叶片；3—泵壳；4—吸水管；5—压水管；6—泵轴；7—底阀；8—闸阀；9—泵基座

5.5.2　离心泵性能参数

离心泵性能参数是水泵使用中的基本依据，故也称基本工作参数。它主要有：

（1）流量（Q）：单位时间通过水泵的液体体积，单位为 L/s、m^3/s 或 m^3/h。

（2）扬程（H_t）：水泵供给单位重量液体的能量，常用单位为 mH_2O 或 kPa、MPa 等。

（3）功率：水泵功率分轴功率 N 和有效功率 N_η。

轴功率（N）：电动机传递给泵的功率，也即输入功率，常用单位为 W 或 kW。

有效功率（N_η）：单位时间内液体从水泵实际得到的能量

$$N_\eta = \rho g Q H_t \tag{5.5.1}$$

式中：ρ 为液体密度（kg/m^3）；Q 为水泵流量（m^3/s）；H_t 为水泵扬程（m）；N_η 为水泵有效功率（W）。

（4）效率（η）：有效功率与轴功率之比，即

$$\eta = \frac{N_\eta}{N} \tag{5.5.2}$$

（5）转速（n）：水泵工作时叶轮每分钟的转数。一般情况下转速固定，常有 1450 r/min、2900 r/min等。

（6）允许吸水真空度[h_v]：是指为防止水泵内空蚀发生而由水泵生产厂家经过实验确定的水泵进口的允许真空度，其单位为 m 水柱。

离心水泵在工作时，进口处形成真空，但真空度是有限制的，其原因是当进口压强降低至该温度下的汽化压强时，水因空化而产生大量气泡，气泡随着水流进入泵内高压部位受压缩而突然溃灭，周围的水便以极大的速度向气泡溃灭点冲击，在该点造成高达数百大气压以上的压强。这种集中在极小面积上的强大冲击力如果作用在水泵部件的表面，就会使部件很快损坏，这种现象称为空蚀（或汽蚀）。

5.5.3　计算任务

工程中有关水泵装置系统的水力计算是分吸水管和压水管进行的。

1. 吸水管的水力计算

主要任务是确定吸水管直径 $d_{吸}$ 及水泵的最大允许安装高程$\nabla_{安}$。

(1)吸水管的直径 $d_{吸}$

一般根据允许流速计算。通常水泵吸水管的允许流速约为 0.8 ~ 1.25 m/s，或根据有关规范确定。流速确定后，则管径

$$d_{吸}=\sqrt{\frac{4Q}{\pi v}} \tag{5.5.3}$$

(2)水泵的最大允许安装高程$\nabla_{安}$

主要取决于水泵的最大允许真空度$[h_v]$和吸水管的水头损失 $h_{w吸}$。其计算方法与虹吸管的最大允许安装高程的计算方法类似。

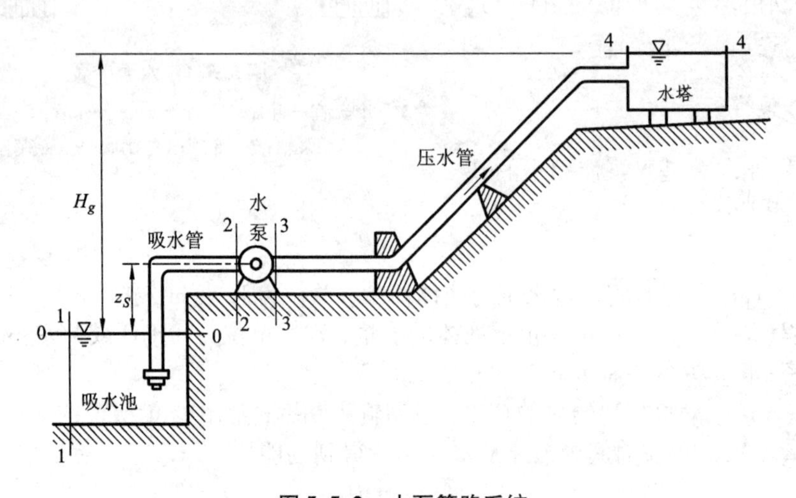

图 5.5.2　水泵管路系统

如图 5.5.2，以吸水池水面为基准面 0 - 0，对吸水池过流断面 1 - 1 和水泵进口断面 2 - 2列能量方程

$$\frac{p_a}{\rho g}=z_S+\frac{p'_2}{\rho g}+\frac{\alpha_2 v_2^2}{2g}+h_{w1-2}$$

$$z_S=\frac{p_a-p'_2}{\rho g}-\frac{\alpha_2 v_2^2}{2g}-(\lambda\frac{1}{d}+\sum\zeta)\frac{v_2^2}{2g}\leqslant[h_v]-(\alpha_2+\lambda\frac{1}{d}+\sum\zeta)\frac{v_2^2}{2g}$$

式中：z_S——泵轴线与吸水池液面的高差。即

$$z_S\leqslant[h_v]-\frac{\alpha_2 v_2^2}{2g}-h_{w吸} \tag{5.5.4}$$

2. 压力水管的水力计算

其主要任务是计算水泵的扬程 H_t，确定水泵的装机容量 N。

(1)水泵的扬程 H_t

水泵向单位重量液体所提供的机械能，称为水泵的扬程(或总水头)。对如图 5.5.2 所示水泵管路系统，对吸水池过流断面 1 - 1 与水塔过流断面 4 - 4 列有外来能量输入的能量方程

$$z_1+\frac{p_1}{\rho g}+\frac{\alpha_1 v_1^2}{2g}+H_t=z_4+\frac{p_4}{\rho g}+\frac{\alpha_4 v_4^2}{2g}+h_w$$

当吸水池与水塔中过流断面相对于管道过流断面面积很大且均直接与大气相通时

$$v_1\approx v_4\approx 0,\ p_1=p_4=p_a$$

上式可写为

$$H_t=z_4-z_1+h_w=H_g+h_w \tag{5.5.5}$$

式中：$H_g=z_4-z_1$ 称为水泵的几何给水高度，也称静扬程，即液体的提升高度。式中的 h_w 应包括从1－1流至4－4断面间的全部水头损失，包括吸水管的水头损失 h_{w1-2} 和压水管的水头损失 h_{w3-4}，因此

$$H_t=H_g+h_{w1-2}+h_{w3-4} \tag{5.5.6}$$

上式表明：水泵的扬程，一方面用来将液体提升几何给水高度 H_g，另一方面用来克服整个水泵系统的水头损失 h_{w1-4}。

(2)确定水泵的装机容量(轴功率)N

液流流经水泵时，从水泵的动力装置获得了外加的机械能，即水泵做了一定的功，才能使池中液流经压力水管进入水塔，因而水泵在单位时间内所做的功为

$$N_\eta=\rho gQH$$

相应水泵的轴功率(即动力机械的功率)

$$N=\frac{N_\eta}{\eta}$$

【例5.5.1】 用离心泵将水库的水抽到水池，流量 $Q=0.3\ \mathrm{m^3/s}$，水库水位为65.0 m，水池水位90.0 m。吸水管：$l_1=10$ m，$\lambda_1=0.025$，水泵的允许真空度$[h_v]=4.8$ m，局部阻力系数：底阀 $\zeta_v=2.5$，90°弯头 $\zeta_b=0.3$，水泵进口前的渐变收缩段 $\zeta_g=0.1$。压力管道采用铸铁管，$d_2=500$ mm，$l_2=1000$ m，$n=0.012$，试确定：

(1) 吸水管直径 d_1；

(2) 水泵的安装高程$\nabla_{安}$；

(3) 水泵的轴功率 N(设其效率 $\eta=0.7$)。

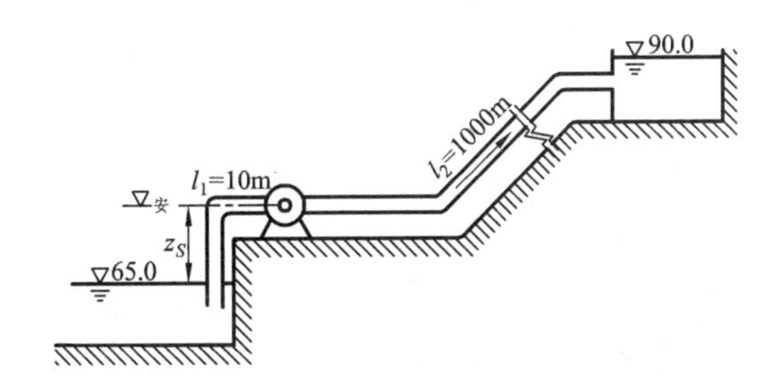

图5.5.3　例5.5.1图

【解】

(1)求吸水管直径 d_1

采用允许流速作为设计流速，取 $v=1.0$ m/s，则

$$d_1=\sqrt{\frac{4Q}{\pi v}}=\sqrt{\frac{4\times0.3}{\pi\times1.0}}\ \text{m}=0.618\ \text{m}$$

决定选用标准直径 $d_1=600$ mm，此时，吸水管中实际流速

$$v_1=\frac{4Q}{\pi d_1^2}=\frac{4\times0.3}{\pi\times0.6^2}\ \text{m/s}=1.06\ \text{m/s}$$

仍在 $v_{允}=0.8\sim1.25$ m/s 的范围以内。

(2)计算水泵安装高程$\nabla_{安}$

设水泵泵轴中心线距水库水面高差为 z_S，则

$$z_S\leqslant[h_v]-\frac{\alpha_1 v_1^2}{2g}-h_{w吸}$$

$$h_{w吸}=h_{f吸}+h_{j吸}$$

其中：$h_{f吸}=\lambda_1\dfrac{l_1}{d_1}\dfrac{v_1^2}{2g}=0.025\times\dfrac{10}{0.6}\times\dfrac{1.06^2}{2\times9.8}\ \text{m}=0.024\ \text{m}$

$$h_{j吸}=(\zeta_v+\zeta_b+\zeta_g)\frac{v_1^2}{2g}=(2.5+0.3+0.1)\times\frac{1.06^2}{2\times9.8}\ \text{m}=0.167\ \text{m}$$

$$h_{w吸}=h_{f吸}+h_{j吸}=0.024\ \text{m}+0.167\ \text{m}=0.191\ \text{m}$$

代入以上数据得

$$z_S\leqslant\left(4.8-\frac{1.06^2}{2\times9.8}-0.191\right)\ \text{m}=4.55\ \text{m}$$

$$\nabla_{安}=65\ \text{m}+4.55\ \text{m}=69.55\ \text{m}$$

(3)确定水泵的轴功率 N

几何提升高度 $H_g=90\ \text{m}-65\ \text{m}=25.0\ \text{m}$

压水管先按长管计算：

$$v_2=\frac{4Q}{\pi d_2^2}=\frac{4\times0.3}{\pi\times0.5^2}\ \text{m/s}=1.53\ \text{m/s}$$

$$R_2=\frac{d_2}{4}=0.125\ \text{m}$$

$$C_2=\frac{1}{n}R_2^{\frac{1}{6}}=\frac{1}{0.012}\times0.125^{\frac{1}{6}}\text{m}^{\frac{1}{2}}/\text{s}=58.93\ \text{m}^{\frac{1}{2}}/\text{s}$$

$$\lambda_2=\frac{8g}{C_2^2}=\frac{8\times9.8}{58.93}=0.0226$$

$$h_{f压}=\lambda_2\frac{l_2}{d_2}\frac{v_2^2}{2g}=0.0226\times\frac{1000}{0.5}\times\frac{1.53^2}{2\times9.8}\ \text{m}=5.379\ \text{m}$$

由题目所给已知条件及管路系统示意图分析，可知压水管的局部水头损失小于吸水管的局部水头损失，而$\dfrac{h_{j吸}}{h_{f压}}=\dfrac{0.167}{5.379}=3.1\%$，可见压水管中局部水头损失占沿程水头损失的比重将小于3.1%，可见压水管按长管计算是可行的。

水泵的扬程

$$H_t=H_g+h_{w吸}+h_{f压}=(25+0.191+5.379)\ \text{m}=30.57\ \text{m}$$

水泵的轴功率

$$N=\frac{\rho gQH_t}{\eta}=\frac{1\times 9.8\times 0.3\times 30.57}{0.7}\ \text{kW}=128.4\ \text{kW}$$

即带动水泵工作的电动机的功率至少需 128.4 kW。

本章小结

本章是工程流体力学基本理论在有压管流中的应用，重在掌握运用能量方程、连续性方程和水头损失规律，分析计算有压流动。

1. 由短(孔口)到长(长管)的水力特点

(1)孔口、管嘴只有局部损失，不计沿程损失：$h_w=h_j$；

(2)短管的局部损失和沿程损失都要计入：$h_w=h_f+h_j$；

(3)长管的局部水头损失和流速水头之和与沿程水头损失相比很小，可按沿程损失的某一百分数估算或忽略不计：$h_w=h_f$。

2. 流量计算通式

$$Q=\mu A\sqrt{2gH_0}$$

根据不同出流情况，选用相应的流量系数。

(1)孔口自由出流和淹没出流的基本公式相同，各项系数相同，作用水头的算法不同。($\mu=0.62$)。

(2)正常工作条件下，圆柱形外管嘴的过流能力大于孔口的过流能力，其原因是在收缩断面产生真空。($\mu_n=0.82=1.32\mu$)

(3)短管的水力计算可分为自由出流与淹没出流。两种情况淹没系数形式不同，但若出口流入大池，则数值上相等，应计入全部水头损失求解。

自由出流：
$$\mu_c=\frac{1}{\sqrt{\alpha+\sum\lambda\frac{l}{d}+\sum\zeta}}$$

淹没出流：
$$\mu_c=\frac{1}{\sqrt{\sum\lambda\frac{l}{d}+\sum\zeta}}$$

(4)长管的水头损失

简单管道：$H=h_f=SlQ^2$

串联管道：$H=\sum h_{fi}=\sum S_il_iQ_i^2$

并联管道：$h_f=S_il_iQ_i^2$

沿程均匀泄流管道：$h_f=Sl(Q_z+0.55Q_t)^2$

3. 离心泵的的水力计算

主要有吸水管的直径及最大安装高程计算，压水管扬程和水泵的轴功率的计算。

安装高程：
$$z_S\leqslant[h_v]-\frac{\alpha_2v_2^2}{2g}-h_{w吸}$$

扬程：
$$H_t=H_g+h_w$$

水泵的轴功率：
$$N=\frac{\rho gQH_t}{\eta}$$

思考题

5.1　比较在正常工作条件下，作用水头 H、直径 d 相等时，小孔口的流量 Q 和圆柱形外管嘴的流量 Q_n 是否相同？为什么？

5.2　为保证圆柱形外管嘴正常工作，其条件是管嘴长度 $l=(3\sim4)d$，太长或太短都不行，工作水头 $H_0<9$ m，太大也不行，为什么？

5.3　已知孔口直径 $d=9$ cm，当属于小孔口出流时，其作用水头为____。

① 0.4m　② 0.6m　③ 0.8m　④ 1.0m

5.4　如图示，1、2 两管路的工作水头 H、管径 d、管长 l 及糙率 n 均相同，两管路通过的流量 Q_1 与 Q_2 的关系为____。

① $Q_1=Q_2$　② $Q_1>Q_2$

③ $Q_1<Q_2$　④ 无法确定

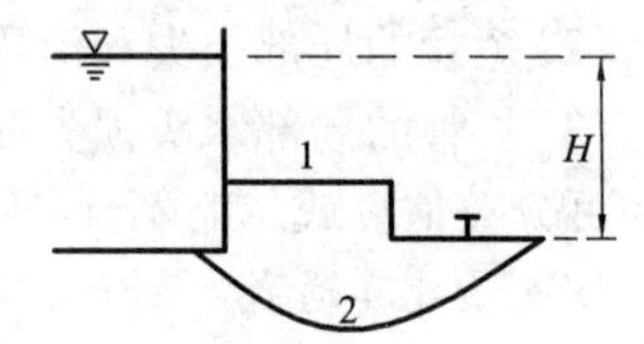

思考题 5.4 图

5.5　如图所示两恒定管流，管长 l、管径 d、沿程水头损失系数 λ 及进口形式均相同，作用水头 $H=z$，则____。

① $Q_A=Q_B$，$p_A=p_B$　② $Q_A=Q_B$，$p_A<p_B$

③ $Q_A>Q_B$，$p_A>p_B$　④ $Q_A<Q_B$，$p_A<p_B$

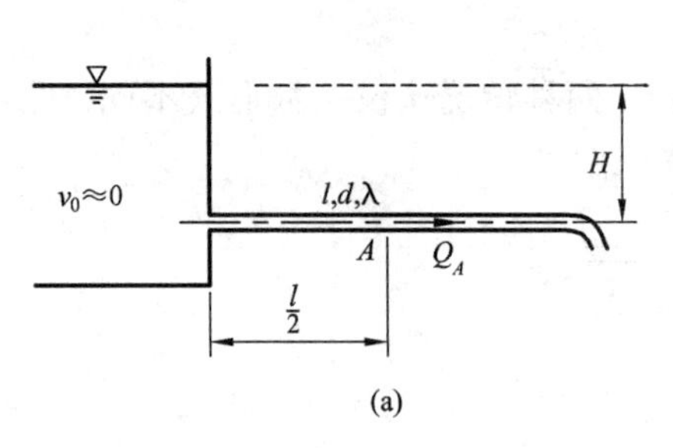

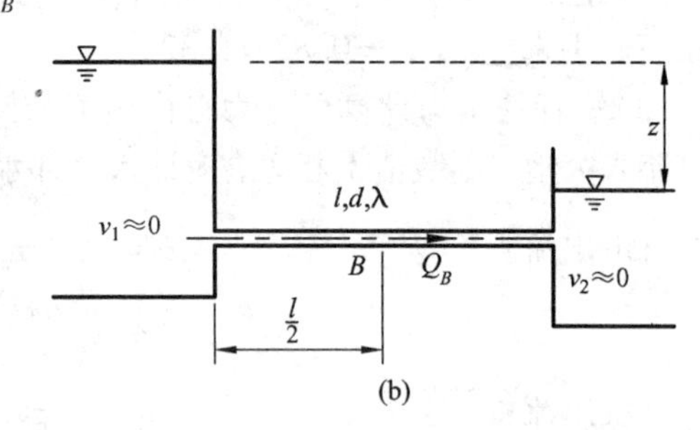

思考题 5.5 图

5.6　如图所示，两水库水位差为 H，其间以两根管路连通，已知直径 $d_1=2d_2$，管长 l 及沿程水头损失系数 λ 均相同，若按长管计算，则两管的流量之比为____。

① $\dfrac{Q_1}{Q_2}=1$　② $\dfrac{Q_1}{Q_2}=\sqrt{2}$　③ $\dfrac{Q_1}{Q_2}=2^{\frac{5}{2}}$　④ $\dfrac{Q_1}{Q_2}=\dfrac{1}{2^{\frac{5}{2}}}$

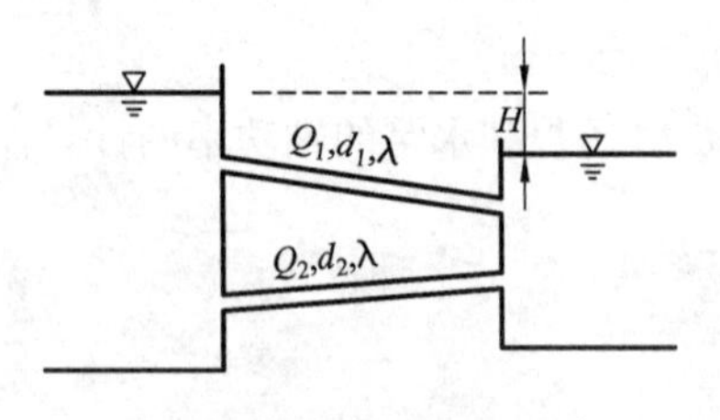

思考题 5.6 图

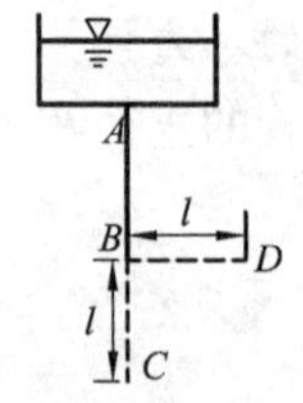

思考题 5.7 图

5.7　图示输水管路 AB，其管壁粗糙度不大，若在铅直方向上增加管路长度 l（如图 BC），或在水平方向上加长 l（如图 BD），问这两种情况下管路流量的关系为____。

①相同　　②后者流量增加

③无法比较　　④前者流量增加，后者流量减小

5.8　长管的总水头线与测压管水头线____。

①相重合　　②相平行，呈直线

③相平行，呈阶梯状　　④以上答案都不对

5.9　有压短管是指____。

①管道很短　　②只计算沿程水头损失

③要计算沿程水头损失、局部水头损失和流速水头

④计算时令水头损失等于零

5.10　有压管道的测压管水头线____。

①只能沿程上升　　②只能沿程下降

③可以沿程上升也可以沿程下降　　④只能沿程不变

5.11　水在等直径直管中作恒定流动时，其测压管水头线沿程变化是____。

①下降　　②上升　　③不变

④可以上升，也可以下降

5.12　图示 A、B 两点间有两根并联长管道1和2，设管1的沿程水头损失为 h_{f1}，设管2沿程水头损失为 h_{f2}，则 h_{f1} 与 h_{f2} 的关系为____。

① $h_{f1} > h_{f2}$　　② $h_{f1} = f_{f2}$　　③ $h_{f1} < h_{f2}$　　④无法确定

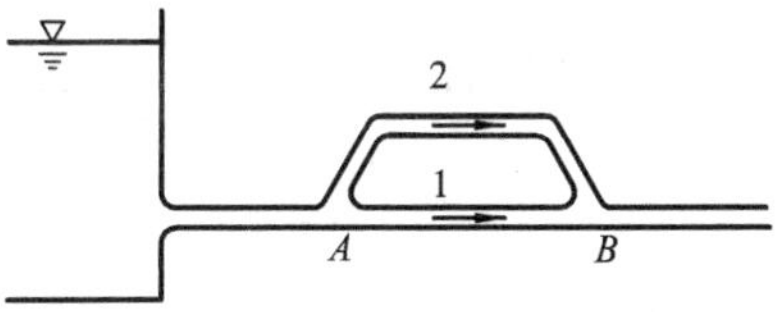

思考题5.12图

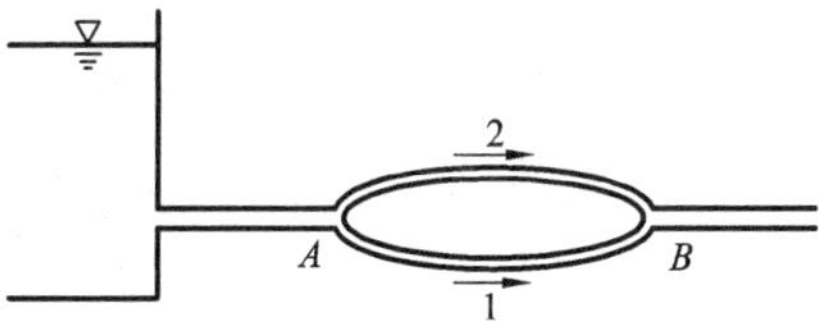

思考题5.13图

5.13　图示为一并联管道。已知管1的流量 Q_1 大于管2的流量 Q_2，则单位时间内通过管1和管2的液体总机械能损失 $\rho g Q_1 h_{f1}$ 与 $\rho g Q_2 h_{f2}$ 的关系为____。

①两者相等　　②前者大于后者

③前者小于后者　　④无法确定

5.14　如图所示，水泵的扬程是____。

① z_1　　② z_2　　③ $z_1 + z_2$　　④ $z_1 + z_2 + h_w$

5.15　并联管道阀门 K 全开时各段流量为 Q_1，Q_2，Q_3，现关小阀门 K，其他条件不变，流量的变化为____。

① Q_1，Q_2，Q_3 都减小　　② Q_1 减小，Q_2 不变，Q_3 减小

③ Q_1 减小 Q_2 增加 Q_3 减小　　④ Q_1 不变，Q_2 增加，Q_3 减小

5.16　如图所示，在校核虹吸管顶部最高点的真空度时应选用下列哪个断面列能量方程？

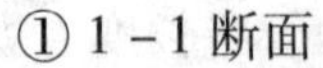

① 1-1 断面　　② 2-2 断面　　③ 3-3 断面　　④ 4-4 断面

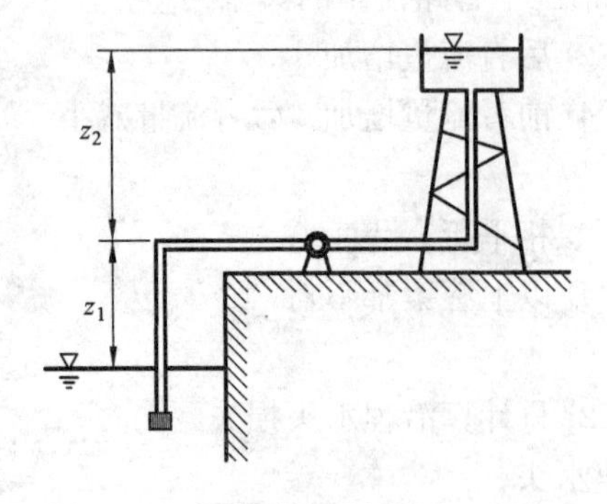

思考题 5.14 图

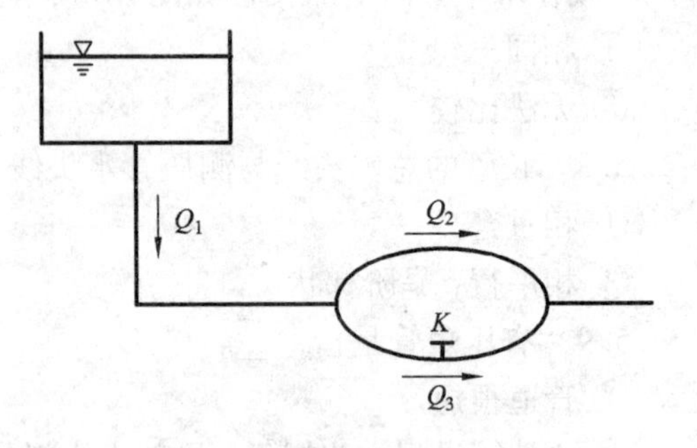

思考题 5.15 图

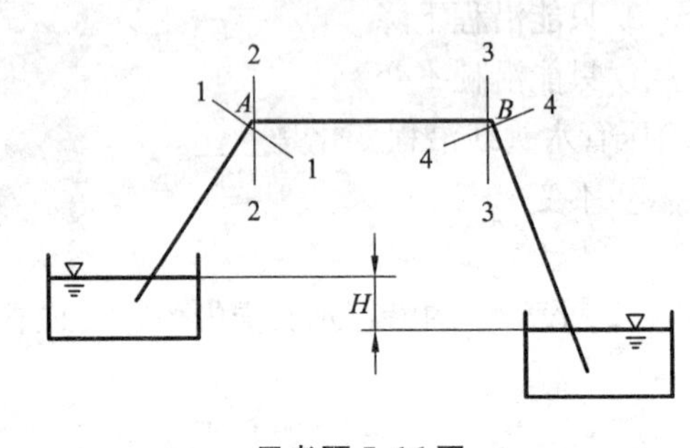

思考题 5.16 图

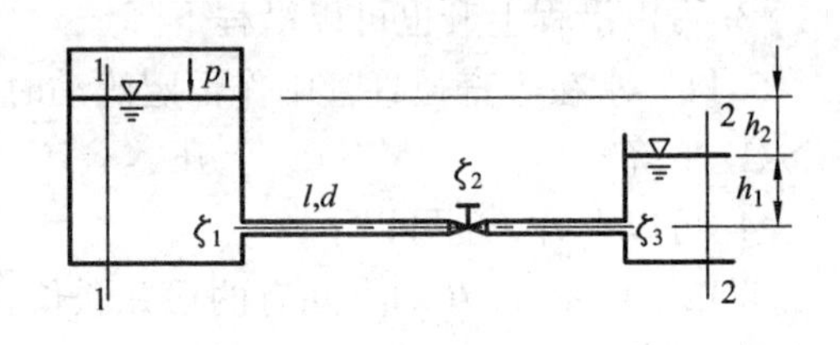

思考题 5.17 图

5.17　如图所示的 1-1、2-2 两断面间短管的水力计算基本公式采用 $Q = \frac{1}{\sqrt{\Sigma\zeta + \lambda \frac{1}{d}}} \times \sqrt{2gH_0}$时，则公式中的 H_0 是(p_1 为相对压强)____。

① $H_0 = h_1 + h_2$　　② $H_0 = h_2 + \frac{p_1}{\rho g}$

③ $H_0 = h_1 + h_2 + \frac{p_1}{\rho g}$　　④ $H_0 = h_2 + \frac{p_1 - p_a}{\rho g}$

5.18　只有途泄流量管道的水头损失是相同数量通过流量管道的水头损失的____。

5.19　枝状管网水力计算中的“控制点”是指____。

① 管线最长的供水点

② 地面高程最高的供水点

③ 地面高程最低的供水点

④ 水头损失、自由水头和地面高程三项之和最大的供水点

习　题

5.1　有一薄壁圆形小孔口，其直径 d = 10 mm，水头 H = 2 m。现测得射流收缩断面的

直径 $d_c=8$ mm，在32.8秒内经孔口流出的水量为0.01 m^3。试求该孔口的收缩系数 ε、流量系数 μ、流速系数 φ 及孔口局部阻力系数 ζ_0。

5.2　薄壁孔口出流，直径 $d=2$ cm，水箱水位恒定为 $H=2$ m，试求：

(1)孔口流量 Q；

(2)此孔口外接圆柱形管嘴的流量 Q_n；

(3)管嘴收缩断面的真空。

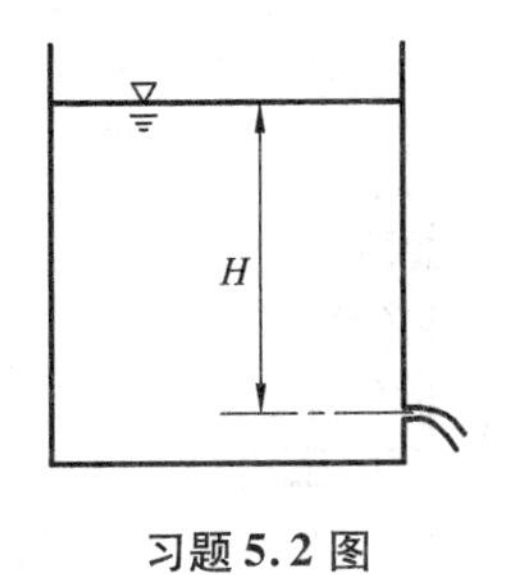

习题5.2图

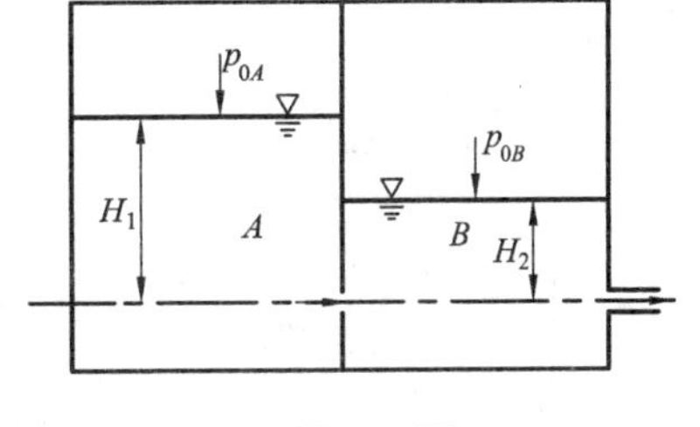

习题5.3图

5.3　水从 A 水箱通过直径为10 cm的孔口流入 B 水箱，流量系数为0.62。设上游水箱的水面高程 $H_1=3$ m保持不变。若水箱 A、B 顶部均与大气相通，求

(1) B 水箱中无水时，通过孔口的流量为多少？

(2) B 水箱水面高程 $H_2=2$ m时，通过孔口的流量为多少？

(3)若 A 箱水面压力改为 $p_{0A}=2000$ Pa，$H_1=3$ m，B 水箱水面压力 $p_{0B}=0$，$H_2=2$ m，求通过孔口的流量。

5.4　如图所示水箱用隔板分为左右两个水箱，隔板上开一直径 $d_1=40$ mm的薄壁小孔口，水箱底接一直径 $d_2=30$ mm的外管嘴，管嘴长 $l=0.1$ m，$H_1=3$ m。试求在恒定出流时的水深 H_2 和水箱出流流量 Q_1、Q_2。

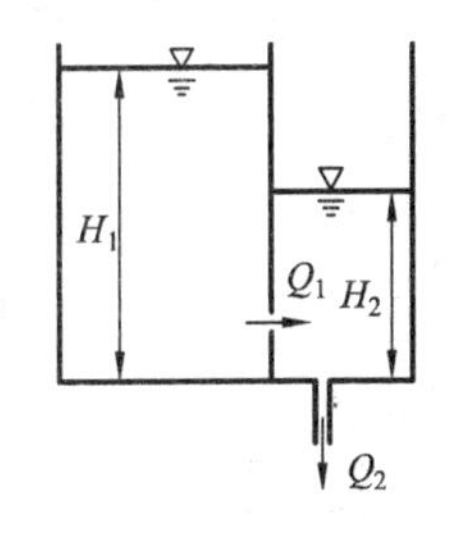

习题5.4图

5.5　如图所示小孔口射流，孔口距某墙顶的距离 $l=4$ m，铅直距离 $s=2$ m，假设不计射流经过小孔口的水头损失，试求：射流恰好从墙顶越过的最小水池水深 H_{min}。

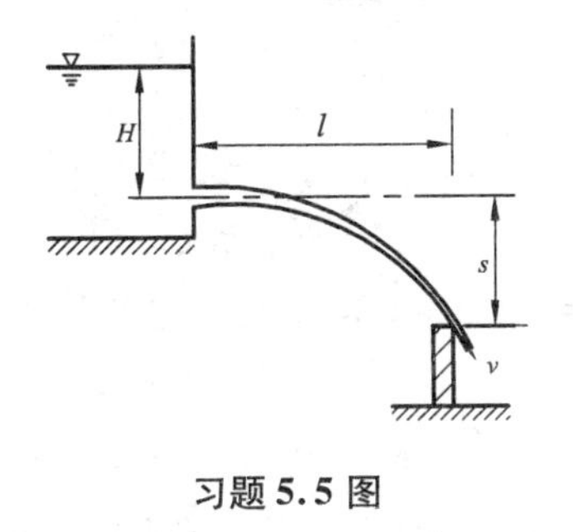

习题5.5图

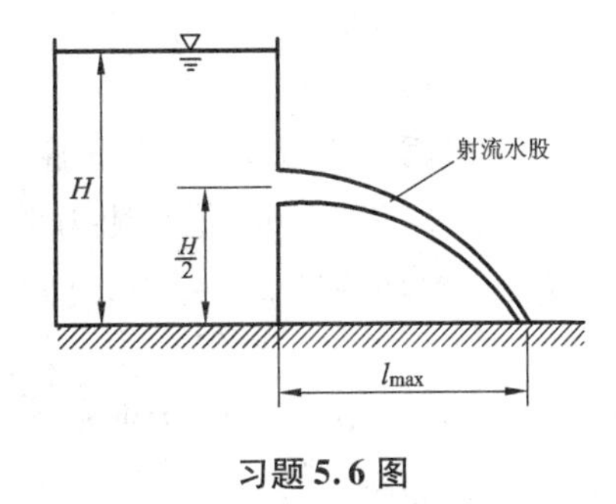

习题5.6图

5.6　如图所示水箱充水深度为 H，在水箱侧壁开一小孔口，试证明：使射流流程最远

的开口位置为$\frac{H}{2}$。

5.7 一平底空船如图所示，其水平面积$\Omega=8\ m^2$，船舷高$h=0.5$ m，船自重$G=9.8$ kN。现船底中央有一直径为10 cm的破孔，水自圆孔漏入船中，试问经过多少时间后船将沉没？

5.8 在混凝土坝中设置一泄水管如图所示，管长$l=4$ m，管轴处的水头$H=6$ m，现需通过流量$Q=10\ m^3/s$，若流量系数$\mu=0.82$，试决定所需管径d，并求管中水流收缩断面处真空值。

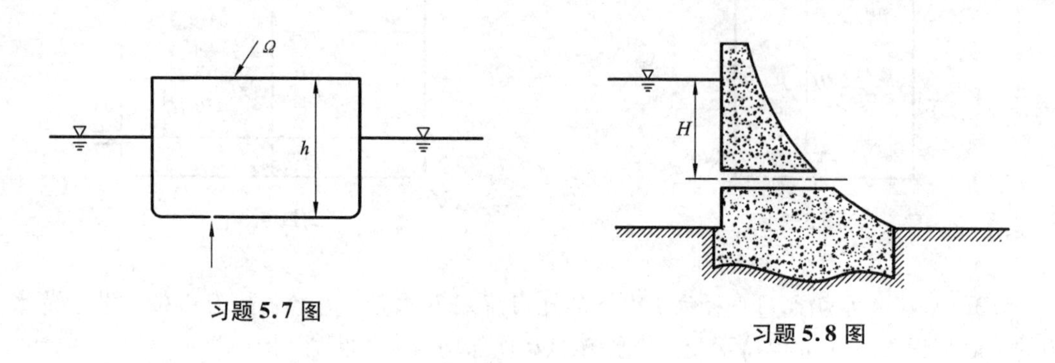

习题5.7图

习题5.8图

5.9 通过压力容器A沿直径$d=5$ cm，长度$l=30$ m的管道供水至水箱B，若供水量$Q=3.5$ L/s，$H_1=1$ m，$H_2=10$ m，局部阻力系数$\zeta_e=0.5$，$\zeta_v=4.0$，$\zeta_b=0.3$，$\zeta_o=1.0$，沿程阻力系数$\lambda=0.021$，求容器A液面的相对压强。

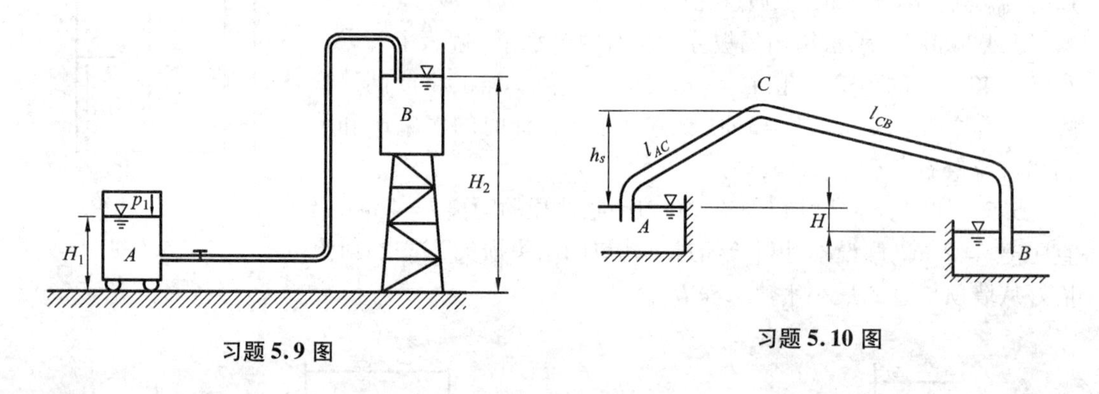

习题5.9图

习题5.10图

5.10 如图所示虹吸管，上、下游水池的水位差H为2.5 m，管长l_{AC}段为15 m，l_{CB}段为25 m，管径$d=200$ mm，沿程阻力系数$\lambda=0.025$，入口水头损失系数$\zeta_C=1.0$，各转弯的水头损失系数均为0.2，管顶允许真空高度$[h_v]=7$ m。试求通过流量及最大允许超高h_s。

5.11 如图所示虹吸管，由河道A向渠道B引水，已知：管径$d=10$ cm，虹吸管最高断面中心点2高出河道水位$z=2$ m，点1至点2的水头损失为$10\frac{v^2}{2g}$，由点2至点3的水头损失为$2\frac{v^2}{2g}$，若点2的真空限制在7 m水柱高度以内，试问：

(1)虹吸管的最大流量有无限制？如有，应为多大？

(2)出水口到水库水面的高差 h 有无限制？如有，应为多大？

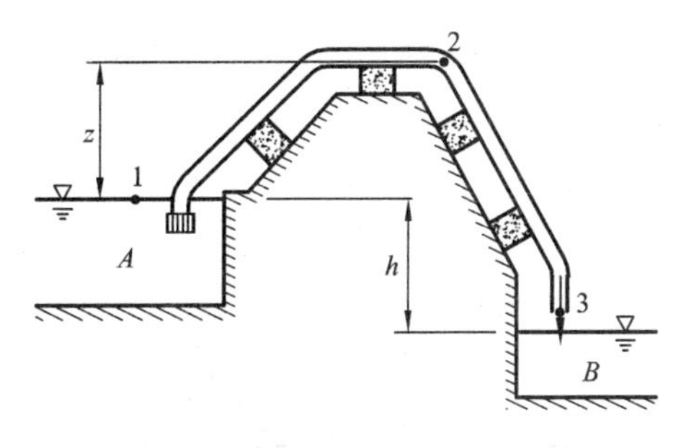

习题 5.11 图

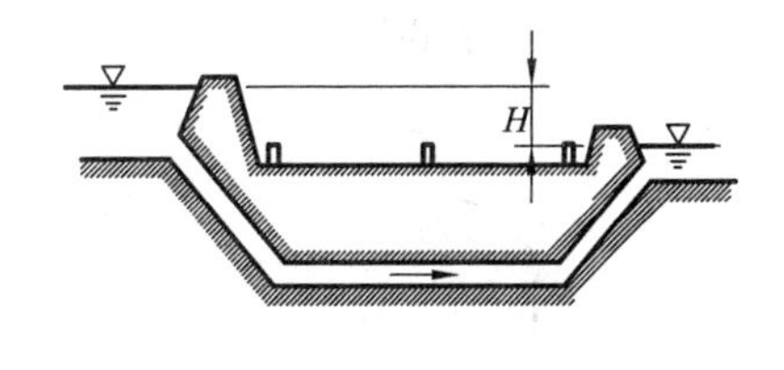

习题 5.12 图

5.12　输水渠道穿越高速公路，如图所示，采用钢筋混凝土倒虹吸管，沿程阻力系数 $\lambda=0.025$，局部阻力系数：进口 $\zeta_e=0.6$，弯道 $\zeta_b=0.30$，出口 $\zeta_0=0.5$，管长 $l=50$ m，倒虹吸管进出口渠道水流流速 $v_0=0.90$ m/s。为避免管中泥沙沉积，管中流速应大于 1.8 m/s。若倒虹吸管设计流量 $Q=0.40\ \mathrm{m^3/s}$，试确定管的直径以及上下游水位差 H。

5.13　一河下圆形断面混凝土倒虹吸管，已知：粗糙系数 $n=0.014$，上下游水位差 $H=1.5$ m，流量 $Q=0.5\ \mathrm{m^3/s}$，$l_1=20$ m，$l_2=30$ m，$l_3=20$ m，进口局部阻力系数 $\zeta_e=0.4$，折角 $\theta=30°$，试求：管径 d。

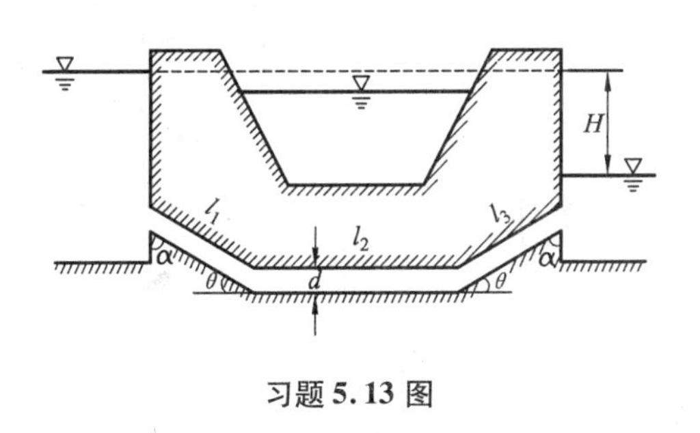

习题 5.13 图

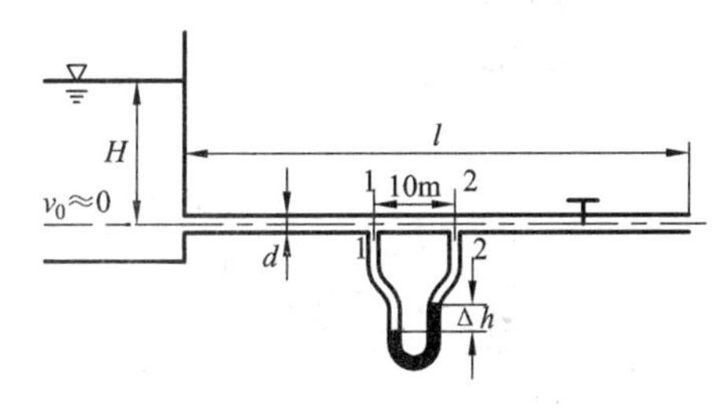

习题 5.14 图

5.14　一直径为 d 的水平直管从水箱引水，如图所示，已知：管径 $d=0.1$ m，管长 $l=50$ m，$H=4$ m，进口局部水头损失系数 $\zeta_e=0.5$，阀门局部水头损失系数 $\zeta_v=2.5$，今在相距为 10 m 的 1－1 断面及 2－2 断面间设有一水银压差计，其液面差 $\Delta h=4$ cm，试求通过水管的流量 Q。

5.15　水由封闭容器 A 沿垂直变直径管道流入下面的水池，容器内 $p_0=2\ \mathrm{N/cm^2}$，且液面保持不变，若 $d_1=50$ mm，$d_2=75$ mm，容器内液面与水池液面的高差 $H=1$ m(只计局部水头损失)。求：

(1)管道的流量 Q；

(2)距水池液面 $h=0.5$ m 处的管道内 B 点的压强 $p_B=$？

5.16　如图所示水泵将水自水池抽至水塔，已知：水泵的功率 $N=25$ kW，流量 $Q=60$ L/s，水泵效率 $\eta_p=75\%$，吸水管长度 $l_1=8$ m，压水管长度 $l_2=50$ m，吸水管直径 $d_1=250$

mm，压水管直径 $d_2=200$ mm，沿程阻力系数 $\lambda=0.025$，带底阀滤水网的局部阻力系数 $\zeta_{fv}=4.4$，转弯阻力系数 $\zeta_b=0.2$(一个弯头)，阀门 $\zeta_v=0.5$，逆止阀 $\zeta_{sv}=5.5$，水泵的允许真空度$[h_v]=6$ m，试求：

(1)水泵的安装高度 z_S；

(2)水泵的提水高度 H_g。

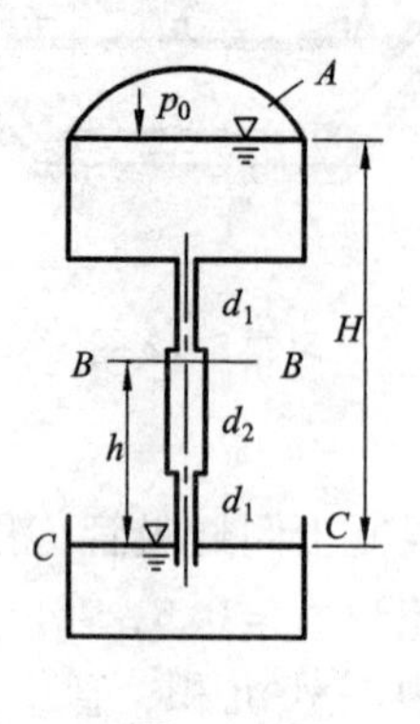

习题 5.15 图

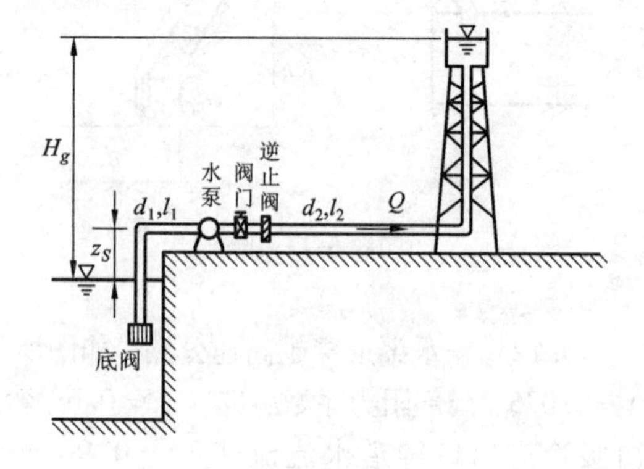

习题 5.16 图

5.17 有一如图所示水泵管路系统，已知：流量 $Q=101$ m^3/h，管径 $d=150$ mm，管路的总水头损失 $h_{w1-2}=25.4$ m，水泵效率 $\eta=75.5\%$，试求：

(1)水泵的扬程 H_t；

(2)水泵的轴功率 N。

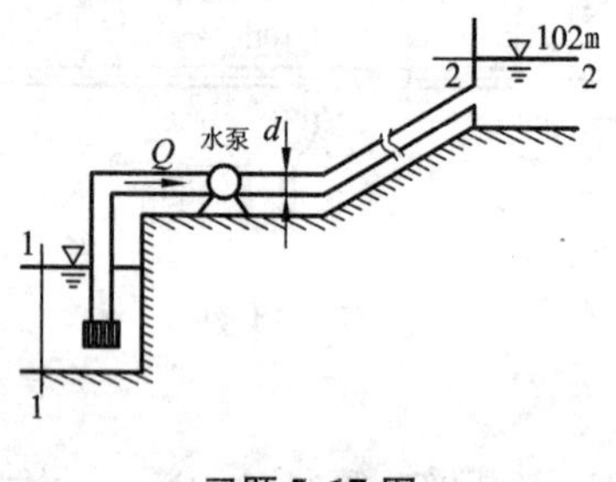

习题 5.17 图

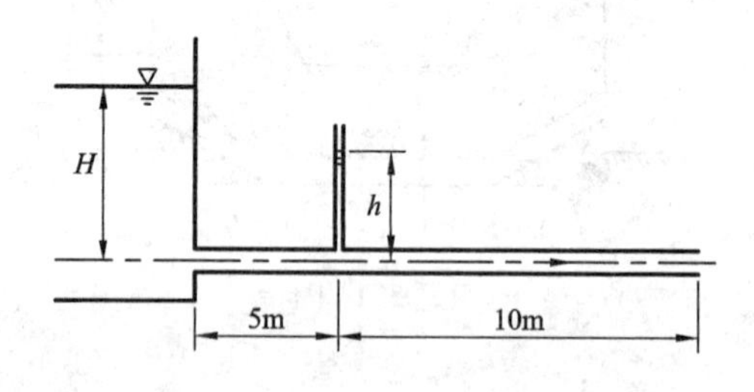

习题 5.18 图

5.18 图示为一水平管路恒定流，水箱水头为 H，已知管径 $d=10$ cm，管长 $l=15$ m，进口局部阻力系数 $\zeta=0.5$，沿程阻力系数 $\lambda=0.022$，在离出口 10 m 处安装测压管，测得测压管水头 $h=2$ m，今在管道出口处加上直径为 5 cm 的管嘴，设管嘴的水头损失忽略不计，问此时测压管的水头 h 变为多少？

5.19 离心泵从吸水池抽水，水池通过自流管与河流相通，水池水面恒定不变，已知自流管长 $l_1=20$ m，$d_1=150$ mm。水泵吸水管长 $l_2=12.0$ m，$d_2=150$ mm，沿程阻力系数 $\lambda_1=\lambda_2=0.03$，局部阻力系数如图所示。水泵安装高度 $h_s=3.5$ m，真空表读数为 44.1 kPa。求：

(1) 泵的抽水量；

（2）当泵轴标高为50.2 m时，推算河流水面高程？

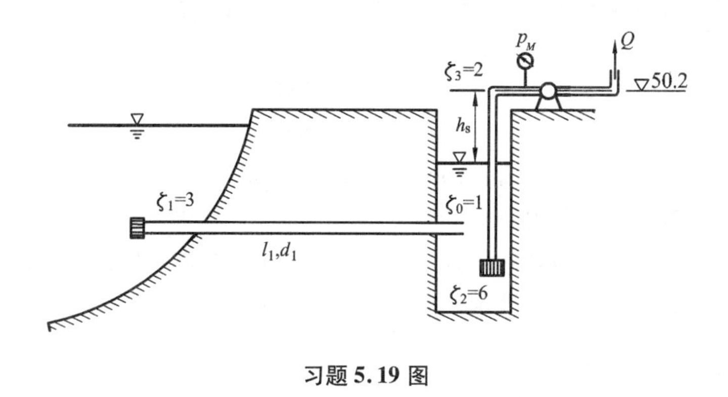

习题5.19图

5.20 有一临时工地供水管路采用水泵和虹吸管共同向工地供水，如图所示。已知管长 $l_1+l_2+l_3=30+10+40=80$ m，管径 $d=150$ mm，沿程阻力系数 $\lambda=0.03$，局部阻力系数为 $\zeta_e=0.5$，$\zeta_{120°}=0.2$，$\zeta_{150°}=0.15$，虹吸管流量为 $Q=25$ L/s，水泵出水口比 A 池内液面高0.35 m，求：

（1）水泵的几何给水高度 H_g 为多少时才能满足供水要求？

（2）校核虹吸管能否正常发生虹吸？$[h_v]=7$ m水柱。

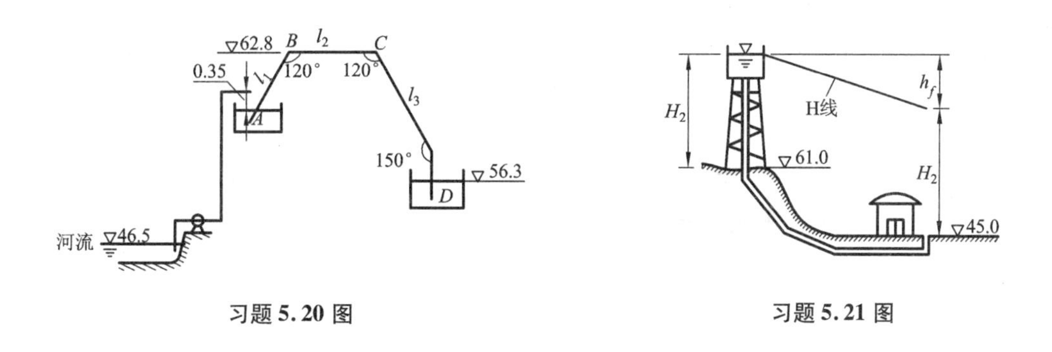

习题5.20图

习题5.21图

5.21 由水塔向车间供水，如图所示，采用铸铁管，管长2500 m，管径350 mm，水塔地面标高 $\nabla_1=61$ m，水塔水面距地面的高度 H_1 为18 m，车间地面标高 $\nabla_2=45$ m，供水点需要的自由水头 H_2 为25 m，求供水流量。

5.22 已知一管道连接上、下游两水库，管长 l，直径为 d，今欲使流量增加50%，拟在原管道中装一抽水机，求抽水机功率需多少？（设抽水机效率 $\eta=0.8$）设已知 $l=10000$ m，$d=0.25$ m，$H=10$ m，沿程阻力系数 $\lambda=0.02$，按长管计算。

5.23 某供水管道，作用水头 $H=9$ m，管长 $l=2500$ m，供水流量 $Q=100$ L/s，试求管道直径 d。为了充分利用水头和节省管材，采用400 mm和350 mm两种直径的管段串联，求每段的长度。

5.24 有两段管道并联，已知总流量 $Q=80$ L/s，管径 $d_1=200$ mm，$d_2=150$ mm；管长 $l_1=500$ m，$l_2=300$ m；管道为铸铁管（$n=0.0125$）。求并联管道两节点间水头损失及支管流量 Q_1，Q_2。

5.25　并联输水管道，如图所示，已知节点流量 $q_1=0.12\ \mathrm{m^3/s}$，$q_2=0.08\ \mathrm{m^3/s}$。由节点 A 分出，并在节点 B 重新汇合，管道均采用铸铁管，粗糙系数 $n=0.0120$，各管段管长、管径如下：

$$l_1=500\ \mathrm{m},\ d_1=300\ \mathrm{mm}$$
$$l_2=500\ \mathrm{m},\ d_2=200\ \mathrm{mm}$$
$$l_3=1000\ \mathrm{m},\ d_3=200\ \mathrm{mm}$$

求并联管路中每一管段的流量和 AB 间水头损失。

5.26　在长为 $2l$，直径为 d 的管道上，并联一根直径相同，长为 l 的支管（图中虚线），若水头 H 不变，不计局部损失，试求并联管前后的流量比。

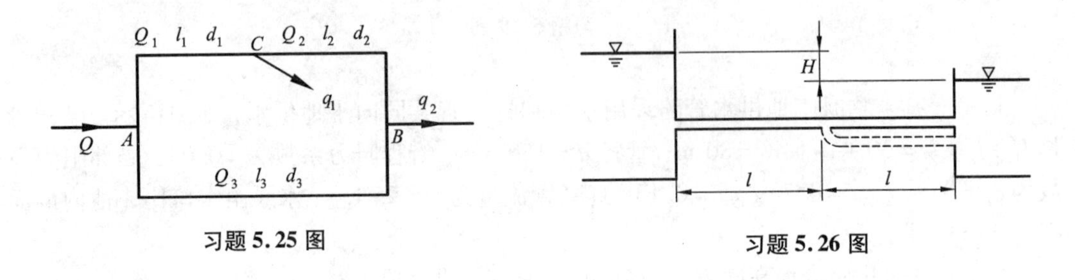

习题 5.25 图　　　　习题 5.26 图

5.27　水塔供水的输水管道，由三段铸铁管串联而成，BC 为沿程均匀泄流管段，如图所示，其中 $l_1=300\ \mathrm{m}$，$d_1=200\ \mathrm{m}$，$l_2=150\ \mathrm{m}$，$d_2=150\ \mathrm{mm}$，$l_3=200\ \mathrm{m}$，$d_3=100\ \mathrm{mm}$。节点 B 分出流量 $q=0.01\ \mathrm{m^3/s}$，通过流量 $Q_z=0.02\ \mathrm{m^3/s}$，途泄流量 $Q_t=0.015\ \mathrm{m^3/s}$，试求需要的作用水头。

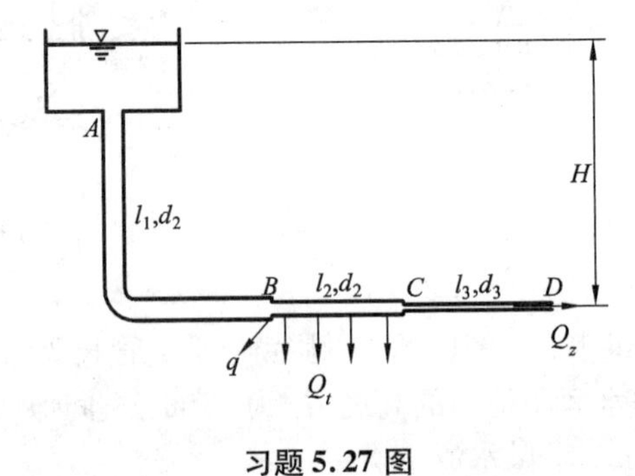

习题 5.27 图

第6章　明渠均匀流

6.1　概述

明渠是一种人工修建或自然形成的渠槽，当液体通过渠槽面流动时，形成与大气相接触的自由表面，表面上各点压强均为大气压强，这种渠槽中的液流称为明渠流或无压流。输水渠、排水沟、无压隧洞、渡槽、涵洞以及天然河道中的水流都属于明渠流。

当明渠中水流的运动要素不随时间而变时，称为明渠恒定流，否则称为明渠非恒定流。明渠恒定流中，如果流线是一簇相互平行的直线，则其水深、断面平均流速及流速分布均沿程不变，称为明渠恒定均匀流；如果流线不是平行直线，则称为明渠恒定非均匀流。

在实际工程中，经常遇到明渠水流问题。例如，为了灌溉、排水或通航的需要，必须设计渠道或运河的断面尺寸及底坡；在天然河道上筑坝或建闸以后，上游形成水库，要估算水库的淹没范围；在河渠上修建水电站以后，引起的上、下游渠道中水位和流量的变化；汛期中洪水的涨落等等。上述各种实际问题都必须在掌握了明渠水流运动规律以后才能予以解决。

明渠的断面形状、尺寸、底坡等对水流的运动有着直接的影响，为了研究明渠水流的运动规律，必须首先了解明渠的这些几何要素。

6.1.1　明渠的横断面

人工明渠的横断面，通常作成对称的几何形状，例如常见的梯形、矩形或圆形等。至于天然河道的横断面，则常呈不规则的形状，如图6.1.1所示。

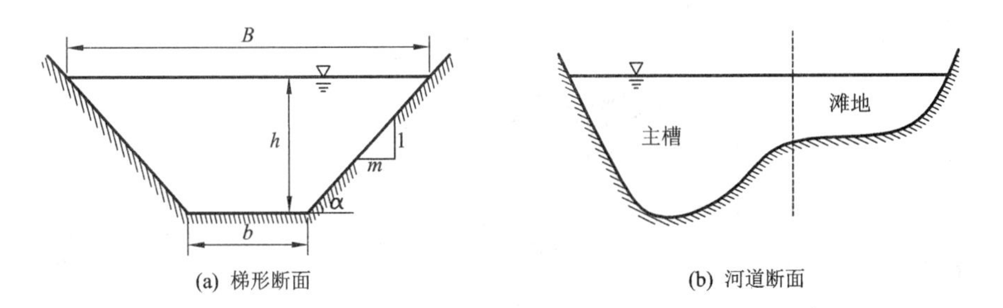

图6.1.1　明渠的横断面

当明渠修在土质地基上时，往往作成梯形断面，如图6.1.1(a)所示。图中b为渠道底宽，h为渠中水深，m为边坡系数，表示其两侧的倾斜程度，它的意义为边坡上高差为1 m时两点之间的水平距离，即$m = \cot\alpha$。边坡系数m的大小应根据土的种类或护面情况而定

(见表6.1.1)。矩形断面常用于岩石中开凿或两侧用条石砌筑而成的渠道，混凝土渠或木渠也常作成矩形，圆形断面通常用于排水管道和无压隧洞。

表6.1.1 梯形渠道的边坡系数

土壤种类	边坡系数 m	土壤种类	边坡系数 m
粉砂	3.0～3.5	卵石和砌石	1.25～1.5
疏松的和中等密实的砂土	2.0～2.5	半岩性的抗水的土壤	0.5～1.0
密实的砂土	1.5～2.0	风化的岩石	0.25～0.5
沙壤土	1.5～2.0	未风化的岩石	0～0.25
粘壤土、黄土或粘土	1.25～1.5		

根据渠道的横断面形状、尺寸，就可以计算渠道过水断面的水力要素。如工程中应用最广的梯形渠道，其过水断面的水力要素关系如下：

水面宽度：
$$B = b + 2mh \tag{6.1.1}$$

过水断面面积：
$$A = \left(\frac{b+B}{2}\right)h = (b+mh)h \tag{6.1.2}$$

湿周：
$$\chi = b + 2h\sqrt{1+m^2} \tag{6.1.3}$$

水力半径：
$$R = \frac{A}{\chi} = \frac{(b+mh)h}{b+2h\sqrt{1+m^2}} \tag{6.1.4}$$

断面宽深比：
$$\beta = \frac{b}{h} \tag{6.1.5}$$

6.1.2 明渠的底坡

沿渠道中心线所作的铅直面与渠底的交线称为底坡线(渠底线、河底线)，该铅直面与水面的交线称为水面线，如图6.1.2所示。

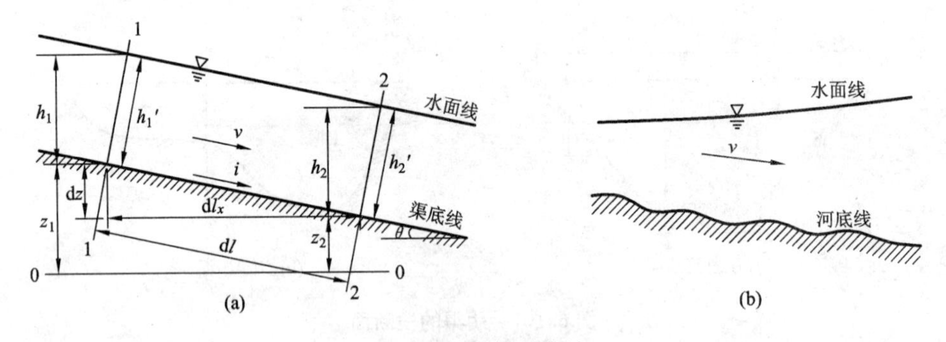

图6.1.2 明渠的底坡

对于人工渠道，渠底可看做是平面，在纵剖面图上它是一段直线[图6.1.2(a)]，或互相衔接的几段直线。天然河道的河底是起伏不平的，所以在纵剖面图上，河底线是一条时有起伏而总趋势是下降的曲线，如图6.1.2(b)所示。

渠底高程沿水流方向单位距离的降落值称为底坡，以 i 表示。如图6.1.2(a)取两过水断面1-1、2-2，其沿渠底线的间距为 $\mathrm{d}l$，两断面的渠底高程分别为 z_1 及 z_2，则渠底高程的降落值 $\mathrm{d}z=z_2-z_1$，按定义，底坡 i 表示为

$$i=-\frac{\mathrm{d}z}{\mathrm{d}l}=\sin\theta \tag{6.1.1}$$

式中：θ 为渠底线与水平线之间的夹角。实际工程中，当 θ 角很小($\theta<6°$)时，为便于量测和计算，常用 θ 角的正切近似代替底坡 i，即

$$i\approx-\frac{\mathrm{d}z}{\mathrm{d}l_x}=\tan\theta \tag{6.1.2}$$

式中：$\mathrm{d}l_x$ 为两过水断面1-1、2-2之间的水平距离。这样处理所引起的误差不超过1%，它的好处是可用铅直水深 h 代替实际水深 h'，给水深测量和计算带来很大的方便。

把渠底高程沿水流方向降低的底坡称为正坡(顺坡)，如图6.1.3(a)，此时 $\mathrm{d}z<0$，由上式可见 $i>0$；渠底高程沿水流方向不变的底坡称为平坡，如图6.1.3(b)，此时 $\mathrm{d}z=0$，所以 $i=0$；渠底高程沿水流方向增加的底坡则称为负坡(逆坡)，如图6.1.3(c)，此时 $\mathrm{d}z>0$，所以 $i<0$。渠道中这三种底坡均可能出现。天然河道中底坡 i 沿流程是变化的，通常可在一段河道内取底坡的平均值作为计算值。

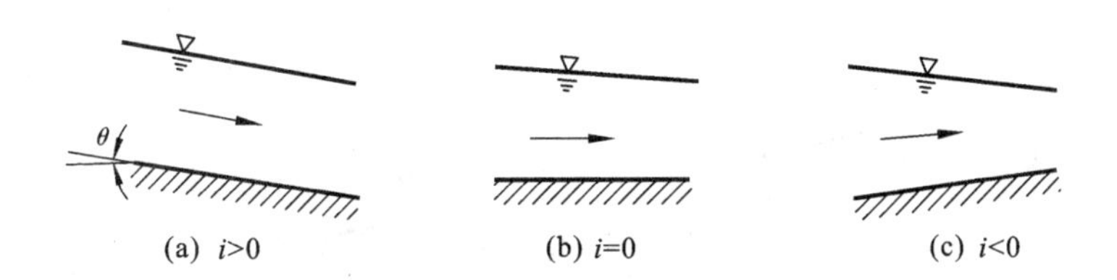

图6.1.3　明渠底坡的分类

按明渠横断面沿流方向是否变化将明渠分为棱柱体明渠和非棱柱体明渠两类。横断面形状及尺寸沿流方向不变、底坡为常数的明渠称为棱柱体明渠，不符合这两个条件的就是非棱柱体明渠。如图6.1.4所示。

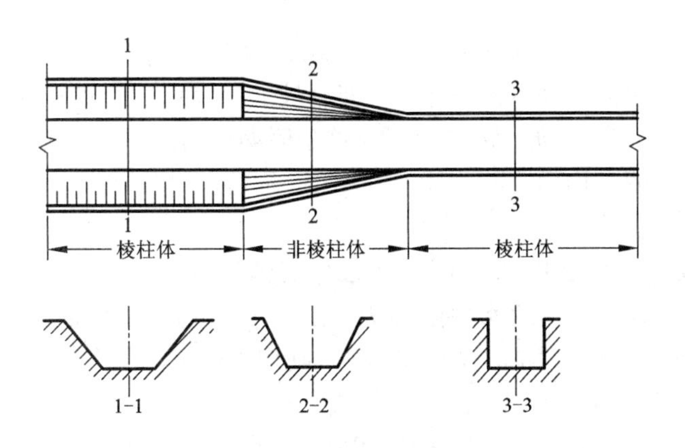

图6.1.4　棱柱体明渠与非棱柱体明渠

人工渠道大多为梯形或矩形断面的棱柱体渠道。有时为了连接两条断面不同的渠道，在其间设置断面逐渐变化的过渡渠段称为渐变段，这当然是非棱柱体渠道。天然河道一般均为非棱柱体，但对断面变化不大又比较顺直的河段，可以近似地当作棱柱体渠道。

6.2 明渠均匀流的特性及基本公式

明渠恒定均匀流，是明渠水流中最简单的流动形式。明渠均匀流理论既是渠道水力设计的基本依据，也是分析明渠非均匀流问题的基础。以下首先分析明渠均匀流的力学特性及形成明渠均匀流的条件，然后讨论明渠均匀流的水力计算公式和各种问题的求解方法。

6.2.1 明渠均匀流的特性

假定有一条从水库引水的足够长的正坡棱柱体明渠，如图 6.2.1 所示。在渠道入口处，水流在重力作用下开始流动，产生的阻力却与水流流动方向相反，它阻碍水流加速。在入口处，流速小，阻力也就小，重力克服阻力后，仍能使水流加速，这一段流动是非均匀流。待到水流速度增加到一定值时，阻力与重力沿流向的分力相平衡，水流也就从加速运动变为等速运动，即均匀流。至渠道出口处附近，再形成一段非均匀流。

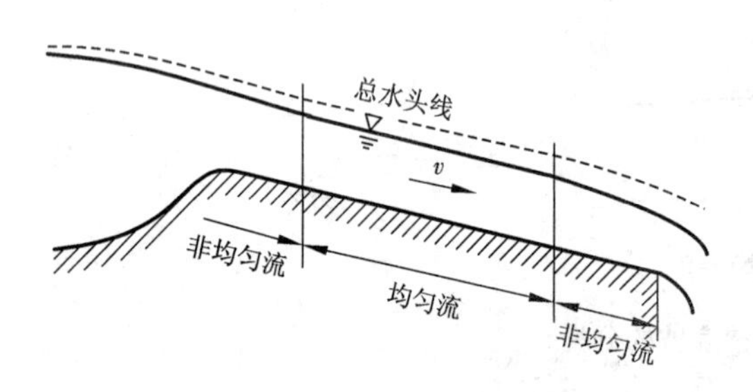

图 6.2.1 明渠均匀流与非均匀流

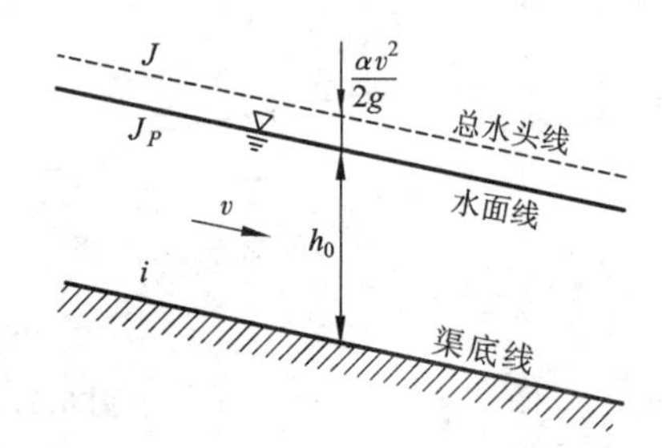

图 6.2.2 明渠均匀流的特性

明渠均匀流是流速沿程不变，流线为一簇互相平行的直线，其水深和断面流速分布等均沿流向不变的流动。由此推论，其断面平均流速、动能修正系数以及断面平均动能$\frac{\alpha v^2}{2g}$也沿流程不变。因此，明渠均匀流的渠底线、水面线（即测管水头线）和总水头线互相平行。同时，它们在单位距离内的降落值均相同，即底坡 i、水面坡度（即测压管坡度）J_P 和水力坡度 J 三者相等，$J_P = J = i$，如图 6.2.2 示，这是明渠均匀流的一个重要性质。

从能量观点看，明渠均匀流的动能沿程不变，而势能沿程减少，表现为水面沿程下降，其降落值恰等于水头损失。

沿流动方向取过水断面 1 - 2 间的水体来分析其受力情况。如图 6.2.3 所示，设此段水体重量为 G，渠道表面产生的摩擦阻力为 T，流段两端过水断面上的动水压力为 P_1 和 P_2，因为均匀流是等速直线运动，没有加速度，则作用在该流段上的外力必须平衡。所以，作用于该段水体上的外力在流动方向投影的代数和等于零，即

$$P_1 + G\sin\theta - P_2 - T = 0$$

因为是均匀流，其过水断面上的动水压强符合静水压强分布规律，水深又不变，故 P_1 和 P_2

大小相等，方向相反，可互相抵消。而 $G\sin\theta$ 是重力沿流向的分力，因而上式可写为

$$G\sin\theta = T \tag{6.2.1}$$

这表明：明渠均匀流是重力沿流向的分力和阻力相平衡时的流动。

从以上明渠均匀流的力学特征分析，说明形成明渠均匀流是需要一定条件的：

1. 水流是恒定的，流量沿程不变。

2. 正坡，并且底坡沿程不变。因为只有在正坡明渠中，才有可能使重力沿流向的分力与阻力相平衡。如果明渠的底坡为平坡，重力沿流向没有分量；如果底坡为负坡，重力的分量与阻力的方向一致，两者不可能平衡。所以在平坡和负坡明渠中均不可能形成均匀流。

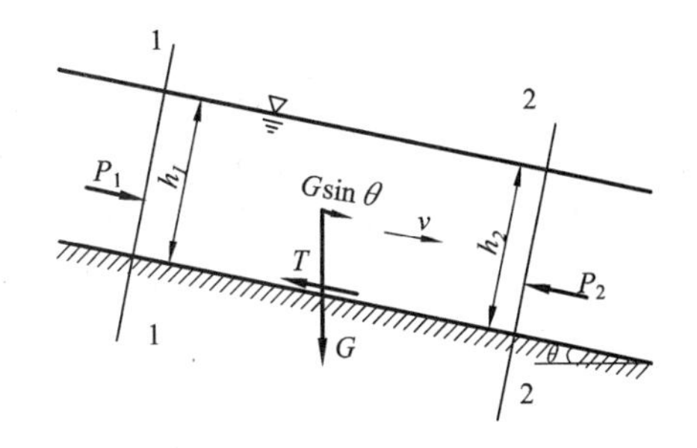

图6.2.3　明渠均匀流的受力平衡

3. 棱柱体渠道，且糙率沿程不变。因为只有棱柱体明渠才能保持过水断面沿程不变，而明渠表面糙率沿程不变，才能使摩擦阻力沿程不变，才有可能保持重力与阻力相平衡。

4. 明渠必须充分长，而且渠道中没有建筑物的局部干扰。因为只有渠道充分长，才能保证水流从进口加速流到均匀流的过渡，使流速分布得以调整到沿程不变。而明渠中的障碍物，例如闸坝及桥墩等建筑物阻遏水流，将导致非均匀流产生。

综上所述，只有在正坡、棱柱体、流量及糙率沿程不变的长直明渠中的恒定流才能产生均匀流。实践中完全符合上述条件的明渠是很少的，所以严格地说，真正的明渠均匀流极为少见。但在工程中，大致符合这些条件的人工渠道以及天然河道的某些流段可近似地视为均匀流。

6.2.2　明渠均匀流水力计算的基本公式

明渠均匀流水力计算的基本公式是谢才公式(4.6.12)。对于明渠均匀流，有 $J=i$，所以谢才公式可写为

$$v = C\sqrt{Ri} \tag{6.2.2}$$

代入恒定流的连续性方程 $Q=Av$ 中，得

$$Q = CA\sqrt{Ri} = K\sqrt{i} \tag{6.2.3}$$

式中：$K=AC\sqrt{R}$，称为流量模数，单位为 m^3/s，它综合反映明渠断面形状、尺寸和粗糙程度对过水能力的影响。在底坡一定的情况下，流量与流量模数成正比。

(6.2.3)式称为明渠均匀流基本公式，式中：谢才系数 C 通常按曼宁公式(4.6.15)计算，即

$$C = \frac{1}{n}R^{\frac{1}{6}} \tag{6.2.4}$$

从上式可知，谢才系数 C 与断面形状、尺寸及边壁粗糙程度有关，是 n 和 R 的函数，且 R 对 C 的影响远比 n 对 C 的影响小得多。因此，根据实际情况正确地选定糙率，对明渠的计算将有重要的意义。在设计通过已知流量的渠道时，如果 n 值选得偏小，计算所得的断面也偏小，过水能力将达不到设计要求，容易发生水流漫溢渠槽而造成事故，对挟带泥沙的水流还会形成淤积。如果选择的 n 值偏大，不仅因断面尺寸偏大而造成浪费，还会因实

际流速过大引起冲刷。

严格说来糙率 n 应与渠槽表面粗糙程度及流量、水深等因素有关，对于挟带泥沙的水流还受含沙量多少的影响。但主要的因素仍然是表面的粗糙情况。实际应用时可参照表4.6.2选择糙率值。对于天然河道，由于河床的不规则性，实际情况更为复杂，有条件时应通过实测来确定 n 值。

6.3 水力最佳断面及允许流速

6.3.1 水力最佳断面

从均匀流的基本公式(6.2.3)可以看出，明渠的输水能力(流量)取决于过水断面的形状、尺寸、底坡和糙率的大小。设计渠道时，底坡一般依地形条件或其他技术上的要求而定；糙率则主要取决于渠槽选用的建筑材料。在底坡及糙率已定的前提下，渠道的过水能力则决定于渠道的横断面形状及尺寸。从经济观点来说，总是希望所选定的横断面形状在通过已知的设计流量时面积最小，或者是过水断面面积一定时通过的流量最大。符合这种条件的断面，其工程量最小，称为水力最佳断面。

把曼宁公式代入明渠均匀流的基本公式，可得

$$Q = AC\sqrt{Ri} = \frac{1}{n}Ai^{\frac{1}{2}}R^{\frac{2}{3}} = \frac{1}{n}\frac{A^{\frac{5}{3}}i^{\frac{1}{2}}}{\chi^{\frac{2}{3}}} \tag{6.3.1}$$

由上式可知：当渠道的底坡 i、糙率 n 及过水断面积 A 一定时，湿周 χ 愈小(或水力半径 R 愈大)通过流量 Q 愈大；或者说当 i、n、Q 一定时，湿周 χ 愈小(或水力半径 R 愈大)所需的过水断面积 A 也愈小。

由几何学可知，面积一定时圆形断面的湿周最小，水力半径最大；而半圆形过水断面与圆形断面的水力半径相同，所以，在明渠的各种断面形状中，半圆形断面是水力最佳的。但半圆形断面不易施工，且对于无衬护的土渠，两侧边坡往往达不到稳定要求。因此，半圆形断面难于普遍采用，只有在钢筋混凝土或钢丝网水泥作成的渡槽等建筑物中才采用类似半圆形的断面。

工程中采用最多的是梯形断面，其边坡系数 m 一般由边坡稳定要求确定。在 m 已定的情况下，同样的过水面积 A，湿周的大小因宽深比 β 而异。由梯形渠道断面的几何关系

$$A = (b + mh)h$$

$$\chi = b + 2h\sqrt{1 + m^2}$$

解得 $b = \frac{A}{h} - mh$，代入湿周的关系式中，得

$$x = \frac{A}{h} - mh + 2h\sqrt{1 + m^2}$$

根据水力最佳断面的条件：A = 常数时，χ = 最小值，对上式求 $x = f(h)$ 的极小值：

$$\frac{\mathrm{d}x}{\mathrm{d}h} = -\frac{A}{h^2} - m + 2\sqrt{1 + m^2} = 0 \tag{6.3.2}$$

$$\frac{d^2x}{dh^2}=\frac{2A}{h^3}>0\text{，说明存在极小值}$$

将 $A=(b+mh)h$ 代入(6.3.2)式得

$$\beta_m=\frac{b}{h}=2(\sqrt{1+m^2}-m) \tag{6.3.3}$$

上式就是梯形断面水力最佳断面时断面宽深比应满足的条件，β_m 称之为最佳宽深比，它仅与边坡系数 m 有关。对于矩形水力最佳断面($m=0$)，有

$$\beta_m=2 \quad 即 \quad b_m=2h_m$$

不难证明，对于梯形或矩形水力最佳断面，均有 $R_m=\frac{h_m}{2}$，即水力半径等于水深的一半。

以上讨论仅限于水力最佳断面时宽深比应满足的条件，而在实际工程中确定宽深比时则应综合考虑施工技术、允许流速、维修养护和工程造价等因素的影响，"水力最佳"不等于"技术经济最佳"。比如在一般土渠中，边坡系数 $m>1$，按(6.3.3)式求得 $\beta_m<1$，即梯形水力最佳断面通常是窄而深的断面。这种断面虽然工程量最小，但由于深挖高填，不便于施工及维护，未必就是最经济的断面。所以，水力最佳断面的应用是有一定局限的，对于无衬砌的大型土渠，通常不宜采用梯形水力最佳断面。

6.3.2 允许流速

人们总是希望一条渠道能够正常工作很多年，平时维修养护工作尽量少些，这就要求渠道断面最好不变形或尽可能少变形，也就是说，应避免或减少由于水流的冲刷或淤积作用引起的渠道断面的变化。为此，必须把渠道中的流速控制在一定的范围之内。此外，根据渠道的任务(如通航、水电站引水或灌溉)，在技术经济上也要求流速满足一定的条件。这样的流速就是允许流速。允许流速的确定一般需考虑如下几个因素：

1. 流速应不致引起渠道冲刷，即流速应小于某个刚刚引起冲刷的临界断面平均流速——称为允许不冲流速，以$[v]_{不冲}$表示，即 $v<[v]_{不冲}$。$[v]_{不冲}$值决定于渠道表面的土质和加固情况以及水深，由实验测定，也可查阅有关手册。

关于允许不冲流速也可采用经验公式计算，如黄土地区浑水渠道的不冲流速可用陕西省水利科学研究所的公式：

$$[v]_{不淤}=CR^{0.4} \tag{6.3.4}$$

式中：C 为系数，粉质壤土 $C=0.96$，砂壤土 $C=0.70$。

2. 流速应不使水中悬沙淤积，则流速应大于某一最小的不淤流速$[v]_{不淤}$，即 $v>[v]_{不淤}$。渠道是否被淤积取决于水流的挟沙能力(即水流在一定条件下能够挟带的最大泥沙量)和水中含沙量的大小。如果后者超过前者，泥沙便沉淀而发生淤积。水流的挟沙能力与平均流速有关，$[v]_{不淤}$可根据经验公式确定，例如

$$[v]_{不淤}=e\sqrt{R} \tag{6.3.5}$$

式中：R 为水力半径，以 m 计，e 为系数，与悬浮泥沙粒径和水力粗度(泥沙颗粒在静水中沉降的速度)有关，还与渠壁糙率有关。近似计算时，对于砂土、粘壤土或粘土渠道，如取 $n=0.025$，悬浮泥沙直径不大于 0.25 mm 时，$e=0.50$。

在排水工程中为了防止淤积，渠道流速应不低于0.4 m/s。

3. 流速不宜太小，以免渠中杂草滋生。为此一般应大于0.5 m/s。对于北方寒冷地区，为防止冬季渠水结冰，流速也不宜太小，一般应保证大于0.6 m/s。

至于为满足电站引水渠和航运渠道的技术经济要求以及其他管理运行要求所需的流速，则应分别参照有关规范选定。

【例6.3.1】 一条路基排水沟，底坡 $i=0.005$，糙率 $n=0.025$，边坡系数 $m=1.5$，要求通过流量 $Q=3.5\ m^3/s$，试按水力最佳断面的原理求出此排水沟的底宽和水深。

【解】

满足水力最佳断面的宽深比

$$\beta_m=\frac{b}{h}=2(\sqrt{1+m^2}-m)=2(\sqrt{1+1.5^2}-1.5)=0.61$$

根据已知的 Q、i、n、m 和 $b=0.61h$，得

$$K=\frac{Q}{\sqrt{i}}=\frac{3.5}{\sqrt{0.005}}=49.6\ m^3/s$$

$$A=(0.61h+1.5h)h=2.11h^2$$

水力最佳断面：

$$R_m=\frac{1}{2}h_m$$

$$C=\frac{1}{n}R^{\frac{1}{6}}=\frac{1}{0.025}(0.5h)^{\frac{1}{6}}$$

$$K=AC\sqrt{R}=2.11h^2\frac{1}{0.025}(0.5h)^{\frac{1}{6}}(0.5h)^{\frac{1}{2}}=53.17h^{\frac{8}{3}}=49.6\ m^3/s$$

$$53.17h^{\frac{8}{3}}=49.6$$

解得

$$h=0.98\ m,\ b=0.61h=0.6\ m$$

6.4 明渠均匀流的水力计算

应用明渠均匀流基本公式(6.2.3)，可解决工程实践中常见的明渠均匀流的计算问题。土木、水利工程中，梯形断面的渠道应用最广。现以梯形渠道为例，来说明经常遇到的几种问题的求解方法。

对于梯形渠道有

$$Q=AC\sqrt{Ri}=\frac{\sqrt{i}[(b+mh)h]^{\frac{5}{3}}}{n(b+2h\sqrt{1+m^2})^{\frac{2}{3}}} \tag{6.4.1}$$

上式中包括 Q, b, h, i, m, n 6个变量。一般情况下，边坡系数 m 及糙率 n 是根据渠道护面材料的种类，用经验方法来确定。因此，梯形渠道均匀流的水力计算，通常是根据渠道所担负的生产任务、施工条件、地形及地质状况等，预先选定 Q, b, h, i 4个变量中的3个，然后，应用基本公式求另一个变量。

工程实践中所提出的明渠均匀流的水力计算问题，可大致归纳为以下三种基本类型。

1. 验算渠道的输水能力

因为渠道已经建成，过流断面的形状、尺寸(b, h, m)，渠道的壁面材料 n 及底坡 i 都已

知，只需分别计算出过流断面的水力要素 A，R，C 值，代入明渠均匀流基本公式，便可算出通过的流量 $Q=AC\sqrt{Ri}$。这一类型的问题大多属于对已建成渠道进行校核性的水力计算。

【例 6.4.1】 某电站的引水渠为中等密实粘土，使用期中岸坡已生杂草，取糙率 $n=0.03$。已知梯形断面边坡系数 $m=1.5$，底宽为 $b=34$ m，底坡 $i=1/7000$，渠底到堤顶高程差 $H=3.2$ m，电站引水流量为 $Q=67.0\ \text{m}^3/\text{s}$。现要求渠道供应工业用水，试计算渠道在保证超高（水面到堤顶的高差）为 $d=0.5$ m 的条件下，除电站引用流量外，尚能供应的工业用水为若干？

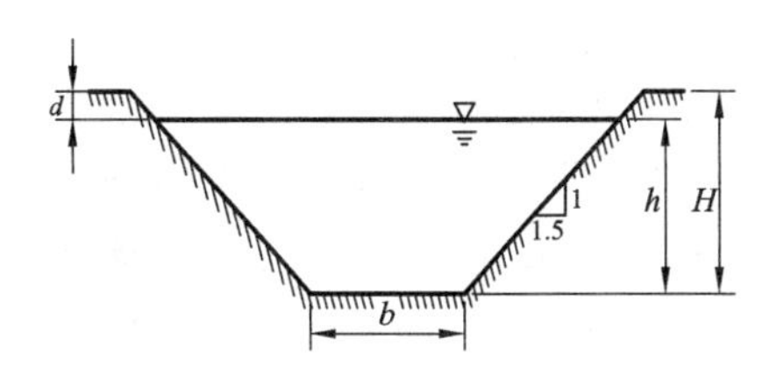

图 6.4.1 梯形过水断面

【解】 由给定条件得渠中水深为

$$h=H-d=3.2\ \text{m}-0.5\ \text{m}=2.7\ \text{m}$$

过水面积

$$A=(b+mh)h=102.7\ \text{m}^2$$

湿周

$$\chi=b+2h\sqrt{1+m^2}=34.0\ \text{m}+2\times2.7\ \text{m}\times\sqrt{1+1.5^2}=43.7\ \text{m}$$

水力半径

$$R=\frac{A}{\chi}=\frac{102.7\ \text{m}^2}{43.7\ \text{m}}=2.35\ \text{m}$$

谢才系数

$$C=\frac{1}{n}R^{\frac{1}{6}}=\frac{2.35^{\frac{1}{6}}}{0.03}=38.4\ \text{m}^{\frac{1}{2}}/\text{s}$$

渠中总流量

$$Q=AC\sqrt{Ri}=102.7\times38.4\times\sqrt{\frac{2.35}{7000}}\ \text{m}^3/\text{s}=72.3\ \text{m}^3/\text{s}$$

因此，在保证电站引用 $67.0\ \text{m}^3/\text{s}$ 的流量以后，渠道还可提供工业用水量为 $5.3\ \text{m}^3/\text{s}$。

2. 确定渠道底坡

此时过流断面的形状、尺寸（b，h，m），渠道的壁面材料 n 以及输水流量 Q 都已知，只需算出流量模数 $K=AC\sqrt{R}$，代入明渠均匀流基本公式，便可确定渠道底坡 $i=\frac{Q^2}{K^2}$。这一类型的问题可见于对流速有限制的渠道，如城市下水道，为避免堵塞淤积，要求流速不能太小；又如兼有通航要求的渠道，则流速又不能太大，以免航行困难。

【例 6.4.2】 某城区兴建一条排水沟，沟槽断面为矩形，底宽 $b=5.1$ m，水深 $h=3.08$ m，采用混凝土护壁，糙率 $n=0.014$，通过设计流量 $Q=25.6\ \text{m}^3/\text{s}$。试求沟底坡度和沟中流速，并校核是否满足不淤流速 $[v]_{不淤}=1.5$ m/s 的要求。

【解】

$$A=bh=5.1\ \text{m}\times3.08\ \text{m}=15.71\ \text{m}^2$$

$$\chi=b+2h=5.1\ \text{m}+2\times3.08\ \text{m}=11.26\ \text{m}$$

$$R=\frac{A}{\chi}=\frac{15.71}{11.26}\ \text{m}=1.40\ \text{m}$$

$$C=\frac{1}{n}R^{\frac{1}{6}}=\frac{1}{0.014}\times1.4^{\frac{1}{6}}\ \text{m}^{\frac{1}{2}}/\text{s}=75.55\ \text{m}^{\frac{1}{2}}/\text{s}$$

沟底坡度

$$i=\left(\frac{Q}{AC\sqrt{R}}\right)^2=\left(\frac{25.6}{15.71\times75.55\times\sqrt{1.40}}\right)^2=0.00034$$

沟中流速

$$v=\frac{Q}{A}=\frac{25.6}{15.71}\ \mathrm{m/s}=1.63\ \mathrm{m/s}>[v]_{不淤}$$

可见，沟中流速满足不淤要求。

3. 设计渠道断面

这是明渠均匀流水力计算中最常见、最重要的一类问题。设计渠道断面是在已知通过流量 Q，渠道底坡 i，边坡系数 m 及粗糙系数 n 的条件下，确定底宽 b 和水深 h。而用一个基本公式计算 b，h 两个未知量，将有多组解答，为得到确定解，需要另外补充条件。

(1)底宽 b 已定，确定相应的水深 h

如底宽 b 已由其他条件确定，则水深 h 理论上可由式 (6.4.1) 直接求解。但由该式可知，这是关于 h 的一个一元十次方程，由高等代数中的阿贝尔定理可知，此时 h 无一般代数解法，在工程上常采用试算法近似求解，其基本思想是：对 h 假设一个数值，代入 (6.4.1)式求得 Q，看与给定的 Q 是否相等，如不相等，则重新假设 h 值，直到与给定的 Q 值近似相等时为止。具体解法详见例 6.4.3。

【例 6.4.3】 一引水渠为梯形断面，较好的干砌块石护面(可取 $n=0.025$)，边坡系数 $m=1.0$。根据地形，选用底坡 $i=1/800$，底宽 $b=6.0$ m。当设计流量 $Q=70\ \mathrm{m^3/s}$ 时，求渠中水深 $h=$?

【解】

采用试算法求解水深 h,将已知的 b, n, m, i 各值代入式(6.4.1)得

$$Q=1.414\frac{[(6+h)h]^{5/3}}{(6+2.828h)^{2/3}}$$

本例假定 h 分别为 2.5，3.0，3.5m，求得相应的 Q 值，见下表

h(m)	2.5	3.0	3.5
$Q(\mathrm{m^3/s})$	41.6	58.3	77.3

因 $Q=70\ \mathrm{m^3/s}$，由上表可知 h 必介于 3.0 ~ 3.5 m 之间，再采用二分法逐步试算可得 $h=3.33$ m。

(2) 水深 h 已定，确定相应的底宽 b

如水深 h 另由通航或施工条件确定，则底宽 b 亦可由式 (6.4.1) 直接求解。但这是关于 b 的一个一元五次方程，此时 b 亦无一般代数解法，只有近似解，在工程上也常采用试算法求解。底宽 b 的具体解法与水深 h 的求解类似，不另举例。

(3) 宽深比 $\beta=\dfrac{b}{h}$ 已定，确定相应的 b 与 h

小型渠道的宽深比 β 可按水力最佳条件 $\beta=2(\sqrt{1+m^2}-m)$ 确定，大型渠道的宽深比 β 由综合技术经济比较给出。因宽深比 β 已定，b，h 只有一个独立未知量，用与例 6.4.3 相同的方法，可求出 b 或 h 值。

(4) 限定最大允许流速 $[v]_{max}$，确定相应的 b、h

以渠道的最大允许流速 $[v]_{max}$ 为控制条件，则渠道的过水断面面积 A 和水力半径 R 为定值，即

$$\begin{cases} A = \dfrac{Q}{[v]_{\max}} \\ R = \left[\dfrac{n[v]_{\max}}{i^{1/2}}\right]^{3/2} \end{cases}$$

将上述条件代入以下两式

$$\begin{cases} A = (b + mh)h \\ R = \dfrac{(b + mh)h}{h + 2h\sqrt{1 + m^2}} \end{cases}$$

两式联解，就可求得 b 与 h。

【例 6.4.4】 一梯形渠道，要求通过的流量 $Q = 19.6\ \text{m}^3/\text{s}$，最大允许流速 $[v]_{\max} = 1.45\ \text{m/s}$，边坡系数 $m = 1.0$，糙率 $n = 0.02$，底坡 $i = 0.0007$，求所需的水深及底宽。

【解】

联立(6.1.2)及(6.1.3)可得水深 h 的求解公式

$$h = \frac{-\chi \pm \sqrt{\chi^2 + 4A(m - 2\sqrt{1 + m^2})}}{2(m - 2\sqrt{1 + m^2})} \tag{6.4.2}$$

所需的过水面积

$$A = \frac{Q}{[v]_{\max}} = \frac{19.6}{1.45}\text{m}^2 = 13.5\ \text{m}^2$$

所需水力半径

$$R = \left(\frac{n[v]_{\max}}{i^{1/2}}\right)^{3/2} = \left(\frac{0.02 \times 1.45}{0.0007^{1/2}}\right)^{3/2} = 1.15\ \text{m}$$

所需湿周

$$\chi = \frac{A}{R} = \frac{13.5}{1.15} = 11.7\ \text{m}$$

将 A，χ 代入(6.4.2)式，即可得水深的两个解

$$h_1 = 1.51\ \text{m},\ h_2 = 4.89\ \text{m}$$

由(6.1.3)式得

$$b = \chi - 2h\sqrt{1 + m^2}$$

则相应的底宽为

$$b_1 = 7.43\ \text{m},\ b_2 = -2.13\ \text{m}(\text{舍去})$$

故所需的断面尺寸为

$$h = 1.51\ \text{m},\ b = 7.43\ \text{m}$$

6.5 无压圆管均匀流

根据前述水力最佳断面的概念，当过流断面面积一定时，圆形断面就是水力最佳断面。另一方面，圆形管道力学性能好，可以预制，便于施工，因而在工程实践中得到了广泛应用。无压圆管是指圆形断面不满流的管道，主要用于城市地下排水管道与路基涵管中。因为排水流量时有变动，为避免在流量增大时，管道承压，污水涌出排污口，污染环境，以及为保持管道内通风，避免污水中溢出的有毒、可燃气体聚集，所以排水管道通常

为非满管流，以一定的充满度流动。

6.5.1 无压圆管均匀流的特性及过水断面的水力要素

无压圆管均匀流只是明渠均匀流特定的断面形式，它的形成条件、水力特征以及基本公式都和前述明渠均匀流相同，即

$$J = J_P = i$$

$$Q = AC\sqrt{Ri}$$

无压圆管过流断面的水力要素如图 6.5.1 所示。

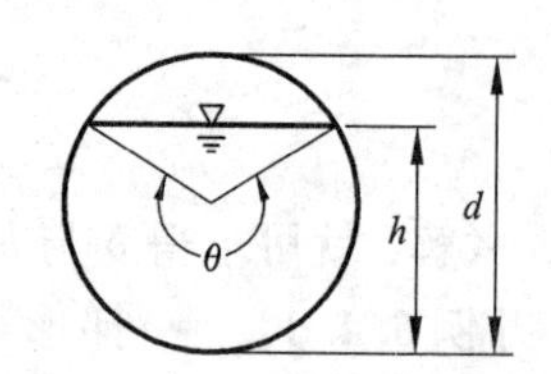

图 6.5.1 无压圆管过水断面

基本量：

d——直径；

h——水深；

θ——充满角，水深 h 对应的圆心角；

α——充满度，$\alpha = \dfrac{h}{d}$。

充满度与充满角的关系：$\alpha = \sin^2\dfrac{\theta}{4}$

导出量：

过流断面面积 $A = \dfrac{d^2}{8}(\theta - \sin\theta)$

湿周 $\chi = \dfrac{d}{2}\theta$

水力半径 $R = \dfrac{d}{4}\left(1 - \dfrac{\sin\theta}{\theta}\right)$

水面宽度 $B = d\sin\dfrac{\theta}{2}$

不同充满度的圆管过流断面的水力要素见表 6.5.1。

表 6.5.1 圆管过流断面的水力要素

充满度 α	过流断面面积 $A(m^2)$	水力半径 $R(m)$	相对流量 $\overline{Q}$	充满度 d	过流断面面积 $A(m^2)$	水力半径 $R(m)$	相对流量 $\overline{Q}$
0.05	$0.0147d^2$	$0.0326d$	0.0048	0.55	$0.4426d^2$	$0.2649d$	0.5860
0.10	$0.0400d^2$	$0.0635d$	0.0208	0.60	$0.4920d^2$	$0.2776d$	0.6721
0.15	$0.0739d^2$	$0.0929d$	0.0487	0.65	$0.5404d^2$	$0.2881d$	0.7567
0.20	$0.1118d^2$	$0.1206d$	0.0876	0.70	$0.5872d^2$	$0.2962d$	0.8376
0.25	$0.1535d^2$	$0.1466d$	0.1370	0.75	$0.6319d^2$	$0.3017d$	0.9124
0.30	$0.1928d^2$	$0.1709d$	0.1959	0.80	$0.6736d^2$	$0.3042d$	0.9780
0.35	$0.2450d^2$	$0.1938d$	0.2631	0.85	$0.7115d^2$	$0.3033d$	1.0310
0.40	$0.2934d^2$	$0.2142d$	0.3372	0.90	$0.7445d^2$	$0.2980d$	1.0662
0.45	$0.3428d^2$	$0.2331d$	0.4168	0.95	$0.7707d^2$	$0.2865d$	1.0752
0.50	$0.3927d^2$	$0.2500d$	0.5003	1.00	$0.7854d^2$	$0.2500d$	1.0000

6.5.2　无压圆管的最佳充满度

设满流($h=d$)时的流量为 Q_0，相应的水力要素 $A_0=\frac{\pi}{4}d^2$，$R_0=\frac{d}{4}$，不满流时($h<d$)的流量为 Q,令 Q 与 Q_0 之比为相对流量，用$\overline{Q}$表示，则

$$\overline{Q}=\frac{Q}{Q_0}=\frac{AC\sqrt{Ri}}{A_0C_0\sqrt{R_0i}}=\frac{A}{A_0}\left(\frac{R}{R_0}\right)^{\frac{2}{3}} \tag{6.5.1}$$

将两种情况下的水力要素代入上式，整理得

$$\overline{Q}=\frac{(\theta-\sin\theta)^{\frac{5}{3}}}{2\pi\theta^{\frac{2}{3}}} \tag{6.5.2}$$

因 $\theta=4\arcsin\sqrt{\alpha}$，所以

$$\overline{Q}=f_Q(\alpha) \tag{6.5.3}$$

同理，相对流速

$$\bar{v}=\frac{v}{v_0}=\frac{C\sqrt{Ri}}{C_0\sqrt{R_0i}}=\left(\frac{R}{R_0}\right)^{\frac{2}{3}}=\left(1-\frac{\sin\theta}{\theta}\right)^{\frac{2}{3}}=f_v(\alpha) \tag{6.5.4}$$

假设一系列的 α 值，即可求得相应的$\frac{Q}{Q_0}$和$\frac{v}{v_0}$值绘制成如图 6.5.2 所示的无量纲曲线。

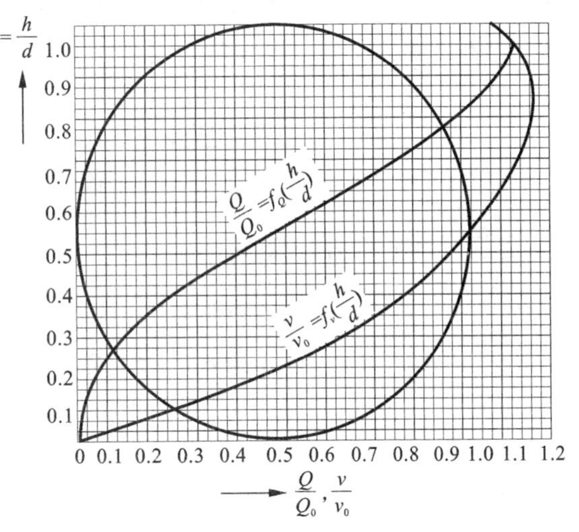

图 6.5.2　相对流量、相对流速无量纲曲线

由图 6.5.2 可知，无压圆管均匀流的最大流速和最大流量均发生在满流之前，也就是说其水力最佳情形发生在满流之前。为什么会发生这种情况呢？让我们来分析一下。

明渠均匀流的基本公式(6.3.1)同样适用于无压圆管均匀流，即

$$Q=\frac{1}{n}\frac{A^{5/3}i^{1/2}}{\chi^{2/3}}$$

分析过流断面面积 A 和湿周χ随水深 h 的变化。在水深很小时，水深增加，水面增宽，过流断面面积增加很快，接近管轴处增加最快。水深超过半管后，水深增加，水面宽减小，过流断面面积增势减慢，在满流前增加最慢。湿周随水深的增加与过流断面面积不同，接近管轴处增加最慢，在满流前增加最快。由此可知，在满流前（$h<d$），输水能力达最大值，相应的充满度是最佳充满度。

将几何关系 $A=\frac{d^2}{8}(\theta-\sin\theta)$，$\chi=\frac{d}{2}\theta$ 代入上式得

$$Q=\frac{\sqrt{i}}{n}\frac{\left[\frac{d^2}{8}(\theta-\sin\theta)\right]^{\frac{5}{3}}}{\left[\frac{d}{2}\theta\right]^{\frac{2}{3}}}$$

对 θ 求一阶导数，并令 $\frac{dQ}{d\theta}=0$，求得输水能力最大时的水力最佳充满角

$$\theta_{Q_{max}}=308°$$

则水力最佳充满度

$$\alpha_{Q_{max}}=\sin^2\frac{\theta}{4}=0.95$$

同理，由

$$v=\frac{1}{n}R^{2/3}i^{1/2}=\frac{i^{1/2}}{n}\left[\frac{d}{4}\left(1-\frac{\sin\theta}{\theta}\right)\right]^{2/3}$$

令 $\frac{dv}{d\theta}=0$，可求得过流速度最大的充满角和充满度

$$\theta_{v_{max}}=257.5° \quad \alpha_{v_{max}}=0.81$$

由以上分析得出，无压圆管均匀流在水深 $h=0.95d$，即充满度 $\alpha=0.95$ 时，输水能力最佳，此时相对流量 $\overline{Q}=1.087$，取得最大值，即不满管流比满管流流量还要大8.7%；在水深 $h=0.81d$，即充满度 $\alpha=0.81$ 时，过流速度最大，此时相对流速 $\overline{v}=1.16$，比满管流的流速大16%。需要说明的是，水力最佳充满度并不是设计充满度，实际采用的设计充满度尚需根据管道的工作条件以及直径的大小来确定。

6.5.3 无压圆管的水力计算

对于圆管不满均匀流，各参数之间的函数关系比梯形断面复杂，不易计算，工程上通常采用预先编制好的专用计算图表进行计算。无压圆管均匀流的水力计算也可以分为三类基本问题。

1. 输水能力计算

主要是针对已建成使用的旧管道系统，验算其过流能力。当管道的直径 d、糙率 n、管线坡度 i 及充满度 α 均已给定时，由表6.5.1即可查得 A、R，计算出 $C=\frac{1}{n}R^{1/6}$，代入均匀流基本公式便可求得管道能通过的流量

$$Q=AC\sqrt{Ri}$$

2. 确定管道坡度

如管道的直径 d、充满度 α、粗糙系数 n 及输水流量 Q 均已给定，则由表6.5.1可查得 A、R，并计算出 $C=\frac{1}{n}R^{1/6}$，以及流量模数 $K=AC\sqrt{R}$，代入基本公式便可求得管线坡度

$$i=\left(\frac{Q}{K}\right)^2$$

3. 确定管道直径

通常为管道的输水流量 Q 已确定、系统的敷设条件、管道材料已知（糙率 n、管线坡度

i 已知)，充满度 α 按相关规定确定，要求设计管径 d。由表6.5.1可得 A、R 与直径 d 的关系，代入均匀流基本方程 $Q=AC\sqrt{Ri}=f(d)$，便可解出直径 d。

6.5.4　最大充满度、允许流速

在工程上进行无压管道的水力计算，还需符合有关的规范规定。对于污水管道，为避免因流量变动形成有压流，充满度不能过大。现行室外排水规范规定，污水管道最大充满度见表6.5.2。至于雨水管道和雨污合流管道，允许短时承压，按满管流进行水力计算。

表6.5.2　污水管道最大设计充满度

管径(d)或暗渠高(H)(mm)	最大设计充满度 $\left(\alpha=\frac{h}{d}或\frac{h}{H}\right)$
150～300	0.6
350～450	0.7
500～900	0.75
≥1000	0.80

为防止管道发生冲刷和淤积，最大设计流速金属管为10 m/s，非金属管为5 m/s；最小设计流速（在设计充满度下）$d\leqslant500$ mm 取0.7 m/s；$d\geqslant500$ mm 取0.8 m/s。此外，对最小管径和最小设计坡度均有规定。

【例6.5.1】　钢筋混凝土圆形污水管，管径 $d=1500$ mm，管壁糙率 $n=0.014$，管道坡度 $i=0.0018$。求最大设计充满度时的流速和流量。

【解】

由表6.5.2查得管径为1500 mm的污水管最大设计充满度为 $\alpha=0.8$，再由表6.5.1查得 $\alpha=0.8$ 时过流断面的几何要素为

$$A=0.6736d^2=1.5156\ \text{m}^2$$

$$R=0.3042d=0.5103\ \text{m}$$

谢才系数
$$C=\frac{1}{n}R^{1/6}=63.85\ \text{m}^{\frac{1}{2}}/\text{s}$$

流速
$$v=C\sqrt{Ri}=1.93\ \text{m/s}$$

流量
$$Q=vA=2.93\ \text{m}^3/\text{s}$$

本题为钢筋混凝土管，允许最大设计流速为5 m/s，允许最小设计流速为0.8 m/s，管道流速 $v=1.93$ m/s，在允许范围之内。

本章小结

1. 人工渠道、天然河道以及未被液流所充满的管道，统称为明渠，其中的液流则称为明渠水流，明渠水流是重力流，且多为阻力平方区紊流，它的测压管水头线即为自由水面曲线。

2. 为了研究问题的方便，按明渠纵、横断面的形状与尺寸是否沿流程度变化，分为棱柱体渠道与非棱柱体渠道；按底坡 i 的取值变化，分为正坡($i>0$)、负坡($i<0$)与平坡($i=0$)渠道。

3. 明渠均匀流具有如下特性：(1)过流断面上的流速分布沿程不变，为等速流，它的过流断面面积 A、水深 h、断面平均流速 v 以及动能修正系数 α 和动量修正系数 β 均沿程不

变；(2)重力在流动方向上的分力与阻力相平衡；(3)水力坡度、测管坡度与渠底坡度三者相等。

4. 按照明渠均匀流的特性，形成明渠均匀流的条件是：(1)为棱柱体渠道；(2)正坡($i>0$)；(3)渠床的糙率 n 沿程不变；(4)渠道充分长且直；(5)为恒定流，且流量沿程不变。同时具备上述五个条件的明渠是极少有的。不过，在水力计算中，凡是接近这些条件的明渠水流，一般均可按明渠均匀流计算。

5. 明渠均匀流是明渠设计的基础，明渠均匀流水力计算的基本公式是谢才公式 $v=C\sqrt{Ri}$及连续性方程 $Q=Av$，工程中常见的是梯形、矩形和圆形断面明渠的水力计算。

6. 水力最佳断面的过水能力最强(或土方量最小)，但不一定就是经济实用断面，渠道断面的设计可有多种选择方案，应从施工、运用、经济和技术等多方面进行考虑。

7. 为保证渠道的长年正常运用，渠道的断面平均流速应满足不冲不淤的要求。

思考题

6.1 明渠均匀流的特点是什么？产生条件又是什么？

6.2 有两条正坡棱柱体渠道，其中一条渠道的糙率沿流程变化，另一渠道中建一座水闸，试分析在这两条渠道(指整个渠道)中是否能发生均匀流。

6.3 两条明渠底坡、底宽和糙率均相同，通过的流量亦相等，断面形状不同，当两条明渠的水流为均匀流时，问这两条明渠中的正常水深是否相等？

6.4 两条渠道的断面形状及尺寸完全相同，通过的流量也相等。试问在下列情况下，两条渠道的正常水深是否相等？如不等，哪条渠道水深大？

(1) 若糙率 n 相等，但底坡 i 不等($i_1>i_2$)；

(2) 若底坡 i 相等，但糙率 n 不等($n_1>n_2$)。

6.5 有一长渠道中水流作均匀流动，若要使渠中水流流速减小而流量不变(但仍作均匀流)，问有哪些措施可达到此目的？

习 题

6.1 已知梯形断面棱柱体渠道，底坡 $i=0.00025$，底宽 $b=1.5$ m，边坡系数 $m=1.5$，水深 $h=1.1$ m，糙率 $n=0.0275$，求流量 Q。

6.2 已知一梯形断面渠道，底宽 $b=2.0$ m，边坡系数 $m=1.5$，糙率 $n=0.025$，通过 $Q=2.2\ m^3/s$ 时，水深 $h=1.2$ m。试设计渠道底坡 i。

6.3 一灌溉渠道的流量为 $Q=13\ m^3/s$，渠道底坡 $i=0.0008$，梯形断面底宽 $b=7$ m，边坡 $m=1.5$，块石衬砌的糙率 $n=0.030$。请用试算法求水深 h，并用谢才公式校核流量。

6.4 有一梯形断面棱柱体混凝土渠道，边坡系数 $m=1.5$，糙率 $n=0.014$，底坡 $i=0.00016$，今通过流量 $Q=30\ m^3/s$ 时作均匀流，如取断面的宽深比为 $\beta=3$，求断面尺寸 b 及 h。

6.5 有一土渠 $n=0.017$，边坡系数 $m=1.5$，已知流量 $Q=30\ m^3/s$。为满足航运要求，水深取 2 m，流速取 0.8 m/s。试设计底宽 b 及渠道底坡 i。

6.6 有一梯形断面棱柱体渠道，水深 $h=2$ m，边坡系数 $m=2.0$，糙率 $n=0.025$，底

坡 $i=0.0005$。当通过流量 $Q=8\ \mathrm{m^3/s}$ 时作均匀流。求底宽 b。

6.7　有两条矩形断面渡槽，如图所示。其中一条渠道的 $b_1=5\ \mathrm{m}$，$h_1=1\ \mathrm{m}$，另一条渠道的 $b_2=2.5\ \mathrm{m}$，$h_2=2\ \mathrm{m}$，因此 $A_1=A_2=5\ \mathrm{m^2}$。此外，糙率 $n_1=n_2=0.014$，底坡 $i_1=i_2=0.004$。问这两条渡槽中水流作均匀流时，其通过的流量是否相等？如不等，流量各为多少？

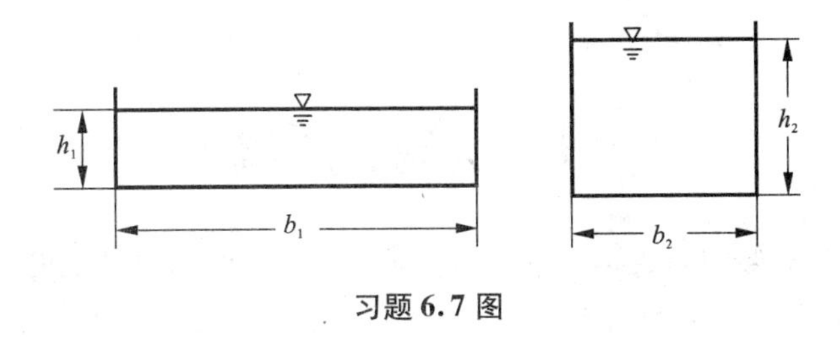

习题 6.7 图

6.8　一引水渡槽，断面为矩形，槽宽 $b=1.5\ \mathrm{m}$，槽长 $l=116.5\ \mathrm{m}$，进口处槽底高程为 52.06 m，槽身壁面为净水泥抹面，水流在槽中作均匀流流动。当通过设计流量 $Q=7.65\ \mathrm{m^3/s}$ 时，槽中水深应为 1.7 m，求渡槽底坡 i 及出口处槽底高程。

6.9　韶山灌区，某渡槽全长 588 m，矩形断面，钢筋混凝土槽身，n 为 0.014，通过设计流量 Q 为 25.6 $\mathrm{m^3/s}$，水面宽 B 为 5.1 m，水深 h 为 3.08 m，问此时渡槽底坡应为多少？并校核此时槽内流速是否满足通航要求（渡槽内允许通航流速 $v\leqslant 1.8\ \mathrm{m/s}$）。

6.10　一梯形渠道，按均匀流设计。已知 Q 为 23 $\mathrm{m^3/s}$，h 为 1.5 m，b 为 10 m，边坡系数 m 为 1.5，底坡 i 为 0.0005，求 n 及 v。

6.11　一梯形渠道，流量 Q 为 10 $\mathrm{m^3/s}$，底坡 i 为 0.0004，边坡系数 m 为 1.0，表面用浆砌块石衬砌，水泥砂浆勾缝，采用水力最佳断面设计，求渠道的断面尺寸。

6.12　修建梯形断面渠道，要求通过流量 $Q=1\ \mathrm{m^3/s}$，边坡系数 $m=1.0$，底坡 $i=0.0022$，糙率 $n=0.03$，试按不冲允许流速 $[v]_{不冲}=0.8\ \mathrm{m/s}$，设计断面尺寸。

第 7 章　明渠水流的两种流态及其转换

7.1　缓流和急流

通过前面介绍的明渠均匀流特性及其形成条件可知，严格意义上的均匀流实际上是很难找到的，通常把接近于均匀流条件的明渠水流看成均匀流，这种近似处理对许多工程流体力学问题是能够满足要求的。均匀流不仅直接在工程上得到了广泛的应用，而且也是分析计算明渠非均匀流的基础。非棱柱体渠道上不可能产生均匀流，棱柱体渠道上可以产生均匀流，但受某些条件(如下游壅水等)影响时也有可能产生非均匀流。为了区别起见，把棱柱体渠道上产生均匀流时的水深称为正常水深，用 h_0 表示，而产生非均匀流时的水深则以 h 表示。

对于明渠水流，无论是均匀流还是非均匀流，都存在着两种特有的流态——缓流和急流。掌握明渠流态的实质，对认识明渠流动现象，分析明渠水流的运动规律，研究明渠水面曲线的变化，都有着重要的意义。

观察明渠中障碍物对水流的影响，就会发现：若明渠中水流的流速 v 较小，则水流在遇到障碍物时，水面在障碍物处跌落，而在其上游，水面普遍壅高，一直影响到上游较远处，这种水流状态称为缓流，如图 7.1.1(a)所示；若明渠中的水流比较湍急，则水流在遇到障碍物时，水面在障碍物前跃起，并在障碍物顶上一跃而过，但障碍物对上游较远处的水流并不发生影响，这种水流状态称为急流，如图 7.1.1(b)所示。

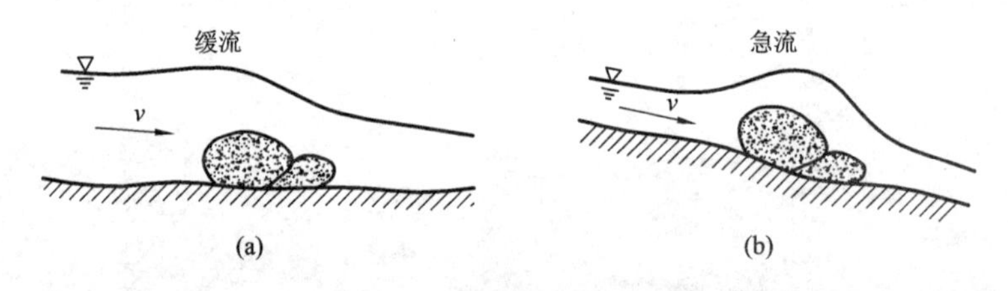

图 7.1.1　明渠的缓流与急流

明渠水流受障碍物干扰与水流受到扰动所产生的干扰，在性质上是一致的。观察扰动水流所产生的波动也会发现：若水流的流速 v 小于扰动产生的波速 c，则干扰波就能向上游传播，当然，同时也能向下游传播，这种水流就是缓流；若水流的流速 v 大于扰动产生的波速 c，则干扰波就只能向下游传播，无法向上游传播，这种水流就是急流。

以上从水流现象上描述了缓流和急流这两种流态。下面分别从运动学和能量两个方面来研究和建立这两种流态的判别标准。

7.1.1　微幅干扰波波速

渠道中若产生一个单一的水面隆起的波，称孤立波，它的形状简单，如图7.1.2所示。在无阻力(理想流体)的情况下，它可以传到无穷远处，而形状和传播速度保持不变。而实际上，由于粘性阻力作用，波高逐渐减小乃至消失。在实验室水槽中放一直立平板，迅速地移动一下平板后立即停止，就可以观察到这种波，见图7.1.2(a)。自然界中，因地震而在海洋中产生的波与此相似，它甚至可以横跨大洋传至彼岸。

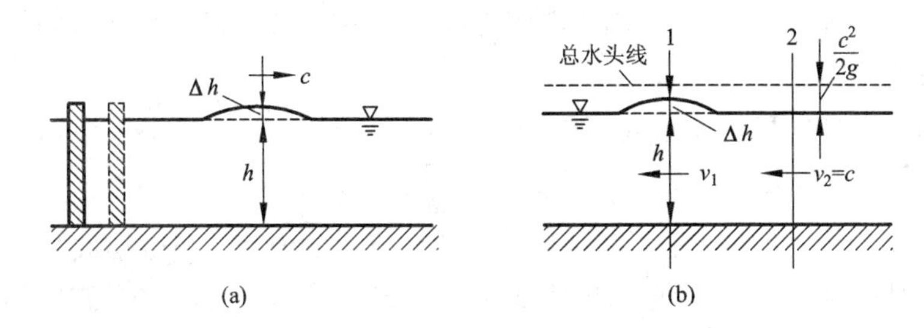

图7.1.2　微幅干扰波波速

为简便计，设水槽为矩形断面，其中水体静止，水深为h，直立平板移动后引起一孤立波以速度c从左向右传播。显然，由于波的传播，使得水渠中形成非恒定流，为此，取运动坐标系随波峰运动，相对于这个运动坐标系而言，波是静止的，水流可视为恒定流，可以应用恒定流的三大方程。然而，对运动坐标而言，原来对地静止的水体，则以波速c从右向左流动，如图7.1.2(b)所示，断面1选在波峰上，断面2取在波峰右边未受波影响的地方。列断面1，2的能量方程，两断面间距很近，可不计能量损失h_w。则

$$(h+\Delta h)+\frac{\alpha_1 v_1^2}{2g}=h+\frac{\alpha_2 v_2^2}{2g}$$

上式中:$v_2=c$；而v_1为断面1的平均流速；Δh为波高。

又由连续性方程得

$$B(h+\Delta h)v_1=Bhv_2$$

式中:B为水面宽，由此解出v_1为

$$v_1=\frac{hv_2}{h+\Delta h}=\frac{hc}{h+\Delta h}$$

将上式代入能量方程，并取$\alpha_1=\alpha_2=\alpha$，得

$$h+\Delta h+\frac{\alpha c^2}{2g}\frac{h^2}{(h+\Delta h)^2}=h+\frac{\alpha c^2}{2g}$$

移项化简得

$$\frac{\alpha c^2}{2g}\left[\frac{2h+\Delta h}{(h+\Delta h)^2}\right]=1$$

由此解得波在静水中的传播速度为

$$c=\pm\sqrt{2g\frac{(h+\Delta h)^2}{\alpha(2h+\Delta h)}}=\pm\sqrt{gh\frac{\left(1+\frac{\Delta h}{h}\right)^2}{\alpha\left(1+\frac{\Delta h}{2h}\right)}} \tag{7.1.1}$$

对于波高 Δh 远小于水深 h 的波，称之为微幅波，$\frac{\Delta h}{h}\approx 0$，可忽略不计。此外，令 $\alpha=1.0$，则静水中的波速近似等于

$$c=\pm\sqrt{gh} \tag{7.1.2}$$

这就是拉格朗日波速方程，它表明矩形断面明渠静水中微波传播速度与重力加速度和波所在的断面水深有关。

对于非矩形断面的棱柱体渠道，上式中的水深 h 可用断面平均水深 $\bar{h}$ 代替，即

$$c=\pm\sqrt{g\bar{h}} \tag{7.1.3}$$

以上讲的是静水中的波速，对于速度为 v 的水流中的波速，令微幅波相对于地的速度为 c'，称为绝对波速。根据运动叠加的原理可知，绝对波速应为静水中波速和水流流速二者之和，即

$$c'=v+c=v\pm\sqrt{g\bar{h}} \tag{7.1.4}$$

式中正号适用于波的传播方向和水流方向一致的顺水波，负号则适用于逆流而上的逆水波。这里 c 是相对于水流的波速，称为相对波速。

7.1.2　波的传播

当静水受到干扰，例如一块石子投入静水中，水面上产生的波形是以干扰点为中心的一系列同心圆，波以速度 c 从中心向四周扩散，如图 7.1.3(a)所示。如果在流速为 v 的水流中受到干扰，引起的波形将随着水流向上、下游移动。此时有三种可能：

(1) 流速小于波速($v<c$)时，绝对波速 c' 有两个值。其中一个为 $c'_d=v+c>0$，表示向下游传播的波速。另一个为 $c'_u=v-c<0$，表示向上游传播的波速。波形如图 7.1.3(b)。

(2) 流速等于波速($v=c$)时，绝对波速 $c'=v-c=0$，即向上游传播的波停止不前，只有一个向下游传的波 $c'_d=v+c=2c$，如图 7.1.3(c)。

(3) 流速大于波速($v>c$)时，则绝对波速 c'，有两个值，均大于0，亦即两个波都是向下游传播的，如图 7.1.3(d)所示。这是因为流速大于波速，把波冲向下游的缘故。

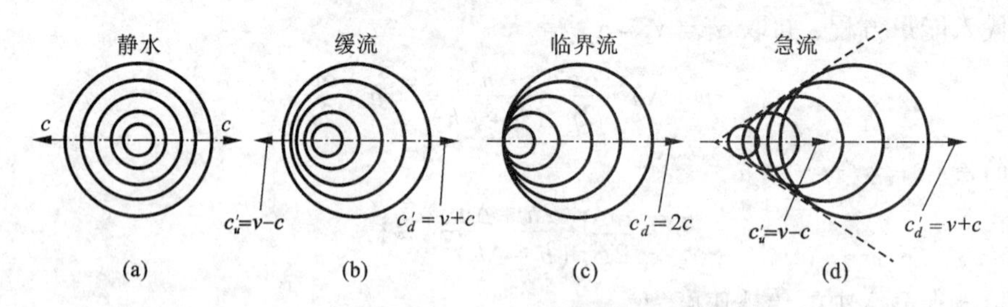

图 7.1.3　波的传播

由以上讨论可知，用明渠中的波速 $c=\sqrt{g\bar{h}}$ 与实际的断面平均流速相比较，可以判别

明渠的流态:

当 $v<c$ 时，为缓流;

当 $v=c$ 时，为临界流;

当 $v>c$ 时，为急流。

上述分析说明了外界对水流的扰动(例如投石于水中、直立平板在明渠中的迅速移动或闸门启闭等)有时能传至上游而有时却不能的原因。实际上，设置于水流中的各种建筑物可以看做是对水流的连续不断的扰动，如闸(桥)墩、闸门、水坝等，上述分析的结论仍然是适用的。

7.1.3　弗劳德数

既然缓流与急流取决于流速和波速的相对大小，那么流速 v 和波速 c 的比值就可作为判别缓流与急流的标准，把流速与波速的比值称为弗劳德(Froude,英国)数，它是一个无量纲数，以 Fr 表示之

$$Fr=\frac{v}{c}=\frac{v}{\sqrt{g\bar{h}}} \tag{7.1.5}$$

当 $Fr<1$ 时，为缓流;

当 $Fr=1$ 时，为临界流;

当 $Fr>1$ 时，为急流。

弗劳德数在流体力学中是一个极其重要的判别数，为了加深理解它的物理意义，可把它的形式改写为

$$Fr=\frac{v}{\sqrt{g\bar{h}}}=\sqrt{2\frac{v^2/2g}{\bar{h}}}=\sqrt{2\frac{\frac{1}{2}mv^2}{mg\bar{h}}}=\sqrt{2\frac{\text{动能}}{\text{势能}}}$$

由上式可以看出，弗劳德数是表示过水断面单位重量液体平均动能与平均势能之比的二倍开平方，随着这个比值大小的不同，反映了水流流态的不同。当水流的平均势能等于平均动能的2倍时，弗劳德数 $Fr=1$，水流是临界流。弗劳德数愈大，意味着水流的平均动能所占的比例愈大，水流流动越急。

缓流和急流除了用以上两种方法(波速和弗劳德数)判别以外，还有其他的方法，将在后面的内容中阐述。

【例7.1.1】　已知某矩形断面渠道，水面宽 $B=80$ m，水深 $h=2.5$ m，通过流量 $Q=1680\ \mathrm{m^3/s}$。试判断渠中水流的流态，并计算流速和波速。

【解】

渠中断面平均流速 $v=\dfrac{Q}{A}=\dfrac{1680}{80\times2.5}\ \mathrm{m/s}=8.4\ \mathrm{m/s}$

弗劳德数 $$Fr=\frac{v}{\sqrt{g\bar{h}}}=\frac{8.4}{\sqrt{9.8\times2.5}}=1.70>1\text{，为急流}$$

波速 $$c=\sqrt{gh}=4.95\ \mathrm{m/s}$$

可见 $v>c$，是急流。

7.2 断面比能与临界水深

以上从运动学的角度分析了缓流与急流，下面再从能量的角度对它们进行分析。

图 7.2.1 为一渐变流，若以 0 - 0 为基准面，则过水断面上单位重量液体所具有的总能量为

$$E = z + \frac{\alpha v^2}{2g} = z_0 + h\cos\theta + \frac{\alpha v^2}{2g} \tag{7.2.1}$$

式中 θ 为明渠底面对水平面的倾角。

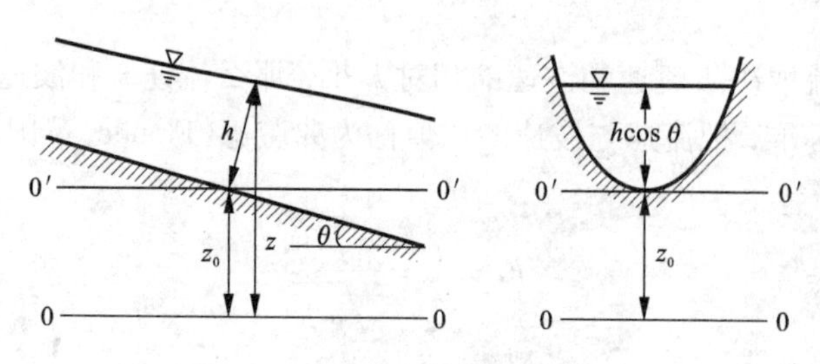

图 7.2.1 断面总能量与断面比能

如果我们把参考基准面选在渠底最低点所在的水平面这一特殊位置，即以 0′ - 0′为基准面，此时过水断面上单位重量液体所具有的总能量以 E_s 来表示，即

$$E_s = h\cos\theta + \frac{\alpha v^2}{2g} \tag{7.2.2}$$

E_s 就称之为断面比能。

工程实际中，由于一般明渠底坡较小，即 $\cos\theta \approx 1$，因此

$$E_s = h + \frac{\alpha v^2}{2g} \tag{7.2.3}$$

或写作

$$E_s = h + \frac{\alpha Q^2}{2gA^2} \tag{7.2.4}$$

由式(7.2.1)可得

$$E_s = E - z_0$$

将上式对流程 l 取导数得

$$\frac{dE_s}{dl} = \frac{dE}{dl} - \frac{dz_0}{dl} \tag{7.2.5}$$

式中：$\frac{dE}{dl} = -J$，$\frac{dz_0}{dl} = -i$

代入(7.2.5)得

$$\frac{dE_s}{dl} = i - J \tag{7.2.6}$$

可见，断面比能沿流程的变化规律取决于渠道底坡 i 与水力坡度 J 的对比，当 $i > J$ 时，

$\frac{\mathrm{d}E_s}{\mathrm{d}l}>0$，断面比能沿程增加；$i<J$时，$\frac{\mathrm{d}E_s}{\mathrm{d}l}<0$，断面比能沿程减少；$i=J$时，$\frac{\mathrm{d}E_s}{\mathrm{d}l}=0$，断面比能沿程不变。

从上面的分析可知，断面比能E_s和单位重量液体的断面总能E是两个不同的概念，其区别在于：

1. 断面比能E_s只是反映了总能量E中水流运动状况的那一部分能量，两者相差一个渠底高程。计算各断面的E值时，应取同一基准面，而计算E_s时则以各断面的最低点为基准面。

2. 由于有能量损失，E总是沿流减小，即总有$\frac{\mathrm{d}E}{\mathrm{d}l}<0$；但$E_s$却不同，可以沿流减少、不变甚至增加。

7.2.1　比能曲线

由(7.2.4)式可知，当流量Q和过水断面的形状及尺寸一定时，断面比能仅仅是水深h的函数，即$E_s=f(h)$，按照此函数可以绘出断面比能随水深变化的关系曲线，称为比能曲线。很明显，要具体绘出一条比能曲线必须首先给定流量Q和断面的形状及尺寸。对于一个已经给定尺寸的断面，当通过不同流量时，其比能曲线是不相同的；同样，对某一指定的流量，断面的形状及尺寸不同时，其比能曲线也是不相同的。

假定已经给定某一流量和过水断面的形状及尺寸，现在来定性地讨论一下比能曲线的特征。若过水断面面积A是水深h的连续函数，由(7.2.4)式可知，当$h\to 0$时，$A\to 0$，则$\frac{\alpha Q^2}{2gA^2}\to\infty$，故$E_s\to\infty$；当$h\to\infty$时，$A\to\infty$，则$\frac{\alpha Q^2}{2gA^2}\to 0$，因而$E_s\to\infty$。

若以h为纵坐标，以E_s为横坐标，根据上述讨论，绘出的比能曲线是一条二次抛物线(见图7.2.2)，曲线的下端以水平线为渐近线，上端以与坐标轴成45°夹角并通过原点的直线为渐近线。该曲线在K点断面比能有最小值$E_{s\min}$。K点把曲线分成上下两支。在上支($h>h_K$)，断面比能随水深的增加而增加；在下支($h<h_K$)，断面比能随水深的增加而减小。

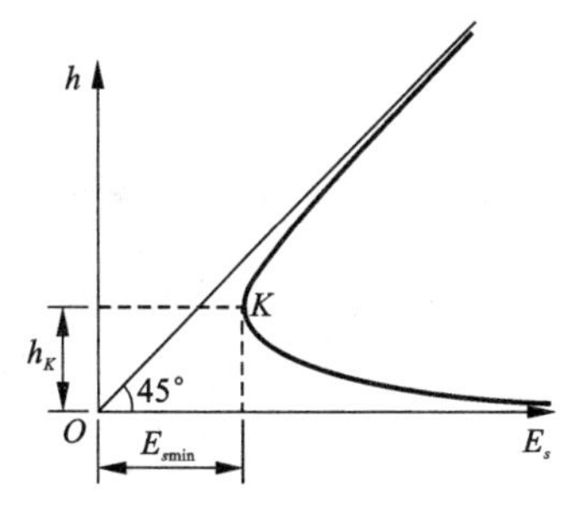

图7.2.2　比能曲线

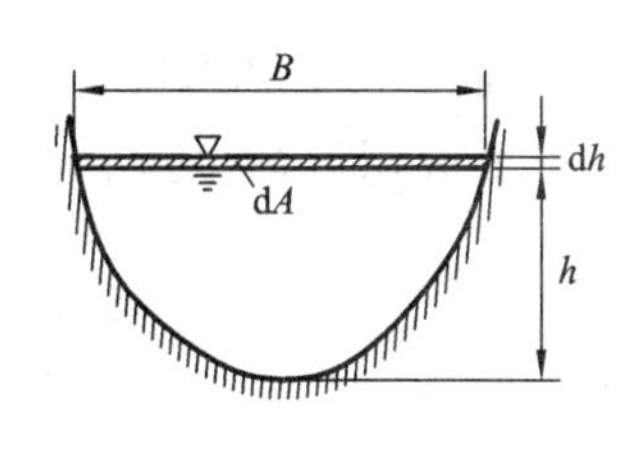

图7.2.3　断面面积微分增量

若将(7.2.4)式对水深h取导数，可以进一步了解比能曲线的变化规律。

$$\frac{\mathrm{d}E_s}{\mathrm{d}h}=\frac{\mathrm{d}}{\mathrm{d}h}\left(h+\frac{\alpha Q^2}{2gA^2}\right)=1-\frac{\alpha Q^2}{gA^3}\frac{\mathrm{d}A}{\mathrm{d}h} \tag{7.2.7}$$

如图 7.2.3 所示，当水深 h 有一微小增量 $\mathrm{d}h$ 时,对应的过水面积的微小增量为 $\mathrm{d}A=B\mathrm{d}h$，B 为过水断面的水面宽度，代入上式，得

$$\frac{\mathrm{d}E_s}{\mathrm{d}h}=1-\frac{\alpha Q^2 B}{gA^3}=1-\frac{\alpha v^2}{g\dfrac{A}{B}}=1-\alpha\frac{v^2}{g\bar{h}}=1-\alpha Fr^2 \tag{7.2.8}$$

若取 $\alpha=1.0$，则上式可写作

$$\frac{\mathrm{d}E_s}{\mathrm{d}h}=1-Fr^2 \tag{7.2.9}$$

上式说明，明渠水流的断面比能随水深的变化规律是取决于断面上的弗劳德数。对于缓流，$Fr<1$，则$\dfrac{\mathrm{d}E_s}{\mathrm{d}h}>0$，断面比能随水深的增加而增加，对应于比能曲线的上支；对于急流，$Fr>1$，则$\dfrac{\mathrm{d}E_s}{\mathrm{d}h}<0$，断面比能随水深的增加而减少，对应于比能曲线的下支；对于临界流，$Fr=1$，则$\dfrac{\mathrm{d}E_s}{\mathrm{d}h}=0$，断面比能为最小值，对应于比能曲线的分界点 K。

7.2.2 临界水深

相应于断面比能最小值的水深称为临界水深，以 h_K 表示。令(7.2.8)式等于零，即可求得临界水深应满足的条件

$$\frac{\mathrm{d}E_s}{\mathrm{d}h}=1-\frac{\alpha Q^2 B}{gA^3}=0 \tag{7.2.10}$$

今后凡相应于临界水深时的水力要素均注以脚标 K。上式写作

$$\frac{\alpha Q^2}{g}=\frac{A_K^3}{B_K} \tag{7.2.11}$$

当流量与过水断面形状及尺寸给定时，利用上式即可求解临界水深 h_K。

由上式可看出临界水深 h_K 只与渠道的流量 Q、边坡系数 m、底宽 b 有关，而与渠道的糙率 n 及底坡 i 无关。

1. 矩形断面明渠临界水深的计算

令矩形断面底宽为 b，则 $B_K=b$，$A_K=bh_K$，代入(7.2.11)式后可解出临界水深公式为

$$h_K=\sqrt[3]{\frac{\alpha Q^2}{gb^2}}=\sqrt[3]{\frac{\alpha q^2}{g}} \tag{7.2.12}$$

式中：$q=\dfrac{Q}{b}$，称为单宽流量，单位为 $\mathrm{m^3/(s\cdot m)}$。

2. 等腰梯形断面临界水深的计算

对于等腰梯形断面：

$$A_K=(b+mh_K)h_K$$

$$B_K=b+2mh_K$$

代入(7.2.11)式，并取 $\alpha=1$，可得

$$\frac{Q^2}{g}=\frac{(b+mh_K)^3h_K^3}{b+2mh_K} \tag{7.2.13}$$

可知上式是关于 h_K 的一元六次方程，h_K 没有解析解，只有近似解，在工程上常采用试算法求解，详见例7.2.1。

3. 任意断面临界水深的计算

若明渠断面形状不规则，过水面积 A 与水深 h 之间的函数关系比较复杂，把这样的复杂函数代入条件式(7.2.11)，不能求出临界水深 h_K 的解析解。在这种情况下，一般只能用试算法求解 h_K。即给定流量 Q 后，(7.2.11)式的左端 $\frac{\alpha Q^2}{g}$ 为一定值，该式的右端 $\frac{A_K^3}{B_K}$ 仅是水深 h 的函数(在给定 b 与 m 时)。于是可以假定若干个水深 h，从而可算出若干个与之对应的 $\frac{A^3}{B}$，当某一 $\frac{A^3}{B}$ 值与 $\frac{\alpha Q^2}{g}$ 近似相等时，其相应的水深即为所求的临界水深 h_K。

【例7.2.1】 梯形断面渠道边坡系数 $m=1.5$，底宽 $b=10$ m，流量 $Q=50$ m³/s，试求临界水深 h_K。

【解】

所求 h_K 应满足 $\frac{\alpha Q^2}{g}=\frac{A_K^3}{B_K}$。取 $\alpha=1.0$，按已知条件有

$$\frac{\alpha Q^2}{g}=\frac{50^2}{9.81}=255\ \text{m}^5$$

而

$$A=(b+mh)h=(10+1.5h)$$

$$B=b+2mh=10+3h$$

假设一系列 h，即可计算出对应的 $\frac{A^3}{B}$，参见下表。

序号	h(m)	B(m)	A(m²)	A^3(m⁶)	A^3/B(m⁵)
1	1.20	13.60	14.15	2833	208
2	1.25	13.75	14.85	3279	238
3	1.30	13.90	15.50	3724	268

由上表可知，h_K 必介于1.25～1.30 m之间，再采用二分法试算得 $h_K=1.28$ m。

7.3　临界底坡、缓坡和陡坡

设想在流量和断面形状、尺寸一定的棱柱体明渠中，当水流作均匀流时，如果改变明渠的底坡，相应的均匀流正常水深 h_0 亦随之而改变。若已知明渠的断面形状及尺寸，当流量给定时，在均匀流的情况下，可以将底坡 i 与渠中正常水深 h_0 的关系绘出如图7.3.1所示。不难理解，当底坡 i 增大时，正常水深 h_0 将减小；反之，当 i 减小时，正常水深 h_0 将增大。从该曲线上必能找出一个正常水深恰好与临界水深相等的 K 点，K 点所对应的底坡即为临界底坡 i_K。

在临界底坡上作均匀流时，一方面要满足临界流的条件式(7.2.11)，另一方面又要满足均匀流的基本公式(6.2.3)，联解两式可得临界底坡的计算公式

$$i_k=\frac{gA_K}{\alpha C_K^2R_KB_K}=\frac{g\,\chi_K}{\alpha C_K^2B_K} \tag{7.3.1}$$

式中：R_K，χ_K，C_K 为发生临界流时所对应的水力半径、湿周和谢才系数。

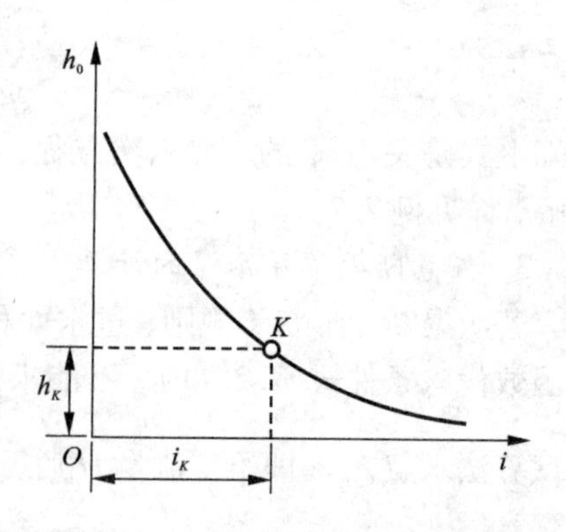

图 7.3.1 正常水深与底坡的关系曲线

由上式可看出临界底坡 i_K 只与渠道的流量 Q、边坡系数 m、底宽 b、水深 h 及糙率 n 有关，而与渠道的实际底坡 i 无关。将实际底坡 i 与临界底坡 i_K 相比较，可能有三种情况：

$i<i_K$，称为缓坡；

$i>i_K$，称为陡坡；

$i=i_K$，称为临界坡。

在上述三种底坡上，水流可以作均匀流动，也可以作非均匀流动。如作均匀流动，由图 7.3.1 可以看出三种底坡上的正常水深 h_0 与临界水深 h_K 之间有如下关系：

$i<i_K$ 时，则 $h_0>h_K$，为缓流；

$i>i_K$ 时，则 $h_0<h_K$，为急流；

$i=i_K$ 时，则 $h_0=h_K$，为临界流。

所以在明渠均匀流的情况下，用底坡的类型就可以判别水流的流态，即缓坡上的水流为缓流，陡坡上的水流为急流，临界坡上的水流为临界流。但值得注意的是，这种判别方式只能适用于均匀流的情况，在非均匀流时就不一定了。

【例 7.3.1】 梯形断面渠道，已知流量 $Q=45\ \mathrm{m^3/s}$，底宽 $b=10$ m，边坡系数 $m=1.5$，粗糙系数 $n=0.022$，底坡 $i=0.0009$。要求：计算临界坡度 i_K，并判别渠道底坡属缓坡还是陡坡。

【解】

由临界底坡的计算公式(7.3.1)中看出，式中各个水力要素与临界水深都有关系，因此必须首先计算临界水深 h_K。

通过试算法可得

$$h_K=1.2\ \mathrm{m}$$

则有

$$A_K=(b+mh_K)h_K=(10+1.5\times1.2)\times1.2\mathrm{m^2}=14.16\ \mathrm{m^2}$$

$$\chi_K=b+2h_K\sqrt{1+m^2}=14.33\ \mathrm{m}$$

$$B_K=b+2mh_K=13.6\ \mathrm{m}$$

$$R_K=\frac{A_K}{\chi_K}=0.987\ \mathrm{m}$$

$$C_K=\frac{1}{n}R_K^{1/6}=45.36\ \mathrm{m^{1/2}/s}$$

$$i_K=\frac{9.8\times14.16}{1.0\times45.36^2\times0.987\times13.6}=0.005$$

因 $i<i_K$，故该渠道属于缓坡渠道。

7.4　水跃和水跌

水跃是水流从急流过渡到缓流时水面突然跃起的局部水力现象，如图7.4.1。水跃属于明渠急变流。在闸坝及陡槽等泄水建筑物下游，常有水跃发生。由于从泄水建筑物下泄的水流到达河底时，流速较大、水深较小，水流的弗劳德数很大，一般属于急流，而下游河道中水流一般属于缓流，下泄水流从急流过渡到缓流，必然要发生水跃。

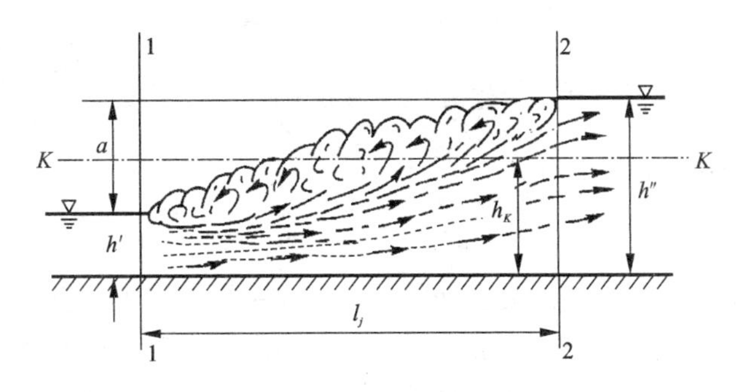

图7.4.1　水跃

水跃的特征是水深在很短的流程内由小于临界水深 h_K 增加到大于 h_K，水面不连续，并有反向旋滚，致使水面剧烈波动，如图7.4.1。水跃区水流实际上包括两部分：下部是主流区，是一个水深越来越大的扩散体，在某一位置穿越临界水深 h_K；上部是个不断旋转着的水体，称为表面旋滚区，其中掺有大量气泡。表面旋滚区内的液体质点在和下部主流接触处不断地被主流带走，同时又从主流得到补充，这两部分的液体质点和动量不断地交换。表面旋滚起点的过水断面1－1(或水面开始上升处的过水断面)称为跃前断面，该断面处的水深 h'，叫跃前水深。表面旋滚末端的过水断面2－2称为跃后断面，该断面处的水深 h''，叫跃后水深。跃后水深与跃前水深之差，即 $h''-h'=a$，称为跃高。跃前断面至跃后断面的水平距离则称为跃长 l_j。

在跃前和跃后断面之间的水跃段内，水流运动要素急剧变化，水流紊动、混掺强烈，旋滚与主流间质量不断交换，致使水跃段内有较大的能量损失。据实验，跃前断面的单位机械能经水跃后可减少45%～60%。因此，常利用水跃来消除泄水建筑物下游高速水流中的巨大动能，以达到保护下游河床免受冲刷的目的。

实验研究表明，水跃的形式主要与跃前断面的弗劳德数 Fr_1 有关：

当 $1<Fr_1<1.7$ 时，跃前水深稍小于临界水深，跃后水深稍大于临界水深，水流表面呈现逐渐衰减的波形，这种水跃称为波状水跃(见图7.4.2)，由于波状水跃无表面旋滚存在，故其消能效果很差；

当 $1.7<Fr_1<2.5$ 时，水跃表面形成一连串小的表面旋滚，但跃后水面较平稳，这种水跃称为弱水跃；

当 $2.5<Fr_1<4.5$ 时，这时底部主流间歇地向上窜升，旋滚随时间摆动不定，跃后水面波动较大，这种水跃称为不稳定水跃；

当$4.5<Fr_1<9.0$时，水跃稳定，跃后水面也较平稳，这种水跃称为稳定水跃；

当$Fr_1>9.0$时，高速主流挟带间歇发生的漩涡不断滚向下游，产生较大的水面波动，这种水跃称为强水跃。

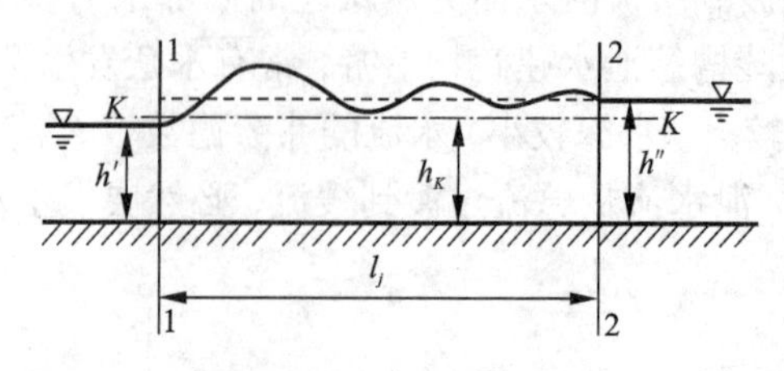

图 7.4.2 波状水跃

7.4.1 水跃基本方程和水跃函数

1. 水跃基本方程

水跃的基本计算包括跃前、跃后水深的计算，水跃能量损失计算和水跃长度计算。在对这些水跃要素进行分析计算之前，首先要建立起水跃方程。由于水跃的能量损失很大，不可忽略，却又难以直接计算，所以不能应用能量方程。现用动量方程推求恒定流平底棱柱体明渠中的水跃基本方程。在推导过程中，进行一些简化处理，故作如下假设：

(1) 忽略明渠边壁对水流的摩擦阻力 T；

(2) 跃前与跃后两个过水断面均为渐变流断面，因而断面上动水压力可按静水压力公式计算；

(3) 跃前与跃后两个过水断面上的动量修正系数相等，即$\beta_1=\beta_2=1$。

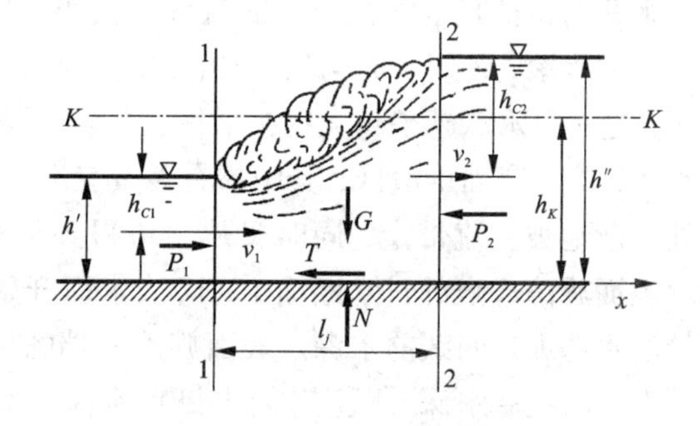

图 7.4.3 水跃的受力分析

如图7.4.3，取断面1，2间的水体为隔离体。作用在隔离体上的外力有：跃前、跃后断面上的动水压力P_1与P_2、渠底及侧壁的约束反力N、摩擦阻力T及重力G。其中G、N均垂直于流向(x向)，在x轴上的投影为零，而按假设$T=0$。跃前、跃后断面的平均流速用v_1、v_2表示。沿x方向对隔离体写动量方程得

$$\rho Q\beta(v_2-v_1)=P_1-P_2 \tag{7.4.1}$$

而

$$v_1=\frac{Q}{A_1},\ v_2=\frac{Q}{A_2}$$

$$P_1=\rho g h_{C1}A_1$$

$$P_2=\rho g h_{C2}A_2$$

式中：A_1、A_2分别为跃前、跃后断面的过水面积，h_{C1}，h_{C2}分别为跃前、跃后断面形心点的水深。

将以上求得的流速v及压力P代入(7.4.1)式，并令$\beta=1$，整理得

$$\frac{Q^2}{gA_1}+A_1h_{C1}=\frac{Q^2}{gA_2}+A_2h_{C2} \tag{7.4.2}$$

上式即为平坡棱柱体明渠的水跃方程。

当明渠的断面形状、尺寸、流量一定时，水跃方程的左右两边都仅是水深的函数，称此函数为水跃函数，以符号 $J(h)$ 表示，即

$$J(h)=\frac{Q^2}{gA}+Ah_C \tag{7.4.3}$$

于是，水跃方程(7.4.2)可以写成如下的形式

$$J(h')=J(h'') \tag{7.4.4}$$

上式表明，在棱柱体平坡明渠中，跃前水深 h'、跃后水深 h'' 具有相同的水跃函数值，称这两个水深为共轭水深。

应当指出，上面所导出的水跃方程，在棱柱体明渠底坡不大时也同样适用。

2. 水跃函数

当明渠的断面形状、尺寸及流量给定时，可假设不同水深，根据(7.4.3)式计算出相应的水跃函数值 $J(h)$，以水深 h 为纵轴，以水跃函数 $J(h)$ 为横轴，即可绘出水跃函数曲线，如图7.4.4所示。水跃函数曲线具有如下特性：

(1) 水跃函数 $J(h)$ 有一极小值 $J(h)_{\min}$，与 $J(h)_{\min}$ 相应的水深即为临界水深 h_K；

(2) 当 $h>h_K$ 时(相当于曲线的上半支)，$J(h)$ 随着跃后水深减小而减小；

(3) 当 $h<h_K$ 时(相当于曲线的下半支)，$J(h)$ 随着跃前水深减小而增大。

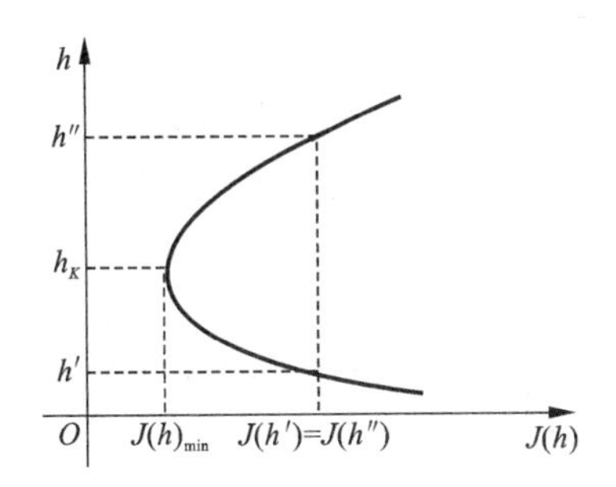

图7.4.4　水跃函数曲线

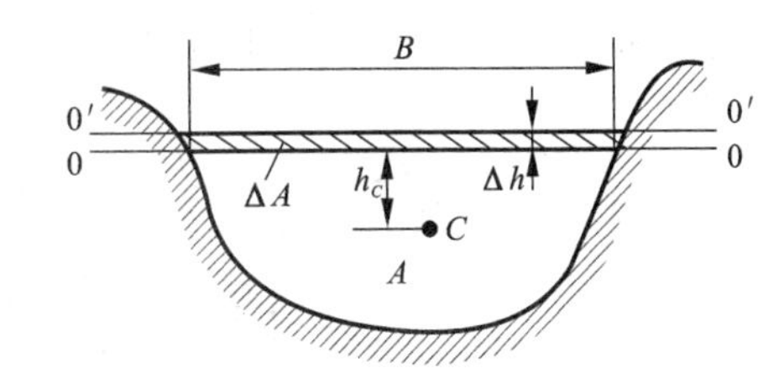

图7.4.5　过水断面的面积矩

【例7.4.1】　证明：当 Q 一定时与 $J(h)_{\min}$ 相应的水深是临界水深 h_K。

【证】

$J(h)$ 取得最小值应满足的条件是

$$\frac{\mathrm{d}J(h)}{\mathrm{d}h}=-\frac{Q^2B}{gA^2}+\frac{\mathrm{d}(Ah_C)}{\mathrm{d}h}=0 \tag{7.4.5}$$

式中：Ah_C 是过水断面面积 A 对水面线0－0的面积矩，参见图7.4.5。给水深 h 以增量 Δh，并计算相应的面积矩增量 $\Delta(Ah_C)$，此增量等于两个面积矩(一是对0′－0′轴，一是对0－0轴)的差，即

$$\Delta(Ah_C)=\left[A(h_C+\Delta h)+B\Delta h\frac{\Delta h}{2}\right]-Ah_C=\left(A+B\frac{\Delta h}{2}\right)\Delta h$$

当 $\Delta h \to 0$ 时：

$$\frac{\Delta(Ah_C)}{\Delta h} = \lim_{\Delta h \to 0} \frac{\Delta(Ah_C)}{\Delta h} = \lim_{\Delta h \to 0} \left(A + B\frac{\Delta h}{2} \right) = A$$

将上式代入(7.4.5)，即可得到

$$\frac{Q^2}{g} = \frac{A^3}{B}$$

上式与临界水深的条件式(7.2.11)相同，因此，与 $J(h)_{\min}$ 相应的水深是临界水深 h_K。

7.4.2 共轭水深的计算

当明渠的断面形状、尺寸、流量给定时，根据水跃方程(7.4.2)，即可由已知的一个共轭水深来计算另一未知的共轭水深。

1. 矩形明渠共轭水深的计算

对于矩形明渠，如以 b 表示渠宽，以 q 表示单宽流量，则

$$Q = bq \quad A = bh \quad h_C = \frac{h}{2}$$

将以上诸关系式代入水跃方程(7.4.2)，则有

$$\frac{q^2}{gh'} + \frac{h'^2}{2} = \frac{q^2}{gh''} + \frac{h''^2}{2}$$

对上式整理化简后得到

$$h'h''^2 + h'^2h'' - \frac{2q^2}{g} = 0 \tag{7.4.6}$$

上式是对称二次方程，解该方程可得

$$h'' = \frac{h'}{2}\left[\sqrt{1 + 8\frac{q^2}{gh'^3}} - 1\right] \tag{7.4.7}$$

或

$$h' = \frac{h''}{2}\left[\sqrt{1 + 8\frac{q^2}{gh''^3}} - 1\right] \tag{7.4.8}$$

因 $\frac{q^2}{gh^3} = \frac{v^2}{gh} = Fr^2$，则以上两式又可写作

$$h'' = \frac{h'}{2}\left[\sqrt{1 + 8Fr_1^2} - 1\right] \tag{7.4.9}$$

$$h' = \frac{h''}{2}\left[\sqrt{1 + 8Fr_2^2} - 1\right] \tag{7.4.10}$$

2. 梯形渠道共轭水深计算

梯形断面的面积

$$A = (b + mh)h$$

梯形断面形心点至水面的水深

$$h_C = \frac{h}{6} \cdot \frac{3b + 2mh}{b + mh} \tag{7.4.11}$$

可以看出，对于梯形断面，利用水跃方程(7.4.2)求解共轭水深，没有解析解，只有近

似解。工程上常采用试算法求解。

【例 7.4.2】 一水跃产生于一棱柱体矩形水平渠段中。今测得 $h'=0.2$ m，$h''=1.4$ m。求渠中的单宽流量 q。

【解】

由(7.4.6)可得 $q=\sqrt{\dfrac{gh'h''(h'+h'')}{2}}$

将已知值代入上式，即得 $q=1.48\ \mathrm{m^3/(s\cdot m)}$。

【例 7.4.3】 一水跃产生于一棱柱体梯形水平渠段中。已知流量 $Q=6.0\ \mathrm{m^3/s}$，底宽 $b=2.0$ m，边坡系数 $m=1.0$，跃前水深 $h'=0.4$ m，求跃后水深 $h''=?$

【解】

跃前断面的有关参数

$$A_1=(b+mh')h'=(2+h')h'=0.96\ \mathrm{m^2}$$

$$h_{C1}=\frac{h'}{6}\cdot\frac{3b+2mh'}{b+mh'}=\frac{(3+h')h'}{6+3h'}=0.189\ \mathrm{m}$$

$$J(h')=\frac{Q^2}{gA_1}+A_1h_{C1}=4.0\ \mathrm{m^3}$$

再由

$$J(h'')=\frac{Q^2}{gA_2}+A_2h_{C2}=J(h')$$

假定若干个 $h''(h''>h_K>h')$，计算出相应的 $J(h'')$，列于下表

h'' (m)	A_2 ($\mathrm{m^2}$)	h_{C2} (m)	A_2h_{C2} ($\mathrm{m^3}$)	Q^2/gA_2 ($\mathrm{m^3}$)	$J(h'')$ (m)
1.20	3.84	0.525	2.02	0.956	2.98
1.40	4.76	0.604	2.88	0.771	3.65
1.60	5.76	0.681	3.92	0.637	4.56

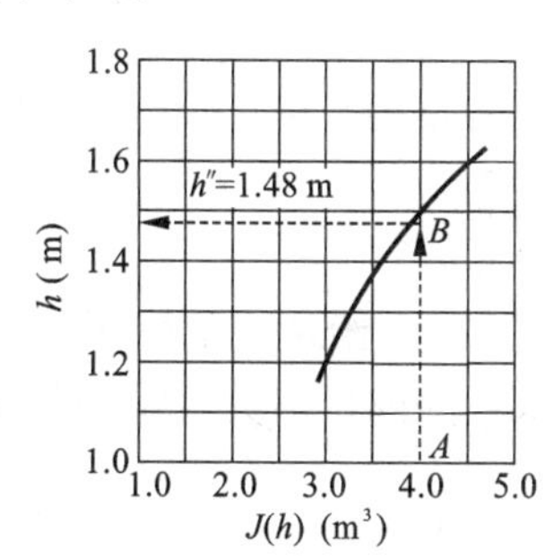

图 7.4.6　跃后水深求解图

根据表中的数值，绘出水跃曲线的上半支，如图 7.4.6 所示，从该曲线上对应 $J(h)=4.0\mathrm{m^3}$ 处查得 $h''=1.48$ m。

7.4.3　水跃长度计算

水跃长度 l_j 是水跃开始和终止的两个断面间的水平距离。目前以经验公式估算为主。这类公式很多，所得结果颇不一致，其主要原因是对跃后断面位置的选择标准不同，加之水跃本身位置常前后移动以及水面波动很大，影响了观测精度。现介绍如下三个平底矩形断面明渠的水跃长度经验公式。

成都科大公式

$$l_j=10.8h'(Fr_1-1)^{0.93} \tag{7.4.12}$$

欧勒弗托斯基(Elevetorski)公式

$$l_j=6.9(h''-h') \tag{7.4.13}$$

陈椿庭公式

$$l_j = 9.4(Fr_1 - 1)h' \tag{7.4.14}$$

平底梯形断面明渠的水跃长度经验公式如下：

$$l_j = 5h''\left(1 + 4\sqrt{\frac{B_2 - B_1}{B_1}}\right) \tag{7.4.15}$$

式中：B_1、B_2 分别为跃前、跃后断面的水面宽度。

7.4.4 水跃能量损失计算

对水跃的跃前、跃后断面应用能量方程即可导出棱柱体水平明渠水跃段水头损失 ΔE 的计算公式，即

$$\Delta E = \left(h' + \frac{\alpha_1 v_1^2}{2g}\right) - \left(h'' + \frac{\alpha_2 v_2^2}{2g}\right) \tag{7.4.16}$$

对于矩形断面有

$$v_1 = \frac{q}{h'} \quad 及 \quad v_2 = \frac{q}{h''}$$

代入(7.4.16)得

$$\Delta E = h' - h'' + \frac{q^2}{2g}\left(\frac{\alpha_1}{h'^2} - \frac{\alpha_2}{h''^2}\right) \tag{7.4.17}$$

又由(7.4.6)式得

$$\frac{q^2}{2g} = \frac{h''h'^2 + h'h''^2}{4}$$

并令 $\alpha_1 = \alpha_2 = 1.0$，一并代入(7.4.17)式，整理后即得

$$\Delta E = \frac{(h'' - h')^3}{4h'h''} \tag{7.4.18}$$

上式说明，在给定流量情况下，跃前、跃后水深相差越大，水跃消除的能量值越大。

水跃的能量损失与跃前断面的单位能量之比称为水跃的消能率，用 K_j 表示，即

$$K_j = \frac{\Delta E}{E_1} \tag{7.4.19}$$

【例 7.4.4】 某泄水建筑物下游矩形断面渠道，泄流单宽流量 $q = 15\ \mathrm{m^3/(s \cdot m)}$，产生水跃，跃前水深 $h' = 0.8$ m。试求：(1)跃后水深 h''；(2)水跃长度 l_j；(3)水跃消能率 K_j。

【解】

(1) $Fr_1^2 = \dfrac{q^2}{gh'^3} = 44.84$，$Fr_1 = 6.70$

则 $h'' = \dfrac{h'}{2}(\sqrt{1 + 8Fr_1^2} - 1) = 7.19$ m

(2) 按成都科大公式(7.4.12)计算，$l_j = 10.8h'(Fr_1 - 1)^{0.93} = 43.6$ m

按欧勒弗托斯基公式(7.4.13)计算，$l_j = 6.9(h'' - h') = 44.2$ m

按陈椿庭公式(7.4.14)计算，$l_j = 9.4(Fr_1 - 1)h' = 42.9$ m

(3) $\Delta E = \dfrac{(h'' - h')^3}{4h'h''} = 11.34$ m

$E_1 = h' + \dfrac{q^2}{2gh'^2} = 18.6$ m

$$K_j=\frac{\Delta E}{E_1}=61\%$$

7.4.5　水跌

在水流状态为缓流的明渠中，如果明渠底坡突然变成陡坡或明渠断面突然扩大，将引起水面急剧降落。水流通过临界水深 h_K 转变为急流。这种从缓流向急流过渡的局部水力现象称为水跌。现以平坡明渠末端为跌坎的水流为例，根据断面单位能量随水深的变化规律，说明水跌发生的必然性。

图7.4.7(a)所示平底明渠中的缓流，在 A 处突遇一跌坎，明渠对水流的阻力在跌坎处消失，水流以重力为主，自由跌落。那么，跌坎上水面会降低到什么位置呢？取渠底0-0为基准面，则水流单位机械能 E 等于断面比能 E_s。根据 $E_s\sim h$ 关系曲线可知，缓流状态下，水深减小时，断面比能减小，当跌坎上水面降落时，断面比能将沿 $E_s\sim h$ 曲线从 b 向 K 减小，如图7.4.7(b)。在重力作用下，坎上水面最低只能降至 K 点，即水流断面比能最小时的水深——临界水深 h_K 的位置。如果继续降低，则为急流状态，断面比能反而增大，所以跌坎上最小水深只能是临界水深。以上是按渐变流条件分析的结果，跌坎上的理论水面线如图7.4.7(a)中虚线所示。而实际上，跌坎处水流流线急剧弯曲，水流为急变流。实验观测得知：坎末端断面水深 h_A 小于临界水深，$h_K\approx1.4h_A$，而临界水深 h_K 发生在坎末端断面上游(3~4)h_K 的位置，其实际水面线如图7.4.7(a)中实线所示。

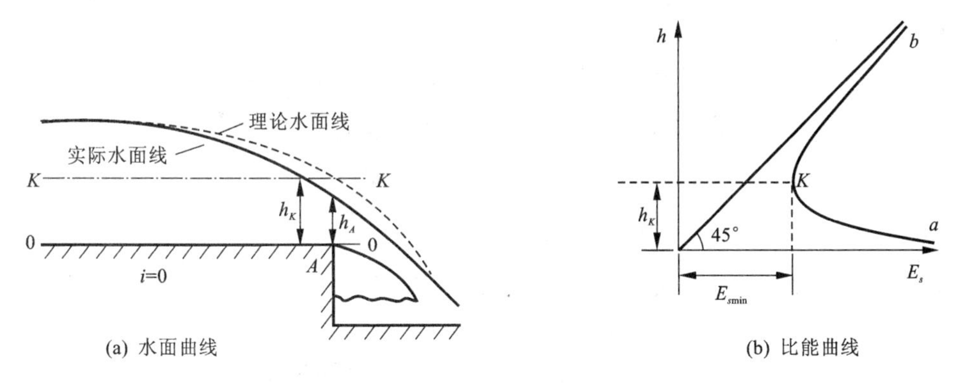

(a) 水面曲线　　(b) 比能曲线

图7.4.7　水跌的水面曲线与比能曲线

以上分析了跌坎处的水跌。类似的情况是：在来流为缓流的明渠中，如底坡突然变陡，致使下游底坡上的水流为急流，那么，临界水深 h_K 将发生，而且只能发生在底坡突变的断面处，如图7.4.8所示。

由于临界水深 h_K 仅与流量和断面形状有关，也就是说，在断面形状一定的情况下，流量 Q 与水深 h(临界水深 h_K)一一对应，故在跌坎、变坡或卡口的上游附近设立测流断面，往往可以得到稳定的水位流量关系。

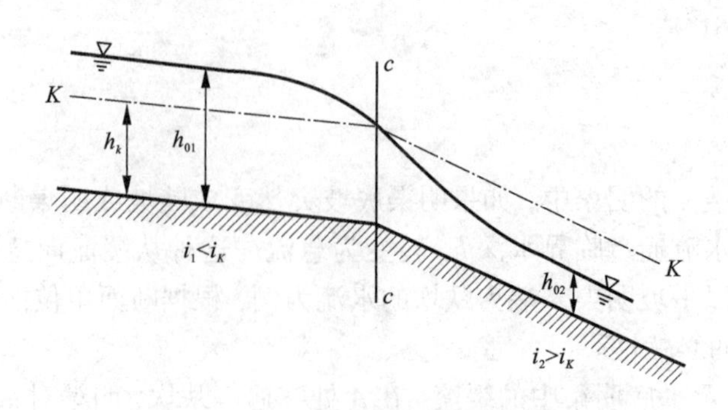

图 7.4.8 从缓流到急流水面曲线的衔接

本章小结

1. 明渠水流有急流与缓流两种流态，其判别方法有：

(1) 用微幅波波速 c 与断面平均流速 v 相比较进行判别，$v<c$ 是缓流，$v=c$ 是临界流，$v>c$ 是急流。

(2) 用弗劳德数进行判别，$Fr<1$ 是缓流，$Fr=1$ 是临界流，$Fr>1$ 是急流。

(3) 用临界水深 h_K 与实际水深 h 相比较进行判别，$h>h_K$ 是缓流，$h=h_k$ 是临界流，$h<h_k$ 是急流。临界流一定是均匀流，而急流和缓流可以是均匀流，也可以是非均匀流。

2. 以过水断面最低点所在平面为基准面算得的液流单位机械能称为断面比能，用 E_s 表示。当明渠的流量、断面形状和尺寸给定时，断面比能取得最小值所对应的水深即为临界水深 h_K，要满足的条件为 $\frac{Q^2}{g}=\frac{A^3}{B}$。单位重量液体所具有的总机械能总是沿程减少的，而断面比能可以沿程不变、增加或减少。

3. 发生临界流的棱柱体渠道底坡定义为临界坡，以 i_K 表示。临界水深 h_K 及临界底坡 i_K 只与渠道的 Q、m、n、b 有关，而与渠道的实际底坡 i 无关。$i<i_K$ 的底坡称为缓坡，$i=i_K$ 的底坡称为临界坡，$i>i_K$ 的底坡称为陡坡。渠道的实际底坡是缓坡还是陡坡，不是绝对的，视通过的流量而变。

4. 水跃与水跌是明渠水流的流态发生转化时所出现的一种局部水力现象。由急流转化为缓流时一定发生水跃，由缓流转化为急流时一定发生水跌。

思考题

7.1 明渠水流有哪三种流态，是如何定义的？

7.2 急流、缓流、临界流各有哪些特点？

7.3 弗劳德数的物理意义是什么？为什么可以用它来判别明渠水流的流态？

7.4 什么叫断面比能？它与断面单位重量液体的总能量 E 有何区别？

7.5 何谓断面比能曲线？比能曲线有哪些特征？

7.6　陡坡、缓坡、临界坡是怎样定义的？如何判断渠道坡度的陡缓？

7.7　两条明渠的断面形状和尺寸均相同，而底坡和糙率不等，当通过的流量相等时，问两明渠的临界水深是否相等？

7.8　两条明渠的断面形状、尺寸、底坡和糙率均相同，而流量不同，问两明渠的临界水深是否相等？

7.9　缓坡渠道只能产生缓流，陡坡渠道只能产生急流，对吗？缓流或急流为均匀流时，只能分别在缓坡或陡坡上发生，对吗？

习　题

7.1　一矩形断面渠道，$b=2$ m，$Q=4.8$ m^3/s，$n=0.022$，$i=0.0004$。试求：

(1)水流为均匀流时的微幅波波速；

(2)水流为均匀流时的弗劳德数；

(3)从不同角度判别明渠水流流态。

7.2　一梯形断面渠道，$b=8$ m，$m=1.0$，$n=0.015$，$i=0.0016$，$Q_1=10$ m^3/s，$Q_2=20$ m^3/s。试求：

(1) 用试算法计算流量为 Q_1 时的临界水深；

(2) 流量分别为 Q_1、Q_2 时，判别水流作均匀流的流态。

7.3　一无压圆管，管径 $d=4$ m，流量 $Q=15$ m^3/s，均匀流水深 $h_0=3.20$ m，试求：

(1)临界水深；(2)临界流速；(3)微幅波波速；(4)判别均匀流时流态。

7.4　有一矩形断面变底坡渠道，流量 $Q=30$ m^3/s，底宽 $b=6$ m，糙率 $n=0.02$，底坡 $i_1=0.001$，$i_2=0.005$，试求：(1)各渠段中的正常水深；(2)各渠段的临界水深；(3)判别各渠段均匀流的流态。

7.5　某河的平均水深 $h=4.0$ m，断面平均流速 $v=2.5$ m/s，试判别河中水流是缓流还是急流。

7.6　一梯形断面渠道，底宽 $b=6$ m，边坡系数 $m=2.0$，糙率 $n=0.025$，通过流量 $Q=12$ m^3/s。试求临界底坡。

7.7　一矩形断面渠道，底宽 $b=4$ m，底坡 $i=0$，当通过流量 $Q=13.6$ m^3/s 时渠中发生水跃，测得跃前水深 $h'=0.6$ m，试求跃后水深及水跃长度。

7.8　一梯形断面渠道，底宽 $b=7$ m，边坡系数 $m=1.5$，通过流量 $Q=45$ m^3/s，跃前水深 $h'=0.8$ m，试用图解法求跃后水深 h''。

7.9　一矩形断面渠道，底宽 $b=8$ m，底坡 $i=0$，当通过流量 $Q=16$ m^3/s 时渠中发生水跃，测得跃前水深 $h'=0.6$ m，试求：(1)跃后水深；(2)水跃长度；(3)水跃的能量损失及消能系数。

7.10　平坡矩形渠道发生水跃时，其跃前水深 $h'=0.3$ m，流速 $v_1=15$ m/s。试求：(1)跃后水深 h'' 及流速 v_2；(2)水跃的能量损失；(3)水跃的高度。

7.11　证明：当断面比能 E_s 以及渠道断面形式、尺寸(b, m)一定时，最大流量相应的水深是临界水深。

7.12　平坡棱柱体矩形渠道中有一高为 a 的障碍物，如图所示。试证明：(1)当来水为缓流时，水面在障碍物处跌落，即 $h_1 > h_2 + a$；(2) 当来水为急流时，水面在障碍物处被抬高，即 $h_1 < h_2 + a$。

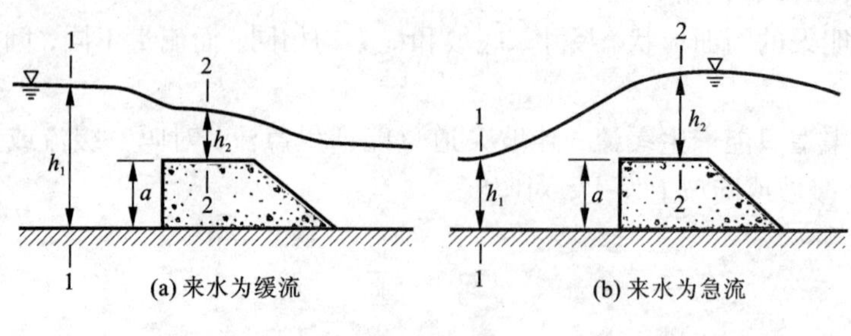

习题 7.12 图

第8章　明渠恒定非均匀渐变流水面曲线分析计算

明渠恒定非均匀流，是指通过明渠的流量一定，而流速和水深沿程变化的流动。人工渠道和天然河道中的水流多为明渠非均匀流。例如，为了开发水利资源，常在河道上修建拦河坝，于是，在坝的上、下游水流均为非均匀流。图8.1为建坝后，在其上游形成水库的示意图。非均匀流的水面与明渠纵剖面的交线是曲线，称为水面曲线，简称为水面线。讨论非均匀流水深沿流动距离 l 的变化规律，与讨论水面曲线的沿程变化规律，是同一个问题的两种说法，如图8.1(b)所示。从某种意义上来说，非均匀流的水面线是工程实践中十分关心的问题。例如，库区上游水面壅高，将涉及到水库的淹没范围、移民数量、耕地及厂矿损失等。为此，必须计算上游河道水面曲线。

本章主要讨论明渠恒定非均匀渐变流的水面曲线。由于棱柱体明渠较非棱柱体明渠和天然河道简单，故先讨论棱柱体明渠水面曲线，然后讨论非棱柱体水面曲线和天然河道的水面曲线。

明渠非均匀流的总水头线、水面线(测管水头线)和底坡线三者不平行，见图8.2。因此，它们在单位距离内的降落值，即水力坡度 J、水面坡度(测压管坡度) J_P、底坡 i 三者也不相等，即 $J \neq J_P \neq i$。

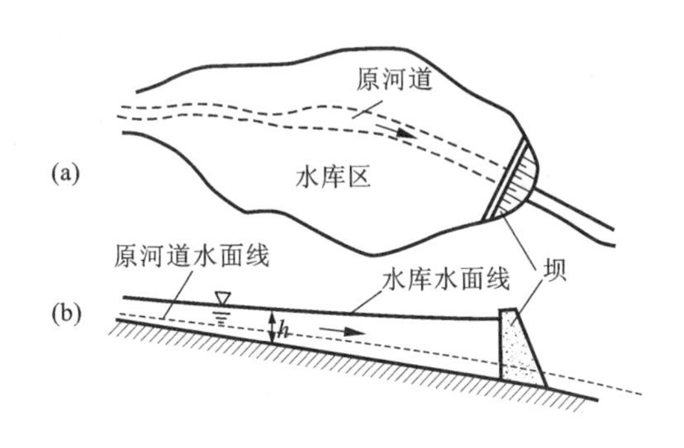

图8.1　水库的水面曲线

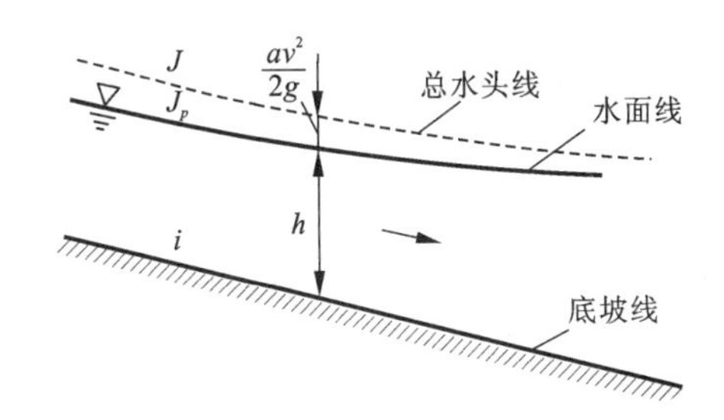

图8.2　明渠非均匀流的水面曲线

8.1　棱柱体明渠水面曲线微分方程

图8.1.1所示为棱柱体明渠非均匀渐变流。通过的流量为 Q，底坡为 i。沿水流方向任选一微分流段 dl，基准面为0－0。上游断面1的水位为 z，水深为 h；断面平均流速为 v，渠底高程为 z_0；下游断面2的水位为 $z+dz$，水深为 $h+dh$，平均流速为 $v+dv$，渠底高程为 z_0+dz_0；两断面间水头损失为 dh_w。

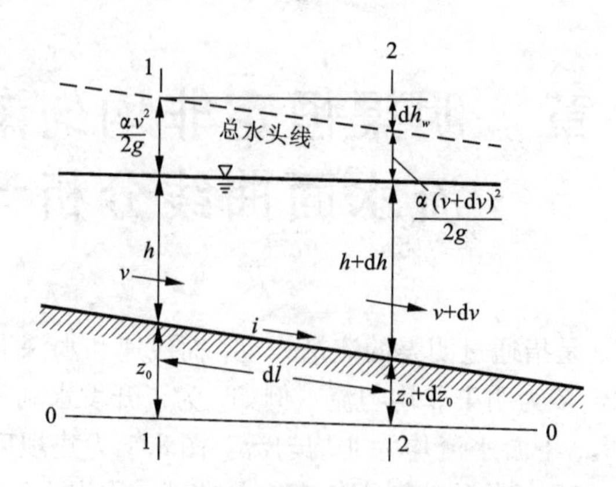

图 8.1.1 明渠非均匀渐变流

明渠水流表面为大气压，故 $p_1 = p_2 = p_a = 0$。列两断面间的能量方程，有

$$z_0 + h + \frac{\alpha v^2}{2g} = (z_0 + dz_0) + (h + dh) + \frac{\alpha(v + dv)^2}{2g} + dh_w$$

又因

$$\frac{\alpha(v + dv)^2}{2g} = \frac{\alpha}{2g}[v^2 + 2vdv + (dv)^2] = \frac{\alpha}{2g}[v^2 + dv^2 + (dv)^2]$$

略去高阶项$(dv)^2$，则

$$\frac{\alpha(v + dv)^2}{2g} \approx \frac{\alpha v^2}{2g} + d\left(\frac{\alpha v^2}{2g}\right)$$

将上式代回能量方程得

$$dz_0 + dh + d\left(\frac{\alpha v^2}{2g}\right) + dh_w = 0$$

上式两边同除以 dl 得

$$\frac{dz_0}{dl} + \frac{dh}{dl} + \frac{d}{dl}\left(\frac{\alpha v^2}{2g}\right) + \frac{dh_w}{dl} = 0 \tag{8.1.1}$$

下面对(8.1.1)式中的各项进行化简处理：

1. 由底坡定义可知

$$\frac{dz_0}{dl} = -i$$

2. 流速水头沿程变化率

$$\frac{d}{dl}\left(\frac{\alpha v^2}{2g}\right) = \frac{d}{dl}\left(\frac{\alpha Q^2}{2gA^2}\right) = -\frac{\alpha Q^2}{gA^3}\frac{dA}{dl}$$

由于 $dA = Bdh$，则有

$$\frac{d}{dl}\left(\frac{\alpha v^2}{2g}\right) = -\frac{\alpha Q^2 B}{gA^3}\frac{dh}{dl} = -\alpha Fr^2\frac{dh}{dl}$$

3. $\frac{dh_w}{dl}$为单位流程长度上的水头损失，即水力坡度 J。渐变流的水力坡度近似地用谢才公式计算：

$$\frac{\mathrm{d}h_w}{\mathrm{d}l}=J=\frac{Q^2}{K^2}$$

将以上三式代入(8.1.1)式得

$$-i+\frac{\mathrm{d}h}{\mathrm{d}l}-\alpha Fr^2\frac{\mathrm{d}h}{\mathrm{d}l}+\frac{Q^2}{K^2}=0$$

取 $\alpha=1$，整理得

$$\frac{\mathrm{d}h}{\mathrm{d}l}=\frac{i-\frac{Q^2}{K^2}}{1-Fr^2} \tag{8.1.2}$$

上式即为棱柱体明渠恒定渐变流基本微分方程，它反映了水深沿流程的变化规律，可用于分析水面曲线的形状。

8.2 棱柱体明渠水面曲线的定性分析

8.2.1 水面曲线的分区与类型

由(8.1.2)式可知，水深 h 沿流程 l 的变化与渠道底坡 i 及实际水流的流态(反映在 Fr 中)有关。所以对于水面曲线的形式应根据不同的底坡情况、不同流态进行具体分析。

对于正坡明渠($i>0$)，将其底坡值 i 与临界底坡 i_K 作比较，还可进一步区分为缓坡($i<i_K$)、陡坡($i>i_K$)和临界坡($i=i_K$)三种情况。

在正坡明渠中，水流有可能作均匀流动，此时它存在着正常水深 h_0。另一方面它也存在着临界水深 h_K。对于通过一定流量、尺寸一定的棱柱体明渠，各断面的临界水深相同，画出各断面临界水深线 $K-K$，是平行于渠底的直线。在正坡棱柱体渠道中，临界水深 h_K 和正常水深 h_0 究竟何者为大，则视明渠属于缓坡、陡坡或临界坡而别。图8.2.1为三种正坡棱柱体明渠中，正常水深线 $N-N$ 与临界水深线 $K-K$ 的相对位置关系。对于临界底坡明渠，因 $h_0=h_K$，故 $N-N$ 线与 $K-K$ 线重合。

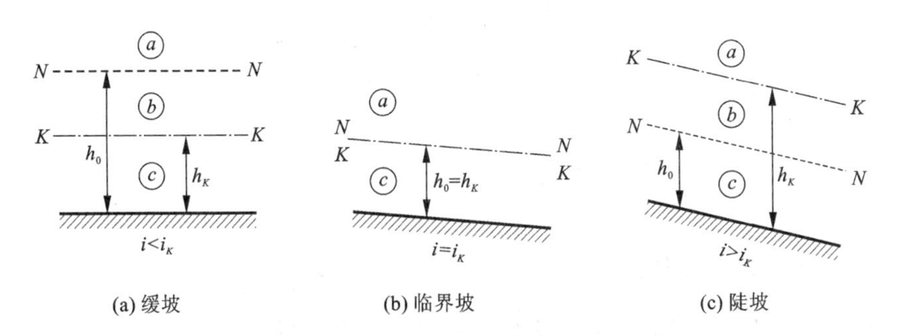

图8.2.1 正坡明渠流区划分

平坡($i=0$)及逆坡($i<0$)棱柱体明渠中，因不可能产生均匀流，所以不存在正常水深 h_0，仅存在临界水深 h_K，只能画出与渠底相平行的临界水深线 $K-K$。图8.2.2乃是平坡和逆坡棱柱体明渠中 $K-K$ 线的情况。

由于明渠中实际水流的水深可能在较大的范围内变化，也就是说它既可能大于临界水

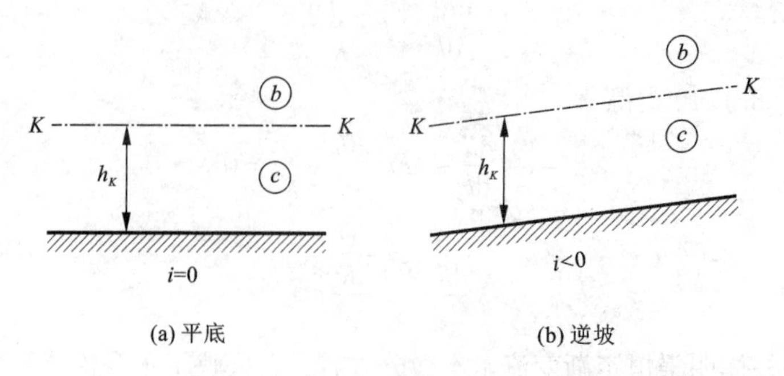

图 8.2.2 平坡与逆坡明渠流区划分

深，也可能小于临界水深，对于正坡明渠，它既可能大于正常水深，也可能小于正常水深。为了表征它的特点，可将实际水面曲线可能存在的范围划分为三个区：

1. a 区

凡实际水深 h 既大于 h_K 又大于 h_0，即在 $K-K$ 线和 $N-N$ 线二者之上的范围称为 a 区。

2. b 区

凡是实际水深 h 介于 h_K 和 h_0 之间的范围称为 b 区。b 区可能有两种情况：$K-K$ 线在 $N-N$ 线之下（缓坡明渠），或 $K-K$ 线在 $N-N$ 线之上（陡坡明渠），无论哪种情况都属于 b 区。

3. c 区

凡是实际水深 h 既小于 h_K 又小于 h_0，即在 $N-N$ 线及 $K-K$ 线二者之下的范围称为 c 区。

对于平坡和逆坡棱柱体明渠，因不存在 $N-N$ 线，或者可以设想 $N-N$ 线在无限高处，所以只存在 b 区与 c 区。

由以上分析可知，棱柱体明渠可能有 5 种不同底坡，12 个流区。不同底坡和不同流区的水面曲线形式是不同的。为了便于分类，我们将以不同流区和底坡来标志水面曲线的形式。缓坡（$i<i_K$）为“1”类，陡坡（$i>i_K$）为“2”类，临界坡（$i=i_K$）为“3”类，平坡（$i=0$）为“0”类，逆坡（$i<0$）为“′”类，并以 1，2，3，0 和“′”为下标或上标附于 a，b，c 区号上，这样棱柱体明渠中可以有 a_1，b_1，c_1，a_2，b_2，c_2，a_3，c_3，b_0，c_0，b'，c' 共 12 种类型的水面曲线。

8.2.2 各类水面曲线的形状分析

各种水面曲线的定性分析，可以从棱柱体明渠非均匀渐变流微分方程式得出。现以缓坡渠道为例，分析如下。

因为在正坡棱柱体明渠中，水流有可能发生均匀流动，方程式（8.1.2）中流量可以用均匀流态下的流量 $Q=K_0\sqrt{i}$ 去置换，K_0 表示均匀流的流量模数，因而（8.1.2）式可变成如下形式：

$$\frac{dh}{dl}=i\frac{1-\left(\frac{K_0}{K}\right)^2}{1-Fr^2} \tag{8.2.1}$$

1. a_1 型水面曲线定性分析

因缓坡明渠 $N-N$ 线在 $K-K$ 线之上，该区内实际水流的水深 $h>h_0>h_K$，故 $K>K_0$，又因水流为缓流，$Fr<1$，由(8.2.1)式可知$\frac{dh}{dl}>0$，即 a_1 型水面曲线的水深沿流程增加，我们把这种水面曲线称为壅水曲线。现进一步讨论 a_1 型水面曲线两端的发展趋势：越往上游水深越小，其极限情况是 $h\to h_0$，此时 $K\to K_0$，因 a 区水流为缓流，$Fr<1$，由(8.2.1)式可知$\frac{dh}{dl}\to 0$，即 a_1 型水面曲线的上游端以 $N-N$ 线为渐近线。

如果渠道是无限长，下游端水深将愈来愈大，其极限情况是 $h\to\infty$，此时 $K\to\infty$，$Fr\to 0$，由(8.2.1)式可知，此时$\frac{dh}{dl}\to i$，即水深沿流程的变化率和 i 相等，不难证明，这意味着水面曲线趋近于水平线，因此 a_1 型水面曲线的下游端以水平线为渐近线。a_1 型水面曲线如图 8.2.3(a)所示。库区的水面曲线即是 a_1 型壅水曲线的实例，如图 8.2.3(b)。

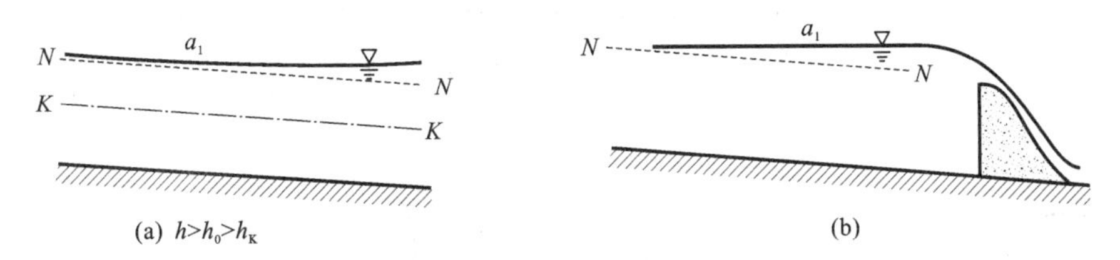

图 8.2.3　a_1 型壅水曲线的理论分析与实例

2. b_1 型水面曲线定性分析

b_1 型水面曲线位于缓坡渠道的 b 区，在该区内水流为缓流，$Fr<1$，$h_K<h<h_0$，故 $K<K_0$，由(8.2.1)式可知$\frac{dh}{dl}<0$，即 b_1 型水面曲线的水深沿流程减小，我们把这种水面曲线称为降水曲线。现进一步讨论 b_1 型水面曲线的发展趋势：越往上游水深越大，其极限情况是 $h\to h_0$，此时 $K\to K_0$，因 b 区水流为缓流，$Fr<1$，由(8.2.1)式可知$\frac{dh}{dl}\to 0$，即 b_1 型水面曲线的上游端仍以 $N-N$ 线为渐近线。

越往下游，b_1 型水面曲线的水深越小，其极限情况是 $h\to h_K$，此时 $Fr\to 1$，$K<K_0$，由(8.2.1)式可知$\frac{dh}{dl}\to -\infty$，即曲线的下游端水深接近 h_K 时，理论上水面线将趋向于与 $K-K$ 线垂直。但实际上水面线不会垂直于 $K-K$ 线，而是水面坡度变陡，以光滑曲线过渡为急流，出现水跌现象。b_1 型水面曲线如图 8.2.4(a)所示。缓坡渠道末端接跌坎，渠中水面曲线为 b_1 型，如图 8.2.4(b)。

3. c_1 型水面曲线定性分析

c_1 型水面曲线位于缓坡渠道的 c 区，在该区内水流为急流，$Fr>1$，实际水深 $h<h_K<$

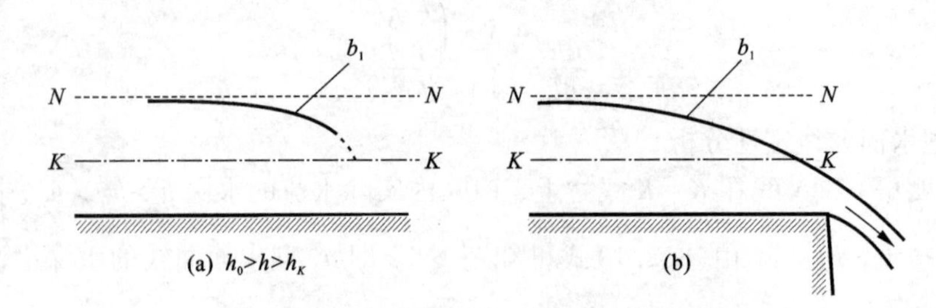

图 8.2.4　b_1 型降水曲线的理论分析与实例

h_0，故 $K<K_0$，由(8.2.1)式可知$\frac{\mathrm{d}h}{\mathrm{d}l}>0$，水深沿流程增加，为壅水曲线。

c_1 型水面曲线的下游端，水深将愈来愈大，其极限情况是 $h \to h_K$，此时 $Fr \to 1$，$K<K_0$，由(8.2.1)式可知$\frac{\mathrm{d}h}{\mathrm{d}l} \to +\infty$，理论上水面线将趋向于与 $K-K$ 线垂直，实际上是水面变陡，穿过 $K-K$ 线而产生水跃。

c_1 型水面曲线的上游端，水深将愈来愈小，理论上其极限情况是 $h \to 0$。但是，明渠中只要有流量通过，水深就不会为零，其最小值受来流条件所控制(例如闸、坝下游收缩断面水深)。c_1 型水面曲线如图 8.2.5(a)所示。图 8.2.5(b)为缓坡渠道上闸下出流后的 c_1 型水面曲线。

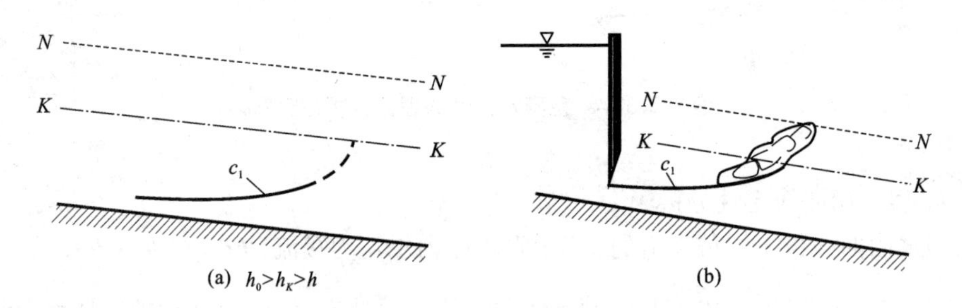

图 8.2.5　c_1 型壅水曲线的理论分析与实例

对于陡坡、临界坡、平坡和逆坡渠道，可采用类似方法进行分析，得到相应的水面曲线形式，限于篇幅，不再一一讨论。各类水面曲线的形式及实例参见表 8.2.1。

表 8.2.1　水面曲线的类型及实例

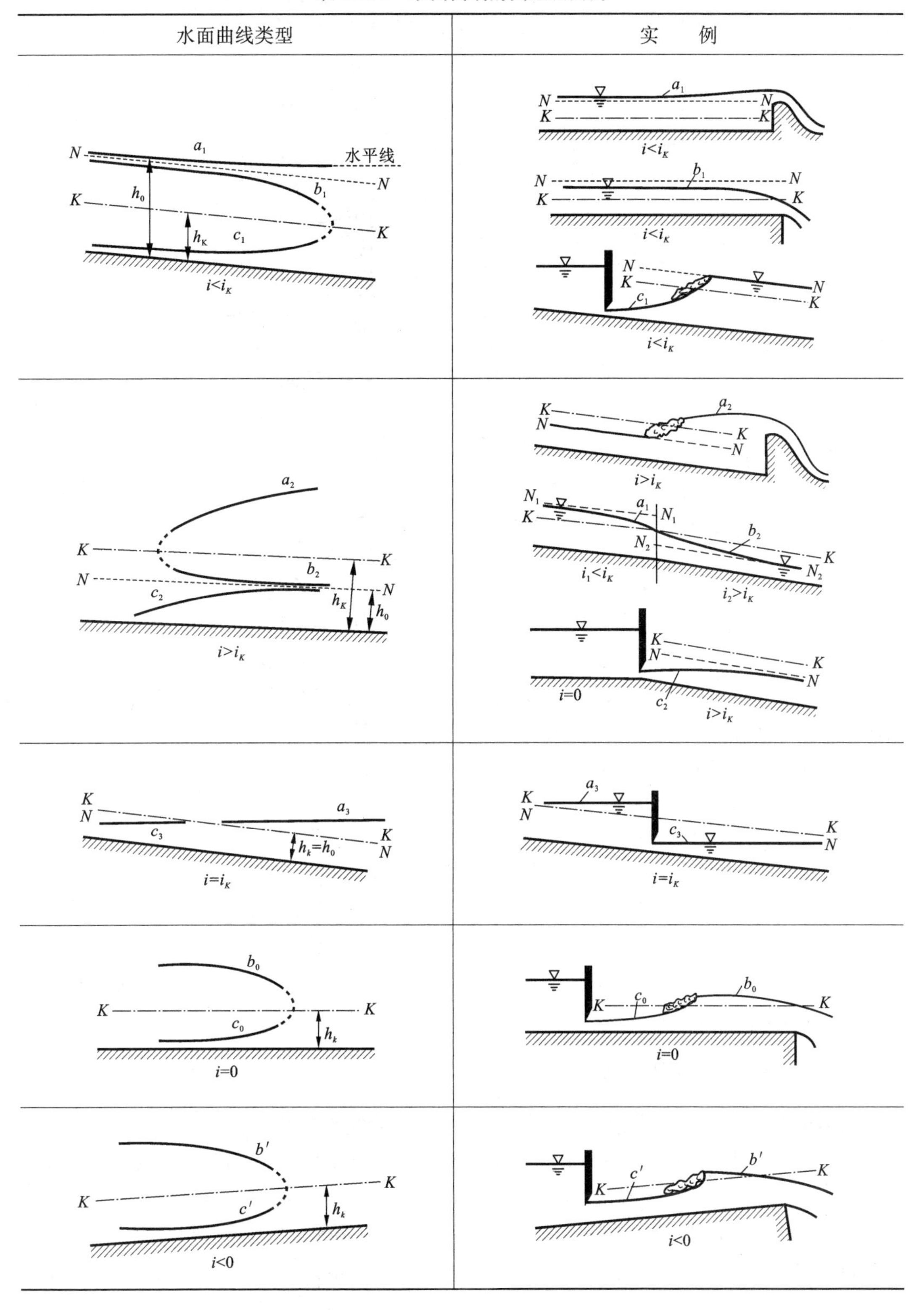

【例 8.2.1】 试讨论分析图 8.2.6 所示两段断面尺寸及糙率相同的长直棱柱体明渠，由于底坡变化所引起渠中非均匀流水面变化的形式。已知上游及下游渠道底坡均为缓坡，但 $i_2 > i_1$。

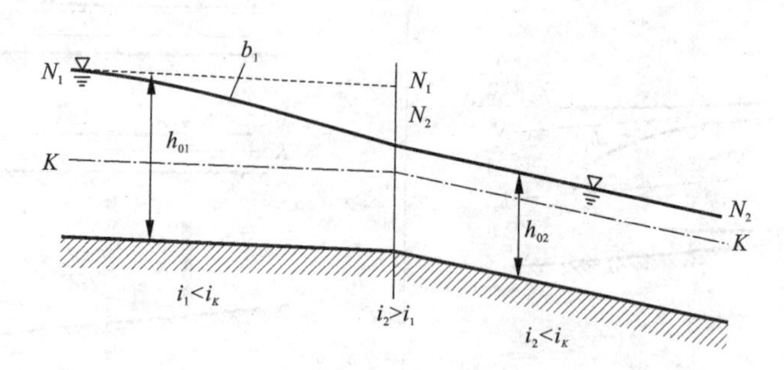

图 8.2.6 不同类型水面曲线的衔接

【解】

根据题意，上、下游渠道均为断面尺寸和糙率相同的长直棱柱体明渠，由于有坡度的变化，将在底坡转变断面上游或下游(或者上、下游同时)相当长范围内引起非均匀流动。

为分析渠中水面变化，首先分别画出上、下游渠道的 $K-K$ 线及 $N-N$ 线。由于上、下游渠道断面尺寸相同，故两段渠道的临界水深相等。而上、下游渠道底坡不等，故正常水深不等，因 $i_2 > i_1$，故 $h_{01} > h_{02}$，下游渠道的 $N-N$ 线低于上游渠道的 $N-N$ 线。

因渠道很长，在上游无限远处应为均匀流，其水深为正常水深 h_{01}；下游无限远处亦为均匀流，其水深为正常水深 h_{02}。由上游较大的水深 h_{01} 要转变到下游较小的水深 h_{02}，中间必经历一段水面降落的过程。其降落有三种可能：

(1) 上游渠中不降，全在下游渠中降落；

(2) 完全在上游渠中降落，下游渠中不降落；

(3) 在上、下游渠中分别降落一部分。

在上述三种可能情况中，若按照第一种或第三种方式降落，那么必然会出现下游渠道中 a 区发生降水曲线的情况。前面已经论证，缓坡 a 区只存在壅水曲线，所以第一、第三种降落方式不能成立，惟一合理的方式是第二种，即降水曲线全部发生在上游渠道中，由上游很远处趋近于 h_{01} 的地方，逐渐下降至分界断面处水深达到 h_{02}，而下游渠道保持水深为 h_{02} 的均匀流，所以上游渠道水面曲线为 b_1 型降水曲线(图 8.2.6)。

8.2.3 水面曲线变化规律总结

从表 8.2.1 分析，不同底坡、不同流区上的水面曲线具有如下规律：

1. 每一个流区有且只有一种水面曲线，共 12 个流区，12 条水面曲线，其中 a 区 3 条(a_1, a_2, a_3)，b 区 4 条(b_1, b_2, b_0, b')，c 区 5 条(c_1, c_2, c_3, c_0, c')；

2. 凡是 a 区与 c 区的水面曲线均为壅水曲线，凡是 b 区的水面曲线均为降水曲线；

3. 当 $h \to h_0$ 时，$\frac{dh}{dl} \to 0$，即水深不随流程而变，水面线以正常水深线($N-N$ 线)为渐近线；

4. 当 $h \to h_K$ 时，$Fr \to 1$，$\frac{dh}{dl} \to \pm\infty$，水面曲线末端有与临界水深线（$K-K$ 线）正交的趋势；

$\frac{dh}{dl} \to +\infty$ ——水跃；

$\frac{dh}{dl} \to -\infty$ ——水跌。

5. 当 $h \to \infty$ 时，$\frac{dh}{dl} \to i$，水面曲线趋向于水平线。

8.2.4　水面曲线与水跃的三种衔接形式

以陡坡渠道接缓坡渠道为例来说明。上游渠道为陡坡，正常水深 h_{01} < 临界水深 h_k，下游渠道为缓坡，$h_{02} > h_k$，渠中肯定发生水跃。通过求出与 h_{01} 共轭的跃后水深 h''_{01}，并与 h_{02} 比较来进行判别（设与 h_{02} 共轭的跃前水深为 h'_{02}），水面曲线与水跃的衔接方式有以下 3 种。

1. $h_{02} < h''_{01}$

$h_{02} < h''_{01}$，说明 h_{01} 与 h_{02} 不满足水跃共轭条件。若在 h_{01} 水深处起跃，则与之共轭的跃后水深 $h''_{01} > h_{02}$，跃后断面之后将形成 a 区的降水曲线，这是不可能的。由前面 7.4 节已知，跃前水深越小，跃后水深越大。表明与 h_{02} 共轭的跃前水深应大于 h_{01}，渠中将以急流继续向下游流动一段距离，直至某一段位置处水深等于 h'_{02}，水跃才开始发生。水面将由 c_1 型壅水曲线及其后面的水跃衔接而成，如图 8.2.7(a) 所示。跃前断面发生在变坡断面下游，称为远驱式水跃衔接。

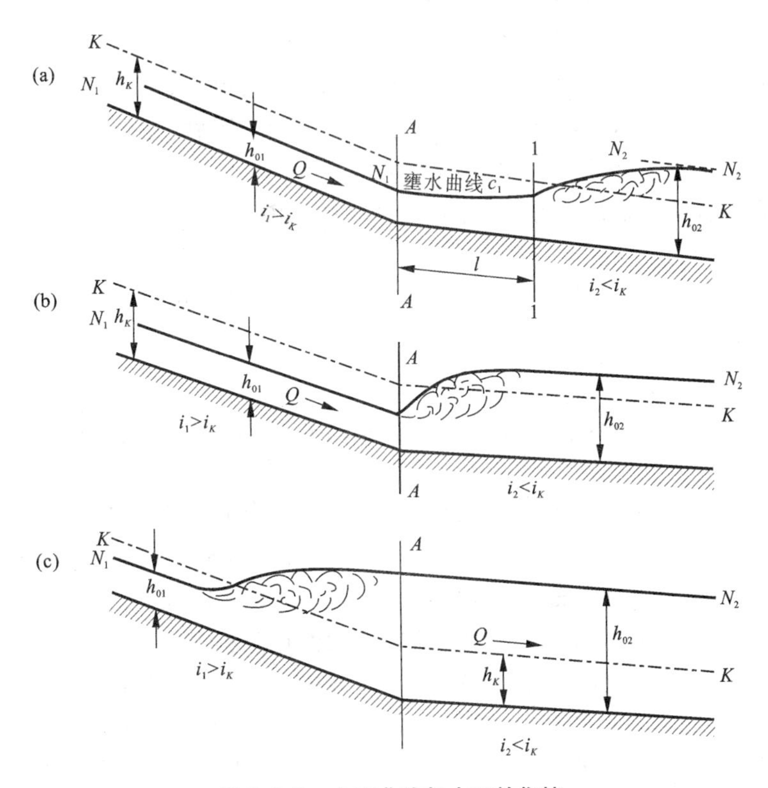

图 8.2.7　水面曲线与水跃的衔接

2. $h_{02}=h''_{01}$

下游水深 h_{02} 恰好等于 h_{01} 的共轭水深 h''_{01}，故水跃的跃前断面恰好发生在变坡处，称为临界式水跃衔接，如图 8.2.7(b)所示。

3. $h_{02}>h''_{01}$

在这种情况下，如果发生水跃，跃前断面水深将小于 h_{01}，显然渠道中不存在这样的断面。事实上由于下游单位重量液体具有的能量较大，表面漩滚将涌向上游，并淹没变坡断面，水跃发生在上游渠段，称为淹没式水跃衔接，如图 8.2.7(c)所示。

上面所述的变坡渠道水跃位置与水面曲线衔接的判别方法，对闸孔出流、坝下泄流等泄水建筑物同样适用。

8.2.5 水面曲线定性分析步骤

1. 根据明渠底坡情况，计算(或定性分析)正常水深 h_0、临界水深 h_k，绘出 $N-N$ 线、$K-K$ 线。

2. 找控制断面，定控制水深。

控制断面——位置确定且水深已知的断面，已知的水深称为控制水深。一般通过下面几种方法来找控制断面，定控制水深。

(1) 当渠道为正坡又很长时，在非均匀流影响不到的地方，水流为均匀流，水深将保持正常水深，实际水面线为 $N-N$ 线。

(2) 水流由缓流过渡到急流时，水面线可平滑地通过临界水深，理论上 h_K 发生在变坡处。

(3) 建筑物处的上、下游水深，一般可根据水力计算确定，可作为控制断面。如：堰前上游水深，堰后收缩断面水深；闸前上游水深，闸孔出流后收缩断面水深等。

3. 判断水面曲线所在区间，确定水面曲线类型。

4. 由控制断面及水流的边界条件，确定两端的水深。

5. 注意

根据明渠中干扰波的传播性质，需注意急流应从上游控制断面向下游推求，否则可能导致错误或引起误差。

8.3 棱柱体明渠水面曲线的定量计算

在明渠的边界条件及来水条件给定之后，常常需要确定不同断面位置的水深。对于棱柱体明渠的非均匀渐变流，从理论上讲可以对微分方程式(8.1.2)积分，解出水深 h 随流程 l 而变的关系式，以便对水面曲线进行定量计算。但是实践证明，将微分方程进行普遍积分非常困难，常常需要进行一些近似的假定。因而在工程上常采用近似计算法，主要有数值积分法、分段求和法(逐段试算法)、水力指数法等。所以本书着重介绍简明实用的分段求和法，这种方法不受明渠形式的限制，对棱柱体及非棱柱体明渠均适用。

直接求解能量方程即可得到分段求和法。图 8.3.1 表示底坡为 i 的明渠渐变流纵剖面。对断面 1 和 2 列能量方程

$$z_{01}+h_1+\frac{\alpha_1 v_1^2}{2g}=z_{02}+h_2+\frac{\alpha_2 v_2^2}{2g}+h_w$$

忽略局部水头损失，则
$$h_w=h_f=\overline{J}\Delta l$$

而
$$\overline{J}=\frac{\overline{v}^2}{\overline{C}^2\ \overline{R}}$$

其中
$$\overline{v}=\frac{1}{2}(v_1+v_2),\ \overline{R}=\frac{1}{2}(R_1+R_2),\ \overline{C}=\frac{1}{2}(C_1+C_2)$$

由底坡定义知
$$z_{01}-z_{02}=i\Delta l$$

将以上各式代入能量方程后化简得

$$\Delta l=\frac{\left(h_2+\dfrac{\alpha_1 v_2^2}{2g}\right)-\left(h_1+\dfrac{\alpha_2 v_1^2}{2g}\right)}{i-\overline{J}}=\frac{E_{s2}-E_{s1}}{i-\overline{J}}=\frac{\Delta E_s}{i-\overline{J}} \tag{8.3.1}$$

上式即为分段求和法的计算公式。式中 ΔE_s 为流段两端过水断面上比能的差值。水面线的具体分析计算步骤详见例 8.3.1。

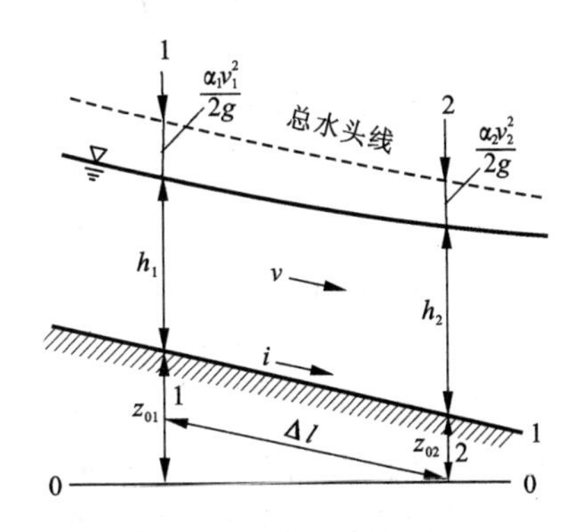

图 8.3.1　明渠渐变流纵剖面图

【例 8.3.1】 某水利工程利用灌溉用水发电，在灌区总干渠的末端建一电站，渠道长 $l=41$ km，底坡 $i=0.0001$，渠道为梯形断面，底宽 $b=20$ m，边坡系数 $m=2.5$，糙率 $n=0.0225$。当通过流量 $Q=160\ \text{m}^3/\text{s}$ 时，渠道末端水深 $h=6.0$ m，试绘制渠道的水面曲线并计算渠首水深。

【解】

(1)判别水面曲线类型

用试算法求得均匀流水深 $h_0=4.9$ m，临界水深 $h_K=1.73$ m。

因 $h_0>h_K$，故底坡属于缓坡，又因渠道末端水深 $h=6.0\ \text{m}>h_0$，所以发生 a_1 型水面曲线。

(2) 水面曲线计算

已知渠道末端水深 $h=6.0$ m，以此断面作为起始控制断面，假设一系列的上游断面水深 h 为 5.8 m，5.6 m，5.4 m，5.2 m，5.0 m 及 4.95 m，应用式(8.3.1)逐段向上推算，即可求得各相应流段的长度 Δl，然后再根据已知的渠道长度 $l=41$ km，求渠首的水深 $h_{首}$。具体计算如下：已知第 Ⅰ 流段断面 1 和 2 的水深分别为 $h_1=5.8$ m，$h_2=6.0$ m，求流段长度 Δl_1。计算时取 $\alpha=1$。

① 计算断面 1 和 2 的断面比能 E_{s1}和 E_{s2}。对于断面 1，水深 $h_1=5.8$ m，则

$$A_1=(b_1+mh_1)h_1=(20+2.5\times5.8)\times5.8=200\ \text{m}^2$$

$$v_1=\frac{Q}{A_1}=\frac{160}{200}=0.8\ \text{m/s}$$

$$\frac{v_1^2}{2g}=\frac{0.8^2}{2\times9.8}=0.033\ \text{m}$$

$$E_{s1}=h_1+\frac{v_1^2}{2g}=5.8+0.033=5.833\ \text{m}$$

同样，对于断面 2，$h_2=6.0$ m，$A_2=210\ \text{m}^2$，$v_2=0.762$ m/s，$E_{s2}=6.03$ m。

② 计算平均水力坡度$\overline{J}$。

$$\overline{v}=\frac{1}{2}(v_1+v_2)=\frac{1}{2}(0.8+0.762)\ \text{m/s}=0.781\ \text{m/s}$$

断面 1 的湿周、水力半径、谢才系数分别为

$$\chi_1=b+2h_1\sqrt{1+m^2}=20\ \text{m}+2\times5.8\sqrt{1+2.5^2}\ \text{m}=51.2\ \text{m}$$

$$R_1=\frac{A_1}{\chi_1}=\frac{200}{51.2}\ \text{m}=3.9\ \text{m}$$

$$C_1=\frac{1}{n}R_1^{1/6}=\frac{1}{0.0225}\times3.9^{1/6}\ \text{m}^{\frac{1}{2}}/\text{s}=55.7\ \text{m}^{\frac{1}{2}}/\text{s}$$

同样，对断面 2 可得

$$\chi_2=52.3\ \text{m},\ R_2=4.01\ \text{m},\ C_2=56.0\ \text{m}^{\frac{1}{2}}/\text{s}$$

所以
$$\overline{R}=\frac{1}{2}(R_1+R_2)=\frac{1}{2}(55.0+56.0)\ \text{m}=3.955\ \text{m}$$

$$\overline{C}=\frac{1}{2}(C_1+C_2)=\frac{1}{2}(55.7+56.0)\ \text{m}^{\frac{1}{2}}/\text{s}=55.85\ \text{m}^{\frac{1}{2}}/\text{s}$$

则
$$\overline{J}=\frac{\overline{v}^2}{\overline{C}^2\,\overline{R}}=\frac{0.781^2}{55.85^2\times3.955}=0.0000493$$

则第Ⅰ流段长度为

$$\Delta l_1=\frac{E_{s2}-E_{s1}}{i-\overline{J}}=\frac{6.03-5.833}{0.0001-0.0000493}=3885\ \text{m}=3.89\ \text{km}$$

令第Ⅰ流段末端 $\Delta l_1=3.89$ km 处的水深为 $h_2=5.8$ m 作为第Ⅱ流段起始端的控制断面水深，再假设第Ⅱ流段上游末端断面水深为 $h_1=5.6$ m，重复上述的计算过程，又可求得第Ⅱ流段的长度 Δl_2。如此逐段计算，即可求得各相应流段的长度 Δl_3，Δl_4，…及累加长度 $\sum\Delta l$。计算结果列于表 8.3.1。

根据表中的 h 及 $\sum\Delta l$ 值，按一定的纵横比例绘出渠道的水面曲线，见图 8.3.2。再用内插法(二分法)求得 $l=41$ km 处的渠首水深 $h_{首}=4.98$ m。

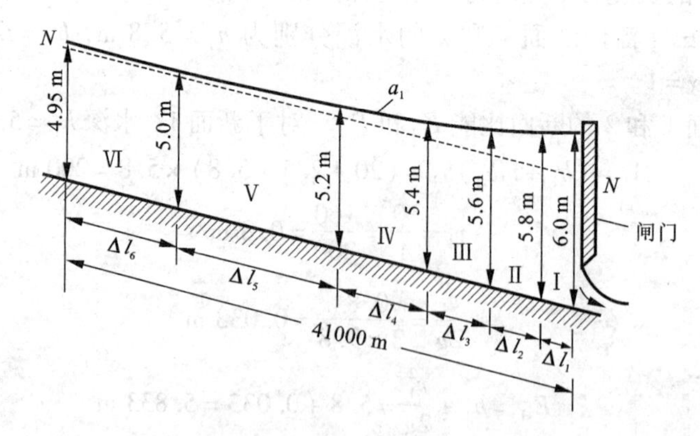

图 8.3.2 分段求和法计算水面曲线

表 8.3.1　棱柱体明渠水面曲线计算表(分段求和法)

断面	h (m)	A (m^2)	χ (m)	R (m)	$R^{1/6}$	C ($m^{1/2}/s$)	v (m/s)	$\frac{\alpha v^2}{2g}$ (m)	E_s (m)	ΔE_s (m)	$\bar{v}$ (m/s)	$\bar{R}$ (m)	C ($m^{1/2}/s$)	$\bar{J}$	$i-\bar{J}$	Δl (km)	$\Sigma\Delta l$ (km)
(1)	(2)	(3)	(4)	(5)	(6)	(7)	(8)	(9)	(10)	(11)	(12)	(13)	(14)	(15)	(16)	(17)	(18)
1	6.00	210.0	52.30	4.01	1.260	56.0	0.762	0.030	6.030								
2	5.80	200.0	51.20	3.90	1.254	55.7	0.800	0.033	5.833	0.197	0.781	3.955	55.85	0.493×10^{-4}	0.507×10^{-4}	3.89	3.89
3	5.60	190.5	49.90	3.82	1.250	55.5	0.840	0.036	5.636	0.197	0.820	3.860	55.60	0.553×10^{-4}	0.447×10^{-4}	4.41	8.30
4	5.40	181.0	49.10	3.68	1.242	55.2	0.884	0.040	5.440	0.196	0.862	3.750	55.35	0.647×10^{-4}	0.353×10^{-4}	5.55	13.85
5	5.20	171.6	48.00	3.57	1.236	54.9	0.932	0.044	5.244	0.196	0.903	3.625	55.05	0.748×10^{-4}	0.252×10^{-4}	7.78	21.63
6	5.00	162.5	46.90	3.46	1.230	54.7	0.984	0.049	5.049	0.195	0.958	3.515	54.80	0.866×10^{-4}	0.134×10^{-4}	14.55	36.18
7	4.95	160.4	46.56	3.44	1.228	54.6	0.997	0.051	5.001	0.048	0.991	3.450	54.65	0.956×10^{-4}	0.044×10^{-4}	10.91	47.19

8.4 非棱柱体明渠水面曲线计算

非棱柱体渠道的断面形状和尺寸是沿程变化的，过水断面面积 A 不仅取决于水深 h，而且与距离 l 有关，即 $A=A(h, l)$。

非棱柱体明渠水面曲线计算仍应用式(8.3.1)。计算时，因 A 是 h 和 l 的函数，所以仅假设 h_2(或 h_1)不能求得过水断面 A_2(或 A_1)及其相应的 v_2(或 v_1)，因此，无法计算 Δl。为此，必须同时假设 Δl 和 h_2(或 h_1)，用试算法求解。计算步骤如下：

1. 先将明渠分成若干计算小段，段长为 Δl。由已知的控制断面水深 h_1，求出该断面的 A_1，v_1，R_1，C_1。

2. 由控制断面向下游(或向上游)取给定的 Δl，便可定出断面 2 的形状和尺寸。再假设 h_2，由 h_2 值便可算得 A_2 和 v_2，R_2，C_2，因而可获得$\bar{v}$，$\bar{R}$，$\bar{C}$，并求得$\bar{J}=\dfrac{\bar{v}^2}{\bar{C}^2\bar{R}}$。将 $E_{s1}=h_1+\dfrac{\alpha_1 v_1^2}{2g}$，$h_2+\dfrac{\alpha_2 v_2^2}{2g}$，$\bar{J}$及 i 各值代入式(8.3.1)，算出 Δl。如算出的 Δl 与给定的 Δl 相等(或很接近)，则所设的 h_2(或 h_1)即为所求。否则重新假设 h_2(或 h_1)，再计算 Δl，直至计算值与给定值相等(或很接近)为止。

将上面算好的断面作为已知断面，再向下游(或上游)取 Δl 得另一断面，并设水深为 h_2(或 h_1)，重复以上计算过程，直到所有断面的水深均求出为止。为了保证计算精度，所取的流段 Δl 不能太长。

【例 8.4.1】 一混凝土溢洪道的中间一段为变底宽矩形断面渐变段(参见图8.4.1)，长 $l=40$ m，底宽由 $b=35$ m 减至 25 m，底坡 $i=0.15$，糙率 $n=0.014$。试计算泄流量 $Q=825\ \text{m}^3/\text{s}$ 时该渐变段的水面线，已知上游断面水深 $h_1=2.7$ m。

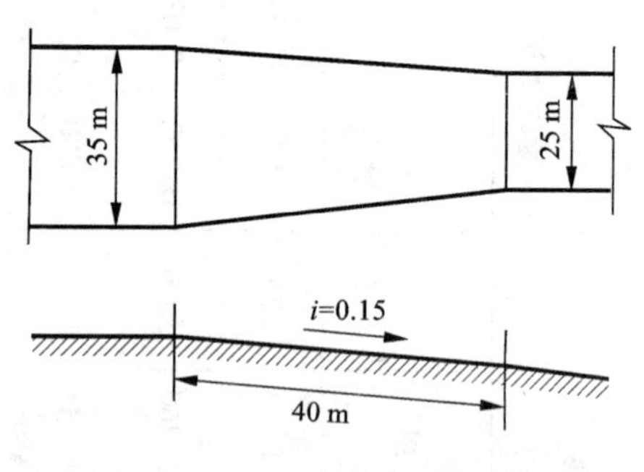

图 8.4.1 非棱柱体明渠水面曲线计算

【解】

将全长 40 m 分为 4 个小段，每段长 $\Delta l=10$ m，然后逐段计算。现以第 1 小段为例说明如下：

(1) 由上游断面水深 $h_1=2.7$ m，求得

$$A_1=h_1 b=2.7\times 35\ \text{m}^2=94.5\ \text{m}^2$$

$$v_1=\frac{Q}{A_1}=\frac{825}{94.5}\ \text{m/s}=8.75\ \text{m/s}$$

$$\frac{\alpha_1 v_1^2}{2g}=\frac{1.1\times 8.75^2}{2\times 9.8}\ \text{m}=4.3\ \text{m}$$

$$h_1+\frac{\alpha_1 v_1^2}{2g}=2.7\ \text{m}+4.3\ \text{m}=7.0\ \text{m}$$

$$\chi_1=b+2h_1=35\ \text{m}+2\times 2.7\ \text{m}=40.4\ \text{m}$$

表 8.4.1　非棱柱体明渠水面曲线计算表(试算法)

断面	底宽 b (m)	段长 Δl (m)	水深 h (m)	面积 A (m^2)	流速 v (m/s)	$\frac{\alpha v^2}{2g}$ (m)	湿周 χ (m)	水力半径 R (m)	C ($m^{1/2}/s$)	$\bar{v}$ (m/s)	$\bar{R}$ (m)	$\bar{C}$ ($m^{1/2}/s$)	$\bar{J}$	$(i-\bar{J})$	E_s (m)	ΔE (m)	Δl (m)
(1)	(2)	(3)	(4)	(5)	(6)	(7)	(8)	(9)	(10)	(11)	(12)	(13)	(14)	(15)	(16)	(17)	(18)
1	35.0		2.70	94.5	8.75	4.30	40.4	2.34	82.5						7.00		
		10.0								9.56	2.23	81.75	0.00615	0.144		1.48	10.28
2	32.5		2.45	79.50	10.38	6.035	37.4	2.12	81.0						8.48		
		10.0								10.98	2.089	80.75	0.00885	0.1411		1.40	9.94
3	30.0		2.38	71.4	11.58	7.50	34.76	2.059	80.5						9.88		
		10.0								12.09	1.884	78.00	0.0127	0.1373		1.38	10.03
4	27.5		2.38	65.45	12.60	8.88	32.26	1.71	75.5						11.26		
		10.0								13.04	1.88	78.00	0.0150	0.1350		1.39	10.29
5	25.0		2.35	61.25	13.47	10.17	29.90	2.048	80.5						12.63		

注：上表中计算的 Δl 值与给定的 Δl 值很接近，其相对误差均在3%之内，故给定的 Δl 值和假设的 h_2 值均合适，根据上表中(3)，(4)两项即可绘制水面曲线。

$$R_1=\frac{A_1}{\chi_1}=\frac{94.5}{40.4}\text{ m}=2.34\text{ m}$$

$$C_1=\frac{1}{n}R_1^{1/6}=\frac{1}{0.014}\times 2.34^{1/6}=82.5\text{ m}^{\frac{1}{2}}/\text{s}$$

(2) 按分好的小段长 $\Delta l=10$ m，在距离起始断面 10 m 处，可算得该处槽宽为 $b=32.5$ m。

然后假设水深 $h_2=2.45$ m，求得相应的

$$A_2=79.5\text{ m}^2,\ v_2=10.38\text{ m/s},\ \frac{\alpha_2 v_2^2}{2g}=6.04\text{ m},\ E_{s2}=8.49\text{ m}$$

$$\chi_2=37.4\text{ m},\ R_2=2.12\text{ m},\ C_2=81.0\text{ m}^{\frac{1}{2}}/\text{s}$$

计算各平均值如下：

$$\bar{v}=\frac{1}{2}(v_1+v_2)=\frac{1}{2}(8.75+10.38)\text{ m/s}=9.56\text{ m/s}$$

$$\bar{R}=\frac{1}{2}(R_1+R_2)=\frac{1}{2}(2.34+2.12)\text{ m}=2.23\text{ m}$$

$$\bar{C}=\frac{1}{2}(C_1+C_2)=\frac{1}{2}(82.5+81.0)\text{ m}^{\frac{1}{2}}/\text{s}=81.75\text{ m}^{\frac{1}{2}}/\text{s}$$

$$\bar{J}=\frac{\bar{v}^2}{\bar{C}^2\bar{R}}=\frac{9.56^2}{81.75^2\times 2.23}=0.00615$$

(3) 将上面的计算值代入式(8.3.1)，即得

$$\Delta l=\frac{E_{s2}-E_{s1}}{i-\bar{J}}=\frac{8.49-7.0}{0.15-0.00615}\text{ m}=10.28\text{ m}$$

计算的 $\Delta l=10.28$ m 与给定的 $\Delta l=10$ m 很接近，其相对误差 $<3\%$，故给定的 $\Delta l=10$ m 和假设的 $h_2=2.45$ m 即为所求。其他各段计算方法同上，现将计算结果列入表 8.4.1。

本章小结

1. 棱柱体明渠非均匀渐变流基本微分方程(8.1.2)式是分析和计算水面曲线的理论基础。在每一区域内该微分方程的解都是惟一的，因此，每一区域内水面曲线也是惟一的。

2. 通过分析，一共得到了棱柱体明渠可能出现的 12 种渐变流水面曲线，工程中最常见的是 a_1，b_1，c_2，b_2 型 4 种。

3. 各区域内水面曲线的变化规律是：位于 a 区和 c 区的水面曲线，其水深都是沿程增加的，即壅水曲线；位于 b 的水面曲线，其水深都是沿程减小的，即降水曲线。

4. 棱柱体明渠水面曲线的计算通常采用“分段求和法”，非棱柱体明渠及天然河流水面曲线的计算通常采用“试算法”。

思考题

8.1　明渠非均匀流有哪些特征？在底宽逐渐缩小的正坡明渠中，当水深沿程不变时，该明渠水流是否为非均匀流？

8.2　试举例说明在什么情况下会发生壅水曲线和降水曲线。

8.3　棱柱体渠道中发生非均匀流时，在 $i<i_K$ 的渠道中只能发生缓流，在 $i>i_K$ 的渠道中只能发生急流，这种说法对否？为什么？

习　题

8.1　试分析并定性绘出图中 4 种底坡变化情况时，上、下游渠道水面曲线的衔接形式，并标明水面曲线的型号。已知上、下游渠道均为长直棱柱体明渠。

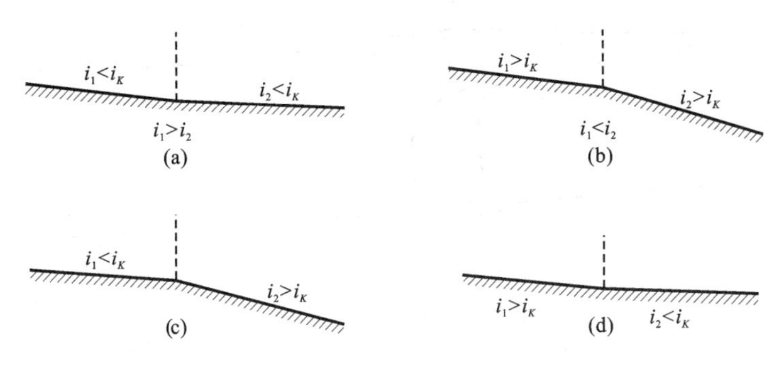

习题 8.1 图

8.2　上、下游断面形状、尺寸与粗糙系数均相同的直线渠道，上游为平坡，下游为陡坡。在平底渠段设有平板闸门，已知闸孔开度 e 小于临界水深，闸门至底坡转折处的距离为 l，试问当 l 的长短变化时，闸门下游渠中水面线可能会出现哪些形式？

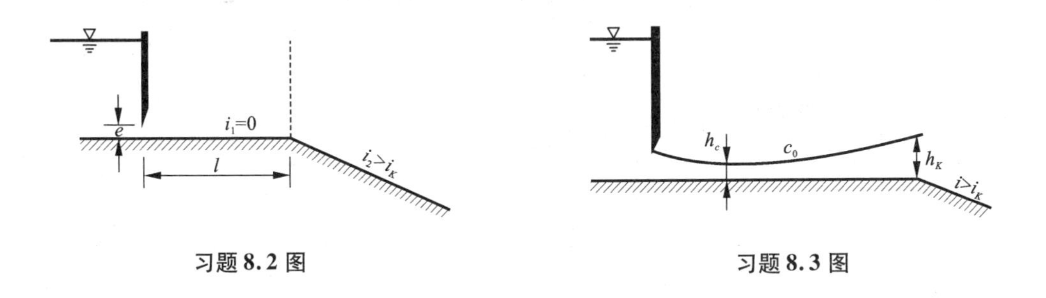

习题 8.2 图　　　　习题 8.3 图

8.3　在矩形平底渠道上，装有控制闸门，闸孔通过流量为 12.7 m^3/s，收缩断面水深 h_c 为 0.5 m，渠宽 b 为 3.5 m，糙率 n 为 0.012，平底渠道后面接一陡坡渠道，若要求坡度转折处水深为临界水深 h_K，试问收缩断面至坡度转折处之间的距离为多少？

8.4　有一梯形断面的排水渠道，长度 $l=5800$ m，底宽 $b=10$ m，边坡系数 $m=1.5$，底坡 $i=0.0003$，糙率 $n=0.025$。渠道末端设置一水闸，当过闸流量 $Q=40$ m^3/s 时，闸前水深 $h_2=4.0$ m。试用分段求和法计算渠道中水深 $h_1=3.0$ m 处离水闸的距离。

8.5　有一混凝土梯形断面的溢洪道，长度 $l=135$ m，底宽 $b=2.0$ m，边坡系数 $m=1.0$，底坡 $i=0.06$，糙率 $n=0.014$，进口处水深为临界水深。当溢洪流量 $Q=32$ m^3/s 时，试计算溢洪道的水面曲线。

8.6 某水库的溢洪道，根据地形条件采用长度为 15 m 的平底进口段，下接矩形陡槽，其长度 $l=90.7$ m，底坡 $i=0.12$，糙率 $n=0.014$。为了减少开挖量，将陡槽的底宽由 24 m 逐渐收缩至 16 m。当泄洪流量 $Q=156.8$ m^3/s 时，试计算陡槽中的水面曲线。

8.7 在各段都长而直的棱柱体渠道中，已知流量 Q 和糙率 n 均为一定，试定性绘出下列各渠道中的水面曲线，并标明型号。

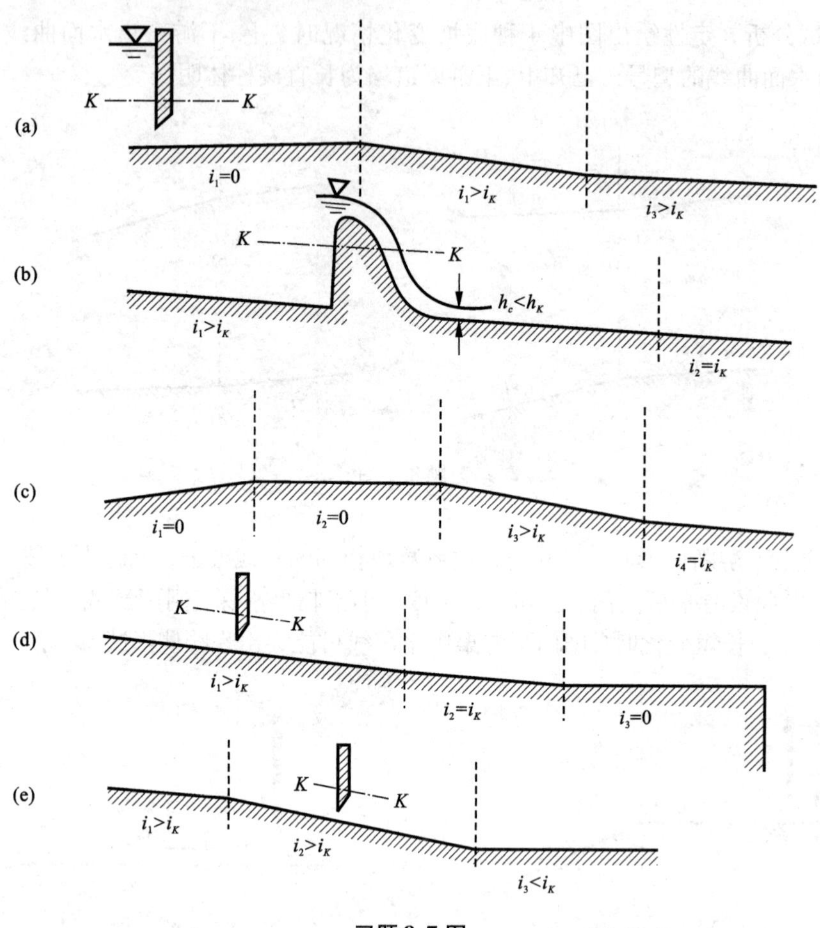

习题 8.7 图

第 9 章　堰闸出流及底流消能

水利工程中经常可见那些拦河挡水的工程构造物，如拦河闸、溢流坝、溢洪道、船闸、水电站等。这种构造物使河渠上游水位壅高，当上游水位超过建筑物顶部时，水将从它上面溢流而过，泄至下游。这种从建筑物顶部溢流的壅水建筑物称为堰。通过堰顶并且具有自由表面的水流称为堰流，堰上往往设立闸门用来控制水流。本章主要研究堰流及闸孔出流的类型、水力特性、水力计算等，为确定该类工程构造物的规模、尺寸等提供理论依据。另外，从壅水建筑物顶部下泄的水流往往具有较高的流速，冲刷能力强，如果不采取相应的消能防冲等工程措施，将会引起河床发生严重冲刷、形成折冲水流等严重后果，所以必须设置消能建筑物来消除下泄高速水流的巨大动能，使之与下游的正常水流衔接起来。关于泄水建筑物下游水流的衔接与消能问题，也是本章讨论的主要内容。

9.1　堰流特征及其分类

9.1.1　堰和堰流

在明渠缓流中，为控制水位和流量而设置的、顶部可以溢流的障壁称为堰。由于堰的约束，上游明渠的水位壅高；水流趋近堰顶时，过流断面被束小，流速动能增加，因而水面降落流过堰顶，这种局部水力现象就是堰流(图 9.1.1)。堰流的基本问题是确定堰的过水能力，而不同类型、不同尺寸的堰，其过水能力存在很大差异。

9.1.2　堰的类型

在明渠缓流过堰时，距离堰前缘(3 ~5)倍堰顶水头的断面，既是上游明渠 a_1 型水面曲线的末端，又是距离堰最近的渐变流断面，通常把该断面的平均流速 v_0 称为行近流速，而把该断面水位至堰顶的水深 H，称为堰顶水头。按照堰顶厚度 δ 对过堰水流的影响程度，通常将堰分成如下三种类型：

1. 薄壁堰

当$\frac{\delta}{H}<0.67$时，过堰水流不受堰壁厚度 δ 的影响，水流从堰顶自由下泄，水头损失主要为局部水头损失，这种堰称为薄壁堰。薄壁堰常用作实验室或野外的量水设备，通常用较薄的钢板或木板作成，如图 9.1.1(a)、(b)所示。

2. 实用堰

当$0.67<\frac{\delta}{H}<2.5$时，过堰水流开始受到堰壁厚度 δ 的顶托与约束作用，堰顶水流仍为明显弯曲向下的流动(即重力流)。从堰顶自由下泄，其水头损失主要为局部水头损失，

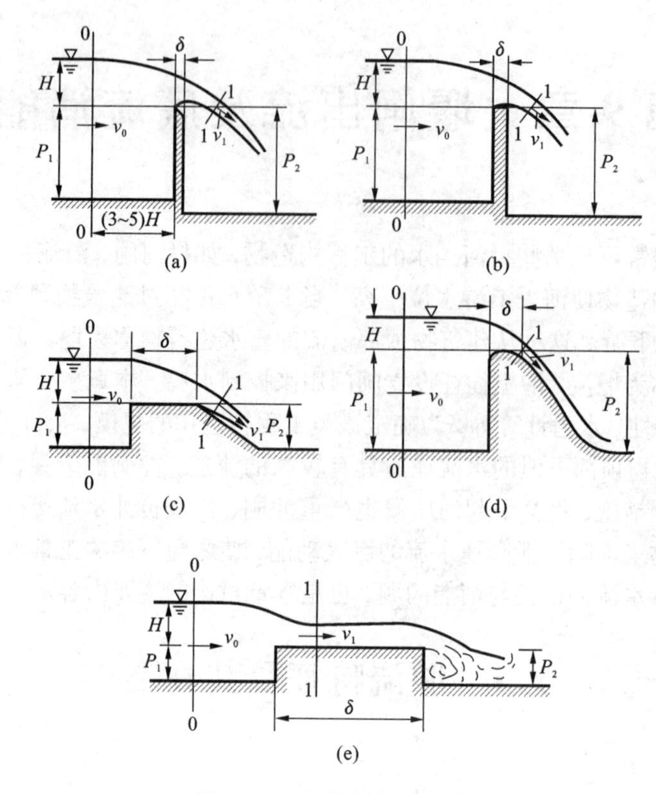

图 9.1.1　堰流的不同类型

这种堰称为实用堰。实用堰有不同的剖面曲线，常见的有折线型[图 9.1.1(c)]与曲线型[图 9.1.1(d)]两种。水利工程中通常用作泄水建筑物，如溢流坝、溢流低堰等。

3. 宽顶堰

当 $2.5<\dfrac{\delta}{H}<10$ 时[图 9.1.1(e)]，过堰水流受到堰壁厚度 δ 的顶托与约束作用，在堰顶的进口处水面急剧跌落并随后形成收缩断面，堰顶有足够长的水平段，水流在该段为流线近似平行堰顶的渐变水流，堰顶出口断面的情况，与堰下游明渠的水位有关。过堰水流所产生的水头损失仍然主要为局部水头损失，这种堰称为宽顶堰。

需要注意的是，当 $\dfrac{\delta}{H}>10$ 时，实验证明，过堰水流的沿程水头损失 h_f 不可忽略，堰上水流已不属堰流而是明渠流。

9.1.3　闸孔出流

闸坝上常用闸门来控制下泄流量，这种带有闸门来控制水流的泄水建筑物，称为闸孔，通过闸孔的水流称为闸孔出流，简称孔流。

根据工程需要，通过同一个闸坝的水流可以是堰流或孔流。当闸门开启门底露出水面，不影响闸坝泄流量时为堰流，如图 9.1.2(c)、(d)；当闸门门底还未露出水面，以致影响闸坝泄流量时为孔流，如图 9.1.2(a)、(b)。在计算闸坝的过流能力时，应当首先判定水

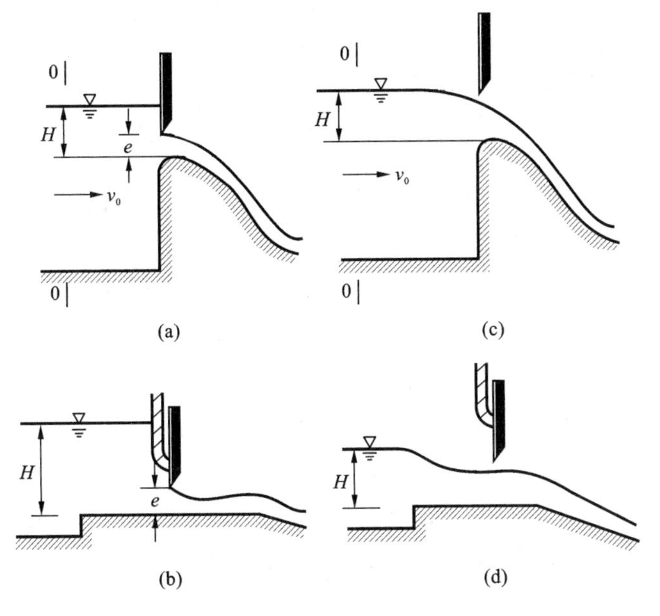

图9.1.2　闸孔出流

流是堰流还是孔流，然后进行计算。

堰流与孔流的界限与很多影响因素有关，要准确判定比较困难，工程上采用下列近似判别式来区分堰流与孔流。

1. 实用堰式闸坝(闸门位于堰顶最高点)

$$\frac{e}{H}>0.75\text{，为堰流，如图 9.1.2(c)}$$

$$\frac{e}{H}\leqslant 0.75\text{，为孔流，如图 9.1.2(a)}$$

2. 宽顶堰式闸坝

$$\frac{e}{H}>0.65\text{，为堰流，如图 9.1.2(d)}$$

$$\frac{e}{H}\leqslant 0.65\text{，为孔流，如图 9.1.2(b)}$$

以上各判别式中，e 为闸门开启高度，H 为堰(孔)顶水头。

9.2　堰流的基本公式

现在应用能量方程来推求堰流的基本公式。如图 9.2.1 所示，以通过堰顶的水平面作为基准面，选堰前渐变流断面 0－0 及堰顶急变流断面 1－1(断面 1－1 的中心点在基准面上)，其中收缩断面 1－1 由于流线弯曲，过水断面上的测压管水头不服从静水压强分布规律，即 $z+\frac{p}{\rho g}\neq C$，故用$\overline{\left(z+\frac{p}{\rho g}\right)}$表示断面 1－1 上测压管水头的平均值，列出两断面的能量方程式：

$$H+\frac{\alpha_0 v_0^2}{2g}=\overline{z+\frac{p}{\rho g}}+(\alpha_1+\zeta)\frac{v_1^2}{2g} \quad (9.2.1)$$

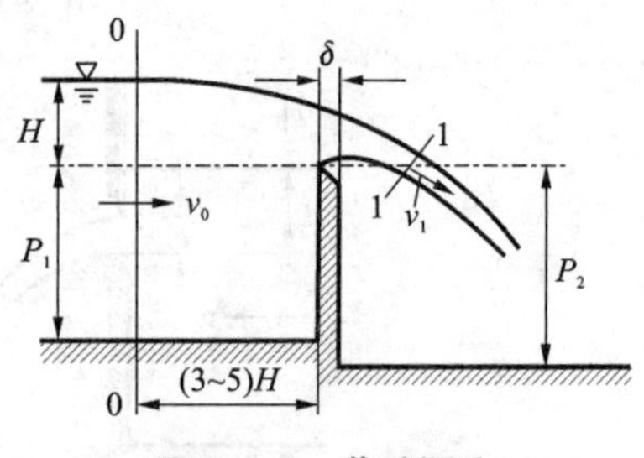

图 9.2.1 薄壁堰流

式中：v_0 为 0－0 断面的平均流速，即行近流速，则称$\frac{\alpha_0 v_0^2}{2g}$为行近流速水头，令 $H_0=H+\frac{\alpha_0 v_0^2}{2g}$为堰顶全水头；$v_1$ 为 1－1 断面的平均流速，假设$\overline{\left(z+\frac{p}{\rho g}\right)}=\xi H_0$，$\xi$ 为修正系数。则

$$H_0-\xi H_0=(\alpha_1+\zeta)\frac{v_1^2}{2g}$$

$$v_1=\frac{1}{\sqrt{\alpha_1+\zeta}}\sqrt{2gH_0(1-\xi)} \tag{9.2.2}$$

通常堰顶过水断面形状为矩形，设该矩形宽为 b，收缩断面 1－1 的水深(即水舌厚度) $h_1=KH_0$，系数 K 反映堰顶水流的垂直收缩程度。则堰顶急变流断面 1－1 的过水面积为 $A_1=KH_0 b$，则堰流流量为

$$Q=A_1 v_1=KH_0 b\frac{1}{\sqrt{\alpha_1+\zeta}}\sqrt{2gH_0(1-\xi)} \tag{9.2.3}$$

令流速系数 $\varphi=\frac{1}{\sqrt{\alpha_1+\zeta}}$，流量系数 $m=\varphi K\sqrt{1-\xi}$，则

$$Q=mb\sqrt{2g}H_0^{\frac{3}{2}} \tag{9.2.4}$$

上式就是堰流计算的基本公式，适用于堰顶过水断面为矩形的薄壁堰、实用堰或宽顶堰。另外，从公式的推导过程与表达形式上可以看出，堰的过流能力与堰顶全水头 H_0 的 3/2 次方成比例，即 $Q\propto H_0^{3/2}$，还与堰顶宽度 b、流量系数 m 有关。其中，影响流量系数 m 的主要因素是系数 ξ，φ，K，即 $m=f(\varphi, K, \xi)$。其中：φ 主要反映局部水头损失的影响；K 反映堰顶水流的垂直收缩程度；ξ 表示堰顶收缩断面的平均测压管水头与总水头的比例关系。很明显，这些系数除与堰顶水头有关外，还与堰的边界条件有关。例如在实际应用中，堰的类型不同、堰顶进口边缘形状不同、堰的侧收缩情况不同、堰流的不同出流方式等，都可能影响到流量系数的大小,应在各种堰流的水力计算时加以考虑。

9.3 薄壁堰流

由于薄壁堰流具有良好的水头流量关系，通常作为水力模型试验或野外测量时的量水工具；工程上大量应用的曲线型实用堰，其外形常按照矩形薄壁堰流的水舌下缘曲线来设计；有些临时性的挡水建筑(如叠梁闸门)，常近似作薄壁堰流计算。

常用的薄壁堰，堰顶的过水断面为矩形或三角形，分别称为矩形薄壁堰与三角形薄壁堰。下面分别就这两种薄壁堰流的水力计算进行简单讨论。

9.3.1 矩形薄壁堰流

这种薄壁堰(如图 9.3.1)通常用来量水，因为实验证明，无侧收缩的矩形薄壁堰自由出流时，水流最稳定，测量精度较高。用来量水的矩形薄壁堰应满足如下条件：

1. 堰宽与上游明渠渠宽相同，保证薄壁堰流没有侧向收缩；

2. 明渠下游水位低于堰顶；

3. 堰上水头不宜过小，一般应使 $H > 2.5$ cm。

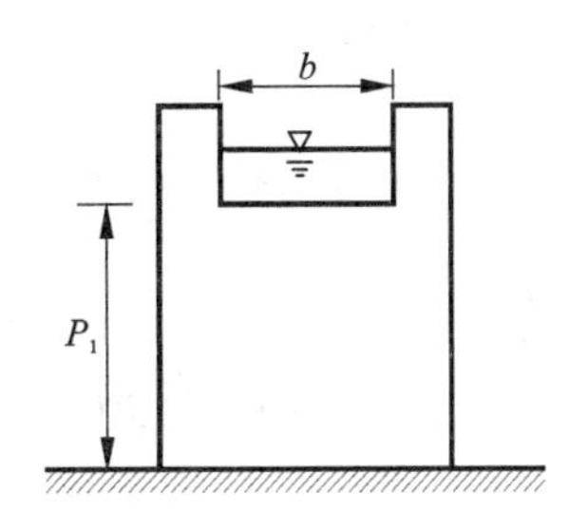

图 9.3.1 矩形薄壁堰流

无侧收缩矩形薄壁堰自由出流时的流量基本公式仍为(9.2.4)式。由于堰顶水头 H 可以直接测出。为此常改写上面的流量公式，把行近流速的影响包括在流量系数中去，即有

$$Q = mb\sqrt{2g}\left(H + \frac{\alpha_0 v_0^2}{2g}\right)^{\frac{3}{2}} = m\left(1 + \frac{\alpha_0 v_0^2}{2gH}\right)^{\frac{3}{2}} b\sqrt{2g}H^{\frac{3}{2}}$$

令

$$m_0 = m\left(1 + \frac{\alpha_0 v_0^2}{2gH}\right)^{\frac{3}{2}}$$

则

$$Q = m_0 b\sqrt{2g}H^{\frac{3}{2}} \tag{9.3.1}$$

流量系数 m_0 可按下面的经验公式计算：

$$m_0 = 0.403 + 0.053\frac{H}{P_1} + \frac{0.0007}{H} \tag{9.3.2}$$

式(9.3.2)的适用条件：$H \geqslant 0.025$ m，$\frac{H}{P_1} \leqslant 2$ 以及 $P_1 \geqslant 0.3$ m，其中 P_1 为上游堰高，P_1 和 H 均以 m 计。

9.3.2 直角三角形薄壁堰流

当薄壁堰上通过的流量较小，例如 $Q < 0.1\ \mathrm{m^3/s}$ 时，矩形薄壁堰上的堰顶水头会过小，测量困难，误差较大。此时通常改用直角三角形薄壁堰，如图9.3.2所示。其计算公式为：

$$Q = C_0 H^{\frac{5}{2}} \tag{9.3.3}$$

流量系数

$$C_0 = 1.354 + \frac{0.004}{H} + \left(0.14 + \frac{0.2}{\sqrt{P_1}}\right)\left(\frac{H}{B} - 0.09\right)^2 \tag{9.3.4}$$

式中：H 为堰顶水头；P_1 为上游堰高；B 为堰的上游明渠宽，均以 m 计。

通常该计算式在如下范围应用，可以保证误差小于1.4%：

$$0.5\ \mathrm{m} \leqslant B \leqslant 1.2\ \mathrm{m},\ 0.1\ \mathrm{m} \leqslant P_1 \leqslant 0.75\ \mathrm{m}$$

$$0.07\ \mathrm{m} \leqslant H \leqslant 0.26\ \mathrm{m},\ H \leqslant \frac{B}{3}$$

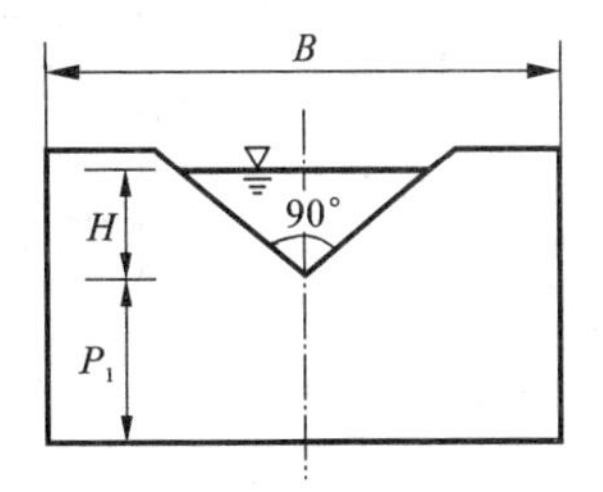

图 9.3.2 直角三角形薄壁堰

【例 9.3.1】 一无侧收缩的矩形薄壁堰自由出流，堰宽 b 为0.5 m，上游堰高 P_1 为0.4 m，测量堰顶水头 H 为0.2 m，试推求通过堰的流量 Q。

【解】

将各已知值代入流量系数计算公式 $m_0=0.403+0.053\dfrac{H}{P}+\dfrac{0.0007}{H}$得

$$m_0=0.403+0.053\times\frac{0.2}{0.4}+\frac{0.0007}{0.2}=0.422$$

则通过流量

$$Q=m_0b\sqrt{2g}H^{\frac{3}{2}}=0.422\times0.5\times\sqrt{2\times9.8}\times0.2^{\frac{3}{2}}\ \mathrm{m^3/s}=0.0836\ \mathrm{m^3/s}。$$

9.4 实用堰流

9.4.1 实用堰流的流量公式

实用堰是工程上最常见的堰型之一，如用来挡水及泄水的溢流坝、消能槛等。由于工程的目的、性质和结构等方面的不同，这种建筑物的形式是多种多样的。按照堰顶断面的形状，实用堰可以分成折线形与曲线形两种。低溢流坝常用石料砌筑成折线形实用堰，较高的溢流坝为了增大过流能力，常做成曲线形实用堰。实用堰的水力计算公式仍为(9.2.4)式。

工程中的实用堰通常由闸墩与边墩分隔成若干个等宽的堰孔，水流流经堰孔时，流线将向堰孔中间集中，发生侧向收缩,如图 9.4.1(a)所示，从而减小了溢流的有效宽度，增加了局部水头损失。在其他条件相同的情况下，有侧收缩比无侧收缩时的过流能力要小。为此，在流量方程(9.2.4)的右端，应乘以一个小于 1 的侧收缩系数 ε，表示侧收缩情况对流量的影响。另外，如果下游水位过高或下游堰高较小，实用堰在应用中将有可能出现淹没出流情况，从而导致过水能力减小。为此，在流量方程中的右端，还应乘以一个小于 1 的淹没系数 σ_s，表示淹没出流情况对流量的影响。当薄壁堰和宽顶堰有侧收缩和淹没影响时,也同样处理。

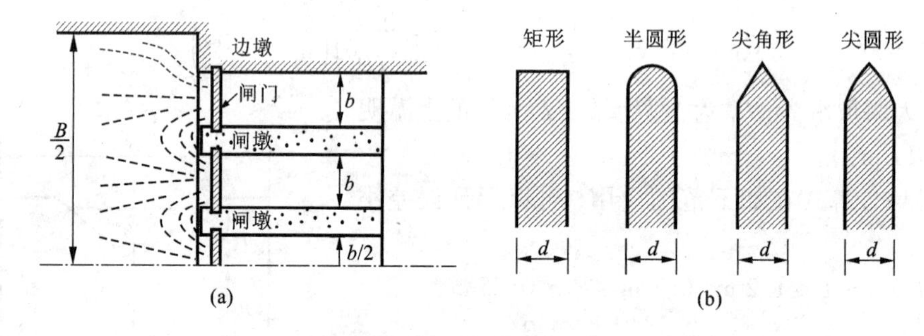

图 9.4.1 实用堰有侧收缩出流

综上所述，堰流的水力计算公式应为

$$Q=\varepsilon\sigma_s mnb\sqrt{2g}H_0^{\frac{3}{2}} \tag{9.4.1}$$

式中:n 为孔数，b 为单孔净宽。

9.4.2　实用堰的剖面形状

如图9.4.2所示，曲线型实用堰的剖面一般由下列几部分组成：上游直线段AB(有的为斜线BF)、堰顶曲线段BC、下游直线段CD，以及反弧段DE。其中堰顶曲线段BC对水流特性的影响最大，是设计曲线型实用堰剖面形状的关键，不同的设计方法，主要在于曲线段BC如何计算与确定。

比较合理的曲线型实用堰剖面形状应满足过水能力较大、堰面不会出现较大的负压、堰面经济而稳定等条件。

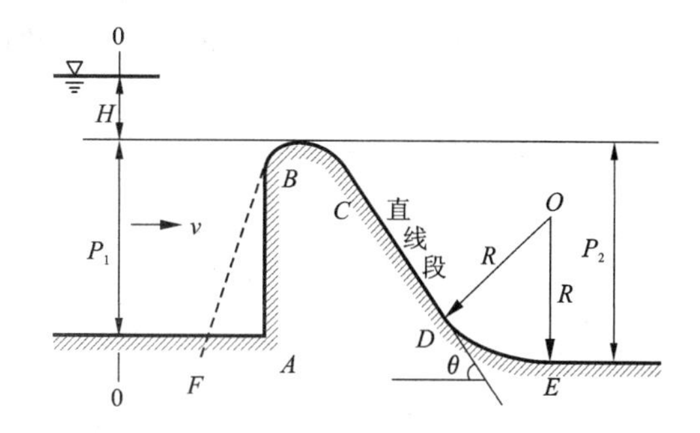

图9.4.2　曲线型实用堰的剖面形状

曲线段BC的形状如与同样条件下薄壁堰自由出流时水舌下缘形状相同，则水流紧贴堰面下泄，水舌基本上不受堰面形状的影响[图9.4.3(a)]；如果堰面突入水舌下缘，水流将受顶托，堰面压强大于大气压强，水舌有效动能将减小，堰的过水能力将降低，这种堰称为非真空堰[图9.4.3(b)]；如果堰面低于水舌下缘，水舌将脱离堰面，脱离处的空气将不断被带走，在堰面局部会形成负压，堰的过水能力将加大，但堰面过大的负压将形成空蚀与水舌颤动，这种堰称为真空堰[图9.4.3(c)]。

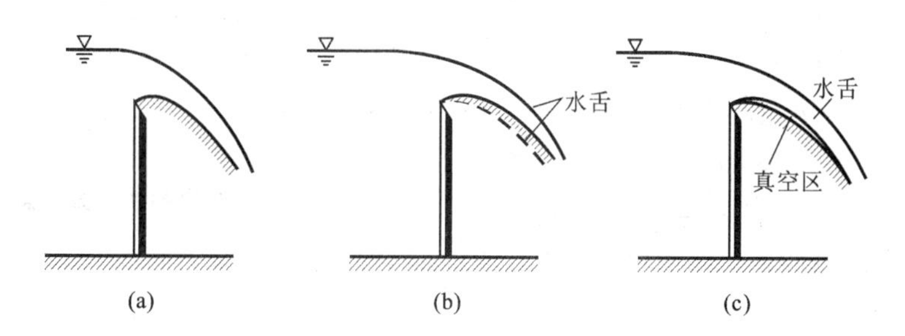

图9.4.3　曲线型实用堰剖面形状与出流水舌的关系

实际工程上采用的曲线型实用堰剖面形状是按照薄壁堰水舌下缘曲线稍稍加以修正定型的。具体详见“水工建筑物”等有关参考书籍。而折线型实用堰以梯形剖面居多。

9.4.3　实用堰的有关参数

1. 流量系数m

试验研究表明，实用堰的流量系数m根据堰壁外形、水头大小及首部情况来确定。初步估算，曲线型实用堰可取$m=0.45$，折线型实用堰可取$m=0.35\sim0.42$。

2. 侧收缩系数ε

一般溢流坝都设有边墩或闸墩，由闸墩与边墩分隔成若干个堰孔。由于边墩与闸墩的存在，水流在平面上将向堰孔中间集中，从而产生侧向收缩，减小了过流的有效宽度，增加了局部水头损失，因此降低了过水能力。侧收缩系数 ε 是考虑边墩及闸墩对过水能力影响程度的参数。可按照下面经验公式计算。

$$\varepsilon=1-2[K_a+(n-1)K_P]\frac{H_0}{nb} \tag{9.4.2}$$

式中各项如图 9.4.1 所示：b 为墩间净距，n 为堰孔数目，H_0 为堰顶全水头，K_a 为边墩形状系数，K_P 为闸墩形状系数，可查表 9.4.1。

表 9.4.1　闸(边)墩形状系数

闸墩或边墩形式	K_a	各种不同 $\frac{h_s}{H}$ 时的闸墩形状系数 K_P				
		≤0.75	0.80	0.85	0.90	0.95
矩　形	1.00	0.80	0.86	0.92	0.98	1.00
半圆形或尖角形	0.70	0.45	0.51	0.57	0.63	0.69
尖圆形	0.40	0.25	0.32	0.39	0.46	0.53

表中：h_s——从堰顶算起的水深。

3. 淹没系数 σ_s

实验研究表明：当下游水位高过堰顶至某一范围时，堰下游形成淹没水跃，过堰水流受到下游水位的顶托，降低了过水能力，形成淹没出流。如图 9.4.4 所示。

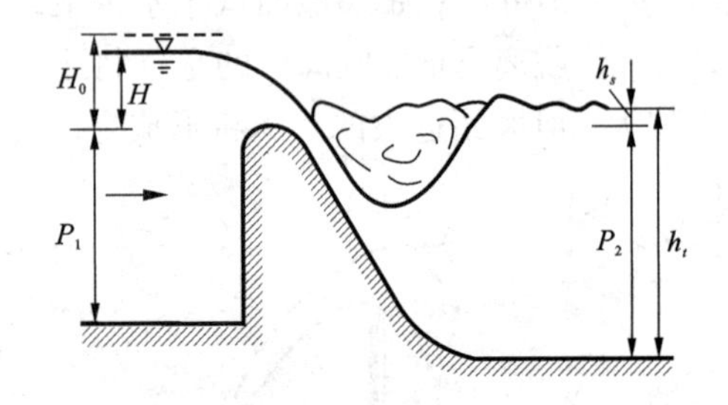

图 9.4.4　曲线型实用堰的淹没出流

为反映下游水位对过水能力的影响，在实际计算过程中，常采用淹没系数 σ_s 来表示。如果堰顶出流不受下游水位及护坦影响，称为自由出流，$\sigma_s=1$；淹没出流时，$\sigma_s<1$。

【例 9.4.1】　某曲线型实用堰，堰宽 b 为 50m，堰孔数 $n=1$（即无闸墩），堰与非溢流的混凝土坝相接，边墩头部为半圆形，边墩形状系数 $K_a=0.7$，上下游堰高 P_1 与 P_2 相同均为 15 m，下游水深 h_t 为 7 m，设计水头 H_d 为 3.11 m，流量系数 m 为 0.514，试求堰顶水头 H 为 5 m 时通过溢流坝的流量。

【解】　流量计算公式为　　$Q=\varepsilon\sigma_s mnb\sqrt{2g}H_0^{\frac{3}{2}}$

当 $H=5$ m 时，$\frac{P_1}{H}=\frac{15}{5}=3>1.33$，故可以不考虑行近流速的影响。即 $H_0=H=5$ m

侧收缩系数 $\varepsilon=1-2[K_a+(n-1)K_P]\frac{H_0}{nb}$ 公式中：$n=1$；$H_0=h=5$ m；$K_a=0.7$；没有闸墩，闸墩形状系数 $K_P=0$；b 为墩间净距，$b=50$ m。则侧收缩系数

$$\varepsilon=1-2\times[0.7+(1-1)\times0]\frac{5}{1\times50}=0.86$$

因为 $h_t<P_2$，则堰流为自由出流，淹没系数 $\sigma_s=1$，则

$$Q=0.86\times1\times0.514\times1\times43\times4.43\times4^{\frac{3}{2}}=673.6\ \mathrm{m^3/s}。$$

9.5　宽顶堰流

当堰顶水平且厚度符合条件 $2.5<\dfrac{\delta}{H}<10$ 时，即形成宽顶堰流。宽顶堰流是实际工程中极为常见的一种水力现象，不仅具有因底坎在水深方向压缩过水断面而产生的有坎宽顶堰流；也有当水流流经桥墩之间、无压涵管以及由施工围堰束窄了河床等过水断面时，因建筑物从侧向压缩水流，从而形成进口水面跌落，水流类似有坎宽顶堰流的水流状态，称为无坎宽顶堰流。宽顶堰的水力计算，也应该考虑到淹没及侧收缩的影响，计算公式仍为式(9.4.1)，$Q=\varepsilon\sigma_s mnb\sqrt{2g}H_0^{\frac{3}{2}}$。

9.5.1　流量系数 *m*

宽顶堰的流量系数 m 可以采用下列经验公式计算：

1. 堰顶入口为直角[图9.5.1(a)]

当 $\dfrac{P_1}{H}\leqslant3$ 时

$$m=0.32+0.01\frac{3-\dfrac{P_1}{H}}{0.46+0.75\dfrac{P_1}{H}}\tag{9.5.1}$$

当 $\dfrac{P_1}{H}>3$ 时，取 $m=0.32$。

2. 堰顶入口修圆[图9.5.1(b)]

当 $\dfrac{P_1}{H}\leqslant3$ 时

$$m=0.36+0.01\frac{3-\dfrac{P_1}{H}}{1.2+1.5\dfrac{P_1}{H}}\tag{9.5.2}$$

当 $\dfrac{P_1}{H}>3$ 时，取 $m=0.36$。

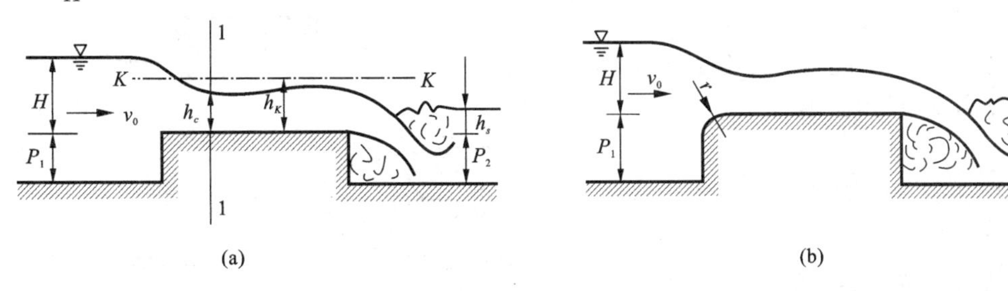

图9.5.1　宽顶堰流

9.5.2 侧收缩系数 ε

侧收缩系数 ε 可以采用下面的经验公式计算

$$\varepsilon = 1 - \frac{\alpha_0}{\sqrt[3]{0.2 + \frac{P_1}{H}}}\sqrt[4]{\frac{b}{B}}\left(1 - \frac{b}{B}\right) \tag{9.5.3}$$

式中：α_0 为考虑堰顶入口及墩头形状的系数。当闸墩或边墩头部为矩形，堰顶为直角进口时，$\alpha_0 = 0.19$；当闸墩或边墩头部为圆弧形时，$\alpha_0 = 0.10$。

b 为溢流孔净宽；B 为上游引渠宽，对单孔宽顶堰（中间无闸墩），可采用堰上游明渠水面宽。对多孔宽顶堰（有边墩和闸墩），侧收缩系数 ε 应取边孔及中孔的加权平均值。

式(9.5.3)的应用条件：

$\frac{b}{B} > 0.2$，$\frac{P_1}{H} < 3$；若 $\frac{b}{B} < 0.2$，采用 $\frac{b}{B} = 0.2$；若 $\frac{P_1}{H} > 3$，采用 $\frac{P_1}{H} = 3$。

9.5.3 淹没条件及淹没系数 σ_s

实验证明：当下游水位较低，宽顶堰为自由出流时，进入堰顶的水流，因受到堰坎垂直方向的约束，产生进口水面跌落，并在进口约 $2H$ 处形成收缩断面，收缩断面 $c-c$ 处的水深 $h_c < h_k$。此后，堰顶水流保持急流状态，形成流线近似平行于堰顶的渐变流，并在出口（堰尾）产生第二次水面跌落与下游连接。所以，在自由出流的条件下，水流由堰前的缓流状态，因进口水面跌落而变为堰顶上的急流状态。

1. 淹没过程分析

由流量公式的推导过程可知：堰顶形式及上游水头已知时，通过宽顶堰的流量随收缩断面的平均测压管水头 $\left(z + \frac{p}{\rho g}\right) = \xi H_0 = h_c$ 而变，h_c 增大，流量 Q 减小。因此下游水位只有升高到足以使收缩断面的水深 h_c 增大时，宽顶堰才会形成淹没出流，以致降低过水能力。

(1) 如图 9.5.2(a)，当宽顶堰下游水位低于临界水深线 $K-K$ 时，堰顶收缩断面 $c-c$ 下游继续保持急流状态，而急流干扰波不能朝上游传播，堰下游水位的变化不会影响收缩断面水深的大小，此时，无论下游水位是否高于堰顶，堰流都为自由出流。

(2) 当下游水位升高至临界水深线 $K-K$ 以上时，堰顶将产生水跃，水跃位置随下游水深的增加而向上游移动。

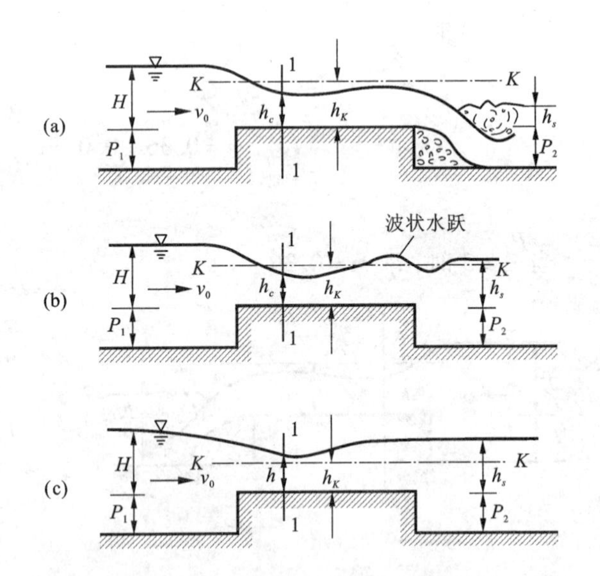

图 9.5.2 宽顶堰的淹没出流条件示意图

当堰顶以上的下游水深 h_s 小于 h_c 的共轭水深 h_c'' 时，堰顶产生远驱式水跃（一般为波状水跃），水跃的跃前断面在 $c-c$ 断面之后，仍为自由出流，如图9.5.2(b)；

当 $h_s=h_c''$，产生临界式水跃，水跃的跃前断面正好在 $c-c$ 断面，h_c 仍不变化；

当 $h_s>h_c''$ 时，产生淹没式水跃，水跃的跃前断面在 $c-c$ 断面之前，h_c 加大，形成淹没出流，如图9.5.2(c)。

2. 淹没条件

由上分析可知：只有当 $h_s>h_c''$ 时，才产生淹没出流。因此，淹没出流的必要条件：$h_s>0$。目前理论分析确定淹没条件还有困难，多采用实验资料来判别宽顶堰流是否淹没。实验证明：当 $h_s\geqslant(0.75\sim0.85)H_0$ 时，收缩断面水深增大为 $h>h_c$，整个堰顶水流变为缓流，形成淹没出流，因此淹没出流的充分条件是淹没度 $\frac{h_s}{H_0}\geqslant0.80$（取实验资料的平均值）。

3. 淹没系数 σ_s

宽顶堰的淹没系数 σ_s 随淹没度 $\frac{h_s}{H_0}$ 的增大而减小，实验得到的淹没系数值见表9.5.1。

表9.5.1 宽顶堰的淹没系数 σ_s

h_s/H_0	0.80	0.81	0.82	0.83	0.84	0.85	0.86	0.87	0.88	0.89
σ_s	1.00	0.995	0.99	0.98	0.97	0.96	0.95	0.93	0.90	0.87
h_s/H_0	0.90	0.91	0.92	0.93	0.94	0.95	0.96	0.97	0.98	
σ_s	0.84	0.82	0.78	0.74	0.70	0.65	0.59	0.50	0.40	

【例9.5.1】如图9.5.1(a)所示的直角进口宽顶堰，与上游明渠等宽 $b=4.0$ m，堰高 $P_1=P_2=0.6$ m，堰上水头 $H=1.2$ m，堰下游水深超高值 $h_s=0.20$ m，求通过的流量。

【解】

流量公式 $Q=\varepsilon\sigma_s m\sqrt{2g}bH_0^{\frac{3}{2}}$ 中，侧收缩系数 $\varepsilon=1.0$，$\frac{P_1}{H}=\frac{0.6}{1.2}=0.5<3$

流量系数 $m=0.32+0.01\dfrac{3-\frac{P_1}{H}}{0.46+0.75\frac{P_1}{H}}=0.35$

淹没度 $\frac{h_s}{H}=\frac{0.2}{1.2}=0.167<0.8$，为自由出流，淹没系数 $\sigma_s=1.0$，则行近流速

$$v_0=\frac{Q}{A}=\frac{Q}{(H+P_1)b}=\frac{Q}{(1.2+0.6)\times4.0}=\frac{Q}{7.2}$$

宽顶堰上总水头 $$H_0=H+\frac{\alpha_0v_0^2}{2g}=1.2+\frac{\alpha_0\left(\frac{Q}{7.2}\right)^2}{2g}$$

则 $$Q=\varepsilon\sigma_s m\sqrt{2g}bH_0^{\frac{3}{2}}=1\times1\times0.35\times\sqrt{2\times9.8}\times4.0\times\left[1.2+\frac{1\times\left(\frac{Q}{7.2}\right)^2}{2\times9.8}\right]^{\frac{3}{2}}$$

采用迭代法，解得：$Q=8.96\ \mathrm{m^3/s}$。

9.6 闸孔出流

实际工程中的水闸，闸门底坎一般为宽顶堰或曲线型实用堰，闸门形式主要有平板闸门与弧形闸门两种。当闸门部分开启，出闸水流受到闸门控制时即为闸孔出流(图9.1.2)。

9.6.1 底坎为宽顶堰的闸孔出流

如图9.6.1所示，设H为闸门前水头，e为闸门开启度，水流在流出闸门下缘后由于闸门的约束使流线发生急剧的收缩，在距闸门$(0.5\sim1)e$断面处形成水深最小的收缩断面$c-c$，该断面水深h_c通常小于临界水深h_k，水流为急流。闸门后的渠道水深h_t常大于临界水深，水流为缓流。水流由急流转变为缓流，要发生水跃，水跃的位置随下游水深而变，则闸孔出流受水跃位置的影响可分成自由出流与淹没出流两种。

当$h_t\leqslant h_c''$时，如图9.6.1(a)、(b)，水跃的跃前断面发生在收缩断面$c-c$之后，下游明渠水深对闸孔出流没有影响，这种情况称为闸孔自由出流；当$h_t>h_c''$时，如图9.6.1(c)，跃前断面被下游水体推向$c-c$上游，即收缩断面淹没在水跃旋滚之下，通过闸门下泄的流量随着下游水深的增大而减小，这种情况称为淹没出流。

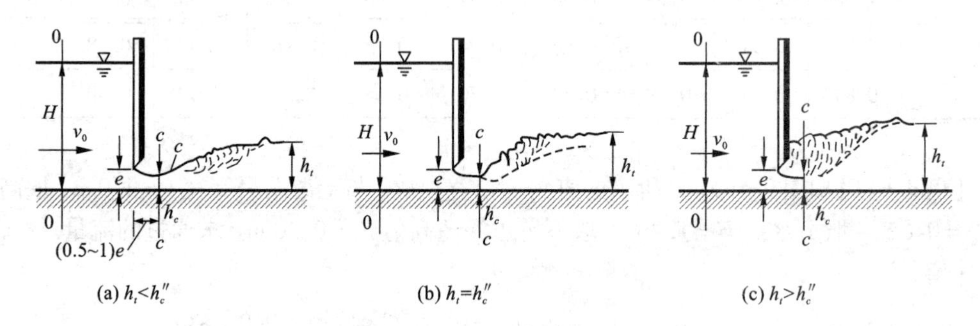

图9.6.1 闸孔出流的类型

1. 闸孔自由出流

列闸门前渐变流断面0－0与闸孔后收缩断面$c-c$的能量方程

$$H+\frac{\alpha_0 v_0^2}{2g}=h_c+\frac{\alpha_c v_c^2}{2g}+h_w$$

上式中，v_0为闸门前渐变流断面的平均流速，即行近流速；$\frac{\alpha_0 v_0^2}{2g}$为行近流速水头，$H_0=H+\frac{\alpha_0 v_0^2}{2g}$为闸孔全水头。闸孔前后两断面之间只考虑局部水头损失$h_w=\zeta\frac{v_c^2}{2g}$，$\zeta$为局部水头损失系数。则

$$v_c=\frac{1}{\sqrt{\alpha_c+\zeta}}\sqrt{2g(H_0-h_c)} \tag{9.6.1}$$

通常闸孔的过水断面形状为矩形，设该矩形宽为b，则收缩断面的过水面积为$A_c=$

bh_c，则

$$Q = A_c v_c = bh_c \frac{1}{\sqrt{\alpha_c + \zeta}} \sqrt{2g(H_0 - h_c)}$$

令流速系数 $\varphi = \dfrac{1}{\sqrt{\alpha_c + \zeta}}$，收缩断面水深 $h_c = \varepsilon_2 e$，ε_2 为水流的垂直收缩系数，并且设基本流量系数 $\mu_0 = \varphi\varepsilon_2$，则

$$Q = \mu_0 be \sqrt{2g(H_0 - \varepsilon_2 e)} \tag{9.6.2}$$

上式还可以简化为

$$Q = \mu be \sqrt{2gH_0} \tag{9.6.3}$$

流量系数

$$\mu = \mu_0 \sqrt{1 - \varepsilon_2 \frac{e}{H_0}} = \varphi\varepsilon_2 \sqrt{1 - \varepsilon_2 \frac{e}{H_0}} \tag{9.6.4}$$

利用(9.6.3)与(9.6.4)即可计算闸孔自由出流的流量，但要注意以下几点：

(1) φ 主要反映局部水头损失与收缩断面流速分布不均匀的影响。底坎高度为零的宽顶堰型闸孔，取 $\varphi = 0.95 \sim 1.0$；底坎高度不为零的宽顶堰型闸孔，取 $\varphi = 0.85 \sim 0.95$。

(2) ε_2 反映水流经过闸孔后流线的收缩程度。对平板闸门，ε_2 在无侧收缩时随相对开启度 $\dfrac{e}{H}$ 的关系如表 9.6.1 所示。

(3) μ 综合反映了水流能量损失和收缩程度的影响。对平板闸门，流量系数 μ 可以采用经验公式 $\mu = 0.60 + 0.176 \dfrac{e}{H}$ 计算。实验证明，边墩或闸墩对闸孔出流流量影响很小。

表 9.6.1 平板闸门的垂直收缩系数 ε_2

e/H	0.10	0.15	0.20	0.25	0.30	0.35	0.40
ε_2	0.615	0.618	0.620	0.622	0.625	0.628	0.630
e/H	0.45	0.50	0.55	0.60	0.65	0.70	0.75
ε_2	0.638	0.645	0.650	0.660	0.675	0.690	0.705

2. 闸孔淹没出流

当下游水深 h_t 大于收缩断面的共轭水深 h_c''，即 $h_t > h_c''$，收缩断面淹没在水跃旋滚之下，闸门下泄的流量小于自由出流的流量。计算时在公式(9.6.3)右端乘上淹没系数 σ_s，则闸孔淹没出流的流量计算公式为：

$$Q = \sigma_s \mu be \sqrt{2gH_0} \tag{9.6.5}$$

闸孔淹没出流时，一般不考虑行近流速的影响。淹没系数 σ_s 见图 9.6.2，其他系数的确定同闸孔自由出流。

9.6.2 底坎为曲线型实用堰的闸孔出流

如图 9.6.3 所示，在实用堰的闸孔出流过程中，水流趋近闸孔时，流线在闸前整个深

度内向闸孔集中，水流的收缩充分而完善；出闸后的水舌在重力作用下，紧贴溢流面下泄而不存在明显的收缩断面。所以，曲线型实用堰顶的闸孔出流的流量系数不同于平底的闸孔出流的流量系数。另外，曲线型实用堰闸孔在实际工程中形成淹没出流的情况十分少见，所以我们只讨论自由出流的情况。

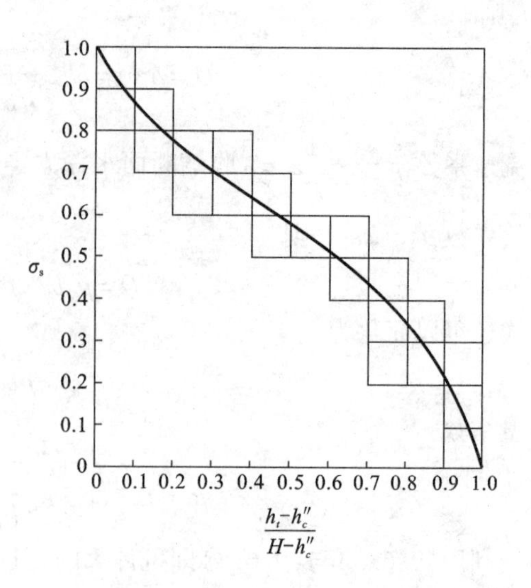

图 9.6.2　宽顶堰的淹没系数

以通过堰顶的水平面作为基准面，对堰前断面 0－0 与堰顶闸孔断面 1－1 列能量方程

$$H+\frac{\alpha_0 v_0^2}{2g}=\left(z+\frac{p_1}{\rho g}\right)+(\alpha_1+\zeta)\frac{v_1^2}{2g}$$

式中：$H_0=H+\frac{\alpha_0 v_0^2}{2g}$为 0－0 断面的总水头。

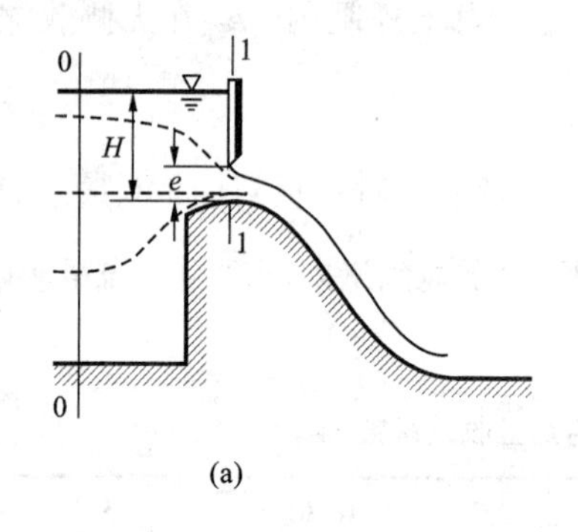

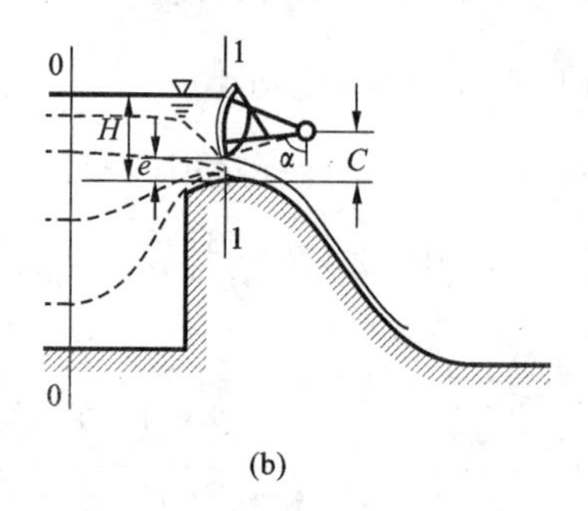

图 9.6.3　曲线型实用堰顶的闸孔出流

设断面 1－1 的$\overline{\left(z+\frac{p}{\rho g}\right)}=\beta e$，$\beta$ 为修正系数，e 为闸门开启度。则上面的能量方程式可以改写为：

$$H_0=\beta e+(\alpha_1+\zeta)\frac{v_1^2}{2g}$$

则

$$v_1=\frac{1}{\sqrt{\alpha_1+\zeta}}\sqrt{2g(H_0-\beta e)}=\varphi\sqrt{2g(H_0-\beta e)}$$

式中：$\varphi=\frac{1}{\sqrt{\alpha_1+\zeta}}$称为流速系数。

通常闸孔的过水断面形状为矩形，设该矩形宽为 b，收缩断面 1－1 的水深为 e，则闸孔断面 1－1 的过水面积为 $A_1=be$，通过流量为

$$Q=v_1A_1=v_1be=be\varphi\sqrt{2g(H_0-\beta e)} \tag{9.6.6}$$

或

$$Q = be\varphi\sqrt{1-\beta\frac{e}{H_0}}\sqrt{2gH_0} = \mu be\sqrt{2gH_0} \tag{9.6.7}$$

式中：$\mu = \varphi\sqrt{1-\beta\frac{e}{H_0}}$称为流量系数。

对于平板闸门，流量系数μ建议按照下面的经验公式计算

$$\mu = 0.65 - 0.186\frac{e}{H} + \left(0.25 - 0.357\frac{e}{H}\right)\cos\theta$$

式中：θ为平面闸门挡水一侧下缘切线与水平线的夹角。

对于弧形闸门，由于系统研究不足，初步计算时，流量系数μ建议按照下面的表格选用，重要的工程应通过实验确定。

表9.6.2　曲线型实用堰顶弧形闸门的流量系数μ值

e/H	0.05	0.10	0.15	0.20	0.25	0.30	0.35	0.40	0.50	0.60	0.70
μ	0.721	0.700	0.683	0.667	0.652	0.638	0.625	0.610	0.584	0.559	0.535

【例9.6.1】　有一曲线型实用堰，上面设立弧形闸门，闸门与上游明渠同宽，且宽b为10 m，坝上水头H为4 m，闸门开启高度e为1 m，如果不计行近流速，求过闸流量Q。

【解】

不计行近流速，$\frac{e}{H} = \frac{1}{4} = 0.25$，查表9.6.2得闸门的流量系数$\mu = 0.652$，则通过水闸的流量为

$$Q = \mu be\sqrt{2gH_0} = \mu be\sqrt{2gH} = 0.652\times10\times1\times\sqrt{2\times9.8\times4}\ \text{m}^3/\text{s} = 57.73\ \text{m}^3/\text{s}$$

9.7　底流消能水力计算

在天然河道中修建了闸、坝等泄水建筑物后，上游水位抬高，下泄的水流往往具有很高的流速，单位重量水体所具有的能量也比下游河道中水流的正常能量大得多，对下游河床具有很大的破坏性，会引起下游河道的冲刷，所以必须采取消能防冲的措施，使得高速集中的水流与下游河道的正常水流衔接起来，以防出现一些不良后果。

如图9.7.1所示的溢流坝，设水流自坝顶下泄至坝趾$c-c$断面时的比能为E_{s1}，下游的2－2断面的比能为E_{s2}，二者的比能差称为余能，即$\Delta E_s = E_{s1} - E_{s2}$。

泄水建筑物下游水力设计的主要任务之一,，就在于选择及计算适当的消能措施，以便在下游较短距离内消除余能ΔE_s，将下泄的高速集中水流安全地转变为下游的正常缓流，从而保证建筑物的安全。消能方式措施有底流消能、挑流消能与面流消能三大类。本章主要介绍常用的底流式消能。

9.7.1　底流式消能原理

通过建筑物下泄的水流往往具有很高的流速，水流流态为急流。下游明渠正常水流流

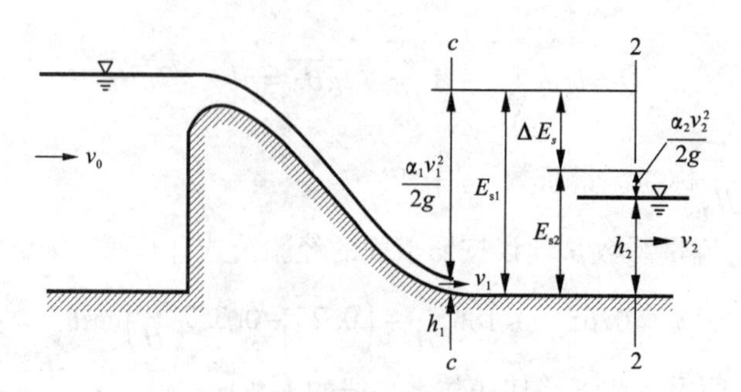

图 9.7.1 溢流坝溢流时各水力要素

态为缓流，急流向缓流过渡时必然发生水跃。所谓底流消能，就是借助于一定的工程措施控制水跃位置，通过水跃的表面旋滚和强烈紊动来消除余能 ΔE_s。

底流式消能的水力计算，首先应分析建筑物下游的水流衔接形式，判定水跃发生的位置，然后确定必要的工程措施。建筑物下游水跃的位置，决定于通过建筑物下泄水流的特性和下游河道中水深和流速的大小。当通过流量一定时，下游河道中的水深和流速通常是已知的。至于通过建筑物下泄的水流，则常以建筑物下游的收缩断面作为分析水流衔接形式的控制断面。

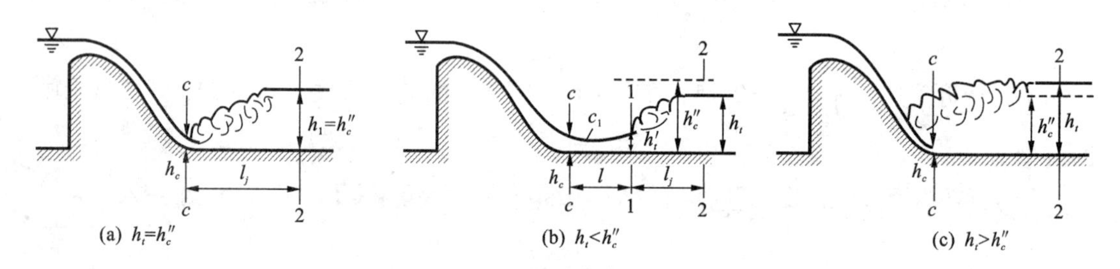

图 9.7.2 泄水建筑物下游的水跃衔接形式

以图 9.7.2 所示的溢流坝为例，水流自坝顶下泄时，势能逐渐转化为动能，到达坝趾的 $c-c$ 断面，流速最大，水深最小，这个水深最小的断面称为收缩断面 $c-c$，其水深称为收缩断面水深 h_c，且 $h_c<h_k$，h_k 为临界水深。设下游为缓坡棱柱体渠道，并认为下游水深大致沿程不变(即下游明渠水流近似均匀流)，其水深 $h_t>h_k$，所以闸坝或其他泄水建筑物的下游必然发生水跃。

如同 8.2 节中变坡段渠道水面曲线的衔接及水跃位置判断一样，水跃的位置取决于坝趾收缩断面水深 h_c 的共轭水深 h_c''与下游水深 h_t 的相对大小。

1. 当 $h_t=h_c''$时，水跃直接在收缩断面处发生[图 9.7.2(a)]，称为临界式水跃衔接。

2. 当 $h_t<h_c''$时，急流将以 c 型壅水曲线继续向下游流动一定距离，水跃才开始发生[图 9.7.2(b)]，称为远驱式水跃衔接。

3. 当 $h_t>h_c''$时，表面旋滚将涌向上游，并淹没收缩断面[图 9.7.2(c)]。这种衔接形式称为淹没式水跃衔接。

工程中，一般用 h_t 与 h_c''之比来表示水跃的淹没程度，称为水跃的淹没系数，用 σ_j 来表

示，即

$$\sigma_j = \frac{h_t}{h_c''} \tag{9.7.1}$$

工程中实际采用的淹没系数 $\sigma_j = 1.05 \sim 1.10$。

9.7.2　收缩断面水深的计算

以图9.7.3所示的溢流坝为例。设收缩断面底部的水平面为基准面，列出坝前渐变流断面0－0及收缩断面 $c-c$ 的能量方程式，

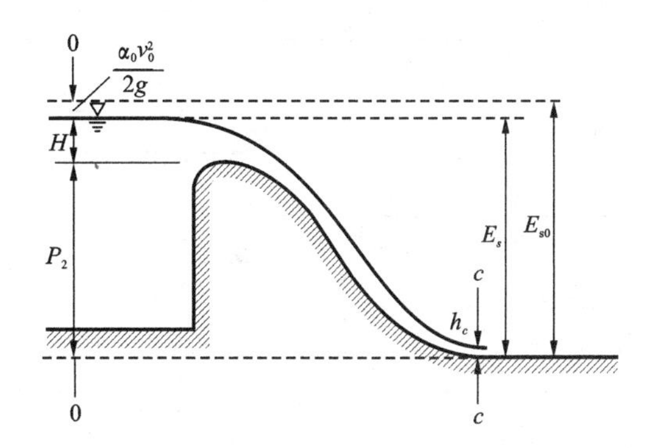

图9.7.3　收缩断面水深计算示意图

令
$$E_{s0} = P_2 + H + \frac{\alpha_0 v_0^2}{2g} = P_2 + H_0$$

则
$$E_{s0} = h_c + \frac{\alpha_c v_c^2}{2g} + \zeta \frac{v_c^2}{2g} = h_c + (\alpha_c + \zeta)\frac{v_c^2}{2g}$$

式中：ζ 为两断面间的局部水头损失系数；E_{s0} 称为坝前水流总比能；令流速系数 $\varphi = \frac{1}{\sqrt{\alpha_c + \zeta}}$，则

$$E_{s0} = h_c + (\alpha_c + \zeta)\frac{v_c^2}{2g} = h_c + \frac{v_c^2}{2g\varphi^2}$$

以 $v_c = \frac{Q}{A_c} = \frac{Q}{bh_c}$ 代入上式得

$$E_{s0} = h_c + \frac{Q^2}{2g\varphi^2 b^2 h_c} \tag{9.7.2}$$

利用(9.7.2)式即可计算出收缩断面水深 h_c。式中流速系数 φ 的影响因素比较复杂，它的取值一般由经验确定，可参考表9.7.1选取。另外，(9.7.2)式是三次方程式，收缩断面水深 h_c 一般需用试算法求解。

表 9.7.1 坝的流速系数 φ 值

	建筑物泄流方式	图形	φ
1	堰顶有闸门的曲线实用堰	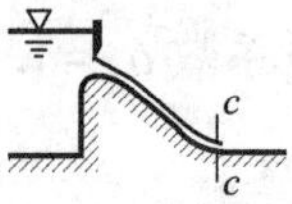	0.85~0.95
2	无闸门的曲线型实用堰：1. 溢流面长度较短 2. 溢流面长度中等 3. 溢流面较长	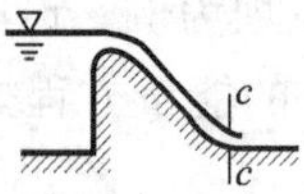	1.00 0.95 0.90
3	平板闸门下底孔出流	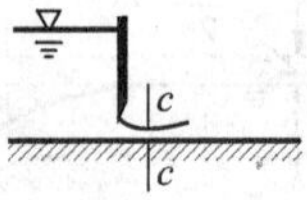	0.97~1.00
4	折线实用断面(多边形断面)堰	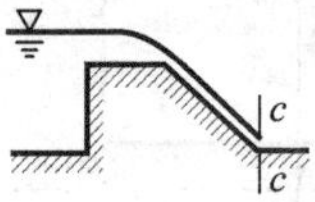	0.80~0.90
5	宽顶堰	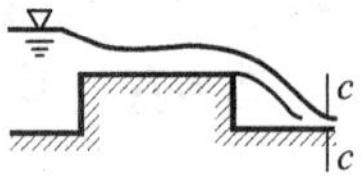	0.85~0.95

9.7.3 消能池的水力计算

当建筑物下游产生远驱式或临界式水跃衔接时，就必须采取工程措施，将水跃控制在紧靠建筑物之处，并形成淹没程度不大的水跃。而将下游产生的远驱式或临界式水跃转变为淹没式水跃的关键，在于设法加大建筑物的下游水深。可在建筑物末端采取工程措施，降低下游护坦高程而形成消能池，或在护坦末端修建消能坎来壅高水位，使坎前形成消能池。

下面介绍宽度不变的矩形断面消能池的水力计算方法。计算内容包括：消能池深度 d 及长度 l_k 的确定。

1. 降低护坦高程所形成的消能池

(1) 消能池深度 d 的计算

为使建筑物下游形成淹没程度不大的水跃(图 9.7.4)，消能池内的水深应为

$$h_T=\sigma_j h''_{c1} \tag{9.7.3}$$

σ_j 为水跃的淹没系数，一般取 $\sigma_j=1.05$；h''_{c1} 为护坦高程降低后与 h_{c1} 共轭的跃后水深。

离开消能池的水流，其水流特性与淹没宽顶堰相同，水面跌落 Δz 值，由图 9.7.4 可以看出，消能池内的水深

$$h_T=d+h_t+\Delta z \tag{9.7.4}$$

则消能池深度

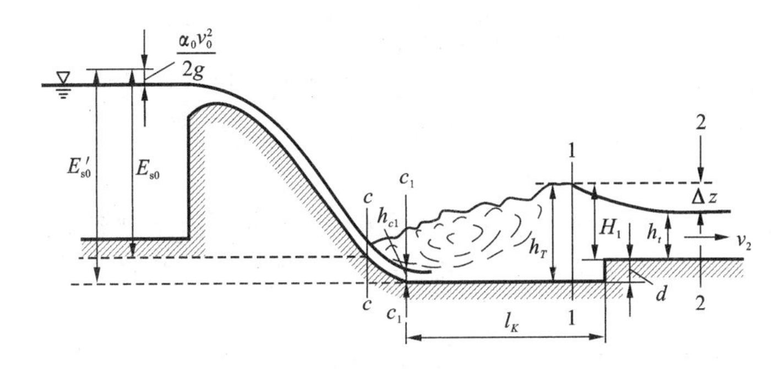

图9.7.4　消能池深度计算示意图

$$d = \sigma_j h''_{c1} - (h_t - \Delta z) \tag{9.7.5}$$

对消能池出口上游断面1－1及下游断面2－2列出能量方程式，以通过断面2－2底部的水平面作基准面，得

$$H_1 + \frac{\alpha_1 v_1^2}{2g} = h_t + \frac{\alpha_2 v_2^2}{2g} + \zeta \frac{v_2^2}{2g}$$

则

$$\Delta z = H_1 - h_t = \frac{v_2^2}{2g\varphi'^2} - \frac{\alpha_1 v_1^2}{2g} \tag{9.7.6}$$

式中：消能池的流速系数 $\varphi' = \frac{1}{\sqrt{\alpha_2 + \zeta}}$，一般取 $\varphi' = 0.95$。

注意，护坦高程降低一个 d 值后，E_{s0}增加为 $E'_{s0} = E_{s0} + d$，收缩断面的位置也由 $c-c$ 断面下移至 $c_1 - c_1$ 断面，水深由 h_c 变为 h_{c1}，所以求 h_{c1}时的 E_{s0}应当用 $E'_{s0} = E_{s0} + d$ 代替。由于 d 与 h''_{c1}之间是一复杂的隐函数关系。故求解消能池深度 d 时，一般需用试算法。

池深的初估公式

$$d = \sigma_j h''_c - h_t \tag{9.7.7}$$

对于常见的矩形断面消能池，其水力要素的试算过程如下：

①由式(9.7.2)可得矩形断面收缩断面水深 h_c 的计算公式为

$$E_0 = h_c + \frac{q^2}{2g\varphi^2 h_c^2} \tag{9.7.8}$$

由上式采用试算法求出初始收缩断面水深 h_c，再利用水跃方程 $h''_c = \frac{h_c}{2}\left[\sqrt{1 + 8\frac{q^2}{gh_c^3}} - 1\right]$即可以求出 h''_c；如果 $h''_c > h_t$，则需要修建消能池。

② 先初估池深 $d = \sigma_j h''_c - h_t$，护坦高程降低一个 d 值后，E_{s0}增加为 $E'_{s0} = E_0 + d$，求 h_{c1}时的 E_{s0}应当用 $E'_{s0} = E_{s0} + d$ 代替，则 $E'_{s0} = h_{c1} + \frac{q^2}{2g\varphi^2 h_{c1}^2}$，求出 h_{c1}后利用水跃方程求 h''_{c1}。

③ 离开消能池的水流，水面跌落 Δz 值由(9.7.6)式计算。

令 $\alpha_1 = 1$，并以 $v_2 = \frac{q}{h_t}$及 $v_1 = \frac{q}{\sigma_j h''_{c1}}$代入得

$$\Delta z=\frac{q^2}{2g}\left[\frac{1}{(\varphi'h_t)^2}-\frac{1}{(\sigma_j h''_{c1})^2}\right] \tag{9.7.9}$$

求出 Δz 后代入(9.7.5)式中可得消能池深 d，该值如果与初估池深不相等则重复上述过程，直到满足要求为止(具体请参考例9.7.1)。

(2) 消能池长度 l_k 的计算

消能池的长度必须足以保证水跃不越出池外，由于受到消能池末端的垂直壁面产生的反向作用力，消能池内的水跃长度仅为平底渠道中自由水跃长度的70%～80%，即消能池长度为

$$l_k=(0.7\sim0.8)l_j \tag{9.7.10}$$

式中，l_j 为平底渠道中的自由水跃长度，常用 $l_j=10.8h_{c1}(Fr_1-1)^{0.93}$ 计算。

上面所讨论的池深 d 及池长 l_k 的计算，都是针对一个给定的流量及相应的下游水深 h_t，但消能池建成后，必须在不同的流量下工作。为使所设计的消能池在不同流量时都能保证池内均形成淹没水跃，为此必须选择一个设计消能池尺寸的设计流量。

池深 d 是随 (h''_c-h_t) 增大而增加，可以认为，相当与 $(h''_c-h_t)_{\max}$ 的流量即为池深的设计流量。据此求出的池深 d，是各种流量下所需消能池深度的最大值。而实践证明，池深 d 的设计流量并不一定是建筑物所通过的最大流量。

实际计算时，应在所给定的流量范围内，对不同的流量计算 h_c 及 h''_c，在直角坐标上绘出 $h''_c=\varphi(Q)$ 的关系曲线；同时，将已知的 $h_t=f(Q)$ 关系曲线也绘入同一坐标上(图9.7.5)，从该图中找出 (h''_c-h_t) 为最大值时的相应流量，即为消能池深 d 的设计流量。

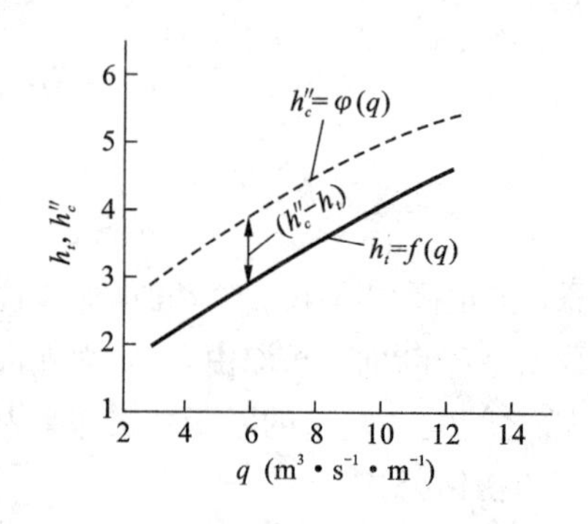

图9.7.5 确定消能池深所对应的设计流量

因为消能池的长度决定于水跃长度 l_j。一般来说，水跃长度随流量的增加而增大，所以，消能池长度的设计流量应为建筑物通过的最大流量。

【例9.7.1】 某溢流坝(图9.7.4)，保持坝顶水头 H 为3.2 m，下游坝高 P_2 为10 m，设计单宽流量 q 为6 m³/(s·m)，相应的下游水深 h_t 为3.05 m，临界水深 h_k 为1.54 m，收缩断面水深 h_c 为0.42 m，收缩断面水深的共轭水深 h''_c 为3.96 m，消能池的流速系数 $\varphi'=0.95$，淹没系数 $\sigma_j=1.05$，最大单宽流量 $q_{\max}$ 为12 m³/(s·m)。试设计一个降低护坦式的消能池。

【解】

由于 $h''_c>h_t$，下游将产生远驱式水跃，必须修建消能设施。

(1) 消能池深 d 的计算

取 $$E_{s0}=P_2+H=10\text{ m}+3.2\text{ m}=13.2\text{ m}$$

首先估计消能池深 $d=\sigma_j h''_c-h_t=(1.05\times3.96-3.05)\text{ m}=1.11\text{ m}$

取 $d=1.0$ m，得 $E'_{s0}=E_{s0}+d=13.2\text{ m}+1.0\text{ m}=14.2\text{ m}$

则
$$\xi_0=\frac{E'_{s0}}{h_k}=\frac{14.2\ \text{m}}{1.54\ \text{m}}=9.22$$

取消能池的流速系数 $\varphi'=0.95$，利用 $E'_0=h_{c1}+\frac{q^2}{2g\varphi^2h_{c1}^2}$ 与 $h''_{c1}=\frac{h_{c1}}{2}\left[\sqrt{1+8\frac{q^3}{gh_{c1}^3}}-1\right]$ 求出

$$h''_c=4.02\ \text{m}$$

池后水面降落值
$$\Delta z=\frac{q^2}{2g}\left[\frac{1}{(\varphi'h_t)^2}-\frac{1}{(\sigma_jh''_{c1})^2}\right]$$
$$=\frac{6^2}{2\times9.8}\left[\frac{1}{(0.95\times3.05)^2}-\frac{1}{(1.05\times4.02)^2}\right]\text{m}=0.12\ \text{m}$$

池深　$d=\sigma_jh''_{c1}-(h_t+\Delta z)=1.05\times4.02\ \text{m}-(3.05+0.12)\ \text{m}=1.05\ \text{m}$

大于预先选择的 $d=1.0$ m，再取 $d=1.1$ m，计算各值为：

$$E'_{s0}=E_{s0}+d=13.2\ \text{m}+1.1\ \text{m}=14.3\ \text{m},\ h''_{c1}=4.06\ \text{m}$$
$$\Delta z=\frac{6^2}{2\times9.8}\left[\frac{1}{(0.95\times3.05)^2}-\frac{1}{(1.05\times4.06)^2}\right]\text{m}=0.12\ \text{m}$$
$$d=\sigma_jh''_{c1}-(h_t+\Delta z)=1.05\times4.06\ \text{m}-(3.05+0.12)\ \text{m}=1.10\ \text{m}$$

与原来假设吻合，所以确定 $d=1.1$ m。

(2) 消能池长度 l_k 的计算

当 $q_{max}=12\ \text{m}^3/(\text{s}\cdot\text{m})$时，临界水深 $h_k=\sqrt[3]{\frac{q_{max}^2}{g}}=\sqrt[3]{\frac{12^2}{9.8}}\ \text{m}=2.45\ \text{m}$

已知 $E'_{s0}=14.3$ m，由 $E'_{s0}=h_{c1}+\frac{q^2}{2g\varphi^2h_{c1}^2}$，试算得 $h_{c1}=0.82$ m

水跃长度　$l_j=10.8h_{c1}(Fr_1-1)^{0.93}=10.8\times0.82\left(\sqrt{\frac{12^2}{9.8\times0.82^3}}-1\right)^{0.93}\text{m}=33.4\ \text{m}$

$l_k=(0.7\sim0.8)l_j=(23.4\sim26.7)$ m，取 $l_k=26$ m。

2. 护坦末端修建消能坎所形成的消能池

在河床不易开挖或开挖太深造价不经济时，可在护坦末端修建消能坎，壅高坎前水位形成消能池，使建筑物下游产生淹没程度不大的水跃。这种消能坎式消能池的计算内容，包括确定坎高 c 及池长 l_k。池长 l_k 与降低护坦高程的消能池相同，下面介绍坎高 c 的计算方法。

为使建筑物下游产生淹没程度不大的水跃，从图 9.7.6 可以看出坎前的水深 h_T 应为 $h_T=\sigma_jh''_c$，且 $h_T=c+H_1$，由此可得计算坎高的公式为

$$c=\sigma_jh''_c-H_1\tag{9.7.11}$$

消能坎一般作成折线形或曲线型实用堰。故坎顶水头 H_1 可用堰流公式计算。

$$H_1=H_{10}-\frac{q^2}{2g(\sigma_jh''_c)^2}=\left(\frac{q}{\sigma_sm_1\sqrt{2g}}\right)^{\frac{2}{3}}-\frac{q^2}{2g(\sigma_jh''_c)^2}\tag{9.7.12}$$

式中：m_1 为消能坎的流量系数，目前尚无系统资料，初步计算时可取 $m_1=0.42$；σ_s 为消能坎的淹没系数。当$\frac{h_s}{H_{10}}\leqslant0.45$ 时，消能坎为非淹没堰，$\sigma_s=1$；当$\frac{h_s}{H_{10}}>0.45$ 时为淹没堰，$\sigma_s<1$。因为(9.7.12)式中消能坎的淹没系数 σ_s 与未知的坎高 c 有关，计算也必须按试算法

进行。

有时，单纯降低护坦高程，开挖量太大；单纯建造消能坎，坎又太高，坎后容易形成远驱式水跃衔接。在这种情况下，可考虑适当降低护坦高程，同时修建不太高的消能坎。这种形式的消能池，叫做综合式消能池(图 9.7.7)，详细的计算步骤可参考有关的水工书籍。

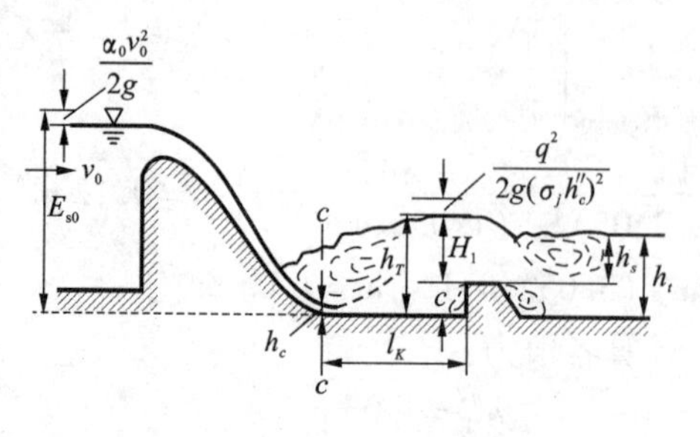

图 9.7.6 消能坎式消能池

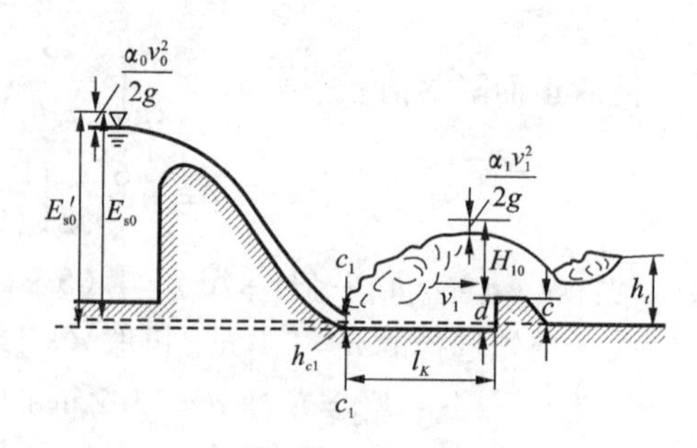

图 9.7.7 综合式消能池

本章小结

1. 本章的主要内容是堰流与闸孔出流相互转化的条件、水力特点与水力计算等，为确定该类工程构造物的规模、尺寸等提供依据。底流式消能计算也是重点内容。

2. 堰流与闸孔出流的水力特点是不同的，注意两者之间的区别与联系。

3. 了解三种不同类型的堰流的各自的水力特性与计算公式。

4. 高速水流消能的实质在于增加下游水深，增大出流阻力而形成淹没水跃，注意底流式消能的水力计算过程与要求。

思考题

9.1 堰流的水力特点是什么?

9.2 堰上水头为 H 时，水流是宽顶堰流，如果 H 减小，堰顶可能出现哪些堰流类型?

9.3 设计实用堰断面时应该注意哪些基本问题?

9.4 堰流与闸孔出流的过流能力与水头的关系有什么不同?

9.5 从泄水建筑物下泄的高速水流与明渠下游的缓流如何衔接? 如何判别?

9.6 如何确定降低护坦式消力池的设计流量?

习 题

9.1 有一个矩形薄壁堰，堰上游明渠水面宽与堰宽相同，都为 1.0 m，堰顶水头为 0.8 m，堰高为 0.6 m，求自由出流时通过堰的流量大小。

9.2 修建一无侧收缩的宽顶堰，堰高 $P_1 = P_2 = 3.4$ m，堰顶水头 $H = 0.86$ m，进口修圆，流量 $Q = 22\ \mathrm{m^3/s}$，求自由出流时的堰宽 b。另外，为保持自由出流，下游最大水深 H_t

为多少？

9.3　某单孔溢流坝采用 *WES* 剖面，已知上游堰高 P_1 为 8 m，堰上水头 H 为 1.5 m，上游河道宽 B 为 100 m，边墩头部为圆弧形，求无侧收缩时通过流量为多少？

9.4　某单孔泄洪道采用具有水平顶的堰，已知条件有：上游堰高 P_1 为 2 m，堰上水头 H 为 5 m，上游河道宽 B 为 10 m，边墩修圆，堰宽 b 为 6 m，下游堰顶水位超高 h_t 为 4.5 m，请判断堰的出流类型并计算堰顶通过流量为多少？

9.5　某平底水闸，采用平板闸门。已知条件有：闸门开度 e 为 1 m，堰上水头 H 为 3 m，行近流速 v_0 为 1.5 m/s，闸孔宽 b 为 5 m，求自由出流时闸门底通过流量为多少？

9.6　某渠首采用单孔溢流坝，护坦宽与堰宽相同。已知上游堰高与下游堰高相等，即 $P_1=P_2$，单宽流量 q 为 10 m³/(s·m)，流量系数 m 为 0.49，流速系数 φ 为 0.95，明渠下游正常水深 h_t 为 3 m；堰上水头 H_0 为 2.5 m，如果需要的话，请设计一个降低护坦式的消能池。

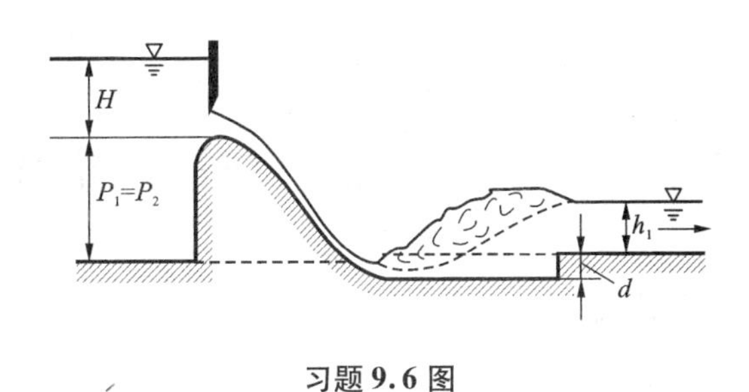

习题 9.6 图

9.7　一段矩形断面的陡槽，宽度 $b=10$ m，下游连接一段宽度相同的缓坡明渠。流量 $Q=40$ m³/s，陡槽末端水深 $h_1=0.5$ m，缓坡明渠的均匀流水深 $h_t=2.2$ m。请判别水跃的衔接形式；是否需要修建消能设施？

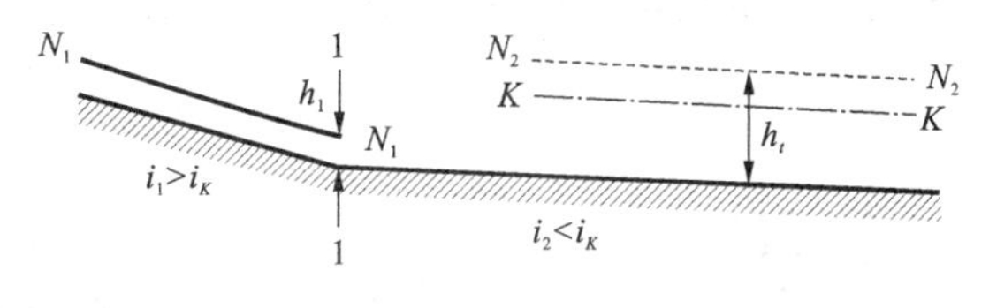

习题 9.7 图

第10章　渗流

由颗粒状或碎块材料组成，并含有许多孔隙或裂隙的物质称为孔隙介质。流体在孔隙介质中的流动称为渗流。通常，在地表面以下的土壤或岩层中的渗流又称为地下水流动。渗流在水利、地质、采矿、石油、环境保护、化工、生物、医疗等方面都有广泛的应用。在土木工程中地下水源的开发、降低地下水位、防止建筑物地基发生渗透变形等均需应用有关的渗流理论。

本章研究的是以土壤为代表的多孔介质中恒定渗流的基本规律，并应用这些规律来分析和解决工程实际中的渗流问题。主要内容有渗流流速、渗流流量、压强分布及浸润线等。

10.1　渗流基本概念与达西定律

10.1.1　土壤的渗流特性，渗流模型

1. 土壤的分类

为了研究渗流的运动规律，首先对土壤进行分类。渗流中将各处同一方向透水性能相同的土壤称为均质土壤，否则就是非均质土壤。将各个方向透水性能相同的土壤称为各向同性土壤,否则就是各向异性土壤。严格地讲，只有等直径圆球颗粒、规则排列的土壤才是均质各向同性土。而实际土壤的情况非常复杂，为了使问题简化，在能够满足工程精度要求的情况下，常假定研究的土壤是均质和各向同性的。本章主要讨论这种土壤，以作为研究解决复杂问题的基础。

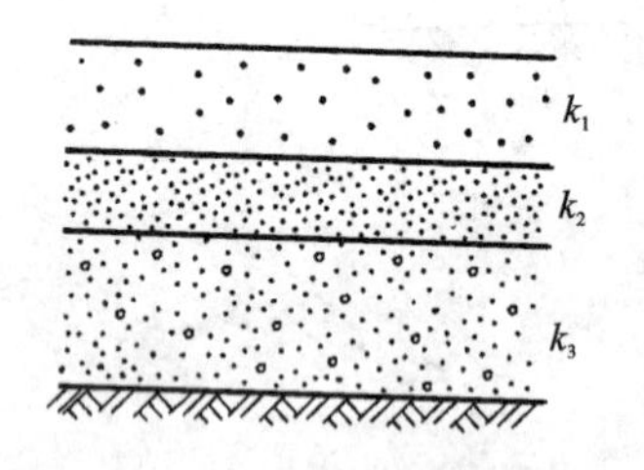

图10.1.1　均质各向同性层状土壤

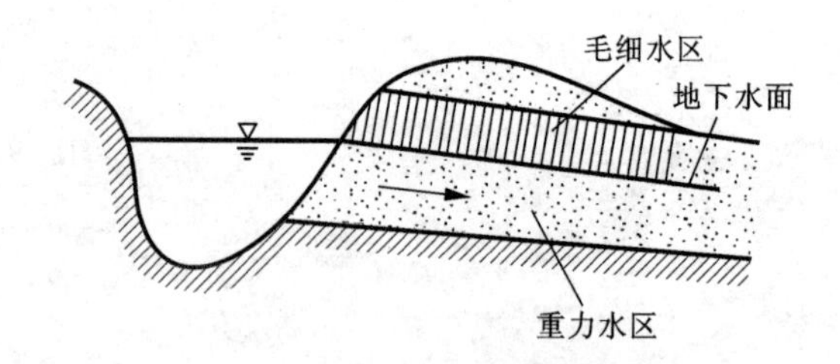

图10.1.2　水在土壤中的形态

有时在渗流区中包括若干层透水能力各不相同的土层，称为层状土壤。对每一层来说，可以当作均质各向同性土壤，见图10.1.1。图中各 k 值是代表该层土壤透水性能大小的系数，称为渗透系数或渗流系数，稍后将做具体的介绍。

2. 水在土壤中的形态

水在土壤中存在的形态可分为汽态水、附着水、薄膜水、毛细水和重力水5类。汽态水是以蒸汽的形式悬浮在土壤孔隙中，其数量极少。附着水和薄膜水都是由于水分子与土壤颗粒之间的吸引作用而包围在土壤颗粒四周的水分，这两者又称为结合水，很难移动，且数量也很少。毛细水是由于毛细管作用而保持在土壤孔隙中，受表面张力作用而移动的部分。重力水存在于土壤孔隙中，受重力作用而流动。汽态水、附着水、薄膜水和毛细水对渗流问题的影响甚微，在主要研究宏观运动的工程流体力学中一般不予考虑。本章仅讲述重力水的流动规律，并把重力水区与毛细水区的分界面看成是渗流的自由液面，也称为浸润面或地下水面，其表面压强为大气压强。

3. 渗流模型

土壤孔隙的形状、大小及其分布情况是十分复杂的，渗流中流体质点运动轨迹也很不规则，无论是理论分析或实验研究，要确定流体在土壤孔隙中流动的真实情况是非常困难的，且在工程问题中，往往不需要了解孔隙中具体的流动情况，关心的只是渗流的宏观效果，因此，常采用一种假想的渗流来代替真实的渗流，这种假想的渗流称为渗流模型。

渗流模型不考虑渗流在土壤孔隙中流动途径的迂回曲折，只考虑渗流的主要流向，并认为渗流的全部空间(土壤颗粒骨架和孔隙的总和)均被流体所充满。由于渗流模型把实际并不充满全部空间的流体运动，看做是连续空间内的连续介质运动，因此，可以应用以连续函数为基础的数学分析这一工具。

为了使假想的渗流模型在水力特征方面和真实渗流相一致，渗流模型必须满足下列条件：

(1)对于同一过流断面，模型的渗流量等于实际的渗流量；

(2)作用于模型中某一作用面上的渗流压力等于真实的渗流压力；

(3)模型中任意体积内所受的阻力等于同体积内真实渗流的阻力，也就是说两者水头损失相等。

可以看出，渗流模型中的流速与真实渗流的流速是不相等的。在模型中，通过微小过流断面面积 ΔA 的渗流流量为 ΔQ，则该面积的渗流平均流速为

$$v=\frac{\Delta Q}{\Delta A}$$

而实际的渗流只发生在 ΔA 面积内的孔隙中，设孔隙面积为 $\Delta A'$，则实际渗流平均流速为

$$v'=\frac{\Delta Q}{\Delta A'}$$

v 与 v' 的关系为

$$v=\frac{\Delta A'}{\Delta A}v'=nv' \tag{10.1.1}$$

式中：n 为土壤的孔隙率，是一定体积的土中，空隙的体积 ω 与土体的体积 W(包含空隙体积)的比值，即 $n=\frac{\omega}{W}$。若土壤是均质的，则面积孔隙率与体积孔隙率相等。因为孔隙率 $n<1.0$，所以 $v<v'$，即模型渗流流速小于真实渗流流速。一般不加说明时，渗流流速是指模型中的渗流流速。

采用渗流模型，前面各章关于分析连续介质运动的基本方法和概念均可直接应用于渗流。例如按运动要素是否随时间变化，可以分为恒定渗流与非恒定渗流；按运动要素是否沿流程变化，可以分为均匀渗流与非均匀渗流；非均匀渗流又可分为渐变渗流与急变渗流；按有无自由液面又可分为有压渗流与无压渗流等。本章重点讨论恒定渗流。

渗流流速往往很小，通常不超过每秒几毫米，因而其流速水头可以忽略不计。总水头 H 可以用测压管水头 H_P 来替代，即

$$H = H_P = z + \frac{p}{\rho g} \tag{10.1.2}$$

因此，渗流的总水头线与测压管水头线（又称浸润线或地下水面线）重合，并且只能沿程下降。

10.1.2 达西定律

早在1856年，法国工程师达西在大量实验的基础上，总结得出渗流水头损失与渗流流速、流量之间的基本关系式，称为达西定律。

1. 达西定律

达西实验的装置如图10.1.3所示，装置的主要部分是一个上端开口的直立圆筒。圆筒侧壁高差为 l 的上下断面装有两根测压管，筒底装一滤板 D，滤板以上装入均质的砂土。水由引水管 A 自圆筒 G 上端注入，多余的水从溢水管 B 排出，以保证筒内水位恒定。水经过土壤渗至筒底，再从管 C 流入量杯 F。在时段 t 内，流入量杯中的水体体积为 V，则渗流流量 Q 为

$$Q = \frac{V}{t} \tag{10.1.3}$$

同时测读1，2两断面的测压管水头 $H_1 = z_1 + \frac{p_1}{\rho g}$ 和 $H_2 = z_2 + \frac{p_2}{\rho g}$。由于渗流的作用水头恒定不变，是恒定均匀渗流，在 l 流段上渗流的水头损失为

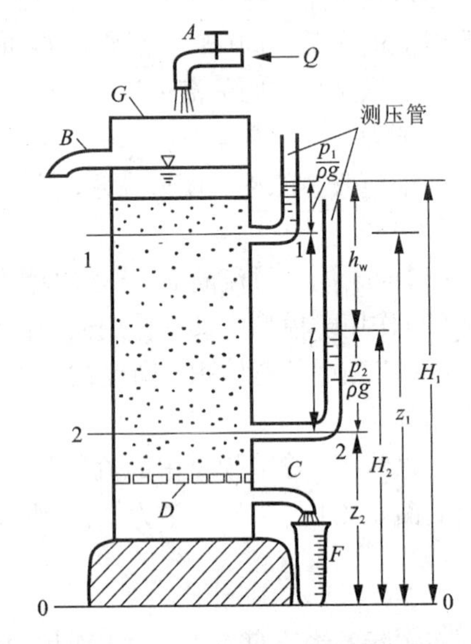

图 10.1.3　达西试验渗流装置

$$h_w = H_1 - H_2 = \left(z_1 + \frac{p_1}{\rho g}\right) - \left(z_2 + \frac{p_2}{\rho g}\right) \tag{10.1.4}$$

实验表明，对不同直径的圆筒和不同类型的土壤，通过的渗流量 Q 均与圆筒的横截面积 A 及水头损失 h_w 成正比，与两断面间的距离 l 成反比，即

$$Q \propto A\frac{h_w}{l}$$

因为，水力坡度 $J = \frac{h_w}{l}$，引入比例系数 k，则渗流流量

$$Q = kA\frac{h_w}{l} = kAJ \tag{10.1.5}$$

渗流的平均流速

$$v = kJ \tag{10.1.6}$$

式(10.1.5)及式(10.1.6)称为达西定律，它是渗流的基本定律。上式表明：渗流流速 v 或流量 Q 与水力坡度 J 的一次方成正比。式中 k 为反映土壤透水性能的一个综合系数，称为渗透系数，其量纲与速度的量纲相同。由式(10.1.6)可知，当 $J=1$ 时，$k=v$，所以渗透系数的物理意义可理解为水力坡度 J 等于1时的渗流速度。

达西实验中的渗流为均匀渗流，各点的运动状态相同，任意空间点处的渗流流速 u 等于断面平均流速 v；又由于水力坡度 $J=-\frac{dH}{dl}$，故达西定律又可写为

$$u = v = kJ = -k\frac{dH}{dl} \tag{10.1.7}$$

$$Q = kAJ = -kA\frac{dH}{dl} \tag{10.1.8}$$

2. 达西定律的适用范围

达西实验是用均匀砂土在恒定渗流条件下进行的。经后人的大量实验研究，认为可将它推广应用于其他情况,但有一定的条件限制。

渗流与管流、明渠流一样，也有层流和紊流之分。由达西定律(10.1.6)可知

$$h_w = \frac{l}{k}v \tag{10.1.9}$$

上式表明，渗流的水头损失与平均流速的一次方成正比。可见达西定律只适用于层流渗流，具有线性规律。绝大多数细颗粒土壤中的渗流都属于层流。但在卵石、砾石等大颗粒大孔隙介质中的渗流有可能出现紊流，属于非线性渗流。渗流的流态，也可用雷诺数来判别，常用的渗流雷诺数为

$$Re = \frac{vd_{10}}{\nu} \tag{10.1.10}$$

式中：d_{10}为筛分时占10%重量的土粒所能通过的筛孔直径，称为有效粒径；ν 为流体的运动粘度；v 为渗流流速。

由于孔隙的大小、形状、分布等情况十分复杂，而且变化范围较大，各种孔隙内渗流流态的转变也不是同时发生的，从整体来看，由服从达西定律的层流渗流转变为紊流渗流是逐渐的，没有一个明显的界限。实验表明，线性渗流(层流)雷诺数的变化范围为

$$Re = \frac{vd_{10}}{\nu} = 1 \sim 10 \tag{10.1.11}$$

渗流流速的一般表达式可写成

$$v = kJ^{\frac{1}{m}} \tag{10.1.12}$$

当 $m=1$ 时为层流渗流；当 $m=2$ 时，为紊流粗糙区渗流；当 $m=1\sim2$ 时，则为从层流到紊流过渡区的渗流。

3. 渗透系数及其确定方法

渗透系数 k 是综合反映土壤透水能力的系数，大小取决于许多因素，主要与土壤及流体的性质有关，如土颗粒的形状、级配、分布以及流体的粘度、密度等。k 值的确定是利用

达西定律进行渗流计算的基础条件，有着十分重要的意义。一般采用下述方法来确定。

(1) 实验室测定法

在天然土壤中取土样，使用如图 10.1.3 所示的达西实验装置，测定水头损失 h_w 与渗流量 Q，通过式(10.1.5)求得 k 值。由于被测定的土样只是天然土壤中的一小块，而且在取样和运送时还可能破坏原状土壤的结构，因此，取样时应尽量保持原状土壤的结构，并取足够数量的具有代表性的土样进行测定，才能得到较为可靠的 k 值。

(2) 现场测定法

一般是在现场钻井或挖试坑，往其中注水或从中抽水，在注水或抽水的过程中，测得流量 Q 及水头 H 值，然后应用有关公式计算渗透系数值。此法虽不如实验室测定简单易行，但却能保持原状土壤结构，测得的 k 值更接近真实情况，这是测定 k 值的最有效方法，但此法规模较大，费用多，一般只在重要工程中应用。

(3) 经验法

这一方法是根据土壤颗粒的大小、形状、结构、孔隙率和温度等参数，采用经验公式来估算渗透系数 k 值。这类公式很多，各有其局限性，只能作粗略估算。

此外，在进行渗流近似计算时，亦可采用表 10.1.1 中的 k 值。

表 10.1.1 各种土壤的渗透系数 k 值

土壤名称	渗流系数 k	
	m/d	cm/s
粘土	<0.005	$<6\times10^{-6}$
亚粘土	0.005~0.1	$6\times10^{-6}\sim1\times10^{-4}$
轻亚粘土	0.1~0.5	$1\times10^{-4}\sim6\times10^{-4}$
黄土	0.25~0.5	$3\times10^{-4}\sim6\times10^{-4}$
粉砂	0.5~1.0	$6\times10^{-4}\sim1\times10^{-3}$
细砂	1.0~5.0	$1\times10^{-3}\sim6\times10^{-3}$
中砂	5.0~20.0	$6\times10^{-3}\sim2\times10^{-2}$
均质中砂	35~50	$4\times10^{-2}\sim6\times10^{-2}$
粗砂	20~50	$2\times10^{-2}\sim6\times10^{-2}$
均质粗砂	60~75	$7\times10^{-2}\sim8\times10^{-2}$
圆砾	50~100	$6\times10^{-2}\sim1\times10^{-1}$
卵石	100~500	$1\times10^{-1}\sim6\times10^{-1}$
无填充物卵石	500~1000	$6\times10^{-1}\sim1\times10$
稍有裂隙岩石	20~60	$2\times10^{-2}\sim7\times10^{-2}$
裂隙多的岩石	>60	$>7\times10^{-2}$

10.2　无压均匀渗流与渐变渗流

在自然界中，渗流含水层以下的不透水地基往往是不规则的，为了简便起见，一般假定不透水地基为平面，并以 i 表示其坡度，称为底坡。在底坡为 i 的不透水地基上的无压渗流与地面上的明渠水流相似，可视为地下明渠渗流。如果渗流地域广阔，过流断面可以看做是宽阔的矩形，可按平面运动处理。

无压渗流的自由液面称为浸润面，顺流向所作的铅垂面与浸润面的交线称为浸润线。

与明渠水流相似，无压渗流可以是运动要素沿程不变的均匀渗流，但更多是运动要素沿变化缓慢的非均匀渐变渗流。

10.2.1　无压均匀渗流

均匀渗流(见图10.2.1)的水深 h_0 沿程不变，断面平均流速 v 也沿程不变，同时，水力坡度 J 和底坡 i 相等，即 $J=i$。由达西定律，断面平均流速为

$$v=kJ=ki \tag{10.2.1}$$

通过断面的渗流流量为

$$Q=kA_0i$$

式中:A_0 为相应于正常水深 h_0 时的过流断面面积。

当宽阔渗流的宽度为 b 时，均匀渗流的流量为

$$Q=kbh_0i \tag{10.2.2}$$

相应的单宽流量为

$$q=kh_0i \tag{10.2.3}$$

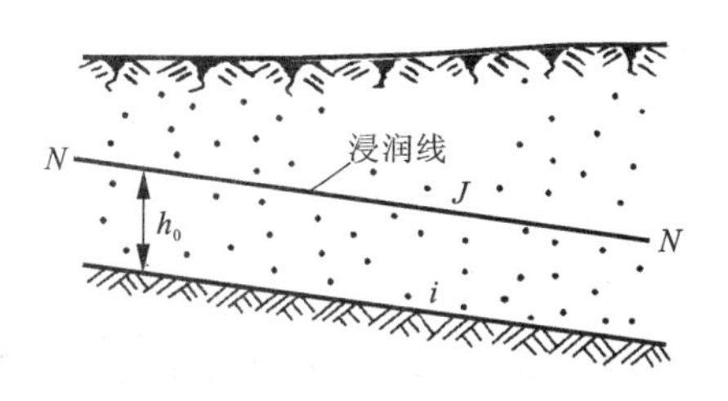

图10.2.1　均匀渗流

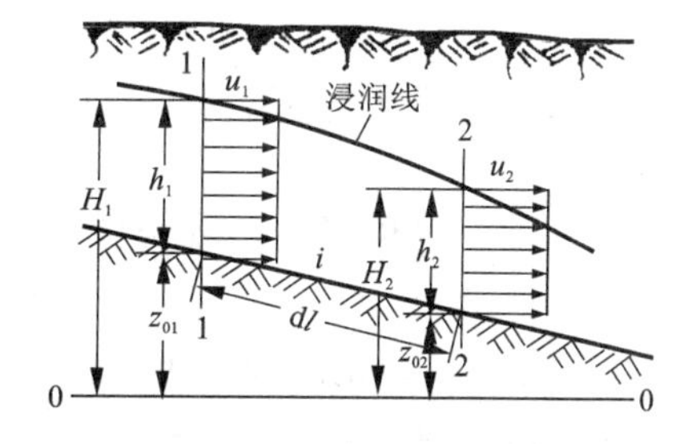

图10.2.2　无压渐变渗流

10.2.2　无压渐变渗流的基本公式

图10.2.2所示为一渐变渗流，以0－0为基准面，取相距为 dl 的两个过流断面1－1和2－2。对于渐变渗流，流线可近似视为相互平行的直线，法国裘皮幼(Dupuit,J.)于1863年根据浸润面的坡度对大多数地下水流而言是很小的这样一个事实，提出了如下假设：过流断面1－1、2－2近似为平面，两断面间所有流线的长度 dl 近似相等，则两断面之间的水力坡度 $J=\dfrac{H_2-H_1}{\mathrm{d}l}=-\dfrac{\mathrm{d}H}{\mathrm{d}l}$ 也近似相等，因此，过流断面上各点的流速 u 近似相等，

并等于断面平均流速 v，即

$$u = v = -k\frac{\mathrm{d}H}{\mathrm{d}l} = kJ \tag{10.2.4}$$

式(10.2.4)为渐变渗流的基本公式，称为裘皮幼公式。

裘皮幼公式与达西定律(10.1.7)在形式上相同，过流断面上各点的渗流速度与断面平均流速相等，这是达西公式与裘皮幼公式的共同之处。但达西定律适用于均匀渗流，其过流断面面积、断面平均流速均沿程不变，各断面的 J 都相同；而裘皮幼公式适用于渐变渗流，不同断面的 J 不同，流速分布基本为矩形，但不同过流断面上的流速大小不同，如图10.2.2所示。

10.2.3 无压渐变渗流的微分方程

渐变渗流的微分方程可通过裘皮幼公式来推导。设不透水层坡度为 i，对于任一过流断面 $H = z_0 + h$。式中 z_0 为渠底高程，h 为渗流水深，则

$$\frac{\mathrm{d}H}{\mathrm{d}l} = \frac{\mathrm{d}z_0}{\mathrm{d}l} + \frac{\mathrm{d}h}{\mathrm{d}l}$$

因渠底坡度 $i = -\frac{\mathrm{d}z_0}{\mathrm{d}l}$，故

$$J = i - \frac{\mathrm{d}h}{\mathrm{d}l}$$

根据裘皮幼公式，断面平均流速为

$$v = kJ = k\left(i - \frac{\mathrm{d}h}{\mathrm{d}l}\right)$$

渗流流量为

$$Q = kA\left(i - \frac{\mathrm{d}h}{\mathrm{d}l}\right) \tag{10.2.5}$$

式(10.2.5)为无压渐变渗流的微分方程。

10.3 浸润线的定性分析及定量计算

分析渗流浸润线形状的方法与分析明渠水面曲线形状的方法(见第8章)相似。所不同的是渗流的流速水头可忽略不计，断面比能 E_s 就等于渗流水深 h，E_s 随水深 h 呈线性变化，不存在极小值，或者说，其极小值为零，因此渗流中没有临界水深，也就无所谓临界底坡。这样，不透水层坡度仅有正坡、平坡、负坡这三种底坡。

在正坡地下渠道上可以发生均匀渗流，其正常水深为 h_0，渗流水深 h 的变化范围有两种情况：$h > h_0$ 和 $h < h_0$。对于平坡和负坡，不能发生均匀渗流，不存在 h_0，渗流水深的变化范围只有 $0 < h < \infty$ 一种情况。由此可知，渗流的浸润线共有四种：即正坡上的两种，平坡上的一种和负坡上的一种。下面以正坡不透水层为例进行讨论。

10.3.1 正坡($i > 0$)上的渗流浸润线

正坡上可以发生均匀渗流，其正常水深等于 h_0。恒定渗流，流量一定，式(10.2.2)和

式(10.2.5)右端相等，即

$$kbh_0 i = kbh\left(i - \frac{dh}{dl}\right)$$

即
$$h_0 i = h\left(i - \frac{dh}{dl}\right)$$

式中：h_0、h 分别为均匀渗流和渐变渗流过流断面的水深。

令 $\eta = \frac{h}{h_0}$，上式变为

$$\frac{dh}{dl} = i\left(1 - \frac{1}{\eta}\right) \tag{10.3.1}$$

上式可用于分析正坡渐变渗流浸润线的形状。

正坡上，正常水深的 $N-N$ 线将渗流区分为两个区。$N-N$ 线以上，水深 $h > h_0$，称为 P_1 区。$N-N$ 线以下，水深 $h < h_0$，称为 P_2 区，如图10.3.1所示。

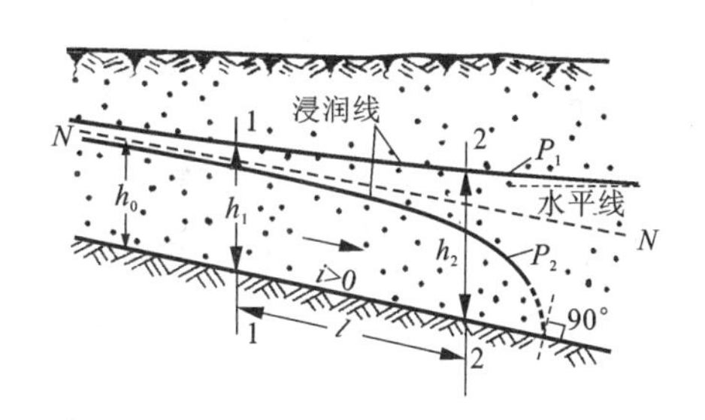

图10.3.1　正坡渗流浸润线

对于 P_1 区，$h > h_0$，$\eta > 1.0$，由式(10.3.1)可知，$\frac{dh}{dl} > 0$，表示渗流水深沿程增加，浸润线为壅水曲线。越向上游，水深越小，当水深接近 h_0 时，$\eta \to 1.0$，则$\frac{dh}{dl} \to 0$，表示浸润线上游以 $N-N$ 为渐近线。越向下游，水深越大，当 $h \to \infty$ 时，$\eta \to \infty$，则$\frac{dh}{dl} \to i$，表示浸润线下游以水平线为渐近线。P_1 型浸润线如图10.3.1所示。

对于 P_2 区，$h < h_0$，$\eta < 1.0$，则$\frac{dh}{dl} < 0$，浸润线为降水曲线。越向上游，水深越大，当 $h \to h_0$ 时，$\eta \to 1.0$，则$\frac{dh}{dl} \to 0$，即浸润线上游以 $N-N$ 线为渐近线。越向下游，水深越小，当 $h \to 0$ 时，$\eta \to 0$，则$\frac{dh}{dl} \to -\infty$，表示浸润线与底坡有正交的趋势，$P_2$ 型浸润线如图10.3.1所示。观察表明，在水深极小时，浸润曲线并没有与底坡正交，因为此时流线的曲率很大，水流已不符合渐变渗流的条件，而属于急变渗流，式(10.3.1)不再适用。实际浸润线的末端最小水深应取决于具体的边界条件。

以上分析了正坡上两条浸润线的形状，若对式(10.3.1)积分，可得浸润线方程。因 $h = \eta h_0$，则 $dh = h_0 d\eta$，则

$$\frac{h_0 d\eta}{dl} = i\left(1 - \frac{1}{\eta}\right)$$

分离变量得
$$\frac{i dl}{h_0} = d\eta + \frac{d\eta}{\eta - 1}$$

从断面1-1到断面2-2积分上式得

$$l_2 - l_1 = l = \frac{h_0}{i}\left(\eta_2 - \eta_1 + \ln\frac{\eta_2 - 1}{\eta_1 - 1}\right)$$

即
$$l=\frac{h_0}{i}\left(\eta_2-\eta_1+2.3\lg\frac{\eta_2-1}{\eta_1-1}\right) \tag{10.3.2}$$

式中：l 为断面 1－1 到断面 2－2 的距离。该式为正坡上无压渐变渗流浸润线方程，可用来进行浸润线计算。

【例 10.2.1】 某渠道与河道平行，中间为透水土层，如图 10.3.2 所示。已知不透水层底坡 $i=0.025$，土层的渗透系数 $k=0.002\ \text{cm/s}$，河道与渠道之间距离 $l=300\ \text{m}$，上端入渗水深 $h_1=2.0\ \text{m}$，下端出渗水深 $h_2=4.0\ \text{m}$。试求单宽渗流量 q，并计算浸润线。

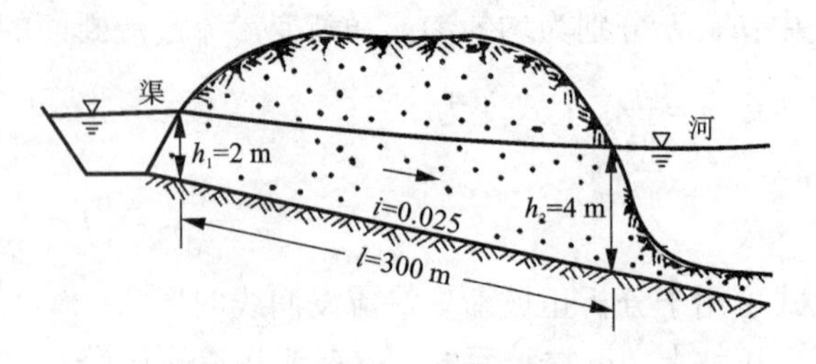

图 10.3.2 河渠渗流浸润线

【解】

该渗流为恒定无压渐变渗流。因底坡 $i=0.025>0$，又 $h_2>h_1$，浸润线为 P_1 型壅水曲线。单宽流量 $q=kh_0i$，若能求出 h_0，则可求得 q。

在式(10.3.2)中 i, l, h_1, h_2均已知，只有 h_0 未知，因此可用此式求 h_0。

将 $\eta_1=\frac{h_1}{h_0}$, $\eta_2=\frac{h_2}{h_0}$，代入式(10.3.2)得

$$h_0\lg\frac{h_2-h_0}{h_1-h_0}=\frac{1}{2.3}(il-h_2+h_1)$$

上式右端各项为已知，左端为 h_0 的函数。

将已知值代入右端得

$$\frac{1}{2.3}(il-h_2+h_1)=\frac{1}{2.3}\times[(0.025\times300)-4.0+2.0]\text{m}=2.39\text{m}$$

左端为 h_0 的函数，即

$$\varphi(h_0)=h_0\lg\frac{h_2-h_0}{h_1-h_0}=h_0\lg\frac{4.0-h_0}{2.0-h_0}$$

假设一系列 h_0 值，按上式算出相应 $\varphi(h_0)$值，计算结果列入下表中。当 $\varphi(h_0)=2.39\ \text{m}$ 时 $h_0=1.90\ \text{m}$。

h_0(m)	1.70	1.80	1.85	1.90	1.95
$\varphi(h_0)$	1.50	1.87	2.14	2.39	3.14

单宽渗流量 $q=kh_0i=0.002\ \text{cm/s}\times190\ \text{cm}\times0.025=9.43\times10^{-3}\ \text{cm}^2/\text{s}$

浸润线坐标按式(10.3.2)计算，其中

$$\frac{h_0}{i}=75.6\ \text{m}$$

$$\eta_1-1=\frac{h_1}{h_0}-1=1.060-1=0.060$$

假设不同的 h_2 计算相应的 l，计算结果列于下表，按表中数据可绘制浸润线。

h_2(m)	$\eta_2=\frac{h_2}{h_0}$	$\frac{\eta_2-1}{\eta_1-1}$	$2.3\lg\frac{\eta_2-1}{\eta_1-1}$	l(m)
2.10	1.113	1.883	0.632	51.7
2.20	1.166	2.767	1.017	84.7
2.50	1.326	5.433	1.691	147.7
3.00	1.591	9.85	2.285	214.7
3.50	1.856	14.27	2.655	260.3
4.00	2.121	18.68	2.924	300.0

10.3.2　平坡($i=0$)、逆坡($i<0$)上的渗流浸润线

在平坡、逆坡上不可能出现均匀渗流，无正常水深 $N-N$ 线，所以浸润线只有一种形式，称为 H 型曲线。采用与正坡渗流同样的分析方法，可得浸润曲线如图 10.3.3(a)(平坡)、10.3.3(b)(逆坡)所示，这里不再赘述。

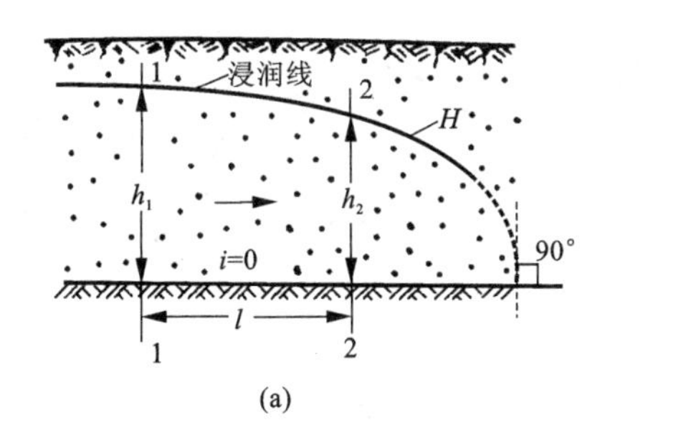

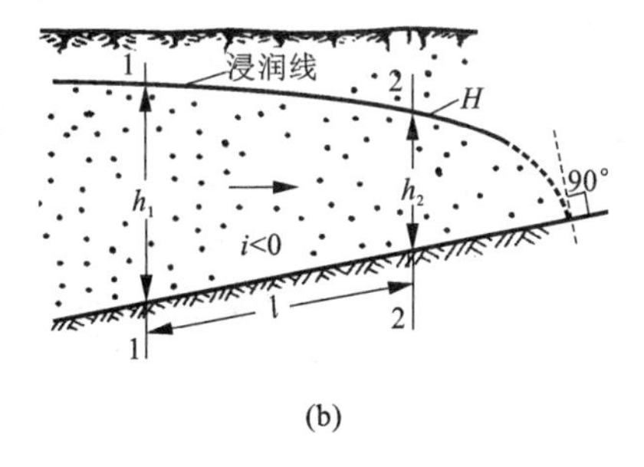

图 10.3.3　平坡、逆坡渗流

10.4　井和井群

井是常见的用以抽取地下水的集水建筑物。例如许多地区打井开采地下水，以满足工农业生产和生活用水的需求；工程施工中用打井排水的方法降低地下水位，保证工程顺利进行等。所以，研究井的渗流有着重要的实际意义。

按汲取的是无压地下水还是有压地下水，井可分为普通井和承压井。开凿在无压透水层中汲取无压地下水的井称为普通井(或潜水井)，如图 10.4.1 所示。穿过一层或多层不透水层，在承压含水层中汲取有压地下水的井称为承压井(或自流井)，如图 10.4.2 所示。按井底是否到达不透水层可分为完整井(完全井)和不完整井(不完全井)。以上两种分类可以组合。

目前，不完整井的计算多采用经验公式。下面主要阐明如何应用裘皮幼公式进行完整井的计算。

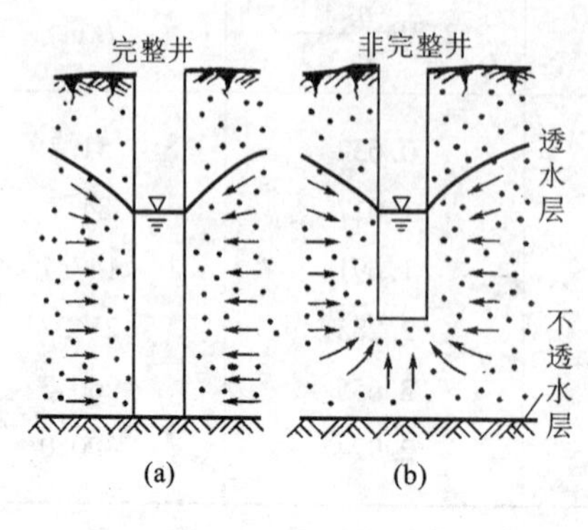

图 10.4.1 普通井

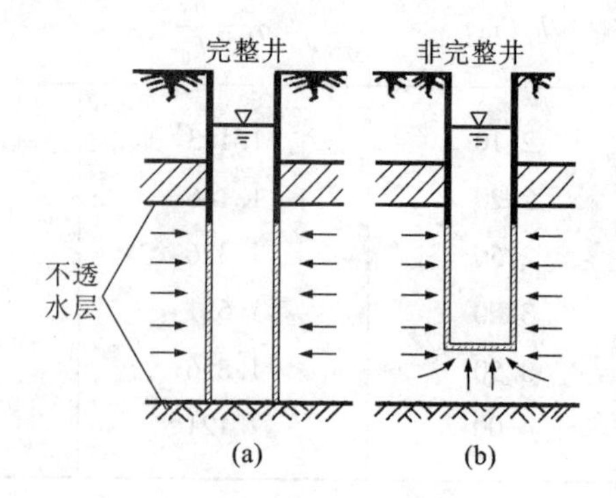

图 10.4.2 承压井

10.4.1 普通完整井

图 10.4.3 所示为一水平不透水层上的普通完整井，井的半径为 r_0，含水层厚度为 H。抽水前，井中水位与地下水面齐平。抽水后，井中水面下降，四周地下水汇入井内，井周围地下水面也逐渐下降。如果抽水流量保持不变，则井中水深 h_0 也保持不变，井周围地下水面也相应降到某一固定位置，形成一个恒定的漏斗形浸润面。如果含水层为均质各向同性土壤，不透水层为水平面，则渗流流速及浸润面对称于井的中心轴，过水断面是以井轴为中心轴，以 r 为半径的一系列圆柱面，圆柱面的高度 z 就是该断面浸润面的高度。在距井中心较远的 R 处，地下水位下降极微，基本上保持原水位不变，该距离 R 称为井的影响半径，R 值的大小与土层的透水性能有关。

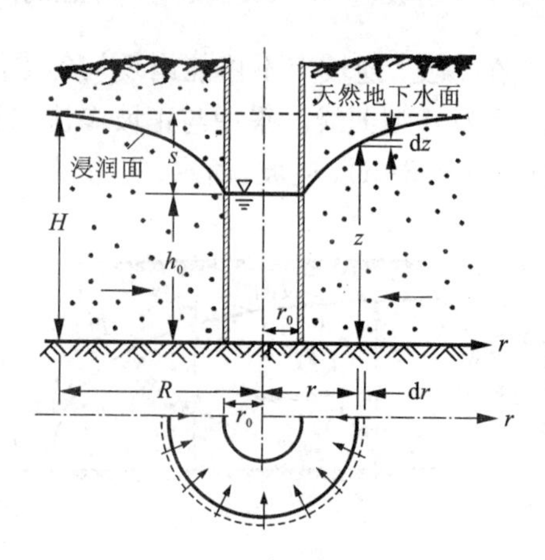

图 10.4.3 普通完整井

井的渗流，除井壁附近外，流线接近于平行直线，是渐变渗流，可应用裘皮幼公式进行分析和计算。当半径有一增量 $\mathrm{d}r$ 时，纵坐标 z 的相应增量为 $\mathrm{d}z$(如图 10.4.3 所示，$\mathrm{d}r$ 及 $\mathrm{d}z$ 均为正值)，则该断面的水力坡度 J 可表示为

$$J=\frac{\mathrm{d}z}{\mathrm{d}r}$$

断面平均流速为

$$v=kJ=k\frac{\mathrm{d}z}{\mathrm{d}r}$$

过水断面为一圆柱面，面积 $A=2\pi rz$，则通过断面的渗流量为

$$Q=vA=2\pi rzk\frac{\mathrm{d}z}{\mathrm{d}r}$$

或
$$2z\mathrm{d}z=\frac{Q}{\pi k}\frac{\mathrm{d}r}{r}$$

积分上式得
$$z^2=\frac{Q}{\pi k}\ln r+C$$

式中：C 为积分常数，由边界条件确定。当 $r=r_0$ 时，$z=h_0$，得积分常数 $C=h_0^2-\frac{Q}{\pi k}\ln r_0$。代入上式得
$$z^2-h_0^2=\frac{Q}{\pi k}\ln\frac{r}{r_0} \tag{10.4.1}$$

或
$$z^2-h_0^2=\frac{0.732}{k}Q\lg\frac{r}{r_0} \tag{10.4.2}$$

上式为普通完整井的浸润线方程。式中 k，r_0，h_0，Q 为已知，假设一系列 r 值，算出对应的 z 值，即可绘出浸润线。

当 $r=R$ 时，$z=H$，代入式(10.4.2)可求得井的出水量公式为
$$Q=1.366\frac{k(H^2-h_0^2)}{\lg\frac{R}{r_0}} \tag{10.4.3}$$

井的影响半径 R 主要取决于土壤的性质，可由现场抽水试验决定。根据经验，细砂：$R=100\sim200$ m；中粒砂：$R=250\sim500$ m；粗砂：$R=700\sim1000$ m。R 也可用经验公式估算
$$R=3000s\sqrt{k} \tag{10.4.4}$$
式中：$s=H-h_0$，称为降深，为天然地下水位与井中水位之差，即抽水稳定时井中水位的降落值。k 为土壤的渗透系数。计算时 k 以 m/s 计，R，s，H 均以 m 计。

【例 10.4.1】 有一水平不透水层上的普通完整井，井的半径 $r_0=0.2$ m，含水层厚度 $H=8.0$ m，渗流系数 $k=0.0006$ m/s。抽水一段时间后，井中水深 $h_0=4.0$ m。试计算井的渗流量及浸润线。

【解】

井中水面降深值
$$s=H-h_0=8.0\text{ m}-4.0\text{ m}=4.0\text{ m}$$

井的影响半径
$$R=3000s\sqrt{k}=3000\times(8-4)\text{ m}\times\sqrt{0.0006}=293.9\text{ m}$$

则井的渗流量
$$Q=1.366\frac{k(H^2-h_0^2)}{\lg\frac{R}{r_0}}=1.366\frac{0.0006\text{ m/s}[(8.0\text{ m})^2-(4.0\text{ m})^2]}{\lg\left(\frac{293.9\text{ m}}{0.2\text{ m}}\right)}=0.0124\text{ m}^3/\text{s}$$

井的浸润线方程
$$z^2-h_0^2=\frac{0.732}{k}Q\lg\frac{r}{r_0}$$

设一系列 r 值，代入上式，算出相应的 z 值，计算结果列于下表中。根据表中的 r 和 z 值，即可绘出井的浸润线。

$r(m)$	r/r_0	$\lg r/r_0$	$0.732\,\frac{Q}{k}\lg\frac{r}{r_0}$	$z^2(\mathrm{m}^2)$	$z(\mathrm{m})$
1	5	0.699	10.52	26.52	5.150
3	15	1.176	17.70	33.70	5.800
5	25	1.398	21.04	37.04	6.086
20	100	2.000	31.00	47.00	6.856
40	200	2.301	34.63	50.63	7.115
80	400	2.602	39.16	55.16	7.427
120	600	2.778	41.81	57.81	7.603
160	800	2.903	43.69	59.69	7.725
200	1000	3.00	45.15	61.15	7.820
250	1250	3.097	46.61	62.61	7.913

10.4.2 承压完整井

设一承压完整井如图 10.4.4 所示，含水层位于两个不透水层之间。这里仅考虑最简单的情况，即两个不透水层层面均为水平，$i=0$，以及含水层厚度 t 为定值。因为是承压井，当井穿过上面一层不透水层时，承压水会从井中上升，达到高度 H。H 为地下水的总水头，H 大于含水层厚度 t 才是承压井。当地下水面高于地面，若在此处钻孔，地下水可自动流出地面，故承压井又称为自流井。当从井中连续抽水达到恒定状态时，井中水深将由 H 降至 h_0，井外的测管水头线也将下降，形成稳定的漏斗形曲面，此时和普通完整井一样，可按一元渐变渗流处理。根据裘皮幼公式，过水断面上的平均流速为

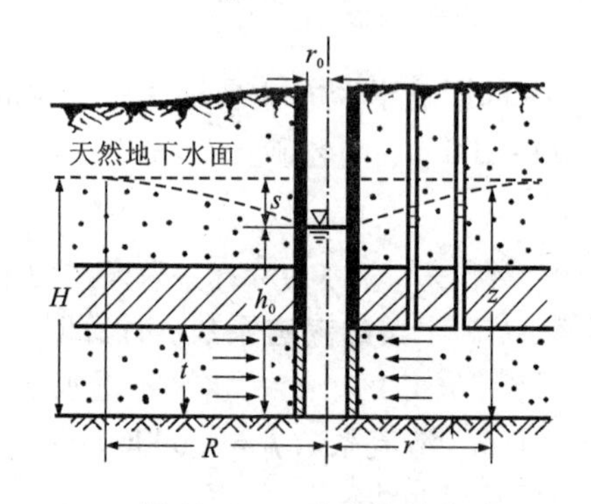

图 10.4.4 承压完整井

$$v=kJ=k\frac{\mathrm{d}z}{\mathrm{d}r}$$

距井中心为 r 处的过水断面面积 $A=2\pi rt$，则渗流量为

$$Q=vA=2\pi rtk\frac{\mathrm{d}z}{\mathrm{d}r}$$

上式分离变量后积分得

$$z=\frac{Q}{2\pi kt}\ln r+C$$

式中：C 为积分常数，由边界条件确定。当 $r=r_0$ 时，$z=h_0$，得积分常数 $C=h_0-\frac{Q}{2\pi kt}\ln r_0$。代入上式得

$$z - h_0 = \frac{Q}{2\pi kt}\ln\frac{r}{r_0} = 0.366\frac{Q}{kt}\lg\frac{r}{r_0} \tag{10.4.5}$$

上式为承压完整井的测压管水头线方程。

井的影响半径为 R。当 $r=R$ 时，$z=H$，代入上式得承压完整井的涌水量公式

$$Q = 2.732\frac{kt(H-h_0)}{\lg\frac{R}{r_0}} = 2.732 - \frac{kts}{\lg\frac{R}{r_0}} \tag{10.4.6}$$

式中:井的影响半径 R 仍可用式(10.4.4)估算。

10.4.3 井群的渗流计算

工程中抽取地下水时，常采用几口井同时抽水，当井间的距离小于影响半径时,这些井统称为井群。井的相互位置往往根据具体情况而定，各井的出水量不一定相等，每一口井都处于其他井的影响半径之内，地下水位相互干扰，致使渗流区的浸润面形状变得异常复杂。具体表现为：当井中水位降深一定时，井群中干扰井的出流量比单独工作的非干扰井出流量小；如果保持井的流量不变，则干扰井的水位降深要大于单井降深。干扰作用使各个井的降落漏斗叠在一起而形成大面积的区域降落漏斗。在供水工程和排水工程中，常根据需要规定降深，计算各井的涌水量及井群的总涌水量及降深。

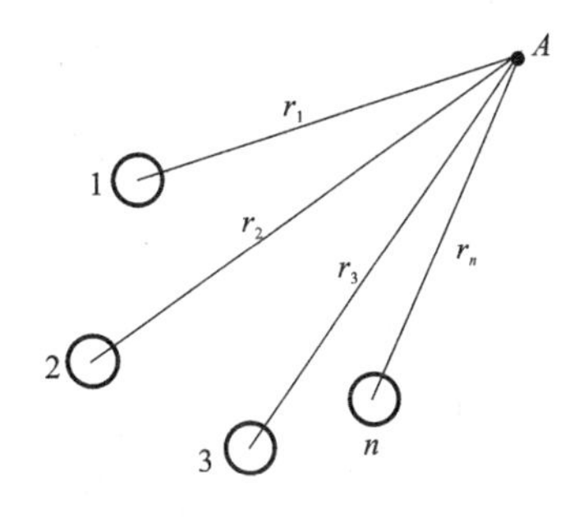

图 10.4.5 普通完整井井群

设由 n 个普通完整井组成的井群如图 10.4.5 所示。各井的半径、涌水量、至某点 A 的水平距离分别为 $r_{01},r_{02},\cdots,r_{0n},Q_1,Q_2,\cdots,Q_n$ 及 $r_1,r_2,\cdots,r_n$。若各井单独工作时,它们的井深分别为 $h_{01},h_{02},\cdots,h_{0n}$,在 A 点形成的渗流水位分别为 $z_1,z_2,\cdots,z_n$,按单井抽水时的浸润线方程式(10.4.1)有

$$z_1^2 = h_{01}^2 + \frac{Q_1}{\pi k}\ln\frac{r_1}{r_{01}}$$

$$z_2^2 = h_{02}^2 + \frac{Q_2}{\pi k}\ln\frac{r_2}{r_{02}}$$

$$\cdots\cdots$$

$$z_n^2 = h_{0n}^2 + \frac{Q_n}{\pi k}\ln\frac{r_n}{r_{0n}}$$

当各井同时抽水时，按照势流叠加原理，可导出其公共浸润线方程为

$$z^2 = \sum_{i=1}^{n} z_i^2 = \frac{Q_1}{\pi k}\ln\frac{r_1}{r_{01}} + \frac{Q_2}{\pi k}\ln\frac{r_2}{r_{02}} + \cdots + \frac{Q_n}{\pi k}\ln\frac{r_n}{r_{0n}} + h_{01}^2 + h_{02}^2 + \cdots + h_{0n}^2$$

现考虑各井涌水量相同的情况，即

$$Q_1 = Q_2 = \cdots = Q_n = Q, h_1 = h_2 = \cdots h_n = h_0$$

$$z^2 = \frac{Q}{\pi k}[\ln(r_1 r_2\cdots r_n) - \ln(r_{01}r_{02}\cdots r_{0n})] + nh_0^2 \tag{10.4.7}$$

设井群的影响半径为 R，若 R 远大于井群的尺寸，而 A 离各单井都较远，则可认为

$$r_1 \approx r_2 \approx \cdots \approx R,\ z = H$$

$$H^2 = \frac{Q}{\pi k}\left[\frac{1}{n}\ln R - \ln(r_{01}r_{02}\cdots r_{0n})\right] + nh_0^2 \tag{10.4.8}$$

将上式与式(10.4.7)相减并改为常用对数，则

$$z^2 = H^2 - \frac{0.732Q_0}{k}\left[\lg R - \frac{1}{n}\lg(r_1 r_2 \cdots r_n)\right] \tag{10.4.9}$$

上式为普通完整井井群的浸润线方程。式中：$Q_0 = nQ$ 为井群的总出水量。井群的影响半径 R 可采用单井的 R 值。计算时，k 以 m/s 计；H，r，R 均以 m 计。当 n，r_1、r_2、…、r_n 以及 R,k 为已知时，若测得 H 和 Q_0 值，则 A 点的水位 z 可直接由式(10.4.9)求得；若测得 H 和 z 值，也可由该式得到井群的总抽水流量 Q_0。

【例 10.4.2】 由半径 $r_0 = 0.1$ m 的 8 个普通完全井组成的井群。布置在长 60 m，宽为 40 m 的长方形周线上，用以降低基坑的地下水位，如图 10.4.6 所示，地下含水层厚度 $H = 10$ m，土壤的渗流系数 $k = 0.0001$ m/s，井群的影响半径 $R = 500$ m，总抽水量 $Q_0 = 0.02$ m³/s。试求地下水位在井群中心 A 处的降落值。

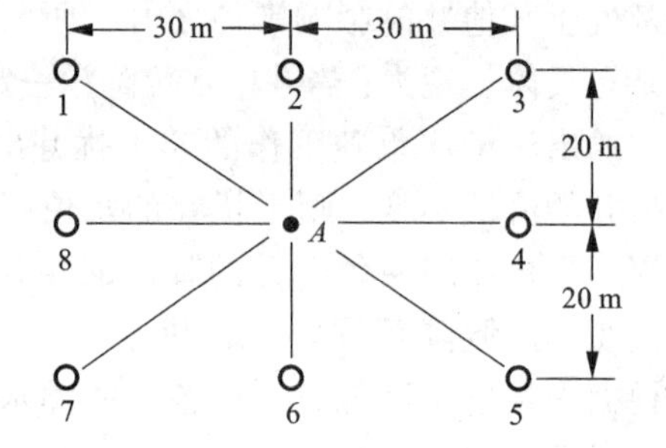

图 10.4.6 井群的水力计算

【解】

各井距中心 A 的距离为

$r_2 = r_6 = 20$ m，$r_4 = r_8 = 30$ m，

$r_1 = r_3 = r_5 = r_7 = \sqrt{(30\ \text{m})^2 + (20\ \text{m})^2} = 36$ m

将有关数据代入(10.4.9)式得

$$z^2 = (10\ \text{m})^2 - \frac{0.732 \times 0.02\ \text{m}^3/\text{s}}{0.0001\ \text{m/s}}\left[\lg 500 - \frac{1}{8}\lg(36^4 \times 20^2 \times 30^2)\right] = 82.09\ \text{m}^2$$

$$z = 9.06\ \text{m}$$

$$s = H - z = 10\ \text{m} - 9.06\ \text{m} = 0.94\ \text{m}$$

本章小结

本章针对土建行业中常见的基础工程中地下水的运动，介绍了渗流的特性、渗流模型理论，以及在此基础上建立的渗流达西定律；在裘皮幼假设条件下渗流均匀流和渗流渐变流的理论方程和浸润线的形状，并针对实际问题介绍了井及井群的水力计算。让大家在工程流体力学基础上，对渗流有一定的认识，但仅有这些对土建行业来说还是远远不够的，大家还要在土力学及相关专业基础课中进一步学习提高。

思考题

1. 什么是渗流？其特点和水力计算模型是怎样的？
2. 达西公式的适用条件是什么？
3. 什么是渗流浸润线？其水力计算分那几大类？分别如何计算？
4. 试比较地下明渠渐变渗流与明渠渐变流的异同点。
5. 什么是井群？其水力特点如何？如何进行水力计算？

习　题

10.1　为测定某土样的渗透系数 k 值，进行达西实验，圆筒直径 $d=0.2$ m，长 $l=0.40$ m，两测压管水面高差为0.12 m，实测流量为 $Q=1.63\ \mathrm{cm^3/s}$，计算 k 值。

10.2　已知不透水层坡度 $i=2.5\times10^{-3}$，土壤渗透系数 $k=4.3\times10^{-4}$ cm/s，均匀渗流水深 $h_0=12$ m，求单宽渗流量 q。

10.3　一不透水层底坡 $i=0.0025$，土壤渗透系数 $k=5\times10^{-3}$ cm/s，在相距550 m 的两个钻孔中水深分别为 $h_1=3.0$ m 及 $h_2=4.0$ m，求单宽渗流量并绘制浸润线。

10.4　水平不透水层上建一均质土坝，上、下游坝坡为 $m_1=3.0$，$m_2=2.5$，上、下游水深为 $H_1=15.6$ m，$H_2=1.1$ m，坝顶超高 $d=1.4$ m，坝顶宽 $b=10.0$ m，坝体渗透系数 $k=5\times10^{-6}$ cm/s。计算土坝渗流量并绘制浸润线。

10.5　在土层中开凿一到底的普通井，直达水平不透水层，直径为 $d=0.30$ m，地下水深 $H=14.0$ m，土壤渗透系数 $k=0.001$ cm/s。今用抽水机抽水，井水位下降4.0 m后达到稳定，影响半径 $R=250$ m。求抽水机出水流量 Q。

10.6　为实测某区域内土壤的渗透系数 k 值，今打一到底的普通井进行抽水试验，如图所示，在井的附近(影响半径范围内)设一钻孔，距井中心为 $r=80$ m，井半径为 $r_0=0.20$ m。测得抽水稳定后的流量为 $Q=2.5\times10^{-3}\ \mathrm{cm^3/s}$，井中水深 $h_0=2.0$ m，钻孔水深 $h=2.8$ m。求土壤的渗透系数 k。

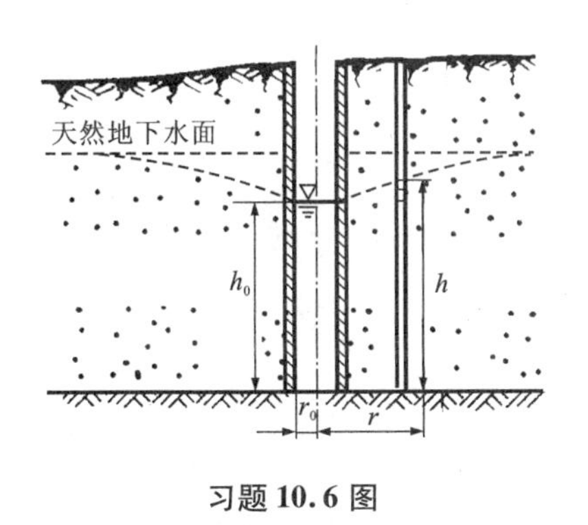

习题10.6图

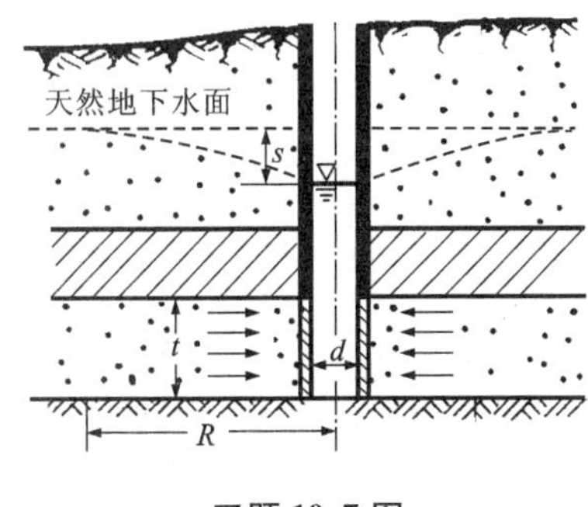

习题10.7图

10.7　在厚度 $t=9.8$ m 的粗砂有压含水层中打一直径为 $d=152$ cm 的井。渗透系数 k

$=4.2\ \mathrm{m/d}$，影响半径 $R=150\ \mathrm{m}$。今从井中抽水，如图所示，井水位下降 $s=4.0\ \mathrm{m}$，求抽水流量 Q。

10.8　为降低基坑地下水位，在基坑周围，沿矩形边界布设8个普通完全井如图所示。井的半径为 $r_0=0.15\ \mathrm{m}$，地下水含水层厚度 $H=15\ \mathrm{m}$，渗流系数为 $k=0.001\ \mathrm{m/s}$，各井抽水流量相等，总流量为 $Q_0=0.02\ \mathrm{m^3/s}$，设井群的影响半径为 $R=500\ \mathrm{m}$，求井群中心点0处地下水位降落值 Δh。

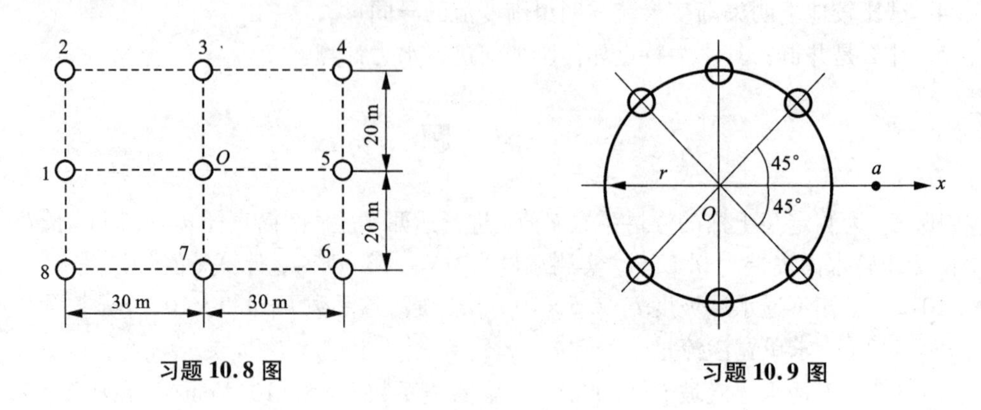

习题 10.8 图　　　习题 10.9 图

10.9　井群由六个普通完全井构成，分布于半径 $r=25\ \mathrm{m}$ 的圆周上，如图所示。每个井抽水量为 $Q=15\ \mathrm{L/s}$，影响半径 $R=700\ \mathrm{m}$，$\theta=45°$，含水层厚度 $H=10\ \mathrm{m}$，渗透系数 $k=0.001\ \mathrm{m/s}$，求井群中心 O 点及位于 x 轴上距离 O 点为40 m的 a 点的地下水位。

*第 11 章　一元气体动力学基础

气体动力学是流体力学的一个分支，它研究可压缩流体的运动规律。气体动力学最大的特点是气流速度大，其动能的变化量与气体的内能在量级上相当，于是气体的密度与压力一样，也是变量。压力和密度既是描述气体宏观流动的变量，又是描述气体热力学状态的变量，因此这两个变量把气体的动力学与热力学耦合在一起。所以建立控制方程主要从以下四个方面着手，即

（1）运动学方面：质量守恒定律；

（2）动力学方面：牛顿定律；

（3）热力学方面：能量守恒定律；

（4）气体的物理和化学属性方面：如气体状态方程等。

在土木工程中，气体动力学在可压缩流体管道输送、高速铁(公)路隧道等工程技术问题中应用。

本章介绍了气体动力学中音速及马赫数的概念；一维定常流动基本方程的建立；最后对等温、绝热管流也作了比较详细叙述。

11.1　音速与马赫数

对于可压缩流体来说，音速是一个非常重要的概念，扰动波在流体介质中的传播速度被称为音速。声波传播的速度与它们所在介质的压缩性有关。我们以一个比较简单的例子来推导音速的计算公式。

有一等截面积的直圆管，管内可压缩流体的压力、温度和密度分别是 p、T 和 ρ。如果左边活塞以速度 $\mathrm{d}v$ 向右恒速移动，则紧贴活塞的那层气体首先被压缩，压强、密度和温度将有所增大，增大值分别为 $\mathrm{d}P$，$\mathrm{d}\rho$，$\mathrm{d}T$，直到这层气体随活塞以相同的速度运动。已压缩的这层气体，对于第二层气体来说，就像一个活塞，导致第二层气体也压缩，它的压强、密度和温度也略微增加，直到第二层气体也随活塞以相同的速度运动。以此类推，扰动也将一层一层地向右方传过去。波的前方未被压力扰动过的地方仍维持原来状态，如图 11.1.1。这种微弱扰动波的传播速度统称为音速 a。为了推求该传播速度，选用与微弱扰动波一起运动的相对坐标系作为分析管内流动的参考坐标系。这样，对于该参考坐标系，根据连续方程有

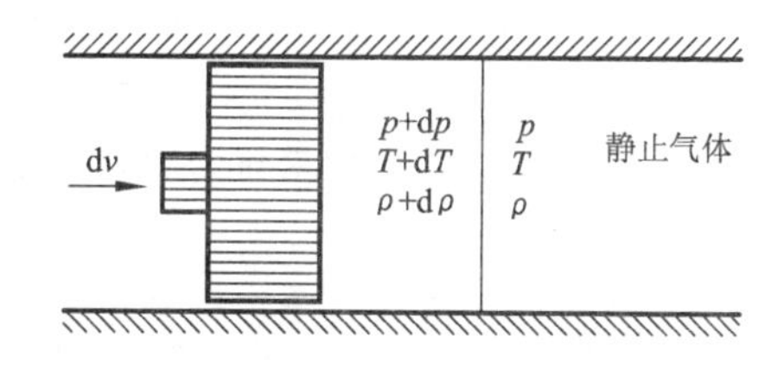

图 11.1.1　微弱压力波向右传播

$$(\rho_1+\mathrm{d}\rho)(a-\mathrm{d}v)A-\rho_1 aA=0 \tag{11.1.1}$$

略去二阶微量，得

$$a\mathrm{d}\rho=\rho_1\mathrm{d}v \tag{11.1.2}$$

由动量方程得

$$\rho_1 a[(a-\mathrm{d}v)-a]A=[p_1-(p_1+\mathrm{d}p)]A \tag{11.1.3}$$

即

$$\mathrm{d}p=a\rho_1\mathrm{d}v$$

将(11.1.2)式代入上式，得

$$a=\sqrt{\frac{\mathrm{d}p}{\mathrm{d}\rho}} \tag{11.1.4}$$

从热力学得知，在无能量损失且与外界又无热量交换的情况下，为可逆的绝热过程，又称等熵过程，其中熵是从热力学理论的数学分析中得到的一个状态参数，单位为 kJ/(kg·K)，以数学式定义，即

$$\mathrm{d}s=\frac{\mathrm{d}q}{T}$$

式中：$\mathrm{d}q$ 为1千克工质在可逆过程中自外界吸入的热量；T 是传热工质的绝对温度；$\mathrm{d}s$ 为此微元过程中1千克工质熵的变化。气体参数变化满足等熵关系式

$$\frac{p}{\rho^{\gamma}}=\mathrm{const} \tag{11.1.5}$$

式中：γ 为气体绝热指数。

对上式取对数再微分后，得到

$$\frac{\mathrm{d}p}{p}=\gamma\frac{\mathrm{d}\rho}{\rho}$$

代入式(11.1.4)，同时列入理想气体状态方程 $p=\rho RT$[即(1.2.11)式]得

$$a=\sqrt{\gamma\frac{p}{\rho}}=\sqrt{\gamma RT} \tag{11.1.6}$$

这就是理想气体的音速公式。式中：R 为气体常数。

对于流动的气体，不仅需要用音速的大小来表征气流的可压缩程度，而且还要用到气流的马赫数。马赫数除了表征气流的可压缩程度以外，它在研究气体高速运动的规律以及气体流动问题的计算等方面，均有着极其重要的和广泛的用途。

气体在空间某点的流速与当地音速之比定义为该点气流的马赫数，用 Ma 表示，即

$$Ma\equiv\frac{v}{a} \tag{11.1.7}$$

马赫数是个无量纲数。对于理想气体

$$Ma=\frac{v}{\sqrt{\gamma RT}} \tag{11.1.8}$$

如果 Ma 很小，气流速度比音速小得多，也就是说气流的密度变化很小，因而可认为流动是不可压缩的。当 $Ma<1$ 的情况，称为亚音速；当 $Ma=1$ 时，流体的速度正好等于音速，称为音速；$Ma=1\sim5$ 时，称为超音速流动，如果 $Ma>5$ 就称为高超音速流动。而对于 Ma 在1附近变化的($0.8<Ma<1.4$)，称为跨音速流动。

【例 11.1.1】 已知某隧道中空气的温度为20 ℃，隧道长 $l=3000$ m，问当一列车驶入隧道进口端时，其隧道出口端处的空气在几秒钟后才发生流动？

【解】

当空气温度为 20 ℃时，其绝对温度为：$T=(273+20)$ K $=293$ K，则其音速为

$$a=\sqrt{kRT}=\sqrt{1.4\times287\times293}\ \text{m/s}=343.1\ \text{m/s}$$

隧道出口端处发生流动时所经历的时间为

$$t=\frac{l}{a}=\frac{3000}{343.1}\ \text{s}=8.7\ \text{s}$$

11.2　理想气体一元恒定流动基本方程

11.2.1　定常流动

控制体内流体参数如压力、温度、速度等随时间均不发生变化，这种流动被称为定常流动。

11.2.2　连续性方程

对图 11.2.1 中的管流，取相距为 Δx 的两截面 $1-1'$，$2-2'$，$A=A(x)$ 是管截面积。若取 $1-1'-2'-2$ 为控制体，则由气体定常运动的连续性方程得

$$\rho vA=\frac{\mathrm{d}}{\mathrm{d}x}(\rho vA)\Delta x-\rho vA=0$$

展开上式，略去高阶微分项，整理后可得

$$\frac{\mathrm{d}}{\mathrm{d}x}(\rho vA)=0 \qquad (11.2.1)$$

积分后

$$Q_m=\rho vA=\text{const} \qquad (11.2.2)$$

式中：Q_m 为质量流量，$\rho=\rho(x)$，$v=v(x)$，$A=A(x)$。

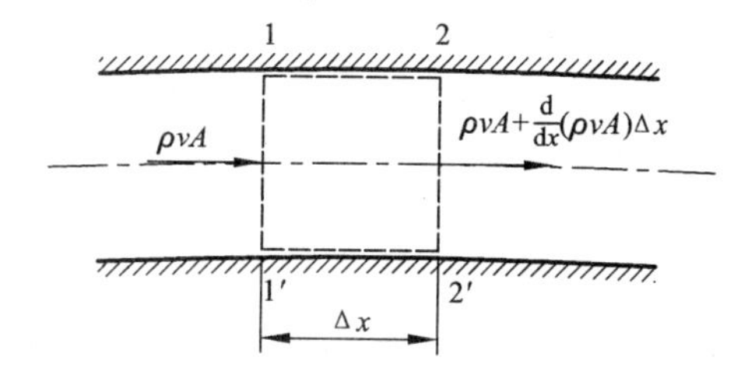

图 11.2.1　推导连续性方程的控制体

上式说明通过管流任意截面的质量流量相等。(11.2.1)式还可以等价写成

$$\frac{\mathrm{d}\rho}{\rho}+\frac{\mathrm{d}v}{v}+\frac{\mathrm{d}A}{A}=0 \qquad (11.2.3)$$

(11.2.1)、(11.2.3)式是气体一维定常运动微分形式的连续性方程，(11.2.2)式是积分形式的连续性方程。

连续方程式(无论是微分或积分形式)是气体动力学中最基本又最常用的方程式之一。下面我们在推导其他基本方程或解决许多实际问题时，常常要用到它。

【例 11.2.1】　某涡轮喷气发动机在设计状态下工作时，已知在尾喷管进口截面 1 处的气流参数为：$p_1=2.05\times10^5\ \text{N/m}^2$，$T_1=865$ K，$v_1=288$ m/s，$A_1=0.19\ \text{m}^2$；出口截面 2 处的气体参数为：$p_2=1.143\times10^5\ \text{N/m}^2$，$T_2=766$ K，$A_2=0.1538\ \text{m}^2$。试求通过尾喷管的燃气质量流量和尾喷管的出口流速。给定燃气的气体常数 $R=287.4$ J/(kg·K)。

【解】

根据连续性方程(11.2.2)式及(11.1.6)式

$$Q_m=\rho vA=\frac{p}{RT}\times v\times A=\frac{p_1v_1A_1}{RT_1}=\frac{2.05\times10^5\times0.19\times288}{287.4\times865}\ \text{kg/s}=45.1\ \text{kg/s}$$

因
$$Q_m=\frac{p_1v_1A_1}{RT_1}=\frac{p_2v_2A_2}{RT_2}$$

故
$$v_2=v_1\times\frac{A_1}{A_2}\times\frac{p_1}{p_2}\times\frac{T_2}{T_1}=288\times\frac{0.19}{0.1538}\times\frac{2.05\times10^5}{1.143\times10^5}\times\frac{766}{865}\ \text{m/s}=565.1\ \text{m/s}$$

11.2.3 动量方程

根据牛顿第二运动定律，对于一确定的体系，在某一瞬间，体系的动量对时间的变化率等于该瞬间作用在该体系全部外力的合力，而且动量变化的方向与合力的方向相同。由于动量方程是由牛顿第二运动定律直接导出，故动量方程中速度必须在相对地球或参考一个相对地球做等速直线运动的坐标中来度量。现在我们来导出此定律适用于气体的形式。

图 11.2.2 中为通过流管(或管道)的流体，设流动是一维的。在图中取虚线 $ABCDA$ 所围成的空间为控制体，控制体内流体为定常流动。取瞬时 t 占据此控制体内的流体为体系，经过时间 $\mathrm{d}t$ 后，此体系流动到新的位置 $A'B'C'D'$。在瞬时 t，体系所具有的动量以 $M(ABCD)$ 表示，在瞬时 $t+\mathrm{d}t$，体系所具有的动量以 $M(A'B'C'D')$ 表示。于是体系在经过 $\mathrm{d}t$ 时间后，动量的变化为

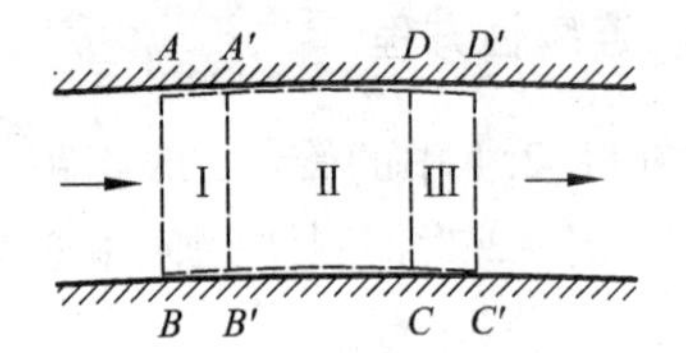

图 11.2.2 推导动量方程的控制体

$$M(A'B'C'D')-M(ABCD)$$

由于是定常流动，故在空间区域Ⅱ内的流体动量是不随时间变化的，因此有

$$M(A'B'C'D')-M(ABCD)=M(DCC'D')-M(ABB'A')$$

而
$$M(DCC'D')-M(ABB'A')=\mathrm{d}m_2\cdot\boldsymbol{v}_2-\mathrm{d}m_1\cdot\boldsymbol{v}_1$$

式中：$\mathrm{d}m$——区域流体质量，kg；

$\boldsymbol{v}$——流体流速，m/s；

下标 1、2——区域Ⅰ、Ⅱ。

因此体系的动量对时间的变化率为

$$\frac{M(A'B'C'D')-M(ABCD)}{\mathrm{d}t}=\frac{\mathrm{d}m_2}{\mathrm{d}t}\cdot\boldsymbol{v}_2-\frac{\mathrm{d}m_1}{\mathrm{d}t}\cdot\boldsymbol{v}_1=Q_m(\boldsymbol{v}_2-\boldsymbol{v}_1)$$

设环境对瞬时占据控制体内的流体的全部作用力为 $\sum\boldsymbol{F}$，则根据牛顿第二运动定律，得

$$\sum\boldsymbol{F}=Q_m(\boldsymbol{v}_2-\boldsymbol{v}_1) \tag{11.2.4}$$

上式就是牛顿第二运动定律适用于控制体时的形式。它说明：在定常流中，作用在控制体上全部外力的合力 $\sum\boldsymbol{F}$，应等于从控制面 $C-D$ 流体动量的流出率与从控制面 $A-B$ 流体动量的流入率之差值。将上式投影到直角坐标轴 x，y，z 上，得

$$\left.\begin{aligned}\sum F_x &= Q_m(v_{2x} - v_{1x}) \\ \sum F_y &= Q_m(v_{2y} - v_{1y}) \\ \sum F_z &= Q_m(v_{2z} - v_{1z})\end{aligned}\right\} \tag{11.2.5}$$

这里要特别强调，力$\sum F_x$，$\sum F_y$，$\sum F_z$是作用于控制体内流体的所有外力在x，y，z方向上的分力的代数和。这些外力包括：(1)控制体内流体的质量力；(2)作用在控制体面上的正应力(压力)所引起的力；(3)作用在控制面上的切应力(摩擦力)所引起的力；(4)有固体(如支架、轴等)被控制面所切，固体截面加在控制面上的应力所引起的力。但是外力不包括控制体内的障碍物对流体的作用力，因为这个力不是作用在控制面上。

动量方程运用的成功与否，与所选取的控制面是否恰当有很大的关系。现在让我们来看一个例题。

【例 11.2.2】 有一火箭发动机在台架上点火试验。火箭排气量为10 kg/s，排气速度为800 m/s。假设在出口处为均匀定常状态，出口平面面积A_e为0.01 m^2，出口平面静压力p_e为50 kPa。大气压p_a为101 kPa。试确定火箭发动机传输到试验台架上推力的大小，如图11.2.3。

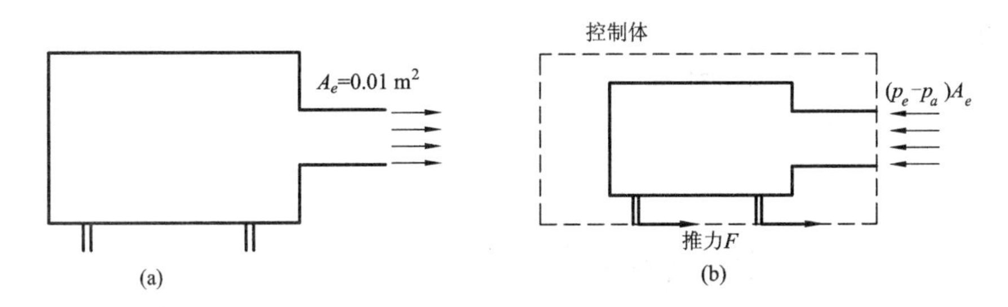

图 11.2.3　例 11.2.2 简图

【解】

选择一控制体，见图11.2.3(b)虚线所示。作用在控制体上的力有推力和作用在出口平面上的不平衡力

$$\sum F = Q_m(v_2 - v_1)$$

$$F - (p_e - p_a)A_e = Q_m(v_2 - v_1)$$

$$\begin{aligned}F &= [10^3 \times (50 - 101) \times 0.01 + 800 \times 10]\ \text{N} \\ &= (-0.51 + 8.0) \times 10^3\ \text{N} \\ &= 7.49\ \text{kN}\end{aligned}$$

11.2.4　能量方程

对于一个确定质量的体系，其热力学第一定理的一般解析式

$$Q - W = \Delta E \tag{11.2.6}$$

式中：Q表示传入体系的热量；W表示系统对外所作的功；ΔE表示体系全部能量的增量，它包括内能、动能、势能。下面推导该定律应用于气体的表示形式。图11.2.4中给出了一个一维定常流动的模型。在此模型中，气体与外界热源有热量的交换，通过叶轮机的转轴

气体与外界有功的交换。

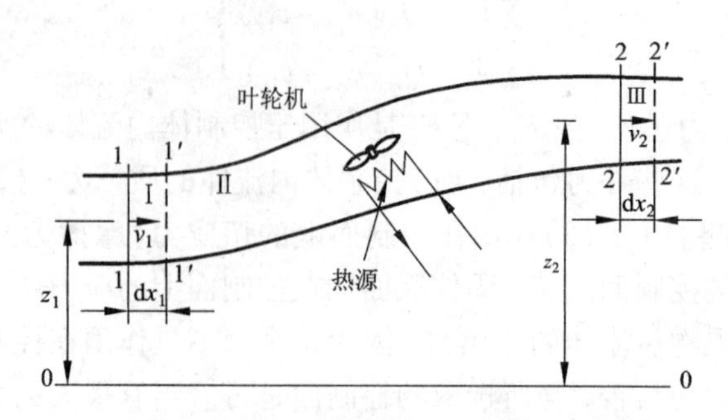

图 11.2.4 通过带热源的流管的定常流

在流管中任取两个垂直于管轴(即垂直于流向)的截面 1-1 和 2-2, 并与这两个截面间的流管侧表面组成一个控制体。取瞬时 t 占据此控制体内的流体为体系, 经过时间 dt 后, 此体系流动到新的位置, 位于 1′-1′和 2′-2′之间。现在我们来具体分析一下在此过程中体系能量的变化、外界传入体系的热量和体系向外界传输的功。

1. 内能和焓

内能是贮存于系统内部的能量, 它是一个状态参数, 其单位为 J。一般取内能在绝对零度时为零值, 则对单位质量、温度为 TK 的系统, 其内能为

$$e = c_V T$$

式中: c_V 为定容比热。

对气体, 引入一个新的物理量焓 h,

$$h = e + pv \tag{11.2.7}$$

即焓表示单位质量内能与推动功之和, 其单位为 J/kg。式中: v 表示流体的比容, $v = \dfrac{1}{\rho}$, 单位为 m^3/kg。

2. 体系能量的变化

单位质量运动流体不仅具有内能 e, 还有动能 $v^2/2$ 和势能 gz。所以单位质量流体的当地能量是 $e + v^2/2 + gz$。比较系统位移前后的能量就会看到: 相应于从 2 到 2′的位移, 系统单位质量能量的增量 $=(e_2 + v_2^2/2 + gz_2) - (e_1 + v_1^2/2 + gz_1)$。

3. 外界传入体系的热量

在 dt 时间内, 外界传入体系的热量用 q 表示, 它是由于所取体系和外界之间存在温度差而穿过体系边界的传热量, 并借助于传导、对流和(或)辐射的方式进行传递。通常规定外界向体系传入热量为正; 反之, 体系向外界传出热量为负。

4. 体系对外界所做的功

体系对外界做功可分为两部分:

(1) 机械功和电磁功等。它是体系内转轴对外界所作的功, 所以它是穿越控制体边界对外界所做的功。通常规定对外界做功为正, 由外界输入功为负。

(2) 流动功。它表示流动压力推动流体质量穿越边界所作的功。从流动功的定义可以推导出它的表达式。若穿过控制体边界的质量为 Δm。为推动该质量跨越边界, 体系在边

界上将反抗外界压力而作功。如果该质量所占容积为 ΔV，其密度 $\rho = \Delta m/\Delta V$，系统所做的功为 $p\Delta V$。于是体系单位质量所作之流动功为

$$W = \frac{p\Delta V}{\Delta m} = \frac{p}{\rho} = pv \tag{11.2.8}$$

同样，假定推动流体流出控制体的流动功为正，因为它表示系统对外作功，反之为负。

因此，定常流动的能量方程是

$$q + (p_1 v_1 - p_2 v_2) Q_m = \left[\left(e_2 + \frac{1}{2}v_2^2 + gz_2\right) - \left(e_1 + \frac{1}{2}v_1^2 + gz_1\right)\right] Q_m \tag{11.2.9}$$

引入焓可以简化上式的表示方法，于是

$$q = \left[h_2 - h_1 + \frac{1}{2}v_2^2 - \frac{1}{2}v_1^2 + g(z_2 - z_1)\right] Q_m \tag{11.2.10}$$

当 $q = 0$ 时，我们得到绝热能量方程

$$h_1 + \frac{1}{2}v_1^2 + gz_1 = h_2 + \frac{1}{2}v_2^2 + gz_2 \tag{11.2.11}$$

如果整个流动都处于平衡状态，则能量平衡方程到处适用，并可写成

$$h + \frac{1}{2}v^2 + gz = \text{const} \tag{11.2.12}$$

对于定压比热为 c_p 的完全气体，气体的焓 $h = c_p T$，代入上式则可得

$$c_p T + \frac{1}{2}v^2 + gz = \text{const} \tag{11.2.13}$$

【例 11.2.3】 蒸汽以 30 m/s 的速度和 3000 kJ/kg 的焓流入蒸汽轮机，在出口处其速度为 100 m/s，焓值为 2600 kJ/kg，假设蒸汽轮机的热损失为 0.60 kJ/s，不计位能的变化。试求：当定常流动流量为 1 kg/s 时蒸汽轮机的输出功率。

【解】

选择一控制体如图 11.2.5 所示。对于定常流动，进、出口都为均匀状态的能量方程可写成

$$\left[\left(h_2 + \frac{v_2^2}{2}\right) - \left(h_1 + \frac{v_1^2}{2}\right)\right] Q_m = q - W$$

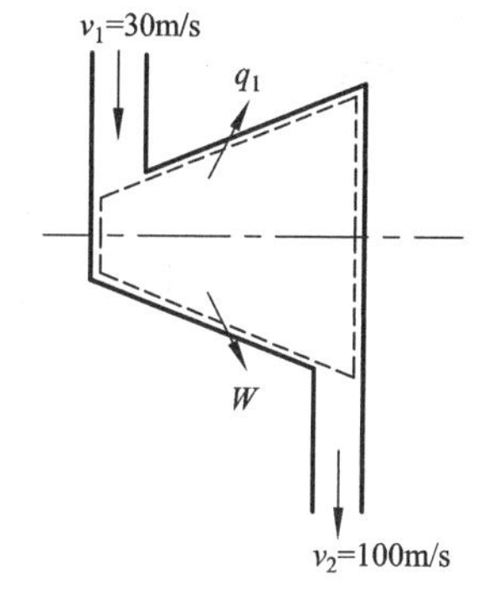

图 11.2.5　例 11.2.3 简图

代入数据后得

$$q - W = \left(2600 - 3000 + \frac{100^2 - 30^2}{2 \times 10^3}\right) \times 1 \text{ kW}$$

$$W = -0.6 + 395.45 \text{ kW} = 394.85 \text{ kW}$$

11.3　等截面等温摩擦管流

在长距离管道输送气体的时候，即使气流的速度很低，摩擦效应也会使管内压力发生很大的变化，从而引起气流的密度改变，因此气体的压缩性影响就不能忽略不计。此外在长距离流动过程中，有足够的时间使气流和周围环境进行热量交换，所以流体的温度可认

为等于环境的温度，并且是个常量。我们把这种流动作为有摩擦的等温流动来处理比较合适。流动的特点是在等截面管流中计入摩擦与换热的效应。

1. 滞止参数和静参数

气流某端面流速为 v，假想等熵滞止到 $v=0$ 时该端面各参数所达到的值，称为滞止参数。滞止参数以下标“0”表示。例如滞止压力 p_0、滞止密度 ρ_0、滞止温度 T_0 等。静参数是气体在静止或相对静止状态时测得的气体参数，如静温、静压。

2. 摩擦对等温流动的影响

图 11.3.1 中对等截面等温摩擦管流建立控制体，对完全气体写出定常流动的能量方程

$$\delta q - \mathrm{d}h - \frac{\mathrm{d}v^2}{2} = 0 \tag{11.3.1}$$

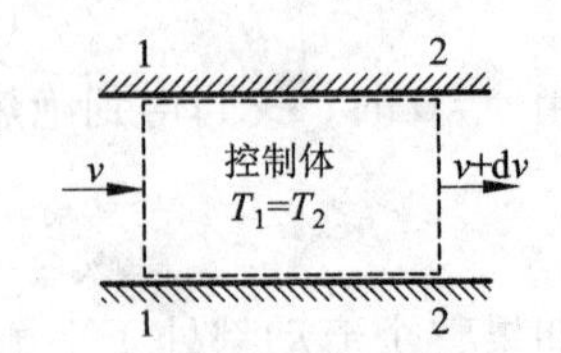

图 11.3.1 一维管流控制体

式中：δq 为控制体内每单位质量的换热量，或者写成

$$\delta q = c_p T + \frac{\mathrm{d}v^2}{2} = c_p \mathrm{d}T_0 \tag{11.3.2}$$

必须注意，换热将影响滞止温度 T_0 的变化。滞止温度与静温之间的关系由下式给出

$$\frac{T_0}{T} = \left(1 + \frac{\gamma - 1}{2} M_a^2\right) \tag{11.3.3}$$

在等温过程，静温 T 为常数情况下，滞止温度的微分式为

$$\mathrm{d}T_0 = T(\gamma - 1) Ma\mathrm{d}Ma \tag{11.3.4}$$

把上面两式相除，于是

$$\frac{\mathrm{d}T_0}{T_0} = \frac{(\gamma - 1) Ma\mathrm{d}Ma}{\left(1 + \frac{\gamma - 1}{2} Ma^2\right)} = \frac{(\gamma - 1)\mathrm{d}Ma^2}{2\left(1 + \frac{\gamma - 1}{2}\right) Ma^2} \tag{11.3.5}$$

其他方程分别是连续流动方程

$$\frac{Q_m}{A} = \rho v = 常数$$

或者

$$\frac{\mathrm{d}\rho}{\rho} + \frac{1}{2}\frac{\mathrm{d}v^2}{v^2} = 0 \tag{11.3.6}$$

状态方程 $p = \rho RT$

由于等温过程 $\mathrm{d}T = 0$，其微分式为

$$\frac{\mathrm{d}p}{p} = \frac{\mathrm{d}\rho}{\rho} \tag{11.3.7}$$

马赫数定义式

$$Ma = \frac{v}{\sqrt{\gamma RT}}$$

或者

$$\frac{\mathrm{d}Ma}{Ma} = \frac{\mathrm{d}v}{v} \tag{11.3.8}$$

动量方程

$$\frac{\mathrm{d}p}{p}+\frac{4f}{D_H}\frac{\rho v^2}{2}\mathrm{d}x+\frac{\rho v^2}{2}\frac{\mathrm{d}v^2}{v^2}=0 \tag{11.3.9}$$

联立(11.3.6)、(11.3.7)、(11.3.8)、(11.3.9)式，可解得

$$\frac{\mathrm{d}v}{v}=\frac{\mathrm{d}Ma}{Ma}=-\frac{\mathrm{d}p}{p}=-\frac{\mathrm{d}\rho}{p}=\frac{\gamma Ma^2}{2(1-\gamma Ma^2)}4C_f\frac{\mathrm{d}x}{D} \tag{11.3.10}$$

从上式可以看出，在有摩擦的等温流动中，γMa^2 的大小决定各参数的变化方向。当 $\gamma Ma^2<1$ 时，摩擦作用使气流加速；$\gamma Ma^2>1$ 时，则摩擦作用使气流减速，也就是说，对空气 $\gamma=1.4$，Ma 小于 0.845 时，摩擦使气流膨胀减速，压力和密度下降，而 Ma 大于 0.845 的情况正好相反。所以，等截面的等温摩擦管流中，摩擦总是使气流马赫数趋于 $1/\sqrt{\gamma}$，此值表征着等截面等温摩擦管流的临界值。

3. 等温摩擦管流的计算

如果取积分限为 $Ma\to 1/\sqrt{\gamma}$，$0\to L_{*t}$，则式(11.3.10)式的积分式为

$$\int_{Ma^2}^{1/\gamma}\frac{1-\gamma Ma^2}{\gamma Ma^4}\mathrm{d}Ma^2=\int_0^{L_{*t}}4C_f\frac{\mathrm{d}x}{D}$$

完成积分

$$\frac{1-\gamma Ma^2}{\gamma Ma^2}+\ln(\gamma Ma^2)=4\overline{C}_f\frac{L_{*t}}{D} \tag{11.3.11}$$

式中：$\overline{C}_f$ 为平均摩擦系数，若把 $Ma=1/\sqrt{\gamma}$时的气流参数也都用下标 $*t$ 表示，则由 $Ma=v/\sqrt{\gamma RT}$和 $1/\sqrt{\gamma}=v_{*t}/\sqrt{\gamma RT}$以及 $\rho v=\rho_{*t}v_{*t}$和 $p/\rho=p_{*t}/\rho_{*t}$可得

$$\frac{v}{v_{*t}}=\frac{\rho_{*t}}{\rho}=\frac{p_{*t}}{p}=\sqrt{\gamma}Ma \tag{11.3.12}$$

由于$\dfrac{p_0}{p_{0*t}}=\dfrac{p[2+(\gamma-1)Ma^2]^{\gamma/(\gamma-1)}}{p_{*t}[2+(\gamma-1)/\gamma]^{\gamma/(\gamma-1)}}$，将式(11.3.4)代入，得

$$\frac{p_0}{p_{0*t}}=\frac{1}{\sqrt{\gamma}Ma}\left[\frac{2\gamma}{3\gamma-1}\left(1+\frac{\gamma-1}{2}Ma^2\right)\right]^{r/(r-1)} \tag{11.3.13}$$

由于 $F\equiv pA(1+\gamma Ma^2)$，并利用式(11.3.4)，可得

$$\frac{F}{F_{*t}}=\frac{1+\gamma Ma^2}{2\sqrt{\gamma}Ma} \tag{11.3.14}$$

由于$\dfrac{T}{T_{0*t}}=\dfrac{T[2+(\gamma-1)Ma^2]}{T_{0*t}[2+(\gamma-1)/\gamma]}$，而 $T=T_{*t}$，故有

$$\frac{T_0}{T_{0*t}}=\frac{2\gamma}{3\gamma-1}\left(1+\frac{\gamma-1}{2}Ma^2\right) \tag{11.3.15}$$

4. 低马赫数时的关系式

在远距离输送的管道中，所采用的气流马赫数是如此之低，以至总压强的损失实际上就等于静压强的损失。对于这种情况，如果能找到联系 p_2/p_1、$4\overline{C}_fL/D$ 与 Ma_1 的直接关系式，将是很有用的(下标 1 和 2 分别代表长度为 L 的管道进口和出口处的状态)。根据式(11.3.11)可得

$$4\overline{C}_f\frac{L}{D}=\left(4\overline{C}_f\frac{L_{*t}}{D}\right)_1-\left(4\overline{C}_f\frac{L_{*t}}{D}\right)_2=\frac{1-\gamma Ma_1^2}{\gamma Ma_1^2}-\frac{1-\gamma Ma_2^2}{\gamma Ma_2^2}+\ln\left(\frac{Ma_1}{Ma_2}\right)^2$$

再根据式(11.3.12)可得 $p_1/p_2=Ma_2/Ma_1$，将由此式得到的 Ma_2 代入上式，整理后得

$$4\overline{C}_f\frac{L}{D}=\frac{1-(p_2/p_1)^2}{\gamma Ma_1^2}-\ln\left(\frac{p_1}{p_2}\right)^2 \qquad (11.3.16)$$

当压强降落相当小时，如果把式(11.3.16)的右端展成相对压强降落 $(p_1-p_2)/p_1$ 的幂级数，使用时则更为方便，保留相对压强降落的二次项，得适用于低压强降落时的近似公式

$$4\overline{C}_f\frac{L}{D}\approx\frac{2}{\gamma Ma_1^2}\left(\frac{p_1-p_2}{p_1}\right)\left[(1-\gamma Ma_1^2)-\left(\frac{1+\gamma Ma_1^2}{2}\right)\left(\frac{p_1-p_2}{p_1}\right)\right] \qquad (11.3.17)$$

如果令式(11.3.17)的方括号等于1，则该式便是常用的不可压缩流的压强降落公式。由此可见，只有当 γMa_1^2 和 $(p_1-p_2)/p_1$ 远小于1时，才能把气体在管道内的流动近似地当作不可压缩流来处理。由式(11.3.17)可以解得相对压强降落

$$\frac{p_1-p_2}{p_1}=\frac{1-\gamma Ma_1^2}{1+\gamma Ma_1^2}-\sqrt{\left(\frac{1-\gamma Ma_1^2}{1+\gamma Ma_1^2}\right)^2-\frac{\gamma Ma_1^2}{1+\gamma Ma_1^2}\left(4\overline{C}_f\frac{L}{D}\right)} \qquad (11.3.18)$$

【例11.3.1】 设有一输送天然气的管道，内径 $D=1.2$ m，长 $L=60$ km，天然气在管道进口的马赫数 $Ma_1=0.05$，静压强 $p_1=19.6\times10^5$ Pa，在管道出口的静压强 $p_2=9.8\times10^5$ Pa。已知天然气的绝热指数 $\gamma=1.25$，流动为有摩擦的等温流动。试求管道的平均表观摩擦系数 $\overline{C}_f$ 和气流在出口的马赫数 Ma_2。如果用近似公式去计算相对压强降落，其相对误差有多大？

【解】

由式(11.3.16)可得平均摩擦系数

$$\overline{C}_f=\frac{1.2}{4\times60000}\left[\frac{1-(9.8\times10^5)^2/(19.6\times10^5)^2}{1.25\times0.05^2}-\ln\left(\frac{19.6\times10^5}{9.8\times10^5}\right)^2\right]=0.00119$$

由式(11.3.12)可得气流在出口得马赫数

$$Ma_2=Ma_1\frac{p_1}{p_2}=0.05\times\frac{19.6\times10^5}{9.8\times10^5}=0.1$$

由式(11.3.18)可得相对压强降落的近似值

$$\frac{p_1-p_2}{p_1}=\frac{1-1.25\times0.05^2}{1+1.25\times0.05^2}-\sqrt{\left(\frac{1-1.25\times0.05^2}{1+1.25\times0.05^2}\right)^2-\frac{1.25\times0.05^2}{1+1.25\times0.05^2}\left(4\times0.00119\times\frac{60000}{1.2}\right)}=0.4982$$

所以，用近似公式去计算相对压强降落，其相对误差

$$\frac{0.5-0.4982}{0.5}=0.359\%$$

是很小的。

11.4 可压缩气体的绝热摩擦管流

在实际工程中，如果管道有良好的保温措施，或者管道很短而流动速度又很快，可以

不考虑气流与外界的热交换，这类管流皆可近似地按绝热摩擦流动计算。本节主要讨论的是可压缩气体在等截面绝热有摩擦的管道内作一维定常流动的情况。

1. 基本方程组

等截面管道中的一维定常绝热摩擦流动基本方程组是：

连续性方程

$$\rho v = \text{const} \tag{11.4.1}$$

能量方程

$$h + \frac{v^2}{2} = \text{const} \tag{11.4.2}$$

状态方程

$$\frac{p}{\rho} = RT \tag{11.4.3}$$

熵方程

$$S - S_1 = c_v \ln \frac{T}{T_1} - R\ln \frac{\rho}{\rho_1} \tag{11.4.4}$$

应用气体状态方程和连续性方程，则

$$S - S_1 = c_v \ln \frac{T}{T_1} + R\ln \frac{v}{v_1} \tag{11.4.5}$$

式中脚注 1 为参考状态。

在等截面管流中，取图 11.4.1 所示的无限小控制体，轴向长度为 dx，壁面对气流的切向应力为τ_w，则摩擦系数 f 与流动方向的切应力τ_w 有关，其关系为

$$f = \frac{\tau_w}{\frac{1}{2}\rho v^2} \tag{11.4.6}$$

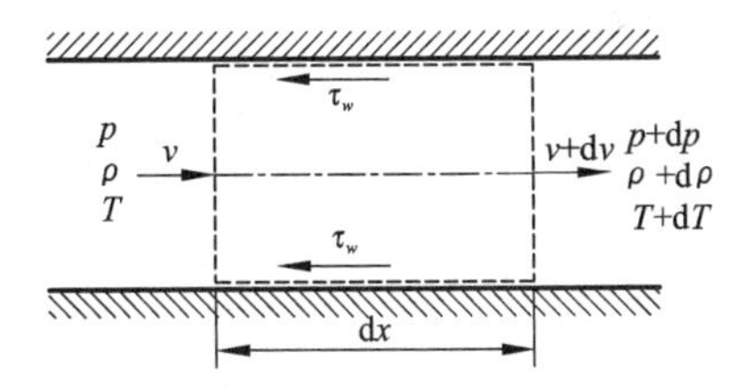

图 11.4.1　等截面管道的绝热摩擦流动

其中 $\rho v^2/2$ 表示来流的动压力。

已知管道的截面积为 A，直径为 d，对于其他非圆形截面的管道则可求得水力直径

$$d_H = \frac{4A}{\chi} \quad (\chi\text{为湿周长}) \tag{11.4.7}$$

引入上述方程的微分形式能更清楚地定性分析绝热摩擦管流中气流参数的变化情况。各方程的微分形式分别如下：

气体状态方程

$$\frac{\mathrm{d}p}{p} = \frac{\mathrm{d}\rho}{\rho} + \frac{\mathrm{d}T}{T} \tag{11.4.8}$$

连续流动方程

$$\frac{\mathrm{d}\rho}{\rho} + \frac{\mathrm{d}v}{v} = 0 \tag{11.4.9}$$

能量方程

$$\mathrm{d}h + v\mathrm{d}v = 0 \tag{11.4.10}$$

如果用 $\mathrm{d}A_w = 4A\mathrm{d}x/d$ 表示与控制体相接触的湿壁面面积，对此控制体内的气体运用一

维定常流的基本方程，则动量方程可表示为

$$-\mathrm{d}pA-\tau_w\mathrm{d}A_w=\rho vA\mathrm{d}v$$

将式(11.4.6)、(11.4.7)代入动量方程，整理后可得

$$\mathrm{d}p+\frac{4f}{d_H}\frac{\rho v^2}{2}\mathrm{d}x+\frac{\rho v^2}{2}\frac{\mathrm{d}v^2}{v^2}=0 \tag{11.4.11}$$

马赫数定义式

$$Ma^2=\frac{v^2}{\gamma RT} \tag{11.4.12}$$

或者

$$\frac{\mathrm{d}Ma^2}{Ma^2}=\frac{\mathrm{d}v^2}{v^2}-\frac{\mathrm{d}T}{T} \tag{11.4.13}$$

第二定律表达式

$$\mathrm{d}S\geqslant 0 \tag{11.4.14}$$

从方程(11.4.8)至(11.4.14)，在这六个方程中出现7个变量，即 Ma, v, p, ρ, T, S 和 f。如果确定其中的一个，那么其他六个变量可通过方程解出。

2. 计算公式

在等截面绝热摩擦管流中，无论亚音速气流还是超音速气流，它们的极限状态都是临界状态，因此，以极限管长推导出来的计算公式能准确、方便地进行计算。以临界状态作为参考状态，用下脚标注 * 表示，则极限管长相对应的进口状态和极限状态的流动参数比为

$$\frac{v}{v_*}=\frac{\rho_*}{\rho}=\left[\frac{(\gamma+1)Ma^2}{2+(\gamma-1)Ma^2}\right]^{\frac{1}{2}} \tag{11.4.15}$$

$$\frac{T}{T_*}=\frac{(\gamma+1)}{2+(\gamma-1)Ma^2} \tag{11.4.16}$$

$$\frac{p}{p_*}=\frac{1}{Ma}\left[\frac{(\gamma+1)}{2+(\gamma-1)Ma^2}\right]^{\frac{1}{2}} \tag{11.4.17}$$

$$\frac{p_0}{p_{0*}}=\frac{1}{Ma}\left[\frac{2+(\gamma-1)Ma^2}{(\gamma+1)}\right]^{\frac{(\gamma+1)}{2(\gamma-1)}} \tag{11.4.18}$$

$$\frac{s_*-s}{R}=\ln\left\{\frac{1}{Ma}\left[\frac{2+(\gamma-1)Ma^2}{\gamma+1}\right]^{\frac{(\gamma+1)}{2(\gamma-1)}}\right\} \tag{11.4.19}$$

由以上公式可以看出，极限管长以及进口与极限状态的流动参数比仅是气体的绝热指数 γ 和马赫数 Ma 的函数。

本章小结

本章首先介绍了音速和马赫数，这两个概念在研究气体运动规律与流动问题计算等方面都有极其重要的用途。可压缩气体与不可压缩流体比较，增添了两个未知变量——温度和密度，除连续性方程、能量方程和动量方程外，还补充了状态方程。在工程实际中，可压缩气体管内流动如果管道很长、流速不太大，气体与外界能进行充分的热交换，这类问题可

按等温流动处理;如果对管道采用了保温措施,或管道不太长,且流速较大,这类问题可近似按绝热流动处理。在本章的最后两节分别对等截面管道中的等温摩擦和绝热摩擦流动进行了分析。

思考题

11.1　马赫数为什么可以作为研究高速气体流动的相似准则?

11.2　积分形式和微分形式的连续性方程、动量方程和能量方程代表什么物理意义?

11.3　何为管流的极限?它决定于哪些因素?

11.4　等温摩擦管流与绝热摩擦管流有什么异同?

习　题

11.1　常压下当空气温度为 25 ℃时,其音速为多大?

11.2　某喷气发动机,在尾喷管出口处,燃气流的温度为 873 K,燃气流速度为 560 m/s,燃气的绝热指数 $\gamma = 1.33$,气体常数 $R = 287.4$ J/(kg · K),求出口燃气流的音速及马赫数。

11.3　在弯曲成 90°的收缩性管道中有水流动,进口处压强为 4.9×10^5 N/m²,直径为 10 cm;出口处压强为 4.2×10^5 N/m²,直径为 8 cm。水的流量为 78 kg/s。忽略水流本身的重量,试计算水流对弯管内壁的作用力(假设在进出口截面上流动参数是均匀的)。

11.4　一直径为 0.1 m 的管道,等温输送天然气($\gamma = 1.31$),温度为 300 K。管道进口压力为 1.1 MPa,马赫数为 0.1。管道长度为 690 m,平均摩擦系数 $\bar{f} = 0.002$。求:(1)出口压力及马赫数;(2)当压力降至 550 kPa 时管道的长度;(3)维持等温流动可达到的最大管长;(4)最大管长时出口截面马赫数和压力。

参考文献

[1] 吴持恭著. 水力学(第3版). 北京: 高等教育出版社, 2003
[2] 徐正凡主编. 水力学. 北京: 高等教育出版社, 1987
[3] 李炜, 徐孝平主编. 水力学. 武汉: 武汉水利电力大学出版社, 2000
[4] 禹华谦著. 工程流体力学. 北京: 高等教育出版社, 2003
[5] 禹华谦主编. 工程流体力学(水力学). 成都: 西南交通大学出版社, 1999
[6] 张英主编. 工程流体力学. 北京: 中国水力电力出版社, 2002
[7] 刘鹤年主编. 水力学. 武汉: 武汉大学出版社, 2000
[8] 刘鹤年主编. 流体力学. 北京: 中国建筑工业出版社 2001
[9] 屠大燕主编. 流体力学与流体机械. 北京: 中国建筑工业出版社, 1994
[10] 向华球主编. 水力学. 北京: 人民交通出版社, 1985
[11] 周谟仁主编. 流体力学泵与风机. 北京: 中国建筑工业出版社, 1998
[12] 莫乃榕主编. 水力学简明教程. 武汉: 华中科技大学出版社, 2002
[13] 李玉柱, 苑明顺著. 流体力学. 北京: 高等教育出版社, 1998
[14] 周善生主编. 水力学. 北京: 高等教育出版社, 1980
[15] 天津大学水力学及水文学教研室编. 水力学. 北京: 高等教育出版社, 1980
[16] 刘鹤年编. 水力学. 北京: 中国建筑工业出版社, 1998
[17] 薛祖绳主编. 工程流体力学. 北京: 水力电力出版社, 1984
[18] 山东工学院, 东北电力学院合编. 工程流体力学. 北京: 水力电力出版社, 1979
[19] 杨凌真主编. 水力学难题分析. 北京: 高等教育出版社, 1987
[20] 大连工学院水力学教研室编. 水力学解题指导及习题集. 北京: 高等教育出版社, 1984
[21] 清华大学水力学教研组编. 水力学. 北京: 人民教育出版社, 1981
[22] 蔡增基著. 流体力学泵与风机(第四版). 北京: 中国建筑工业出版社, 1999
[23] 张也影著. 流体力学(第二版). 北京: 高等教育出版社, 1999
[24] 周亨达著. 工程流体力学(第三版). 北京: 冶金工业出版社, 2001
[25] 李诗久著. 工程流体力学(第二版). 北京: 机械工业出版社, 1990
[26] 莫乃榕著. 工程流体力学. 武汉: 华中理工大学出版社, 2000
[27] 西南交通大学力学教研室著. 水力学. 北京: 高等教育出版社, 1991
[28] 闻德荪著. 工程流体力学(水力学). 北京: 高等教育出版社, 1988
[29] 董曾南, 余常昭著. 水力学(第四版). 北京: 高等教育出版社, 1995
[30] 孔珑著. 工程流体力学(第二版). 北京: 水力电力出版社, 1992
[31] 郝中堂, 周均长著. 应用流体力学. 杭州: 浙江大学出版社, 1991
[32] 汪兴华著. 工程流体力学习题集. 北京: 机械工业出版社, 1983
[33] 彭乐生, 茅春浦著. 工程流体力学例题集. 上海: 上海交通大学出版社, 1987
[34] 李鉴初, 李士豪著. 水力学习题集. 北京: 人民教育出版社, 1981
[35] John Finnemore E, et al. Fluid Mechanics with Engineering Applications. 10th ed. McGraw - Hill Co. , Inc. 2002

[36] Chadwick A J. Hydraulics in Civil and Environmental Engineering. 3nd ed. Spon, N. Y. , 1998
[37] Crowe C T, et al. Engineering Fluid Mechanics. 7th ed. Wiley, N. Y. 2000
[38] White F M. Fluid Mechanics. 3rd ed. McGraw - Hill, 1994
[39] Fox R W, et al. Introduction to Fluid Mechanics. 4th ed. John Wiley & Sons,. 1992
[40] 周光垌等著. 流体力学(第 2 版). 北京: 高等教育出版社, 2002
[41] 李士豪著. 流体力学. 北京: 高等教育出版社, 1990
[42] 张兆顺, 崔桂香著. 流体力学. 北京: 清华大学出版社, 1999
[43] 庄礼贤等著. 流体力学. 合肥: 中国科学技术大学出版社, 1997
[44] 易家训著. 章克本等译. 流体力学. 北京: 高等教育出版社, 1983
[45] L 普朗特等著. 郭永怀等译. 流体力学概论. 北京: 高等教育出版社, 1981
[46] 刘希云, 赵润祥著. 流体力学中的有限元与边界元方法. 上海: 上海交通大学出版社, 1993
[47] 章梓雄, 董曾南著. 粘性流体力学. 北京: 清华大学出版社, 1998
[48] Shames I H. Mechanics of Fluids. 2nd ed. McGraw - Hill, 1982
[49] White F M. Viscous Fluid Flow. 2nd ed. McGraw Hill, Inc. , 1991
[50] John D, Anderson JR. Computational Fluid Dynamics: The Basics with Applications. McGraw - Hill , N. Y. 1995
[51] 罗曼芦主编. 气体动力学. 上海: 上海交通大学出版社, 1989
[52] 孔珑编著. 可压缩流体动力学. 北京: 水利电力出版社, 1991
[53] 潘锦珊等编. 气体动力学基础. 北京: 国防工业出版社, 1989
[54] 童秉纲, 孔祥言, 邓国华合著. 气体动力学. 北京: 高等教育出版社, 1990
[55] [美]M J 佐克罗, J D 霍夫曼合著. 气体动力学. 北京: 国防工业出版社, 1984
[56] [美]H W LIEPMANN, A ROSHKO 合著. 气体动力学基础. 北京: 机械工业出版社, 1982